Kabinets-Bibliothek der neüesten Reisen.

Zweiter Band.

Kabinets-Bibliothek

der

neüesten Reisen

und

Forschungen im Gebiete der Länder- Völker- und Staatenkunde.

Herausgegeben

von

Dr. Heinrich Berghaus,

Professor an der Königl. Allgemeinen Bau-Schule zu Berlin und mehrerer Gesellschaften Mitgliede.

Zweiter Band.

Berlin.

Gedruckt und verlegt bei G. Reimer.

1835.

Viermalige Reise

durch

das nördliche Eismeer

auf der Brigg Nowaja Semlja in den Jahren 1821 bis 1824 ausgeführt vom Kapitain-Lieutenant

Friedrich Litke.

Aus dem Russischen übersetzt

von

A. Erman.

Mit einer Karte.

Berlin.
Gedruckt und verlegt bei G. Reimer.
1835.

Vorwort des Uebersetzers.

Das Werk welches ich durch die vorliegende Übersetzung den deütschen Geographen zugänglicher zu machen wünschte, giebt Rechenschaft von einem Unternehmen welches epochisch ist, obgleich es seinem Endzwecke nicht vollständig entsprach. Herrn Kapitain Litke gelang es nicht, trotz viermaliger Wiederholung seiner Fahrten von Archangelsk nach Nowaja Semlja, den ganzen Umkreis dieser Insel zu sehen. Aber bei der Aufnahme und Beschreibung aller von ihm erreichten Punkte der Ufer des Eismeeres, übertraf er seine Vorgänger durch wissenschaftliche Sorgfalt und seltene Unbefangenheit des Urtheils so entschieden, daß diese Arbeiten weder in der Geschichte der Schifffahrt noch in der Geschichte der Geographie verschwiegen werden dürfen.

In einer Zeit wo ich mit Ausarbeitung meiner Beobachtungen auf einer dreijährigen Reise um die Erde beschäftigt bin, hätten mich aber weder die genannten Vorzüge des Litkeschen Werkes noch das Gefühl inniger Hochachtung und Zuneigung für dessen Verfasser zu der Übersetzung bewogen, wären mir nicht die hier vorliegenden Berichte über das Eismeer als Anklänge an eigne Erinnerungen noch ungleich wichtiger geworden. Die klimatischen und geognostischen Verhältnisse welche ich zu Obdorsk und auf den Gebirgen am Karischen Meerbusen beobachtete, zeügten so entschieden für den Einfluß des nahgelegenen Polarmeeres und machten eine Kenntniß seiner Inseln so wichtig, daß weder die Erzählungen der Samojedischen und Russischen Bewohner jener Gegend noch auch die des Herrn Steüermann Iwanow den ich daselbst begegnete *), die nicht vergönnte Autopsie zu ersetzen vermochten. Herrn Litke's bereits im Jahre 1822 zu Petersburg gedruckte Tagebücher wurden mir daher von

*) Erman Reise um die Erde Abth. 1. Bd. 1. S.

unschätzbaren Werthe, und die darin enthaltne Geschichte seiner Fahrten im Eismeere gewährte noch außerdem so manchfaltige Anknüpfungspunkte an Erscheinungen die ich in dem Ochozker Meere und in dem nördlichen Theile des Großen Oceans beobachtete, daß ich mir nicht versagen konnte gleichzeitig mit meinem Reiseberichte, den Litke'schen als ergänzende Grundlage zu bearbeiten.

Sollte dieser Versuch einige Theilnahme finden, so werde ich spätere Muße benutzen um von neüeren Russischen Expeditionen in derselben Gegend Rechenschaft zu geben. Namentlich von der Aufnahme der Küsten zwischen den Mündungen der Petschora und des Obi durch Herrn Steüermann Iwanow. Über den Anfang dieses Unternehmens welches nach Kapitain Litke's Instruktionen gleichzeitig mit dessen Nowa Semler Reisen ausgeführt wurde, befindet sich bereits Einiges in dem Anhange zu dem Russischen Originale des vorliegenden Werkes. Ich habe aber diesen Anhang zu der Übersetzung nicht hinzugefügt, weil mir Herr Litke neüerdings auch von der Fortsetzung der Iwanowschen Aufnahme die Resultate mitgetheilt hat, gleichzeitig mit dem handschriftlichen Tagebuche über eine Reise des Unterlieutenants vom Steüermannskorps Herrn Pachtúsow in den Jahren 1832 und 1833. Bekanntlich wurde diesem Seemann von zwei Archangeler Privatleüten dem Comerzienrathe W. Brandt und dem Forstbeamten Klókow die Führung eines offnen Fahrzeüges anvertraut, auf welchem ihm in den genannten Jahren die erste Aufnahme der Ostküste von Nowaja Semlja gelungen ist. — Das nicht minder wichtige Unternehmen des Steüermann Krótow der zugleich mit Herrn Pachtúsow von Archangelsk auslief um von Nowaja Semlja aus den Jenisei zu erreichen, scheint (nach brieflichen Mittheilungen vom November 1834) als verunglückt zu betrachten, denn man hatte bis dahin von dem genannten Seefahrer keine andere Spuren als die Trümmer seines Schiffes an der Westküste von Nowaja Semlja gefunden.

Berlin, im Januar 1835. A. Erman.

F. Litke's,

Kapitain-Lieutenant's in der Russischen Marine,

viermalige Reise in das Nördliche Eismeer.

Erstes Kapitel.

Einleitung.

Kritische Uibersicht der Reisen nach Nówaja Sémlja und den ihr nah gelegenen Küsten, bis zum Jahre 1820. Damaliger Zustand der Karten.

Sehr viele der wichtigsten geographischen Entdeckungen verdanken wir dem Zufalle. Ein Normannischer Seeraüber gab die erste Kunde von Island, als ihn Stürme von seinem Wege verschlugen[1]; ebenso entdeckte Columbus den neüen Erdtheil, indem er den kürzesten Seeweg nach Ostindien suchte; dann wurden seine nächsten Nachfolger, für gleiche Absicht, durch Auffindung der Insel-Archipelage des großen Oceans belohnt, wärend die Seefahrer, welche eben dahin auf nördlichstem Wege zu gelangen versuchten, nach Spitzbergen, und andere endlich, bei beabsichtigtem Nord Ost-Durchgange, nach Nówaja Sémlja, der größten Insel des Nördlichen Eis-Oceans gelangten.

Als Epoche der Entdeckung von Nówaja Sémlja rechne ich übrigens hier die Zeit in welcher davon erste glaubwürdige Kunde zu den schon damals gebildeteren Nationen Europa's gelangte, obgleich, im weiteren und eigentlichen Sinne, die Ehre der

[1] Forster's History of the voyages made in the North. Dublin 1786. pag. 50.

Auffindung ohne Zweifel den Russen gebührt, welche die Landschaften an der Dwina bewohnten. Schon die jetzige und niemals bestrittene Benennung dieser Insel spricht hinreichend für diese Ansicht, denn höchst auffallend wäre es sonst daß es keinem der Seefahrer des 16ten und 17ten Jahrhunderts einfiel dieselbe umzutaufen, wärend sie doch die Leidenschaft, ihre Namen schon früher entdeckten und bezeichneten Ländern beizulegen, gar haûfig bethätigten, namentlich aber an den Küsten des Kontinentes und den Inseln, welche Nówaja Sémlja umgeben. Von dieser selbst aber sprechen schon die ersten Reisenden nur als von einem viel besagten Gegenstande; auch fanden sie wirklich auf deren aûßersten nördlichen Ufern Kreûtze mit Slawonischen Inschriften, Ruinen von Wohnungen und manches Ähnliche. Die Russischen Segler, denen sie oft wärend ihrer Fahrten begegneten, zeigten ihnen den Weg und gaben wichtige Anleitungen, so daß wol endlich aus diesem Allen genugsam hervorgeht, wie schon um die Mitte des 16ten Jahrhunderts alle Küsten des Nördlichen Eismeers den Russen ausführlich bekannt waren, und wie diese daher, ohne Zweifel schon um einige Jahrhunderte früher, jene Gewässer zu befahren begannen.

Auf genauere Festsetzung des Anfanges dieser Schifffahrt der Russen und des Zeitpunktes ihrer ersten Bekanntschaft mit Nówaja Sémlja werden wir dennoch wol auf immer zu verzichten haben, und zwar aus sehr natürlichen Gründen. Auch heûte noch rühmen wir uns nur sehr weniger Schriftsteller, welche der Nachwelt von wichtigen Privatunternehmungen ihrer Landsleûte und Zeitgenossen und von deren Erfolgen berichten: ein Hakluyt ist auch noch jetzt in unserm Vaterlande selten[1]. Wie vielmehr nicht in jenen kul-

[1] Bekanntlich hat Hakluyt mit unermüdlichem Eifer einen großen Theil seines Lebens der vollständigen Beschreibung aller Seefahrten seiner Landsleûte gewidmet. Die dazu nöthige Kunde sammelte er unter Aufopferungen jeder Art: er ritt 200 Meilen weit, nur um die Theilnehmer einer Reise wegen mancher Einzelheiten zu befragen, und klagt oft bitter über die Nachlässigkeit seiner Vorfahren welche für ihre Zeitgenossen Aehnliches zu leisten verabsaûmten: and this is all that I can hitherto learn or find out of this voyage, by reason of the great negligence of the writers of those times, who should have used more care in preserving of, the memories of the worthy actes of our nation. Barrow pg. 59.

Was müßte aber ein Russischer Hakluyt sagen, da wir nur durch mündliche Uiberlieferung, manche fast mit uns gleichzeitige Unternehmungen unsrer Landsleûte kennen! So hören wir aus der Mitte des vorigen Jahrhunderts von dem Archangeler Kaufmann Lobánow, welcher die Erneûerung der Schifffahrt zwischen dem Jenisei und der Dwina versuchte. Auf dem ersteren dieser Flüsse wurden Schiffe gebaut und die Bemannung meist unter den Matrosen der Regierung gemiethet. Das Ganze der Ausführung übertrug man dem Mesener Seefahrer Nachmánin. Erst nach 5 Jahren kehrte dieser zurück und obgleich ohne Erfolg, so versicherte er doch, daß nicht etwa hindernde

turlosen Zeiten, welche dem 16ten Jahrhunderte vorhergingen und in denen sogar die Schreibekunst nichts weniger als allgemein verbreitet war? Sicher würde die Geschichte der ersten Russischen Unternehmungen im Eismeere und der allmähligen Auffindung der Küstenorte welche es bespült, uns von Thaten zu berichten haben, die denen der Normannen an Merkwürdigkeit nicht nachständen; — aber aus jener Zeit sind uns weder Denkmale noch Überlieferungen irgend welcher Art geblieben, und kaum giebt es hinreichende Materialien, um darüber einiger Maßen wahrscheinliche Conjekturen zu begründen.

Unsre Kronikenschreiber berichten, daß die Bewohner der Landstriche zwischen Dwina und Petschora, welche Nestor mit dem Namen Sawolózkaja Tschud (der Fremdenstamm jenseits der Wasserscheide) belegt, schon in der ersten Hälfte des 9ten Jahrhunderts den Nówgoroder Slaven tributpflichtig waren [1]. Im Verlauf der Zeiten ließen sich allmählig diese erfolgreichen Eroberer in den unterworfenen Gegenden nieder, sie verbreiteten daselbst mit dem christlichen Glauben, auch ihre Sprache und Sitte, so daß bald der Karakter der Urbewohner fast gänzlich verschwand. Erinnerungen

Naturverhältnisse das Beabsichtigte unmöglich gemacht hatten, sondern daß nur er und nur in dem gegenwärtigen Falle zur Umkehr gezwungen wurde, durch zu große Dimensionen der angewendeten Schiffe welche die Bewegungen zwischen dem Eise bedeütend erschwerten, so wie durch das Erschrecken der Matrosen, denen die Begegnungen mit den Eisbergen völlig neü und ungewohnt waren. Er versicherte: mit passenden Schiffen und mit geübter Mannschaft sei der Erfolg einer solchen Fahrt nicht zu bezweifeln. Ebenso lehrt uns eine mündliche Uiberlieferung daß, um 25 Jahre früher als Scoresby, der Schiffer (Kórmschtschik) * Páwkow an der Ostküste von Grönland vor Anker ging. Er hielt nach Grúmant (Spitzbergen), aber östliche Winde und Strömungen führten ihn so weit gegen Westen, daß er endlich und nach ungewöhnlich langer Fahrt, Eisberge und, im Westen von diesen, Land erblickte. Er wand sich darauf glücklich durch das Eis, und erreichte einen Fluß oder eine enge Straße, in welche er 30 Werste weit einlief; an den Ufern fand er Spuren von Menschen, Fallen für Pelzthiere u. s. w. Von dort auslaufend, drang er abermals durch das Eis, hielt nach NO. und erreichte Spitzbergen. Daß die Details so wichtiger Seefahrten unwiderbringlich verloren sind, verschuldete nur: the negligence of the writers of those times. Von wie vielen ähnlichen Reisen mögen wir aber sogar der ersten und oberflächlichsten Uiberlieferung entbehren.

[1] Grundzüge einer Geschichte des Dwinischen Volkes von W. Krestinin S. 7. Nestors Kronik in der Russischen Bibliothek Th. I. S. 10. (Beide in Russischer Sprache.)

[* Der alt Slavonische Ausdruck Kórmschtschik (von Kormà, das Hintertheil eines Schiffes) bezeichnet in der Volkssprache einen Steüermann, namentlich aber und von jeher die Anführer der kleinen Handels- und Jagdschiffe auf dem Eismeere. — E.]

an jenen ursprünglichen Zustand finden wir nur noch in der Benennung einiger Flüsse und anderer Lokalitäten [1]. Wann aber unter den Nowgorodern diese Auswanderungen in den höheren Norden begannen, hat man bis jetzt eben so wenig ergründet, wie so viele andere Umstände aus der mittlern Geschichte derselben. Um die Mitte des 9ten Jahrhunderts scheint noch Niemand von ihnen an der Dwina gelebt zu haben, denn der verdiente Norwegische Reisende Oter oder Ochter [2], welcher ungefähr um dieselbe Zeit die Mündung jener Flüsse erreichte, fand dort ein Volk, welches sich derselben Sprache wie die Finnländer bedienten: der Slaven aber wird von ihm durchaus nicht erwähnt. Es ist äußerst bedauernswerth daß jener unternehmende Normann die imposante Volksmenge der Bjarmzer allzusehr fürchtete und es daher nicht wagte ihre Küste zu betreten: denn sicher wäre er im Stande gewesen über die damaligen Beziehungen dieses Volks zu den Nówgoroder Slaven zu berichten. — Anderweitig ist es übrigens wahrscheinlich, daß die Einwanderungen dieser letzteren in die Dwinagegend zugleich mit der Ankunft und mit dem Emporkommen des Waraegischen Fürstenstammes in Russland begannen. Die Nówgoroder beriefen diese fremden Herrscher nur, damit sie in ihrem Vaterland innere Unruhen beschwichtigten und es vor äußeren Feinden kräftiger sicherten. Durch Karakter und Gewohnheit zu aufrührerischen Bewegungen geneigt, verlangten sie nach Beschützern, aber keineswegs nach Herrschern, und, nach langer Gewöhnung an eigenmächtige Freiheit, konnten sie sich nicht mit Ruriks Verfassung befreunden, welche zum ersten Male Unterwürfigkeit verlangte: noch unerträglicher aber erschien ihrer Eigenliebe der Vorzug, welchen die fremden Herrscher den mit ihnen eingewanderten vornehmen Vasallen ertheilten. Der Aufruhr wurde genährt, und um ihn zu beschwichtigen schritt man zu Hinrichtungen und schwerer Ächtung, von denen dann Flucht und Auswanderung nothwendige Folgen wurden. Die Dwinische Landschaft, die, bei Überfluß an kostbaren Pelzwaaren, nur von einem friedlichen Stamme bewohnt wurde, bot nun der Thätigkeit und dem rastlos unruhigen Geiste unsrer Republikaner ein weites Feld. Die glücklichen Erfolge der Ersten welche die Sucht nach Abenteuer in jene Gegend trieb, und der Ruf von den Reichthümern welche sie dort erwarben, mußte bald auch bei den Übrigen die angeborne Leidenschaft zu bewaffnetem Wanderleben wieder erwecken [3], und ihnen den Gehorsam, welchen nun, wi-

[1] Krestinin Grundzüge einer Geschichte d. Dwinischen Volkes. S. 6.

[2] Eine Uibersetzung von Oter's merkwürdiger Reise befindet sich weiter unten als Anhang. [Forster schreibt den Namen dieses Reisenden Ohther, oder Ohthere. — B.]

[3] Ungeachtet des kaufmännischen Geistes der Republik behielten dennoch die Nówgoroder bis in die spätesten Zeiten ihre Vorliebe zu dem

der jedes ursprüngliche Abkommen, auch die Statthalter der Fürsten verlangten, weit unerträglicher darstellen. Zum Kriege weder geübt noch geschickt wurden die Sawolozkischen Fremden eine leichte Beüte für die unternehmenden Nówgoroder, von denen nun viele Begüterte und Ausgezeichnete sich ansiedelten, um über das unterworfene Volk und dessen Ländereien nach den Gesetzen und Herkömmlichkeiten ihres Vaterlandes zu herrschen, — die Ärmeren unter ihnen, und die, welchen kein Recht an dem Grundbesitze zustand, mußten ihre Wanderungen noch weiter fortsetzen, und folgten dem Wasserlaufe stromabwärts bis zum Meere. So entfernt nun auch ihre ursprünglichen Wohnorte von den Küsten gewesen waren, so konnten sie doch von nun an sehr schnell zum Bau und zur Lenkung von Seeschiffen die erforderlichen Kenntnisse erwerben: theils durch Verbindungen mit den Warägern, welche Stammverwandschaft an die Normannen, die ausgezeichnetsten Seefahrer des Mittelalters, band; theils durch unmittelbaren Verkehr mit diesen letztern, welche nach Ochter's Beispiel die Küsten von Bjarmien nicht selten besuchten [2].

Das auf den Werften nöthige Holz fanden sie im Überflusse, längs der Flüsse welche in den Nördlichen Ocean münden. Das Meer, mit seinem Reichthum an Fischen und andern jagdbaren Thieren, erregte Wißbegierde und Gewinnsucht, und lockte so dringend zur Schifffahrt, daß die Unternehmungssucht der Einwandrer unmöglich widerstehen konnte.

Höchst wahrscheinlich war dieser der Verlauf eines Ereignisses, welches der Dwinischen Landschaft ein durchaus neües Ansehen ertheilte und welches die Russen mit dem Nordmeer bekannt machte. Zu Anfange des 12ten Jahrhunderts bestand bereits an der Mündung der Dwina das Sawólozker Kloster des Erzengel (Archángel) Michael, woraus deütlich hervorgeht, daß der Dwinische Küstenstrich bereits im 11ten Jahrhundert von Russen bevölkert ward, und daß auch schon damals ihre Schifffahrten auf dem Nordmeere begannen. Wie weit aber dieselben in den einzelnen Perioden

sogenannten Reiterthum (Rajesbnitschestwo) und im 14ten Jahrhundert, noch nach ihrem Bündniß mit der Hansa, unternahmen sie Züge auf Abenteüer und Eroberung ohne Vorwissen und Zustimmüng ihrer Fürsten. (Müller, Samml. Russischer Geschichten. V. 426.)

[1] W. Krestinin, Grundzüge einer Gesch. d. Dwin. Volks. S. 60.

[2] Forster S. 63. Anm. 47. Die Normannen wiederholten sogar noch bis zum 15ten Jahrhundert ihre Landungen in der Dwinischen Gegend. Dwinische Kronik, in der alten Russ. Bibliothek, 2te Ausgabe, Thl. XVIII. 1791. S. 7. ‚Im Jahre 6927 (1419) kamen die Murmanui (Normannen) vom Meere auf Busen und Schnaken, und bekämpften in Warsuga den Kórelsker Wohnplatz, in dem Sawolozker Lande aber, den Wohnplatz zu Nenokója und das Kórelsker Kloster des Heiligen Nikolaus u. s. w.‘ Oft auch bezahlten die Sawólozker die Normanen mit gleicher Münze. Ebendaselbst S. 6.

jenes Zeitalters sich erstreckten, bleibt gänzlich unbestimmt. Die Kroniken lassen uns hierüber durchaus hülflos, obgleich durch deren dunkle und unbestimmte Andeütungen einige Schriftsteller beweisen wollen, daß schon im 11ten Jahrhundert den Nówgorodern ein Weg nach Nówaja Sémlja bekannt war.

In den Russischen Kroniken wird eines Feldzuges der Nówgoroder erwähnt, durch welchen sie, unter dem Großfürsten Jaroslaw, jenseits der eisernen Pforten gelangten [1]. Müller behauptet in seinen geschichtlichen Abhandlungen, daß man unter dieser Benennung nicht etwa die Kaspischen eisernen Pforten (Derbent) zu verstehen habe, welche den Nowgorodern allzu entfernt lagen, sondern vielmehr die Werchoturische oder Uralische Gebirgskette, welche früher die Jugrische genannt wurde, und er schloß, daß vielleicht mit jenem Feldzuge die Unterwerfung von Permien und Jugrien begann [2]. Diese Meinung wird indessen von Hrn. Krestinin, dem Verfasser der Entstehungsgeschichte des Dwinischen Volkes, nicht gebilligt. Dieser setzt vielmehr voraus daß wol die Straße zwischen Waigatsch und Nówaja Sémlja den Namen der eisernen Pforten führe, und die bezeichnete Stelle der Kroniken auf diese Durchfahrt beziehend, schließt er daher, daß die Nówgoroder schon im 11ten Jahrhundert Nówaja Sémlja kannten [3]. Mir scheint diese Meinung nicht genugsam begründet. Zuerst deswegen, weil jene Durchfahrt nicht eiserne, sondern Karische Pforte, oder auch wol blos die Pforten genannt wird, denn so berichteten mir einstimmig unsere Nówasemljschen Seefahrer, welche ich angelegentlich deshalb befragt habe. So unveränderlich werden aber in jener Gegend die einmalgegebenen Benennungen noch den spätsten Nachkommen überliefert, daß

[1] In der Russischen Kronik nach der Sophiisker Abschrift, Thl. I. S. 110 heißt es: ‚Im Jahre 6540 (1032) hat Großfürst Jaroslaw beschlossen neüe Städte in Rus zu gründen. Damals auch ging man ‚mit Uljeb von Nówgorod aus, zu den eisernen Pforten und wenige ‚von ihnen kamen zurück.' In der Woskresener Abschrift I. S. 184. steht wörtlich dasselbe. In der Nikónower I. S. 132 aber: ‚Im ‚Jahre 6540 (1032) hat Jaroslaw beschlossen in Rus neüe Städte zu ‚gründen. Desselben Jahres ging auch Uljeb zu den eisernen Pforten ‚von Nowgorod aus, und wenige von ihnen kehrten zurück, denn ‚viele kamen dort um.' In der Nestorischen Kronik und in der Nowgoroder, welche sich in dem Anhange zur alten Russischen Bibliothek Thl. II. befindet, wird dieses Feldzuges nicht erwähnt. Merkwürdig bleibt es, daß alle Annalisten der räthselhaften Unternehmung nur in so ungewöhnlicher Kürze gedenken. Offenbar bezeichneten ihre eisernen Pforten eine damals allgemein bekannte Lokalität und es wäre zu wünschen gewesen, daß Herr Müller auch noch die besondere Stellen der Kroniken angeführt hätte, welche ihn veranlaßten jene Benennung auf das Uralische Gebirge zu beziehen.

[2] Sammlung russischer Geschichten. Bd. V. S. 596—597.

[3] Neüe Monatsschriften. Bd. XIX. S. 41, 42. (in Russ. Sprache).

ich mich überzeugt halte, auch die hier in Rede stehende stamme aus dem höchsten Alterthume.

Dasselbe beweisen sodann auch die von Hrn. Krestinin selbst gesammelten Nachrichten, denn überall wo er die Aussagen unserer Schiffer wörtlich anführt, wird jene Straße nur die Pforten genannt, und es scheint fast, als habe ihn gerade nur die fragliche Stelle der Kroniken veranlaßt, das Beiwort der eisernen zu suppliren[1]. In der That giebt es eine Straße dieses Namens bei Nówaja Sémlja, aber sie liegt weiter gegen Nordwesten. Außerdem auch, selbst wenn man voraussetzt daß jene zuerst erwähnte Örtlichkeit im 11ten Jahrhundert wirklich die eisernen Pforten genannt wurde, so bliebe es dennoch sehr zweifelhaft und fast unwahrscheinlich, daß die Annalisten sich auf jene beziehen, denn höchst auffallend wäre es, daß sie ein so bedeütendes Unternehmen ihrer Landsleüte so außerordentlich kurz behandelten, und sogar nicht ein Mal berichteten ob dasselbe zu Lande oder auf Schiffen ausgeführt worden? in welches Land man jenseits jener eisernen Pforten gelangt sei? und weshalb man sich dahin begeben habe? — Im weißen Meere finden wir jene Benennung für zwei Straßen üblich, von denen die eine zwischen der Nordspitze der Mudiújskischen Insel und der Küste des Festlandes, die andere zwischen der Solowézker und Muksálmer Insel liegen. Mir scheint es glaublicher daß die Nówgoroder, welche sich um jene Zeit an der Dwinamündung niederließen, zur Unterwerfung der Anwohner des weißen Meeres Streifzüge unternommen, und dabei eine dieser letzteren Straßen überschritten haben, so daß dann auch die Stelle der Kroniken nur auf diese zu deüten wäre.

Da nun also ein gänzlicher Mangel an Kunde über die ersten Reisen der Russen im Nördlichen Eismeere in den Kroniken herrscht, so würden wir auch vergebens hoffen in ihnen eine nähere Aufklärung der im Dwinischen Kreise gangbaren Überlieferung zu finden: daß die Nówgoroder dereinst auf Nówaja Sémlja Silber gewonnen haben. Diese Sage, welche zu Ende des vorigen Jahrhunderts durch Hrn. Krestinin bekannt wurde[2], und welche dann

[1] Neüe Monatsschriften, a. a. O. S. 3 und Thl. XXI. S. 9, 10.

[2] Ebendaselbst Thl. XIX. Seite 43 — 44. ‚Nach alten mündlichen ‚Uiberlieferungen, welche sich unter den Bewohnern der hiesigen ‚Gegend bis auf den heütigen Tag erhielten, haben die Nowgoroder ‚zuerst auf Nówaja Sémlja in der Nähe der Silber-Bucht (Gubá ‚Serébrjanka) reines Silber gewonnen.' In einer Note zu dieser Stelle wird bemerkt: ‚Der verstorbne J. J. Phómin erzählte mir, ‚daß in seiner Jugend ein sehr bejahrter Mann, der Kanzlei Schrei‚ber der Archangeler Gouvernements-Regierung Aleksei Stupinzow ‚ihn versichert habe, daß sich in dem Archive alte Akten über die Ab‚fertigung von Bergleüten befinden, welche auf Befehl des Zar Iwán ‚Wasilewitsch, nach Nówaja Semlja gehen sollten, um daselbst Sil-

noch in der neüsten Zeit eine Expedition veranlaßte, deren wir unten näher zu erwähnen haben, gründet sich aber weder auf irgend ein echthistorisches Denkmal noch auch vielleicht überhaupt auf einen reellen Beweisgrund. Die Wichtigkeit neü entdeckter Erzanbrüche mußte in jenen Zeiten, wo man noch weit ärmer an edlen Metallen war, noch ungleich höher sein als jetzt. Sicher hätte die Nówgoroder Regierung an der Bearbeitung derselben Theil genommen, um so mehr da eine solche in jener unbewohnten und jenseits des Meeres gelegenen Gegend nicht ohne bedeütende Beschwerden und erheblichen Kostenaufwand gelingen konnte; es hätte einer großen Menge von Schiffen bedurft, und deren Absendung hätte allgemeines Aufsehn erregt; eine einmalige Unternehmung dieser Art hätte wol auch zur Nachahmung aufgefordert und wäre jedenfalls mit vielen andern bürgerlichen Angelegenheiten in sichtbare Verbindung getreten. Wie könnte man also erklären, da derselben weder in irgend einer Kronik noch auch in irgend einer Nówgoroder Befehls- oder Verordnungs-Schrift, oder von einem gleichzeitigen

‚bererze nach dem Beispiele der Nówgoroder zu suchen. Leider ist ‚dieser Beweisgrund nicht mehr vorhanden, denn das gesammte Ar‚chiv der Gouvernements-Regierung ging im Jahre 1729 durch eine ‚Feüersbrunst unter.' — Das Zeügniß eines abgebrannten Archives ist ohne Gewicht, außerdem aber war der verstorbne Akademiker Lepéchin bereits vor jenem unglücklichen Ereignisse zu Archangelsk, und sicher hätte er ein so beachtungswerthes Faktum nicht unerwähnt gelassen, wenn er überhaupt davon reden gehört hätte. In der Dwinaer Kronik lies't man Folgendes: ‚Im Sommer des Jahres 6999, ‚schickte Großfürst Iwán Wasílewitsch, den Iwán und Viktor zur Pet‚schora um Erze zu suchen; mit ihnen zugleich sandte er auch den An‚dreas Petrów, und Wasil Iwánow Boltuins Sohn, so wie den ‚Griechen Manoil Larews Sohn. Und desselben Herbstes kamen sie ‚zurück von der Petschora und sagtem dem Großfürsten, daß sie Kup‚fererz gefunden hätten am Schilmaflusse, einen halben Tagemarsch ‚vor dem Flusse Koema und 7 Tagereisen vor der Petschora.' Diese Stelle beweis't genugsam daß ähnliche Unternehmungen keineswegs bei dem Annalisten unerwähnt blieben, und sicher hätte daher dieser anch über die ihm nothwendig bekannten Versuche auf Nówaja Sémlja berichtet. War es nicht vielleicht die so eben erwähnte Sendung, auf welche sich jenes verbrannte Aktenstück bezog? denn leicht konnte Hr. Stupinzow Nówaja Sémlja und die Petschora durch einen Gedächtnißfehler verwechseln, Thl. XXXI. S. 31. ‚Von fossilen Reich‚thümern hat man auf Nówaja Sémlja bemerkt 1) Silber, 2) Stein‚kohlen. Nur mündliche Ueberlieferungen aus dem Alterthume geben ‚Anzeigen des ersteren u. s. w.'

Ebendas. S. 59—60.: ‚Deren Namen und alten Uiberlieferungen ‚gemäß, finden sich in der Bucht Serébrjanka Silbererze, welche we‚gen alter Verbote von Niemand ohne besondre Erlaubniß der Re‚gierung aufgesucht werden. Die unersättliche Geldgier der Mensch‚heit würde vielleicht das Mitjúschewsker Einsiedler Kloster zum vor‚züglichsten Nówasémler Wohnplatz machen, wenn man unsern See‚fahrern erlaubte in jenen Bergen nach Silber zu graben u. s. w.'

Historiker erwähnt wird[1]; daß keiner der Reisenden, welche Nówaja Sémlja im 16ten Jahrhundert besuchten, davon Kunde erhielt!! —

Auch auf Nówaja Sémlja selbst sind keine desfallsigen Spuren hinterblieben. Herr Krestinin deütet an, daß unsre Seefahrer auch noch heütigen Tages die Stellen kennen an denen Silber in Gestalt eines Anfluges an der Erdoberfläche sich zeige[2], aber daß sie gewisser Verbote wegen, dasselbe nicht ausbeüten. Man weiß aber nichts von solchem Verbote, und selbst wenn es wirklich dergleichen gäbe, die man geheim gehalten hätte, so würden Leüte welche für höchst mäßigen Gewinn ihr Leben stündlich aufs Spiel setzen, sich schwerlich durch die Furcht vor einem Prozeße von dem Streben nach bedeütenden Reichthümern zurück halten lassen. Zur Bekräftigung der Sage führt man den Namen der Silberbucht an, aber es konnte ja eben sowohl dieser durch jene entstehen, als umgekehrt. Auch sind unsere Seefahrer im Allgemeinen nicht sehr vorsichtig in der Wahl topographischer Benennungen: so giebt es an der Lappländischen Küste eine Bucht, welche die Goldne genannt wird, weil sie von (gelben) Sand-Ufern umgeben ist. Ein ähnlicher Umstand konnte auch der silbernen Bucht ihren Namen verleihen. Die weiteren Sagen der redseligen Seeleüte sind aber ebenso wenig überzeügend, denn immer wiederholen sie durchaus unkritisch Alles Gehörte, es ist ihnen eigen Alles glänzende für Gold

[1] Der Amsterdamer Bürgermeister Witsen welcher in seinem großen Werke über die Nord Ostküste Asia's und Eüropa's (Noord en Oost Tartarije door Nicolaes Witsen. 't Amsterdam 1725.) seine vielfachen Verbindungen mit allen Russischem Großen des 17ten Jahrhunderts benutzte, mußte nothwendig von jenem Ereignisse hören und sicher hätte er Russische Reichthümer nicht unerwähnt gelassen in einem Werke welches er Peter I. dedizirte. Uiber die Nówasémler Erze sagt er aber nur Folgendes: ‚Um ein früher begangnes Unrecht ‚vergessen zu machen, berichtete vor kurzem ein vornehmer Russe an ‚den Moskauer Hof, daß man Silbererze auf Nówaja Sémlja finde. ‚Man schickte ihn dahin ab, aber er kehrte erfolglos zurück, und bei ‚einer zweiten Sendung, zu welcher er in Begleitung vieler Arbeiter ‚veranlaßt wurde, kamen Alle um. S. 927., Man sagte daß es auf ‚Nówaja Sémlja ein Metall gebe, welches alle außeren Kennzeichen ‚des Silbers, dabei aber eine etwas dunklere Farbe besitze, und es ‚versicherte mich Jemand: er habe daraus bereitete Becher gesehen, ‚welche in kleine Stücke zerspringen wenn man darauf schlägt S. 890. ‚Der Schiffer Theünis Ys sah auf Nówaja Sémlja viel Mar‚mor und sehr festen Krystall und glaubt auch bei der Straße Kostin ‚Schar müsse es Erze geben'. S. 902. Die Berge der Insel Wai‚gatsch glänzen wegen einer großen Menge von Markasit, der seinem ‚Ansehen nach, für Gold uud Silbererz gehalten, dennoch in der ‚That, durchaus keinen Werth hat.' S. 916. Troz dahin gerichteter Forschungen hatte also Witsen keines einzigen Stückes Silber zu erwähnen, welches anf Nówaja Sémlja gefunden worden wäre, geschweige denn ganzer Bergwerke.

[2] Neüe Monatsschriften Thl. XIX. S. 45.

zu nehmen; für das Geheimnißvolle und für Übertreibungen haben sie eine ausgezeichnete Leidenschaft, und gern erregen sie Bewundrung durch Erzählungen von den Reichthümern der besuchten Gegenden; weil ein ähnlicher Hang zu allen Zeiten und in allen Ländern gleichartige Sagen veranlaßte, so sehen wir nun die Amerikanische Fabel von dem Dorado auch auf unserm Nówaja Sémlja sich wiederholen.

Obgleich also kein einziger direkter Beweis dafür spricht, daß Nówaja Sémlja schon in den mittleren Jahrhunderten von unsern Landsleuten entdeckt war: so bleibt doch kein Zweifel über diesen Punkt, wenn man die Schriftsteller und Reisenden anderer Völker lies't, und noch zu unsrer Zeit geschieht es ja leider nicht gar selten, daß wir vaterländische Entdeckungen zuerst aus dem Ausland vernehmen!

Mauro Urbino ein Italischer Schriftsteller aus dem Anfang des 17ten Jahrhunderte erzählt folgender Maßen: ‚Nach der ‚Versicherung von Wagries haben die Russen vor 107 Jahren von ‚Biarmien aus, eine bis dahin unbekannte Insel entdeckt, welche ‚von einem Slavischen Volke bewohnt wird. Nach dem Bericht ‚von Philipp Kallimach an Pabst Innocens VIII. ist sie ewigem ‚Froste unterworfen. Man nannte diese Insel Philopodia sie über‚trifft Cypern an Größe und wird auf den Karten unter dem Na‚men Nówaja Sémlja angedeütet‘ [1]. Hier haben wir also eine direkte Aussage, daß Nówaja Sémlja schon im Anfange des 16ten Jahrhunderts nicht nur entdeckt, sondern auch durch Slaven bevölkert war. Man kann mit Recht sowohl an diesem letzteren Umstande zweifeln als auch daran, daß die Russen jemals Nówaja Sémlja durch Philopodia bezeichnet haben. Beides möchte wol für allmählige Hinzufügungen durch spätere Überlieferer dieser Nachricht zu halten sein, jedenfalls aber sieht man, daß auch fremde Schriftsteller die Entdeckung von Nówaja Sémlja den Russen zuschreiben. Noch andre positive Bestätigung der in Rede stehenden Thatsache habe ich nicht auffinden können. —

Die Reisen welche in Eúropa die Kunde von Nówaja Sémlja verbreiteten, hatten, wie schon oben angedeütet, die Auffindung eines näheren Seeweges nach Ostindien zum Hauptgegenstand.

Die wichtigen Entdeckungen welche den Spaniern und Portugiesen zu Ende des 15ten Jahrhunderts gelangen, die großen Reichthümer die daraus erwuchsen, und sich von Osten her über Portugal, von Westen aber über Spanien verbreiteten, erregten auch andre seefahrende und handeltreibende Nationen zum Wett-

[1] Noord en Oost Tartarije door N. Witsen S. 928. Witsen fügt noch hinzu: ‚die Versicherung dieses Schriftstellers: Nówaja Sémlja ‚sei bewohnt, läßt vermuthen daß zu seiner Zeit diese Insel noch ‚äüßerst wenig bekannt war‘.

eifer; um aber diesem zu genügen schien die Auffindung eines neüen und näheren Weges nach China, Japan und den Gewürzinseln, das einzige Mittel. Die Briten, welche sich zu allen Zeiten durch Unternehmungsgeist und Beharrlichkeit auszeichneten, erschienen zuerst auf dieser neüen Laufbahn. Nach einigen vergeblichen Versuchen im Nordwesten von Eüropa beschlossen sie den gewünschten Weg im Nordosten zu suchen.

[1553. Willoughby.] — Sebastian Cabot der durch eigne Reisen und Entdeckungen bereits berühmt und zur Würde eines Groß Steüermanns von England (grand pilote of England) erhoben worden war [1], entwarf den Plan zu dieser Unternehmung. Eine Kaufmannsgesellschaft welche sich zu Entdeckungsreisen in unerforschten Gegenden unter Cabots Vorsitz vereinigt hatte, rüstete dazu im Jahre 1553 drei Schiffe: die Bona Esperanza von 120 Tonnen, den Edward Bonaventura von 160 Tonnen und die Bona Confidentia von 90 Tonnen, aus. Zum Anführer der gesammten Expedition und Commandeur des ersteren Schiffes wurde Sir Hugh Willoughby ernannt, das zweite Schiff befehligte Kapitain Chancellor und das dritte Master Durforth.

Am 20ten Mai liefen sie von Ratcliff aus, erreichten im Juni Halgoland, Ochters Geburtsort, und gingen von dort nach Lofot (den Loffoden) und Seinam. Bald darauf erlitten sie einen Sturm, durch welchen Kapitain Chancellor vom Admirale getrennt wurde. Der letztere sah im Verlauf seiner Reise Land in 72° Breite und 160 gr. Seemeilen O.t.N. von Seinam [2]. Eis und geringe Wassertiefen verhinderten ihn anzulegen: er kehrte gegen Westen zurück und lief an der Lappländischen Küste in einen kleinen Hafen bei der Mündung des Flusses Arzina wo er wegen vorgerückter Jahreszeit zum Überwintern verblieb. Mehrmals sandte er Leüte in verschiednen Richtungen ins Innere des Landes, fand aber weder Ansäßige noch auch Spuren von Bewohnung. Endlich, sei es vor Hunger oder vor Kälte oder aus beiden Ursachen zugleich, starb er daselbst mit den gesammten Mannschaften beider Schiffe [3] welche sich auf 70 Seelen beliefen. — Sie wurden

[1] Barrow's Chronological history of voyages into the arctic regions, London. 1818 pag. 65.

[2] Hakluyt's Collection. London 1809. Vol. I. pag. 262. Seinam findet man nicht auf den heütigen Karten. Wahrscheinlich hat man aber darunter eine der Westlich vom Nordkap befindlichen Inseln, und vielleicht namentlich Seilander zu verstehen, welche gegen Süd von der Insel Walle gelegen, und durch den auf ihr befindlichen Hafen Hammerfest bekannt ist. Vielleicht aber auch die Insel Senien in 69° Breite. Diese Annahme stimmt auch mit der bei Hakluyt angegebnen Entfernnng zwischen den Loffoden und Seinam.

[3] Barrow, S. 68. 69. Forster sagt das Schiff Bona Confidentia sei, nach dem es vom Admiral getrennt worden, nach England zurückge-

durch Loparen im folgenden Frühjahr gefunden und die Schiffsgeräthe und Waaren von beiden Fahrzeugen nach Cholmogórui gebracht, und auf Befehl des Zaren an die Engländer zurückgegeben, welche nur auf diesem Wege von dem Ende ihrer Landsleute Nachricht erhielten.

Kapitain Chancellor, welcher sich nach der Trennung vom Admirale nach Wardhus flüchtete, erwartete ihn daselbst wärend sieben Tagen vergeblich. Er hielt nachher gegen Osten, lief in das Weiße Meer, und gelangte endlich in die westliche Mündung des Dwinaflusses zum Nikólischen Kloster. Der Handel zwischen England und Russland wurde hierdurch begründet.

Das von Willoughby gesehene Land ist von Manchen für Spitzbergen gehalten worden, doch ist dieses im höchsten Grade unwahrscheinlich, weil ja alsdann jener Seefahrer sich um mehr als 5° bei der Bestimmung der Breite geirrt haben müßte. Ausserdem aber hätte alsdann das erreichte Land, von Seinam aus ungefähr nach NNO., nicht aber nach O. t. N. gelegen, wie Hakluyt ausdrücklich angiebt. Dieser Rhumb und die früher erwähnte Entfernung[1] veranlaßt vielmehr zu glauben, Willoughby habe Nówaja Sémlja gesehen, und man wird hierin noch dadurch bestätigt, daß wirklich diese Insel in der Breite von 72°, mit gefährlichen felsigen Riffen umgeben ist. Auf einigen alten Karten sah man unter 72° Breite eine besondre Küste mit der Benennung Willoughbys Land, jetzt ist aber völlig erwiesen daß an jener Stelle kein festes Land vorhanden ist. Der Ort wo Willoughby überwinterte und umkam, ist ohne Zweifel das Flüßchen Warsina, welches sich an der Westseite der Insel Nokuew, unter Latitudo 68° 23′ und Long. 38° 39′ O. von Greenwich, ins Meer ergießt. Admiral Kusenstern bemerkt sehr richtig, der Fluß Warsina habe wegen seiner Seichtheit Willoughby's Schiff nicht aufzunehmen vermocht[2]. Es könnte sein daß der Fluß im 16ten Jahrhundert tiefer war, doch ist es wahrscheinlicher, Willoughby habe entweder in der Runden oder in der Nokuewer Bucht (Krúglaja und Nokúewskaja Gubà) überwintert, welche sich beide in der Nähe jenes Ortes befinden. Es ist auffallend genug daß die Dwinaer Kronik nicht berichtet an welchem Orte namentlich, die englischen Schiffe gefunden wurden. Den Namen Arzina haben uns Engländer überliefert, welche ihn ihrerseits nur durch Russen erfahren konnten. Barrow fügt hinzu daß derselbe nicht

kehrt S. 278.; dem widerspricht aber sowohl Hakluyt als auch die Dwinische Chronik. Alte Russ. Bibliothek. Thl. XVIII. S. 12.

[1] Nordkap liegt von dem nächsten Punkte Nówaja Sémlja's (dem Gänse Kap, oder Gusiniui Nos, Lat. 72°) 140 gr. Seemeilen nach W.t.S.

[2] Kotzebue's Reise auf der Brigg Rurik Thl. I. S. XLV.

weit vom Hafen Kegor gelegen sei [1]. Es giebt aber keinen solchen Hafen längs der ganzen Lappländischen Küste. Auf alten Karten findet sich dieselbe Benennung für die NW. Spitze der Fischerinsel (Ruibätschji óstrow) und sie entstand durch Entstellung des Russischen Namen Kekúrskji Muis oder Kekúrisches Vorgebirge.

[1556. Burrough]. Obgleich sich nach Chancellor's Rückkehr die allgemeine Aufmerksamkeit vorzugsweise auf den neü begründeten Handel mit Russland wendete, so wurde doch auch das Aufsuchen eines NO. Durchganges keineswegs aus dem Auge verloren. Dieselbe Kaufmannsgesellschaft rüstete im Jahre 1556 die Pinke Searchthrift (den Sucher) unter dem Befehle des Kapitain Burrough (oder Burrow) welcher als Master bei der ersten Chancellor'schen Expedition gedient hatte. Burrough lief am 29 April von Gravesand aus, am 23. Mai umfuhr er das Nordkap, dem er selbst diese Benennung wärend seiner ersten Reise beigelegt hatte, und am 9. Juni kam er zum Flusse Kola, dessen Breite er zu 65° 48′ bestimmte [2]. Wahrscheinlich hat man jedoch bei dieser Angabe an die Kolische Bucht zu denken, welche auch in den neüsten Zeiten noch oftmals fälschlich als Fluß bezeichnet worden ist. Zu Kola machte er Bekanntschaft mit vielen Russischen Seefahreen, von denen die meisten zur Petschora auf den Wallroßfang ausgingen. Einer von ihnen Namens Gawrilo schlug ihm vor gemeinschaftlich zu segeln, und versprach, ihn unterweges vor allen Fährlichkeiten zu bewahren. Bourrough entschloß sich dazu, hatte sich aber in der Folge der Dienstfertigkeit dieses Gawrilo und seiner Gefährten nicht sehr zu erfreüen. Sie umschifften das Kaninische Vorgebirge (Kánin Nos) und gingen vor Anker in dem Wallroßhafen (Gáwan Morjówez) angeblich 30 gr. Seemeilen nach ONO. von jenem Kap (wahrscheinlich OSO) und unter 68° 20′ Breite [3]. Aus diesem Hafen auslaufend hielten sie 20 Meilen nach Osten, sahen dann die Insel Kolguew nach N.t.W. in 28 gr. Seemeilen Entfernung, und kamen endlich nach Umschiffung des heiligen Vorgebirges (Swjátoi Nós) am 15 Juli zur Petschora. Burrough setzte seine Reise nach Osten fort und begegnete vielem Eise in 70° 15′ Breite. Am 25 Juli erreichte er eine Insel unter 70° 42′ und nannte sie nach dem Heiligen des Tages: St. James Island. Er begegnete daselbst einem Kórmschtschik (oben S. 3. Anm. *) Namens Loschäk den er

[1] Am angef. Orte S. 68.

[2] Wahrscheinlich beruht diese Angabe auf einem Druckfehler und muß 68° 45′ gelesen werden, denn sonst würde man von Burrough's Beobachtungskunst nichts weniger als vortheilhafte Begriffe erhalten, indem er alsdann die Breite zum mindesten um 3° 4′ zu klein beobachtet hätte, sogar wenn man noch voraussetzte er habe am Fluße Kola sich befunden.

[3] Auf unsern heütigen Karten der Kaninischen Küste findet sich kein Hafen dieses Namens.

schon zu Kola kennen gelernt hatte und welcher ihm sagte daß das in der Richtung seines Weges sichtbare Land: Nówaja Sémlja genannt werde. Es folgt daraus daß die Insel des heiligen Jakobs für eine von denen im Süden von Nówaja Sémlja gelegnen zu halten ist. Die Engländer haben alsdann ihre Breite um etwa 10′ zu groß gemessen. Dieser Loschàk sagte ihm noch, daß Nówaja Sémlja den höchsten Berg auf der Welt besitze, und daß selbst der große Berg Bolschòi Kámen, (oder Camen Boldshay nach der falschen Orthographie der Engländer), an der großen Petschóra, von jenem bei weitem übertroffen werde.

Am 31. Juli kam Kapitain Burrough zur Insel Wáigatsch. Dort hatte er beständigen Verkehr mit den Russen und erfuhr von ihnen, daß das Volk, welches auf den sogenannten Großen Inseln lebe, die Samojeden genannt werden. Als sie ans Ufer gingen fanden die Engländer eine große Menge Samojedischer Götzenbilder, namentlich aber mehr als 300, welche, äußerst grob gearbeitet, Männer, Weiber und Kinder darstellten, und bei denen Augen und Münder meistens mit Blut bestrichen waren. Einige von diesen Bildern waren Nichts anders als einfache Stöcke mit zwei oder drei Einschnitten. Unverkennbar vergegenwärtigt diese Beschreibung den Gebetplatz auf dem Götzenkap (Bolwánowskji Nos) der Insel Wáigatsch, welchen der Steüermann Iwánow[1] im Jahre 1824 genau in dem von Burrough geschilderten Zustande fand.

NOwinde, welche nach Burrough's Bemerkung im Osten vom Kaninischen Vorgebirge vor allen andern vorherschen, sehr haüfiges Eis und die beginnende Finsterniß der Nächte, raubten ihm die Hoffnung in jenem Jahre zu einem Resultate zu gelangen. Er beschloß deswegen zurück zu segeln, gelangte am 10. September vor Cholmogórui und überwinterte daselbst[2].

Adelung sagt, daß Burrough bis zu 80° 7′ Breite gelangt sei[3]; betrachtet man aber den übrigen Weg unseres Reisenden, so zeigt sich leicht die Falschheit dieser Behauptung, um so mehr da weder Forster noch Barrow Ähnliches erwähnen, obgleich doch der Letztere über englische Reisen seine Nachrichten ohne Zweifel aus den ergiebigsten und glaubwürdigsten Quellen schöpfte.

Im folgenden Jahre hoffte Burrough seine Reise fortzusetzen, aber man sandte ihn zur Aufsuchung von Willoughbys untergegangnen

[1] Vergleiche in diesem Buch das 7te Capitel (1824 August).

[2] Hakluyt p. 306—316. Die Engländer schreiben Colmogra oder Calmagro und wahrscheinlich auf ihre Autorität steht in Herrn Berg's Geschichte der Reisen S. 17. (in Russ. Sprache) Burrough habe zu Kolmargo überwintert.— (Das alte Cholmogórui ist eine pleonastische Form und bezeichnet wörtlich Hügelberge. An Cholmogórod oder Hügelstadt darf nach dem jetzt herrschenden Sprachgebrauche nicht gedacht werden. — E.)

[3] Adelung Geschichte der Schiffahrten u. s. w. Halle 1768 S. 57.

Schiffen. Er lief aus über die sogenannte Birkenbarre (Berésowoi Bär, bei den Engländern the barre of Berôzowa) über welche auch damals die Tiefe nur 13 Fuß, und das Steigen der Fluth 3 Fuß betrug. Einige der auffallenden Küstenpunkte, unweit des Weißen Meeres benennt Burrough folgender Maßen:

Das Steinbach Vorgebirge,	Muis Kámennui rutschei,	Foxe nose,
Die Fichten Insel,	Ostrow Sosnówez,	Crosse Island,
Das Raben Vorgebirge,	Muis Wóronow	Cape good Fortune,
Das Heilige Kap,	Swjatoi Nos,	Cap Gallant,
Die Jukanischen Inseln,	Jukánskie ostrowa,	S. Johns Islands,

Für die sogenannte Solótiza, und für die drei Inseln gebraucht er die auch heûte noch üblichen Namen.

Bourrough bestimmt die Breite der Insel Sosnówez zu 66° 24′ und der drei Inseln zu 66° 58′ 30″. Beide sind nur um 5′ bis 6′ kleiner als die neûsten Ergebniße. Er ging vor Anker hinter den drei Inseln und hinter den Jukánischen. Von dem Vorgebirge der Johanns Kreûze (Iwánowui Kréstui, bei den Engländern John's Croß) lief er direkt zu den 7 Inseln (St. Georges Islands) ohne bei der Nokúew Insel beizulegen, und deswegen auch mißglückte sein Unternehmen, denn hinter dieser hätte er die gesuchten Schiffe gefunden. Dann ging er vorbei an der Großen Renthier-Insel (Bolschoi Olénji ostrow, S. Peters Island) den Gowrilows Inseln (S. Pauls Islands), dem Teribérischen Vorgebirge (K. Sower beere), der Insel Kildin (Comfort), Zuip-Nawolok (Chebe Nawoloch) und dem Kekurischen Vorgebirge (K. Kegor) und kam nach Wardhus von wo er nach Cholmogórui zurückkehrte[1].

[1580. Pet und Jakman.] — Das Mißlingen ihrer Unternehmungen in Nordosten veranlaßte die Engländer für einige Zeit sich gegen Nordwesten zu wenden. Als aber auch die von Frobisher unternommenen drei Reisen in jene Gegend durchaus erfolglos waren, begannen sie von Neûem ihr Glück im Osten von Eûropa zu versuchen. Die Gesellschaft. welche ein Privilegium für den Russischen Handel besaß, rüstete im Jahre 1580 zwei kleine Fahrzeûge (Barks) George und William, unter Anführung von Arthur Pet und Charles Jakman. In der Instruktion welche sie von der Direktion jener Gesellschaft erhielten, wird eine Burroughs Straße angeführt, darunter aber die jetzige Wáigatsch Straße verstanden, deren Entdeckung man demnach dem Capitain Burrough zuschreibt. Pet und Jakman liefen am 30. Mai aus Harwich, und kamen am 23. Juni nach Wardhus; Winde zwischen NO. und SO hielten sie dort bis zum 1. Juli. Bei Fortsetzung ihrer Reise

[1] Hakluyt S. 324 — 328.

gegen Osten begegneten sie vielem Eise, und sahen am 7. Juli, in 70° 5′ Breite, von Eis umgebenes Land, welches sie für Nówaja Sémlja ansahen. Sie hielten sich in der Nähe dieses Punktes bis zum 14., segelten dann nach SO. und kamen am 18. nach Waigatsch, wo sie Trinkwasser und Holz einnahmen. Dann liefen sie in das Karische Meer, und fanden daselbst so dichtes Eis, daß sie davon während 16 bis 18 Tagen völlig eingeklemmt, und von dichtem Nebel umhüllt waren. Mit Mühe drangen sie gegen den 17. August rückwärts bis zur Jugorischen Durchfahrt (Júgorskji Schár) beschlossen die Rückkehr in ihr Vaterland, und wurden am 22. von einander getrennt. Pet fuhr bald hinter der Insel Kolguew, auf eine sandige Untiefe (ohne Zweifel waren es die Flachen Bänke, Plóskjia Kóschki); am 27. August paßirte er Kap Kegor (M. Kegor oder Kekurskji Muis), am 31. bog er um Nordkap, und kam am 31. December glücklich nach Radcliff. Jakman überwinterte in einem Norwegischen Hafen südlich von Drontheim; im folgenden Jahre machte er sich nach England auf, und ging spurlos unter [1].

Adelung [2] fügt zwei anziehende Briefe zu dieser Reise hinzu, den einen von den berühmten Geographen Merkator an den eben so ausgezeichneten Hakluyt, den andern an Merkator von einem gewissen Balach. Diese Briefe vergegenwärtigen uns die Vorstellungen der damaligen Gelehrten über die Lage der nördlichen Gegenden; der zuletztgenannte beweis't aber noch außerdem, daß die Russen schon im 16. Jahrhundert daran dachten mit den andern Nationen durch Entdeckungsfahrten zu wetteifern. Deswegen auch wurde ein Auszug derselben der gegenwärtigen Übersicht hinzugefügt.

Dieses neüe Mißglücken entfernte die Engländer auf lange von den Bemühungen um eine nordöstliche Durchfahrt. Befremdend ist es, daß die vergeblichen Versuche in einer so engen und seichten Straße wie die Jugórische, in welcher das Eis sich nothwendig oftmals stauen mußte, sehr bald alle Hoffnungen zerstörten, und daß Niemand darauf verfiel die Umfahrung des neü entdeckten Landes von Westen oder von Norden her zu versuchen, wo doch das Meer ungleich tiefer und weiter, und daher der Erfolg bei weiten wahrscheinlicher war. Ohne Zweifel lag die Schuld theils

[1] Hakluyt S. 602—511.

[2] Adelung a. a. O. S. 59—61. Hakluyt S. 449—501. S. 575—578 Siehe unten die Beilage B. Daß man damals in Russland irgend eine wissenschaftliche Unternehmung beabsichtigte, ist deswegen sehr wahrscheinlich, weil im Jahre 1586 der Mathematiker Johann Dee vom Zar Féodor Iwánowitsch, oder richtiger von Godunów unter sehr vortheilhaften Bedingungen aus Deütschland berufen wurde. Hakluyt S. 573—574.

theils in dem Mangel an Hülfsmitteln, denn bis dahin wurden alle Reisen auf Kosten von Privatleüten ausgerüstet, theils in dem Umstand, daß von einer ähnlichen Unternehmung gegen Nord-Westen bessere Erfolge gehofft wurden. Aber die Holländer, als Nebenbuhler aller Englischen Seefahrten erwarteten nur die Befreiung von Philipp's II. drückender Regierung um sich mit gründlichem Eifer an ähnliche Unternehmungen zu wagen.

[1594. Nai und Barenz]. Schon im Jahre 1593 bildete sich eine Gesellschaft Middelburgischer Kaufleüte unter dem Vorstande von Baltasar Moucheron um zu dem erwähnten Zweck ein Schiff auszurüsten[1]. Ihrem Beispiele folgten Enkhuyzener Kaufleüte, welche von den Generalstaaten und vom General-Admiral Prinzen Moriz von Nassau Unterstützung erhielten; späterhin aber wurden auch Amsterdamer zu gleichen Unternehmungen aufgefordert, durch Plantius, einen der berühmtesten Kosmographen jener Zeit. Das Middelburger Schiff, der Schwan, befehligte Kornelis Kornelisson Nai, welcher auf Moucherons Veranlassung wärend einiger Zeit in Russland gelebt hatte. Als Übersetzer gesellte man zu ihm den Kaufmann Franz Deladal, welcher der Russischen Sprache mächtig war, und einen gewissen Christoph Splindler, einen gebornen Slaven. Das Enkhuyzener Schiff Merkur übergab man an Brand Isbrand, oder wie man ihn auch nannte Brand Tetgales, als Superkargo befanden sich auf demselben Johann Hugo van Linschooten, welcher die Fahrt dieser Schiffe ausführlich beschrieben hat. Als Kapitain des Amsterdamer Schiffes, der Gesandte, diente Wilhelm Barenz von Ter Schelling, ein Amsterdamer Bürger, ein kühner und erfahrner Seefahrer; außer dem Hauptschiffe wurde ihm noch eine kleine Schellingsche Fischerjacht beigegeben. Seine Reise wurde späterhin durch Gerhard de Veere beschrieben. Die genannten Abtheilungen dieser Expedition sollten einzeln wirken. Die ersten zwei Schiffe unter Nai empfingen den Auftrag eine Durchfahrt zwischen Waigatsch und dem Ufer des Festlands nach dem Beispiele der Engländer zu suchen, wärend Barenz mit den beiden andern nördlich von Nówaja Sémlja schiffen sollte: nach Plantius Ansicht, der zufolge nur auf diesem Wege die Möglichkeit einer Nord-Ost Durchfahrt, vorhanden war.

Am 5ten Juni 1594 begab sich Nai mit seiner Abtheilung vom Texel aus in See, und bestimmte für Barenz, der noch nicht völlig reisefertig war, die Insel Kildin als Vereinigungsort. Der erste erreichte diesen Punkt am 21sten, der andere aber am 23sten Juni. Am 29ten setzte Barenz seine Fahrt gegen NO. fort. Am

[1] J. Blaeu's Grooten Atlas, of Werelt Beschrijving. Erste Deel. 't Amsterdam MDCLXII p. 5. a. Leeven en Daaden der Doorluchtigste Zeehelden door V. D. B. 't Amsterdam Anno 1683 p. 44—62.

4ten Juli sah er das Land: „welches die Russen Nówaja Sémlja nennen“ und kam in der Nacht zu einem ebnen und weit ins Meer hinaus ragenden Vorgebirge, welches er Langeneß nannte. In einer großen Bucht, an der Ostseite dieses Vorgebirges, ging er ans Land, fand aber keine Menschen, sondern nur Spuren derselben. Die Breite dieses Ortes war 73° 15′. Er schiffte dann weiter, passirte Kap Langenhoek (nach Andern Saro Wacho) welches 4 Meilen[1] von Langeneß entfernt liegt, und erreichte die Bucht Lomsbay, welche nur 5 Meilen von dort liegt, und ihren Namen von einer daselbst sehr häufigen und von den Holländern, Lommen genannten Vögelart erhielt.[2] Diese Vögel sind ziemlich groß, haben aber so kleine Flügel, daß man kaum begreift wie sie sich in der Luft erhalten können. Um sich vor Raubthieren zu sichern, bauen sie ihre Nester an steilen Felsenwänden und legen in jedes nur ein Ei. Die Menschen fürchten sie aber so wenig, daß die einen ruhig auf ihren Nestern sitzen bleiben, wärend man andre auf den ihrigen ergreift. Das Westufer dieser großen Bucht bildet einen gefahrlosen Hafen von 6, 7 und 8 Sajenen Tiefe. Die Holländer landeten dort und errichteten als Wahrzeichen einen alten Mast welchen sie ebendaselbst vorfanden. Die Breite von Lomsbay beträgt 74° 20′. Zwischen dem West-Ende der Lomsbay und Langeneß fanden sie zwei Buchten. Nördlich von Lomsbay aber die Insel der Admiralität deren Ostseite von Untiefen umgeben ist. Man muß dieselbe nicht anders als in großer Entfernung umfahren, denn in ihrer Nähe sind die Tiefen ungemein wechselnd, so daß man dicht neben 10 Sajenen nur 6, dann aber wiederum 10, 12 und mehr Sajenen Tiefe findet. Am 6ten Juli um Mitternacht kamen sie zu dem schwarzen Vorgebirge (Swarten hoek) unter 75° 20′ Breite; ungefähr 8 Meilen weiter fanden sie die Wilhelmsinsel auf der sich nebst vielem ausgeworfnem Treibholze auch Wallrosse zeigten, welche als sehr fürchterliche und sehr kräftige Seeungeheüer (seer wonderbare en sterke Zeemonsters) dargestellt werden. Barenz maaß an dieser Stelle eine Sonnenhöhe mit seinem größeren Quadranten und fand die Breite zu 75° 55′. Den 9. Juli blieben sie vor Anker hinter der Wilhelms Insel, in der Bucht welche sie Beerenfort nannten. Am 10ten gingen sie zur Kreüzinsel (Kruis Eiland) welche nach zwei daselbst aufgefundnen großen Kreüzen benannt wurde.

Auf der Insel selbst giebt es eine kleine Bank, bei welcher man mit Ruderfahrzeügen anlegen kann. Sie ist völlig kahl, liegt um etwas mehr als zwei Meilen vom Festlande entfernt, und hat

[1] Bei der Beschreibung der holländischen Reisen, sind stets deütsche Meilen gemeint.

[2] Eine Art Taucher welche in Martens Reise beschrieben worden ist. Siehe Adelungs Geschichte S. 361.

von Ost gegen West etwa eine halbe Meile Länge. Von jedem ihrer Enden erstrecken sich Riffe ins Meer. Ungefähr 8 Meilen von dort liegt das Nassauer Vorgebirge (Hoek van Nassau); es ist niedrig, platt und gefahrvoll. Als sie von diesem aus, 5 Meilen weit theils nach O t S., theils nach OSO gefahren waren, glaubten sie in NO. Land zu unterscheiden. In der Voraussetzung daß dieses irgend eine von Nówaja Sémlja verschiedne Insel sei, hielten sie darauf hin, aber plötzlich ward der Wind so heftig, daß sie während 16 Stunden ohne Segel treiben mußten. Sie verloren bei diesem Wetter ein Ruderboot welches die Wellen verschütteten. Am 13ten begegneten sie so vielem Eise, daß der Horizont des Marses (oder Mastkorbes am Hauptmast) gänzlich davon erfüllt war, dann lavirten sie zwischen diesem Eise und der Küste von Nówaja Sémlja und kamen am 26ten zum Trostvorgebirge (Troosthoek); am 29ten waren sie in 77° Breite und die nördlichste Spitze von Nówaja Sémlja, das sogenannte Eiskap (Ijshoek), lag ihnen genau nach O. Dort fanden sie am Ufer Steinchen, die wie Gold glänzten und welche sie deshalb auch goldene Steine (Goudsteen) nannten. Am 31. Juli erreichten sie die Oranien Inseln. Barenz sah endlich ein, daß aller ihrer Mühe ohngeachtet der Durchgang durch das umgebende Eis ihnen schwerlich gelingen werde, und daß außerdem die Mannschaft sich unruhig und unzufrieden bezeugte. Er beschloß daher umzukehren, nachdem er jedoch zuvor die übrigen Schiffe aufgesucht und von ihnen erfahren haben würde, ob sie nicht vielleicht auf der andern Seite einen Durchgang gefunden hätten.

Am 1sten August segelten sie rückwärts gegen Westen. Sie gingen vorbei an dem Eiskap, dem Frostvorgebirge, dem Nassauischen und an den übrigen früher gesehenen Orten [1], und näherten sich am 8ten einer kleinen Insel, welche etwa um eine halbe Meile vom Ufer entfernt lag, und wegen ihres schwarzen Gipfels die Schwarze (het zwarte Eiland) genannt wurde. Barenz beobachtete dort die Breite zu 71° 20′. Hinter der kleinen Insel war eine große Straße: nach Barenz dieselbe, in die Olivier Bennel früher einlief, und welche Constint Sarck, oder nach andern, Constant Serack genannt wird. Drei Meilen von der schwarzen Insel fanden sie ein niedriges Vorgebirge mit einem Kreütze, welches deshalb das Kreützkap (Kruishoek) genannt wurde; 4 Meilen weiter lag wiederum ein niedriges Vorgebirge, das sogenannte Fünfte, oder das

[1] In: Schifffahrten der Holländer in die Orientalische Indien durch Levinum Hulsium, Frankfurt a. M. 1625 Thl. I., werden folgende Entfernungen zwischen diesen Orten, genannt:
Von den Oranien Inseln bis zum Eis Vorgebirge 6 Meilen.
Vom Eis Vorgebirge bis zum Frost Kap 30 Meilen
Vom Frost Kap bis zum Nassauer Vorgebirge 7 Meilen.

Vorgebirge des Heiligen Lorenz (Vyssle of S. Laurentshoeck), und jenseits desselben eine große Straße. Noch 3 Meilen weiter entdeckten sie Schanshoek[1], und hart an demselben einen niedrigen schwarzen Felsen mit einem Kreüze. Dort fuhren sie ans Land, fanden 6 vergrabene Säcke mit Roggenmehl und einen Haufen Steine, und schlossen daraus, daß daselbst Leüte lebten und vor ihnen geflohen waren. In der Entfernung eines Falkonetschusses von dort stand ein andres Kreüz, und neben diesem drei nach Sitte der Nordländer gebaute Holz-Haüser, in denen sich eine Menge, in Stücke zerlegte Fässer befanden; die Reisenden schlossen, daß dort Lachsfang betrieben würde. Auch lagen dort am Boden 5 bis 6 Särge neben Grabstätten, welche mit Steinen angefüllt waren, und die Trümmer eines Russischen Schiffes von 44 Fuß im Kiel. Einen dortigen Hafen, welcher vor allen Winden geschützt war, nannten sie den Mehlhafen (Meelhaven). Zwischen diesem Hafen und dem Schanshoek liegt die St. Lorenz Bucht, welche bei NO. und NW. Winden eben so gefahrlos ist als jener. Die Breite dieses Ortes fand man zu 70° 45′. Man legte wiederum 10 Meilen zurück und kam dann am 12ten August zu den zwei kleinen Inseln der Heiligen Clara (S. Clare), von denen die aüßerste um eine Meile vom Ufer entfernt ist. Dort begegneten sie einer großen Menge von Eis und wurden dadurch gezwungen sich gegen Süd zu entfernen[2].

Am 15ten fand Barenz seine Breite zu 69° 15′, und kam von dort nach Zurücklegung von 2 Meilen, zu der Matwjejew's und Langen Insel (Matwjéjewa und Dolgoi Ostrow, die Holländer schreiben Matsloe en Delgoye), wo sie der Abtheilung unter Kornelis Nai begegneten, welche desselben Tages von Waigatsch ankam, und glaubte, daß Barenz Nówaja Sémlja völlig umschifft habe.

Mit unsrer jetzigen Kenntniß von Nówaja Sémlja ist es leicht, den Verlauf von Barenz Reise vollständig nachzuweisen. Der von ihm zuerst gesehene Punkt des Ufers, welchen er Langeneß nannte, kann kein andrer sein als das Trockne Vorgebirge (Suchoi Nos) unter 73° 46′ Breite; denn südlich von dort giebt es auf einer Strecke von 60 Meilen, d. h. bis zum Kap Britwin, kein einziges Vorgebirge welches man eben, und weit ins Meer ragend nennen könnte; nördlicher kann man es aber nicht suchen, weil der Fehler in der Breitenbestimmung, der auch jetzt schon 30′ beträgt, dann noch weit erheblicher würde. Daß übrigens die Breite von Langeneß in Dewer's Berichte zu klein angegeben ist, folgt auch schon aus den Einzelheiten seiner eignen Erzählung: die Breite von

[1] Barrow nennt dieses Vorgebirge Sions Point S. 141. Er spricht auch von einer dort gefundnen Kanonen Kugel (a large Cannon shot) nahm aber wahrscheinlich gotelingschoot, einen Falkonet Schuß, für eine Kanonen Kugel.

[2] Hulsius Schiffahrten.

Lomsbay fanden sie 74° 20′, den Abstand von Langeneß 9 Meilen; rechnet man nun diesen Abstand gänzlich für Breite, so kommt die Polhöhe von Langeneß auf 73°44′, d. h. noch immer um 29′ größer, als die Angabe der Reisebeschreibung. Dasselbe beweist auch die diesem Bericht hinzugefügte Karte auf welcher sich Langeneß genau in der Breite von Suchoi Nos befindet.

Die große Bucht an der Ostseite von Langeneß, ist Sophronow's Bucht (Sophrónowa Gubà).

Lomsbay ist die Kreuzesbucht (Gubà Krestowaja), welche sich unter 74° 20′ und um 8½ D. Meilen von Suchoi Nos befindet. An ihrem Südufer ist ein Berg mit einigen Absätzen, auf welchem eine große Menge sehr verschiedenartiger Meervögel leben, so daß hier Alles mit Barenz Beschreibung übereinstimmt.

In der Insel der Admiralität, erkennt man, sowohl nach deren Entfernung von Lomsbay, als auch vorzüglich nach den Untiefen, welche sie umgeben, die Gläsow's oder Podschiwàlow Insel unserer Jäger.

Die Wilhelmsinsel ist eine der Bucklichen Inseln (gorbowie ostrowa) und Beerenfort ist die Buckliche Anfahrt. Die Breite der Wilhelmsinsel, wurde im Jahre 1822 zu 75° 45′ gefunden, d. h. um 10′ kleiner als durch Barenz.

Die Kreûzinsel und das Nassauer Vorgebirge sind unter denselben Namen auf unsern neûsten Karten verzeichnet. Die erste konnte man, nach Barenz umständlicher Beschreibung, sehr leicht erkennen. Sie gehört vielleicht zu den Inseln, welche die Jäger die Reichen (bogátie ostrowà) nennen. Die Breite des genannten Vorgebirges ist zu 76° 34′ bestimmt worden.

Die Existenz des von den Holländern angeblich in O. vom Nassauer Vorgebirge gesehenen Landes, ist aûßerst zweifelhaft. Sie selbst erwähnen dasselbe nur oberflächlich, bei der zweiten Reise aber gar nicht mehr. Vielleicht haben sie irgend eine weit hervorspringende Landspitze von Nówaja Sémlja gesehen: noch wahrscheinlicher aber ist es, daß sie eine Anhaûfung von Nebel für Land hielten.

Das Eiskap muß dasselbe sein, welches auch unsre Jäger das Eisige (ledjanoi Muis) oder auch den Adler (orël) nennen[1]. Seine Entfernung von der nordöstlichsten Spitze Nówaja Semljás (welche von den Russen die Ankunft (Dochódi), von den Holländern aber das Erwünschte Vorgebirge genannt wird[2]) beträgt nach den Angaben der Jäger 100 Werst, nach den holländischen Karten aber 110 Werst. Die daselbst befindlichen großen Glät-

[1] Krestinin's Nachrichten in den Neûen Monatschriften XXXI, S. 56.

[2] Ebendaselbst XXXI, S. 6. Anmerk.

scher, mochten die Gleichheit der Benennung bei den Russen und Holländern veranlassen.

Die Oranischen Inseln sind als die weitesten gegen NO. ohne Zweifel nichts anders als die Maksimkow Insel der Russischen Jäger welche nahe an der Ankunft (Dochódi) liegt.[1]

Eine Insel Maksimok, die man auf Adelung's Karte in 74° 5' Breite findet, und welche von dieser auch auf viele andre und namentlich auf Russische Karten[2] überging, ist aller Wahrscheinlichkeit nach nichts anders als diese Maksimkow Insel. Witsen sagt von ihr: „die Insel Maksimko oder Maksimok, welche im Angesicht von Nówaja Sémlja liegt, ist der entlegenste unter den „Orten, welche Russen wegen der Jagd der Pelzthiere besuchen." Diese Stelle beweist, daß die vermeinte Maksimok Insel sich wirklich dem Vorgebirge der Ankunft (Muis Dochódow) gegenüber befindet. Weiter heißt es: „ein gewisser Russischer Seefahrer erzählte mir, daß er zur Zeit eines stürmischen Wetters aus O. „wärend drei Tage bis zu den Jokanischen Inseln trieb, und „daß zwei seiner Gefährten in derselben Zeit zur Insel Nagel (Nokuew) getrieben wurden.[3]" Dieses konnte nicht geschehen, wenn jene Maksimok Insel wirklich auf der Ostseite von Nówaja Sémlja läge.

Die Schwarze Insel von Barenz ist die Podrjésow Insel, welche sich in der nördlichen Mündung der Kóstin Straße (Kostin Schar) befindet. Ihre Breite ist 71° 28', d. h. um 8' größer als Barenz Resultat. Ihre Lage gegen das Ufer und ihr äußeres Ansehn, entsprechen aber sehr genau der Beschreibung von Barenz. Demnächst ist es an sich klar, was man zu verstehen habe unter den Benennungen Constint Sarck, Constant Serach, Costine Sarca und unter mehreren andern, über welche viele Schriftsteller sich gewaltig abmühten. Forster zweifelt keineswegs, Bennet sei ein Engländer gewesen und Constint Sarch daher nichts anderes als Constant Search d. h. das beständige Suchen; er bekennt aber nicht zu wissen, wann und warum jener Seefahrer dahin gelangte.[4] Nach Forster behauptet dann auch Barrow mit Bestimmtheit, daß ein Engländer Brunell die Bucht Costine Sarca

[1] Ebendaselbst XXXI, S. 44.

[2] Siehe die Karte zum zweiten Theil von Herrn Berch's Chronolog. Geschichte der Seefahrten (in Russischer Sprache).

[3] Noord en Oost Tartarije p. 316. Witsen setzte nicht voraus daß Maksimok Insel und die Oranien Inseln indentisch seien. Er sagt am angeführten Orte: „Doch deze benamingen op het Rusch en Kanikniet wel toepassen an de Eilanden die op de kust van Nova Semla door de Hollanders zijn benaemt en angewezen, om dat de Rusche Sturman het begrip van onze Kaarten niet konende krijgen, zulks niet wist aen te wijzen."

[4] Forster S. 415.

entdeckte und benannte; nur glaubt er, es müsse heißen Coastin search d. h. das Küsten-Suchen.[1] Witsen, der fleißigste Sammler aller Nachrichten über die nordöstlichen Gegenden, hatte wahrscheinlich die richtige Benennung Kostin Schar gehört; er verwechselt aber die Worte Schar und Zar, und so wird bei ihm aus dieser Straße ein Zar Konstantin.[2]

Das Kreûzvorgebirge ist das Schadrowische auf der Mejduscharischen (d. h. in der Straße gelegenen) Insel. Es befindet sich 3 deûtsche Meilen von der Insel Podrjásow und auch heûte noch steht auf demselben ein Kreûz. Das Kap des Heilg. Lorenz ist entweder das Bóbruischew, oder das Kostin-Vorgebirge, welches $4\frac{1}{2}$ Meilen vom Schadrowischen absteht. Jenseits dieser Landspitze erstreckt sich die südliche Mündung der Kostin Straße (Kostin Schar) und diese ist es, welche die Holländer als jenen großen Meerbusen bezeichneten.

Schanshoek ist das Mehlkap (Mutschnoi Nos) der Russen, welches $2\frac{1}{2}$ Meilen von Kostin Nos, die westlichste Hervorragung der Stróganower Bucht ausmacht. Mehlhafen ist Wasíljew Anfahrt (Wasíljewo Stanówischtsche *), welche von der letzgenannten nach NO. vorspringt, In dieser Bucht sieht man noch heûte Spuren der Gebaûde, in welchen einst, der Überlieferung zu Folge, die Strogonows von Nowgorod wohnten, deren Namen sich in der Benennung des Ortes erhalten hat. Man kann mit Sicherheit annehmen, daß diese Gebaûde dieselben waren, welche von den Hol-

[1] Barrow S. 139 und 189. Diese Conjekturen erinnern an ähnliche von Dampier, welcher das holländische Wort Eendragt, (Eintracht) mit dem englischen Indraught (Einfahrt, Einströmung) verwechselte und daher glaubte, die Eintrachtsbucht (am Westufer von Neû Holland) habe ihren Namen von der starken Strömung, welche vom Meere her in dieselbe einlaûft.

[2] Noord en Oost Tartarije pag. 918. Derselbe Schriftsteller giebt auch Aufschluß über den problematischen Namen Bénnel: „Het zijn veele Jaren geledeu, en lange voor W. Barenz soons Reis dat eenen Olivier Bunel met een Scheepje van Enkhuyzen uit gesaren, deze Rivier (Petschora) heeft bezocht, daer hy veel Pelterye, Rusch glas en Bergkristal vergadert hadde, doch is aldaer kommen to blyven,“ pag. 946. Auch in Hulsius Schifffahrten werden desselben Reisen erwähnt. P. I. Beschreybung der andern Reyß nach Cathay. Anno 1595. S. 23.

[*) Der Volkausdruck Stanowischtsche (von Stanowlju ich stelle auf, Stanowljus ich lasse mich nieder oder kehre ein) wird von Landreisenden zur Bezeichnung eines Lagerplatzes gebraucht. Auf Schifffahrten beziehen ihn nur die alterthümlichen Jagd- oder Handelsschiffer, welche sich kleiner Fahrzeuge bedienen; man kann ihn daher nicht immer durch Ankerplatz (jákornoe mjésto), sondern besser durch Anfahrt (pristan der gebildeteren nautischen Kunstsprache) ersetzt denken. — E.]

ländern daselbst gesehen wurden; wahrscheinlich aber waren die Strόganows auch damals schon nicht mehr vorhanden.

Den Inseln der Heiligen Klara, entsprechen die Sachäniner Inseln. Sie liegen 10½ Meilen vom Mehlkap (Mutschnoi Nos), die äußerste derselben ist genau um eine Meile vom Ufer entfernt und im übrigen ist dort alles durchaus so, wie es Barenz fand.

Große Eismassen welche, gerade so wie es auch jetzt geschieht, aus den Karischen Pforten (Karskie worόti) hervortrieben, hemmten in dieser Gegend seine Fortschritte. Er konnte daher die südlichste Spitze von Nόwaja Sémlja nicht erreichen und war genöthigt, nach der Matwjejewinsel und nach der Langeninsel (dόlgoi όstrow) zu halten.

Es ist bemerkenswerth daß Barenz wärend dieser Rückreise an einer Einfahrt vorüber ging, welche sich gerade gegen O. erstreckt und deren Entdeckung ihm daher von der höchsten Wichtigkeit gewesen wäre: ich meine die Mätotschkin Straße (Mätotschkin Schar). Im Jahre 1821 lernten auch wir durch eigne Erfahrung, daß diese Einfahrt sogar in sehr geringer Entfernung vom Ufer schwer zu bemerken ist. Barenz aber scheint zwischen 74° und 72° Breite, sich weit mehr seewärts gehalten zu haben, als man sonst pflegt, denn von Langeneß bis zur Schwarzen Insel (Tschérnoi όstrow) erwähnt er keines einzigen Vorgebirges, noch auch irgend einer Bucht oder Insel. Auf seiner Karte erstreckt sich zwischen den zwei genannten Punkten das Ufer fast völlig geradlinig, wärend es in der Wirklichkeit zwei weite Einbuchten bildet. Wie betrübend wäre nicht die Entdeckung dieses Irrthums für Barenz gewesen!

Wir kehren jetzt zu Nais Fahrten zurück.

Nach dem Abschiede von Barenz blieb er noch vier Tage hinter der Insel Kildin (die Holländer schreiben Kilduyn). Dort lagen mit ihnen zwei Dänische Schiffe vor Anker. Der Befehlshaber des einen gab sich für einen Dänischen Offizier aus, und forderte von den Holländern einen Paß, aber nach Empfang einer abschlägigen Antwort ließ er sie in Ruhe. Die Russen waren schon damals Herren jener Gegend und sie hatten dort einen Beamten, welcher im Namen des Zaren Abgaben einsammelte. Von den Holländern erwartete dieser vergeblich ein Geschenk, für die Erlaubniß zu fischen. Er versuchte daher ein Verbot, aus welchem Uneinigkeiten hervorgingen, die jedoch noch freundschaftlich beigelegt wurden. Ebenso wie jetzt kamen auch damals Russen und Loparen nur im Sommer dahin, im Herbste kehrten jene in das weiße Meer, diese aber in ihre Moorgegenden (Tündrui) zurück.[1] Die Breite dieses Ortes wurde zu 69° 40′ bestimmt.

Am 2ten Juli hoben Nais Schiffe die Anker und nahmen

[1] Adelung, S. 111 — 113.

ihren Lauf gegen Osten.[1] Am 5ten begegneten sie vielem Eise und hielten mehrmals Anhaufungen von Nebel für Land. Die Breite war nach astron. Beobachtung 71° 20′ Die Sonne stand in SSW. (magnetisches Azimuth E.), noch ehe sie ihre größte Höhe erreichte. Am 7ten sahen sie das Kaninische Ufer. Während der zwei folgenden Tage begegneten sie wieder vielem Eise, welches aus der zwischen Kanin und dem Heiligen Kap (Swjatói Nos) gelegenen Bucht (der Tschéschischen, Tschéschskaja Gubà) hervortrieb und sich bei der Insel Kolguew festsetzte, namentlich aber auf den Untiefen, die sich von deren südlichste Spitze gegen O t S. erstrecken (die flachen Bänke, Plóskija Kóschki), dort fand man das Eis zu hohen Hügelzügen aufgestapelt. Am 9ten näherten sie sich dem Ufer beim Heiligen Kap, und nach Fortsetzung ihrer Fahrt gegen NO. gingen sie am 10ten unter der Insel Toksar vor Anker ('t Eiland Toxar). Dort begegneten sie einem Russischen Boote (Lódja) das von der Petschóra kam und zu welchem sich am folgenden Tage noch drei andre gesellten. Die Segler auf diesen Booten versicherten die Holländer, daß sie bei Waigatsch unüberwindliche Hindernisse finden würden. Einige sagten, die Straße sei seicht und fast immer mit Eis bedeckt, außerdem aber wie besäet mit Felsen, welche den Durchgang unmöglich machten; andre behaupteten, daß, wenn es auch an sich nicht unmöglich sei durch jene Straße zu dringen, so gäbe es doch daselbst eine so große Menge von Wallfischen und Wallrossen, daß die Schiffe davon oftmals rings umgeben und zerschlagen würden; ohnlängst noch seien auf Befehl der Zaren, drei Boote dahin abgegangen, welche ohne jeden Erfolg fast mit sämmtlicher Mannschaft zwischen dem Eise untergingen, nur Einigen sei es gelungen sich ans Ufer zu retten um diese Trauerbotschaft zu überbringen. Die Holländer mißtrauten diesen Erzählungen, welche sie nur für erfunden hielten, um sie von ihrem Vorhaben abzuschrecken.

Die Breite der Insel Toksar fanden sie zu 68° 30′.

Sie verließen dieselbe am 16ten Juli und segelten weiter, nachdem sie als Denkmal ihres Aufenthalts auf einem Hügelvorsprunge ein Kreüz, mit einer Inschrift errichtet hatten. Das Wetter war eben so warm wie in Holland um die Hundstage, und Mücken beunruhigten sie außerordentlich. Sie fuhren längs des sandigen und niedrigen Ufers, welches theils O., theils O t N. lauft, und sahen den engen unb stark geschlängelten Kolokólkow Fluß (Glockenfluß, die Holländer schreiben Colcocova). Russische Fischer, welche mit ihrem Boote in demselben standen, boten sich als Wegweiser an, und am 17ten Juli liefen sie mit den Holländern in das Flüßchen Peschtschánka (Sandbach, die Holländer schreiben Pitzano), welches man gleichfalls seicht und unvortheilhaft befand.

[1] Blaeu's Groot. Atlas, p. 6, a. Leeven d. Doorlucht. Zeeheld. p. 44—62.

Dort erfuhren die Holländer daß sie nun auf 11 Meilen weit bis zur Pétschora, häufige Untiefen antreffen würden, dann aber jenseits derselben, große Tiefe und bei der Insel Warandej, welche auf den Karten Olgeim (Olgijm) genannt wird, einen schönen Hafen. Am 18ten liefen sie in die Petschora ein, und warfen den Anker bei 6 Sajenen Tiefe um ein heftig stürmisches Wehen aus O. abzuwarten; gegen die Morgendämmerung trat Nordwind ein, und man setzte den Weg gegen O. fort, am 21sten, nach Kursrechnung in 30 Meilen von der Petschóra, sahen sie die Ufer der Insel Waigatsch; das Meer war mit einer Menge schwimmenden Holzes bedeckt unter welchem ganze Baüme gesehen wurden. Das Seewasser war so trübe, wie in einem Schleüsengraben (als dat van de Slooten in Holland). Als sie dem Ufer näher kamen, welches sich zwischen N. und NNW. zeigte, sahen sie hart am Wasser zwei Kreüze; wie man später erfahren, waren sie Russischen Ursprungs. An dieser Stelle verweilten sie einige Zeit vor Anker in 10 Sajenen Tiefe und fanden die Breite 69° 45′ Am 22sten kamen sie zu einem andern Vorgebirge 5 Meilen SÖlich von dem erstern und fanden demselben gegenüber 4 oder 5 kleine Inseln, auf deren einen zwei Kreüze standen. Dann, nach einer Fahrt von drei Meilen, zeigte sich ihnen eine Einfahrt von etwa einer Meile Breite, und mit einer Insel in ihrer Mitte. Linschooten versicherte, diese sei dieselbe Straße welche Waigatsch vom Festlande trenne, aber Admiral Nai, ohne ihm geradezu widersprechen zu können, befahl dennoch zu mehrerer Sicherheit, das Ufer noch weiter gegen Süden zu untersuchen. Als sie 10 bis 11 Meilen weit gegen Süden vorgedrungen waren, bis zur Breite 69° 13′, sahen sie, daß sich das Ufer von dort an gegen Westen wendet bei abnehmender Tiefe. Sie kehrten daher zu der früher aufgefundenen Straße zurück. An diesem Tage, am 23sten Juli, ging ihnen die Sonne zum ersten Mal wiederum unter und, zwar in NNO., aber bald darauf erhob sie sich wiederum über den Horizont in NO t N. (Beide Angaben sind magnetische Azimuthe und deüten auf 28° 12′ westliche Abweichung E.). Innerhalb der Straße fanden sie die Tiefen nur zwischen 10 und 5 Sajenen, sie gingen daher vor Anker und schickten die Ruderfahrzeüge zu ferneren Lothungen vorauf. Diese kamen mit der erfreülichen Botschaft zurück, daß weiter gegen O. bei zunehmender Tiefe das Wasser klarer und salziger werde, so daß man nicht zweifeln dürfe, nach jener Seite offenes Meer zu finden. Auch wurden sie in dieser Hoffnung bestärkt durch eine heftige Strömung aus Osten, welche eine Menge von Eis herbeiführte und ihre Schiffe beträchtlichen Gefahren aussetzte. Die Straße in welcher sie sich nun ohne Zweifel befanden erhielt den Namen der Nassauer (de Straet van Nassouw) zu Ehren des Prinzen Moriz von Oranien. Das Süduser der Einfahrt nannten sie Neü

Westfriesland und die Insel Waigatsch, die Enkhuyzener Insel. Am Ufer dieser letzteren fanden sie nahe an 400 hölzerne Bildsaulen von außerst grober Arbeit, welche Männer und Weiber vorzustellen schienen, und in der Überzeugung daß die anwohnenden Jngebornen diese Darstellungen aus religiösen Gefühlen anfertigten, nannten sie den Ort das Götzenkap (Afgodenhoek). Die Breite desselben fanden sie zu 69° 43′. Ein andres Vorgebirge, welches von dort aus 2 Meilen gegen O lag, wurde Kreûzkap benannt, weil man ein großes Kreûz auf demselben vorfand; wärend endlich eine dritte Landspitze, in drei Meilen vom Kreûzkap, den Namen des Streitvorgebirges (Twisthoek) erhielt, weil sich auf den Schiffen der Streit entspann, ob die Straße an dieser Stelle aufhöre oder nicht. Auf der Hervorragung des Vestlandes, welches diesem Vorgebirge entgegensteht, sah man eine Tonne aufgestellt und nannte es deswegen das Tonnenkap (Tonhoek), wärend in der Nähe eine kleine Insel, zu Ehren eines Reeders, welcher am meisten zur Ausrüstung der Expedition beitrug, Malson genannt wurde. Am 1sten August fuhren sie weiter dürch die Straße und liefen endlich an demselben Tage in offenes Meer, welches sie das Neûe Nord Meer (Nieuwe Noord Zee) nannten. Etwa 4 Meilen legten sie in demselben zurück und begegneten dann haûfigem Eise, mit welchem sie wärend zwei Tage unter großen Gefahren kämpften. Sie hatten sich schon zur Rückkehr entschlossen, als sich eine kleine Insel zeigte, hinter welcher man, in 8 Sajenen Tiefe, ohne Gefahr vor Anker gehen konnte. Diese Insel, welche etwa 4 Meilen von Malson entfernt ist, nannten sie die Staaten Insel (het Staaten Eiland), ihre Breite beträgt etwa 1 Meile und ihr Abstand vom Ufer ½ Meile. Sie fanden auf derselben, ebenso wie auf Malson, eine Menge von Bergkrystallen, von welchem einzelne Stücke wie geschliffner Diamant aussahen. Nach sechstägigem Verweilen bei dieser Insel, sahen sie das Meer durchaus frei von Eis, und beschlossen daher, am 9ten August ihre Fahrt wiederum fortzusetzen. Jn 8 Meilen Entfernung von dem Ufer der Insel, fanden sie eine Tiefe von 132 Sajenen und Thongrund und begegneten bald darauf neûem Eise, an welchem sie jedoch glücklich vorüberliefen und zwischen O t N und O t S. zu halten fortfuhren. Man hatte diesen Kurs 37 bis 38 Meilen weit befolgt, als sich ein niedriges, ebnes und schnurgrade abgeschnittenes Ufer zeigte. Es erstreckt sich von SW. nach NO., die Tiefe betrug dort nur 7 Sajenen. Jm Süden lag ihnen eine Einbucht, in welche sich ein großer Fluß zu ergießen schien und 5 Meilen von dort eine ähnliche Mündung. Sie belegten diese beiden Flüsse mit den Namen ihrer Schiffe: Merkur und Schwan. Das entfernteste Ufer, welches sich in NO zeigte, lag nicht weniger als 50 Meilen weit von der Nassauer Straße, sie schlossen daher der erwähnte große Fluß könne kein anderer sein, als der Obj; die Küste erstrecke sich von hier an gerade gegen das Kap Tabijn, und von dort ohne jede Einbiegung bis nach China, so daß ihnen nunmehr nichts weiter zu entdecken übrig bleibe. Da nun außerdem der Herbst herannahte, beschloß man auf einstimmigen Rathschlag, mit dieser erwünschten Nachricht in das Vaterland zurückzukehren und das Ufer zwischen der Nassauer Straße und dem Obj, Neü Holland zu nennen. Am folgenden Tage, den 12ten August, beobachteten sie die Breite zu 71° 10′. Am 13ten sahen sie keine Spur von Eis, an demselben Orte wo sie früher durch fast undurchdringliche Anhaüfungen sich hindurchwanden. Am 15ten gingen sie wiederum durch die Nassauer Straße und fanden, 11 bis 12 Meilen westlich von derselben, drei Inseln, bei denen sie, wie früher erwähnt, mit Barenz Abtheilung zusammen trafen. Die nördliche dieser Inseln nannten sie Morizinsel zu Ehren des einen Prinzen von Oranien; die mittlere, Oranieninsel nach dem Prinzen Wilhelm von Oranien; die südliche aber, von der man nicht sicher wußte ob sie nicht mit dem Vestlande zusammenhinge, das Neüe Land von Walchern (Nieuwe Land van Walcheren). Die Ufer der ersteren waren mit ausgeworfnem Treibholze bedeckt. Sie fanden dort auch Bruchstücke eines Russischen Bootes (lódja) von etwa 38 Fuß Länge, ganze Baüme von 60 Fuß Länge und eine Menge von Kreüzen, von denen das eine aüßerst künstlich mit Russischen Buchstaben verziert war (soo kunstigh met Russche letteren verciert, dat het een wonder kan strecken). Am 18ten begannen beide Abtheilungen gemeinschaftlich ihre Rückfahrt nach Holland. Am 20sten fuhren die Schiffe Merkur und Schwan auf eine Bank (wahrscheinlich auf Gulaews Bänke, Gulajewui koschki) und entrannen kaum dem Untergange; am 24sten kamen sie nach Wardhus und erreichten den Texel am 16ten September.

Durch haüfige Verbindungen, welche die Holländer wärend dieser Reise mit Russischen Seefahrern sowohl, als mit den Küstenbewohnern unterhielten, erfuhren sie die landesüblichen Benennungen der besuchten Orte, und gaben uns die Möglichkeit ihren Weg auch jetzt noch mit Sicherheit zu verfolgen. Nur gleich zu Anfang bleibt einige Schwierigkeit bei der Benennung der Insel Toksar. Zwischen dem Heiligen- und Glockenvorgebirge (Swjatoi und Kolokolkow Nos) konnten sie aber nur bei der Einfachen Insel (Prostoi ostrow) vor Anker gehen, und es ist daher nicht zu bezweifeln, daß diese dieselbe war, welche sie Toksar nennen. Wahrscheinlich liegt irgend ein Mißverständniß dem von den Holländern beigebrachten Namen zu Grunde. Die Straße zwischen dieser Insel und der Küste wird Mej schärje (die Zwischenstraße) genannt, beide Mündungen der Straße nennt man Schari, und höchst wahrscheinlich hörten die Holländer von Russischen Seefahrern, welche sie wegen der Insel befragten die Worte: tot Schar, toj Schar (jene Straße, dieselbe Straße oder: auch eine Straße) und ähnliche, welche sie für Eigennamen hielten und aus denen dann ein Toksar gebildet wurde.[1]

Die kleinen Flüsse Kolokólkowa oder Kolokolkówiza und Peschtschanka (Glocken- und Sandbach) liegen zwischen der Einfachen Insel (Prostoi Ostrow) und der Petschora-Mündung.

Das Vorgebirge der Insel Waigatsch bei welchem sie das erste Mal vor Anker gingen, ist zu Folge seiner Entfernung von der Jugorischen Straße (Jugorskji Schar), wahrscheinlich das Kap Lémtschek, an das sich die weite Lemtschecker Bucht anschließt. Die Breite dieses Vorgebirges ist noch nicht genugsam bekannt; nehmen wir aber den Breitenunterschied zwischen demselben und der Jugorischen Straße nach unsern alten Karten, um ihn zu der bekannten Breite der letzteren hinzuzulegen, so ergiebt sich 69° 45′ d. h. ein mit den Beobachtungen der Holländer völlig übereinstimmender Werth.

Das Götzenkap (Afgodenhoek) ist ohne Zweifel unser Götzenvorgebirge (Bolwánowskji Nos, von bolwàn ein rohes Bildwerk), zu welchem auch Burrough im Jahre 1556 gelangte.[2] Der dortige Samojedische Götzenplatz ist noch heûte in Aufnahme. Die wahre Breite des Vorgebirges ist nur um 3′ kleiner als nach der Bestimmung der Holländer.

Die Einfahrt, welche sie Nassauer Straße nannten, ist die Jugorische (Jugorskji Schar); in den letzten Zeiten wurde sie gewöhnlicher die Waigazer, Waigater, oder auch bloß Waigat genannt. Man hat diesen Namen, ebenso wie den des Spitzbergener und Grönländer Waigat, von den holländischen Worten waaien, wehen, und gat, Einfahrt abgeleitet und behauptet, daß er wegen Heftigkeit der dort herrschenden Winde gegeben wurde. Andere nahmen anstatt des Wortes waaien, das deûtsche weihen als Wurzel, und machten dann aus Waigat, eine heilige Straße.[3] Die Grundlosigkeit beider Ableitungen ist leicht zu erweisen; denn erstens bezieht sich der Name, welcher übrigens Waigatsch und nicht Weihgat ist, nur allein auf die Insel, keinesweges auf die Straße, zweitens aber war derselbe bereits 40 Jahre vor der ersten nordöstlichen Reise der Holländer in Gebrauch.

Die Schreibart Waigat nahm man erst später an, als man darauf verfiel den Namen durch holländische Worte zu erklären;

[1] Diese Ansicht wird durch Witsen's Zeûgniß bekräftigt, welcher sagt: „Tzari (so nennt er überall das Russische Scharui) is eene Baay an „Zee gelegen, anders mede Toxar geheten, legt over het Eiland „Colgoy, op de hoek van Swetenos.“ S. 956.

[2] Siehe oben Seite 14.

[3] Siehe gewählte Abhandlungen aus den astronomischen Jahrbüchern Theil. III. S. 49 (In Russischer Sprache).

die ersten Seefahrer schrieben alle ohne Ausnahme Waigatz, und diese hatten nach ihrer Gewohnheit das Russische tsch in ein tz, verwandelt. So schrieben sie auch: Pitzora anstatt Petschora, Pitzanofluß anstatt: Peschtschanka (Sandfluß) u. s. w.; und wir würden daher, selbst ohne direkte Kunde, über die wahre Benennung schon aus Analogie Waigatsch für Waigatz gelesen haben. Sodann übertrugen sie den Namen der Insel auf die Straße, welche dieselbe vom Festlande trennt, erinnerten jedoch selbst, daß für diese bei den Inheimischen ein anderer Name gebraüchlich sei [1]; ohne Zweifel war diese anderweitige Benennung, auf welche man anspielt, keine andre als die noch jetzt übliche Jugórische Straße (Júgorskji Schàr), so daß dann die Seefahrer selbst, welchen man die Erfindung des Wortes Waigatsch zuschreibt, uns hinlänglich beweisen, daß eine Waigazer oder Waigaterstraße, ebensowenig im 16ten Jahrhundert als noch jetzt an Ort und Stelle von Jemanden erwähnt wurde. Nichts destoweniger haben sogar einige Russische Schriftsteller die, ihnen sehr wohl bekannten, Benennungen beider Straßen, welche Waigatsch abschneiden, nicht genugsam beachtet, sondern vielmehr sich einer falschen Herkömmlichkeit fügend, den Namen Waigater Straße angenommen. Jedoch bezogen sie dann denselben auf die gesammte Meeresstrecke, zwischen Nówaja Sémlja und dem Festlande, und unterschieden diese in zwei Arme, die Pforte und die Jugorische Straße (Woróta und Júgorskji Schar). [2] Eine unendliche Verwirrung in der geographischen Nomenklatur wäre aber unvermeidlich, wenn man dergleichen willkürliche Annahmen zuließe, denn mit demselben Rechte würde man dann auch die Meeresstrecke, welche Jütland von Schweden trennt, die Seeländische, den Sund und die Belte aber Arme derselben nennen.

Forster war, wie es scheint, der Erste, der den holländischen Ursprung des Wortes Waigatsch oder Waigaz widerlegte, weil sich Burrough schon im Jahre 1556 desselben bedient hatte. Er begnügte sich indessen nicht mit dieser Bemerkung, sondern wollte nun auch noch eine wahre Etymologie der Namen vorfinden. Das Götzenkap (Afgodenhoek) sollte ihm für diese Aufgabe behülflich sein denn er sagt darüber Folgendes: „Nun aber heißt im Sklavo„nischen wajat schnitzen, ein Bild machen. Wajati-noß wäre also „das Geschnitzte, oder Bilder-Vorgebirge, und dies scheint mir der „wahre Ursprung des Worts Waigatz zu sein, und sollte eigentlich „Wajatelstvoi Proliw die Bilder-Meerenge heißen.[3]" Forster war so

[1] Blaeu's Grooten Atlas, S. 6, b.

[2] Neüe Monatschriften Theil XIX, Seite 3 und Theil XXXI, Seite 9 — 10.

[3] Forster, Seite 273. (Im deütschen Original, S. 318, Anmerk. — B.)

fest überzeugt von der Wahrheit seiner Conjektur, daß er an einer andern Stelle mit Sicherheit behauptet, die Russen nennen das Afgodenhoek, Waijati Nos [1]; doch fand auch diese höchst sonderbare Ableitung des Wortes Waigatsch, ihre Anhänger und zwar nicht allein unter Fremden, sondern auch unter Russischen Schriftstellern. [2] Wäre es aber überhaupt nöthig, dieselbe noch zu widerlegen, so würde schon die Bemerkung hinreichen, das die Russen das Afgoden (Götzen) Kap niemals Waijati, sondern stets Bolwánskji muis genannt haben.

Die Frage nach der wahren Abstammung des mehr erwähnten Namens, dürfte aber eben so schwer zu beantworten sein wie die ähnlichen, nach der Etymologie der Benennungen Kolgúew, Nokúew, Kildin, Warandei und einer Menge andrer Namen, von denen viele wahrscheinlich als Überreste aus bereits verlornen Sprachen erloschener Volksstämme zu betrachten sind. [3] Witsen versichert, daß die Insel Waigatsch nach einem gewissen Iwan Waigatsch [4] benannt worden sei, und dieses ist äußerst wahrscheinlich und es ist nur zu bedauern, daß er nicht zugleich berichtet, wer dieser Waigatsch gewesen sei und aus welcher Ursache man seinen Namen der Insel beilegte.

Kreüzkap (Kruishoek) ist ohne Zweifel das Trockne Vorgebirge (Suchòi Nos); Zankkap (Twisthoek) ist Koninvorgebirge (Kóninoi Nos) oder wie es auch heißt Konjkamen d. i. der Pferde Fels; die Insel Malson ist Falken-Klippen (Sókolji Lúdui).

Stateneiland ist die Fleischinsel (Mjásnoi óstrow), welche, nach der Karte des Lieutnant Murawjèw, um zwei Meilen von der Mündung der Jugorischen Straße absteht. Außer dieser giebt es zwischen der Jugorischen Straße und dem Flusse Kara, keine einzige Insel, hinter welcher man vor Anker gehen könnte.

Zufolge der angegebenen Richtung des Ufers, der geringen Tiefe, und der am 12ten August beobachteten Breite, war es die

[1] Forster, Seite 413. (Im deütschen Original, S. 475. — B.)

[2] Barrow, Seite 137, Berch, Seite 30.

[3] Herr Akademiker Krug leitet denselben von den angelsächsischen Worten: wa, das Unheil und gat, die Pforte ab. Siehe Reise der Brigg Rurik Theil I. Seite LV und LVI. Daselbst Seite LIV wird auch gesagt, daß bei den Russen die Waigazer Straße Mátotschnui Schar genannt werde. Doch beruht dieses wahrscheinlich auf einer Verwechselung, anstatt Mátotschnui muß man Júgorskji lesen. Bisweilen ist auch behauptet worden, Waigatsch sei ein Samojedisches Wort, aber die Samojeden nennen diese Insel Chajodei und kennen den Namen Waigatsch nur allein durch die Russen.

[4] De Vaert tuschen de vaste Kusten en't Eiland Waigatz, dat zijn naem heft van Jvan, of Jan Waigatz, word bij de naest angelegene Volken Jugorski Tsiar (Júgorskji Schàr) genaemt. S. 915.

Trübe Bucht (Mútnaja Gubà), die von den Holländern für den Obj gehalten wurde. Die Flüsse, welche sie mit den Namen ihrer Schiffe belegten, sind aber wegen mangelhafter Beschreibung schwer zu erkennen.

Das Morizeiland, welches sie wärend des Rückweges auffanden und benannten, ist die Lange Insel (ostrow Dolgoi). Der Plan desselben, welcher sich bei ihrer Reisebeschreibung findet, läßt hierüber keinen Zweifel. [1] Oranieneiland ist das Große Grünland (Bolschoi Selénez); und das Neüe Land von Walchern, das niedrige Ufer der Mediner Einfahrt (Médinskji súworot), welches sie leicht für eine Insel ansehen konnten, so daß damals von Matwejew Insel entweder die Holländer überhaupt, oder doch wenigstens Linschooten keine Kunde hatten. Die Breite der Langen Insel beobachtete Barenz durchaus übereinstimmend mit den neüsten Messungen.

Die Physik verdankt dieser Reise zwei schätzbare und wichtige Beobachtungen. Am 5ten Juli wurde nämlich die Sonne von den Holländern nach SSW. ihres Kompasses gepeilt, bevor noch dieselbe den Meridian erreichte und am 23sten Juli befand sie sich in der Mitternachtshälfte des Meridians zwischen NNO. und NO t N. des Kompasses. [1] Könnte man sich auf diese, unter sich ziemlich übereinstimmende, Beobachtungen verlassen, so ergäbe sich für jene Zeit und für einen zwischen Kaninvorgebirge und Waigatsch gelegnen Punkt eine Westabweichung von 2 bis $2\frac{1}{2}$ Rhumbe und von jener Zeit bis jetzt eine Verkleinerung der Westabweichung um etwa 3 Rhumbe. Wir kennen noch zu wenig die Gesetze der Säkularveränderungen der magnetischen Deklination, um dieses auffallende Ergebniß mit Entschiedenheit einem Fehler in dem Instrumente, oder in der Beobachtung der Holländer zuzuschreiben. *)

(1595 Mai, Tetgales). Durch bestimmte Nachricht von der Möglichkeit eines NO. Durchganges nach China hatten die Mitglieder der Mai'schen Expedition und namentlich deren Geschichtsschreiber Linschooten den Unternehmungsgeist ihrer Landsleüte in so hohem Grade erregt, daß schon im folgenden Jahre ein neües Geschwader von 7 Schiffen zu demselben Zwecke gebildet wurde. Die

[1] Blaeu's Grooten Atlas, Seite 6. c.

[2] Oben Seite 25 und 26.

[*) Nach der ersten Angabe wäre die damalige Abweichung 22° 30′ West gewesen, nach der zweiten Angabe betrug sie 28° 37′ West. Für einen mittleren Ort hätte man also etwa 25° 33′ W. anzunehmen. Man vergl. Hansteen's Magnetismus der Erde, Atlas, Tafel I., auf welcher 30° West Abweichung, für die Mitte von Nówaja Sémlja und etwa 25° W. Abw. für die Jugorische Straße mit allen übrigen Beobachtungen des Jahres 1600 genugsam übereinstimmen. — E.]

General-Staaten sowohl als auch Prinz Moriz von Oranien nahmen Theil an dessen Ausrüstung, Kornelis Nai ward wie früher zum Admiral der Expedition und Brandt Tetgales zum Vizeadmiral derselben ernannt. Zu Kapitainen der übrigen Schiffe erwählte man Wilhelm Barenz, Lambert Oom, Thomas Willemson, Hermann Janson und Heinrich Hartmann. Von Seiten der General-Staaten, wurden Linschooten und De la Dal zu Oberkommissarien, und von den verschiedenen Kaufmannsgesellschaften, außer diesen beiden, noch Heemskerk, Ryp und Buys ernannt. Als Dolmetscher diente wiederum der früher erwähnte Slave Splindler. Wegen manchfaltiger Hindernisse gingen sie nicht vor dem 2ten Juli in See; am 7ten August bogen sie um Nordkap und begegneten am 17ten einer Menge festen Eises. Sie rechneten damals ihre Breite zu 70° 5′ und ihre Entfernung von Nówaja Sémlja zu 12 — 13 Meilen. Nachdem sie mit großer Gefahr durch die Eismassen gedrungen waren, erreichten sie am folgenden Tage die Lange Insel (Dólgoi ostr.) und am 19ten die Jugórische Straße (Júgorskji Schàr), welche gänzlich durch Treib-Eis verstopft war. Sie waren genöthigt unter dem Ufer von Waigatsch Schutz zu suchen, und lagen daselbst 6 Tage. Sie sahen dort zwei Russische Boote (lódji) von denen eines von Pinega kam. Die Mannschaft dieses letzteren sagte ihnen unter andern, daß jährlich, von Cholmogorui aus, einige Boote zum Obj und von dort weiter bis zum Gilissiflusse (dem Jenisei) gingen [1] um daselbst mit Tuchen und andern Waaren zu handeln, daß die Anwohner jenes Flusses, eben so wie sie selbst, Griechische Christen seien, u. d. m. Die Samojeden mit denen sie später verkehrten, bekräftigten diese Aussagen. Am 25sten versuchten die Holländer etwas weiter gegen Osten vorzudringen, trafen jedoch auf so viel Eis, daß sie sich gezwungen sahen in großer Eile ihren früheren Ankerplatz aufzusuchen. Am 2ten September wurde das Eis einiger Maßen zersprengt, sie gingen von Neúem unter Segel und liefen endlich in das Neúe Nordmeer ein. Dort aber begegneten sie abermals äußerst mächtigen Eismassen, vor denen sie nur mit Mühe bei Staateneiland (Fleischinsel, Mjásnoi ostrow) eine Zuflucht fanden, in welcher sie sich gänzlich von den Schollen umgeben ließen. Am 8ten versammelten sich die bedeútendsten Personen des Geschwaders zu einer Berathung, bei welcher der Admiral und die Mehrheit der andern entschieden, daß man wegen später Jahreszeit und anderer unüberwindlicher Hindernisse zur Rückkehr in die Heimath durchaus genöthigt sei. Barenz allein erklärte sich diesem Beschlusse zuwider. Er glaubte viel-

[1] In der Archangeler Volkssprache wird der Jenisei noch heút zu Tage Jelisei genannt, so daß das Gilissi der Holländer leicht daraus entstehen konnte.

mehr, daß man im Norden von Nówaja Sémlja einen Versuch zu machen, oder auch an dem eben erreichten Orte zu überwintern und im folgenden Jahre neüe Fahrten zu unternehmen habe. Man entgegnete, er könne allein und auf eigne Verantwortung diese dreiste Ansicht verwirklichen, bezeigte ihm aber im übrigen wenig Beifall. Der Stimmenmehrheit zu Folge, traten sie den Rückweg an, kamen aber erst am 10ten September von Neüem bis zur Jugorischen Straße. Am 11ten beschloß man nochmals einen, jedoch wiederum vergeblichen, Versuch, bis man sich am 15ten September in einer zweiten Versammlung auf dem Admiralschiffe, über die unvorzügliche Heimkehr des gesammten Geschwader durch ein Aktenstück vereinigte, welches Alle außer Barenz unterschrieben. Nach manchfaltigen Gefahren und entkräftet durch Mühsale und Skorbut, erreichten sie Holland an verschiedenen Tagen, zwischen dem 26sten Oktober und 10ten November.[1]

So blieb diese Reise gänzlich erfolglos, troß der bedeütenden Aufopferungen, welche darauf verwandt wurden, und der Hoffnungen zu denen sie berechtigte. Die Holländer sahen keinen einzigen bis dahin unbekannten Punkt der Küste. Die Regierung beschloß nun fernerhin keine Unternehmungen auf öffentlichen Kosten zu veranstalten, versprach jedoch Privatleüten bedeütende Belohnungen für die etwanige Auffindung des gesuchten Seeweges. Der Amsterdamer Magistrat wurde hierdurch angefeüert und rüstete im Jahre 1591 zwei Schiffe.

(1596 Heemskerk und Ryp). Man ernannte Jakob Heemskerk zum Befehlshaber des einen derselben und zum Kommissar von Seiten der Kaufmannsschaft, Barenz wurde ihm als Obersteüermann hinzugesellt. Das andre Schiff befehligte Kornelius Ryp.[2] Am 10ten Mai verließen beide Fahrzeüge die Amsterdamer Reede und am 18ten Vlieland. Am 4ten Juni bewunderte man mehrere Nebensonnen, welche sich, durch Regenbogen verbunden, neben dem wahren Sonnenbilde zeigten. Sie befanden sich damals in 71° Breite. Dort begannen Zwistigkeiten zwischen Ryp und Barenz,[3] welche in der Folge die Trennung beider Schiffe herbeiführte. Der Letztere behauptete, daß man sich zu weit gegen Westen befinde und daher nach Osten zu halten habe, wärend Ryp entgegnete, daß er gar nicht beabsichtige nach Waigatsch zu segeln. An den folgenden Tagen begegneten sie einer Menge Eis, durch welches sie sich mühsam hindurch arbeiteten, und am 9ten

[1] Blaeu's Grooten Atlas, S. 6. d.
[2] Ebendaselbst S. 5. b.
[3] Es ist zu bemerken, daß, obgleich Heemskerk das Schiff befehligte, der Obersteüermann Barenz dennoch in allen Beschreibungen dieser Reise durchaus die Hauptrolle spielt. In einigen derselben wird sogar Heemskerk nur beilaüfig erwähnt.

entdeckten sie eine hohe Insel unter 74°30′ Breite. Die Erlegung eines großen weißen Bären veranlaßte sie, diese Insel die Bären-Insel zu nennen.[1] Dort entspann sich von Neüem zwischen beiden Obersteüermännern ein heftiger Streit über die vortheilhafteste Fahrt, Barenz mußte nachgeben und am 13ten Juni lichtete man die Anker und segelte nordwärts. Am 19ten entdeckten sie ein hohes Land unter 80° 11′ Breite, es war das erst später benannte Spitzbergen. Die Holländer hielten es für einen Theil von Grönland. Durch Eismassen wurden sie zur Rückkehr gegen Süden gezwungen, kamen am 1sten Juli wiederum in die Nähe der Bäreninsel und wegen fortdauernder Meinungs-Verschiedenheit beschlossen sie dort sich zu trennen. Ryp hoffte bei dem von ihm gefundenen Lande einen Durchgang nach Osten zu finden, Barenz aber hielt nach Nówaja Sémlja, welche er am 17ten Juli in 74° 40′ Breite zu Gesicht bekam. Am 18ten fuhr er bei der Admiralitätsinsel vorbei, und ging am 19ten bei der Kreüzinsel vor Anker, weil er sich durch Eis in seiner Fahrt gehemmt sah. Erst am 5ten August wurde er frei und ging von Neüem unter Segel, am 7ten fuhr er beim Trostkap (Hoek van Troost) vorbei, begegnete dann Eis und band sein Schiff an eine mächtige Scholle, welche 36 Sajenen tief unter dem Wasser, und 16 Sajenen über die Oberfläche ragte. Endlich nach unaufhörlichen Kämpfen mit dem Eise, gelangte er am 15ten zu den Oranieninseln und am 19ten zum Erwünschten Vorgebirge (Hoek van Begeerte). Von dort hielt er einen SOkurs bis ihm das Eis am 21sten zum Einlaufen in den Eishafen (Ijshaven) zwang. Dort war eine der Schollen von mehr als 10 Sajenen Höhe, mit Erde bedeckt, und man fand auf derselben mehr als 40 Vogeleier. An den folgenden Tagen bemühten sie sich auf manchfache, jedoch stets vergebliche Weise aus diesen Hafen auszulaufen. Am 24sten kam noch neües Eis herbei getrieben und zerbrach ihnen daß Steüerruder und zerdrückte ein Boot. Am 25sten trug eine Strömung einen großen Theil des Eises zum Hafen hinaus, sie beeilten sich unter Segel zu gehen in der Hoffnung das Erwünschte Vorgebirge zu umschiffen und dann in ihr Vaterland zurückzukehren, aber schon am folgenden Tage wurden sie abermals völlig eingeklemmt, und nun gezwungen den Winter über daselbst zu verweilen.

Ihr Schiff ward sehr bald durch Eismassen völlig zerdrückt, aber zu ihrem Glücke fand sich am Ufer eine Menge ausgeworfenen Holzes, aus welchem sie eine Hütte zu Stande brachten. Man bekleidete dieselbe mit den Brettern von der innern Bedeckung ihres Schiffes. In der Mitte errichteten sie einen Feüerheerd und

[1] Unsere Jäger nennen dieselbe bloß den Bären (Medwjed), wärend sie bei den Engländern unter dem Namen Cherry Island bekannt ist.

ließen im Dache dem Rauche eine Ausgangsöffnung. Obgleich es gelang von den Vorräthen, Werkzeügen und Geräthschaften des Schiffes Manches zu bergen um dadurch ihre Existenz wärend des anhaltenden Winters einiger Maßen zu sichern, so blieben ihnen dennoch ungewöhnliche Beschwerden zu erdulden. Durch äußerste Kälte und wegen der fürchterlichen Schneestürme, welche ihre Hütte gänzlich verschütteten, waren sie oft wärend ganzer Wochen verhindert in das Freie zu gehen; wenn sie aber bisweilen ihren Kerker verließen, so drohte stets bedeütende Gefahr von den Angriffen der weißen Bären. Thermometerbeobachtungen wurden nicht angestellt und das Maximum der dort erlebten Kälte kann daher nicht angegeben werden; man berichtet nur daß der stärckste Wein und das Bier in ihrem Zimmer gefroren. Ihre Schlafstätten bedeckten sich mit zwei Finger dickem Eise, ihre Räderuhren blieben stehen und sie waren daher genöthigt, die Zeit mittelst einer, 12 Stundenlang laufenden, Sanduhr zu messen. Auf dem Heerde wurde ein beständiges Feüer unterhalten, obgleich sie das dazu nöthige Holz am Strande in bedeütender Entfernung von ihrer Wohnung suchen mußten. Um dieser beschwerlichen Arbeit zu entgehen, entschlossen sie sich einst Steinkohlen anzuwenden, welche sich noch in dem Schiffe vorfanden, aber der Dunst von diesem Brennmateriale hätte ihnen beinahe das Leben gekostet. Am 4ten November verbarg sich die Sonne unter dem Horizont und es begann nun eine ununterbrochene Nacht, als Ersatz aber leüchtete ihnen der Mond, welcher damals eben eine starke nördliche Abweichung hatte, wärend einiger Zeit durchaus ebenso ununterbrochen. Die weißen Bären verfielen in ihren Winterschlaf, sobald die Sonne untergegangen war, anstatt ihrer erschienen aber Steinfüchse in großer Menge und wurden von den Holländern mit Schlagbrettern erlegt. Das Fleisch dieser Thiere bot ihnen eine äußerst willkommene Nahrung und mit den Fellen bekleideten sie sich, wärend sie von den früher erlegten Bären Talg zur Erleüchtung ihrer Hütte und warme Bettdecken entnahmen. Die Leber der Eisbären fanden sie sehr wohlschmeckend, aber auch eben so schädlich, stets erkrankten Alle die davon aßen, namentlich aber sah man ihre Haut sich in Schörfe verwandeln und ablösen. Am meisten dienten ihnen zur Stärkung die warmen Bäder, welche sie nach Vorschrift des Arztes sehr oft in einem dazu vorgerichteten Weinfasse nahmen.

Troß dieser beklagenswerthen Lage blieb ihnen übrigens der unerschütterliche Gleichmuth welcher dem Seemanne eigen ist, und niemals zeigte sich Verzweiflung. Sie hielten Wettlaüfe, schossen nach dem Ziele und hatten andre körperliche Übungen, so oft ihnen das Wetter hinaus zu gehen erlaubte, ja oft trieben sie lachenden und lärmenden Scherz über ihre beschwerliche Lage. Ein auffallender Beweis daß das Physische und Moralische des Menschen zu den größten Entbehrungen und Beschwerden fast eben so schnell geschickt wird, wie sich in andern Fällen die Gewohnheit der Weichlichkeit, Faulheit und Wollust einstellt. Übrigens waren es ohne Zweifel nur diese beständige Thätigkeit und der auffallende Frohsinn, welcher die Holländer vor den fürchterlichen und in ihrer Lage kaum zu ertragenden Angriffen des Skorbutes schützten. Es ist sehr merkwürdig daß in den Erzählungen von ihren langen Leiden, dieser Krankheit nicht ein einziges Mal erwähnt wird, und daß von 17 Menschen nur zwei auf Nówaja Sémlja starben.

Am 24sten Januar 1597 sahen Heemskerk, Dewer und noch ein Dritter, welcher sich mit ihnen an dem Strande erging, den Rand der Sonne unerwartet am Horizonte erscheinen, und beeilten sich diese frohe Botschaft ihren Gefährten zu überbringen. Barenz glaubte ihnen nicht und erwiderte, daß die Sonne nicht früher als nach zwei Wochen erscheinen könne, dennoch aber erwies sich bald die Wahrheit ihrer Behauptung, als am 27sten bei wiederum heiterem Wetter, nunmehr die ganze Sonnenscheibe gesehen wurde.

In jedem der Wintermonate sahen sie zu einigen Malen offene Meeresstellen und bisweilen das ganze Meer völlig frei vom Eise. Am 9ten März bei ungewöhnlich heiterem Wetter, zeigte sich ihnen außerdem noch in SO. Land, in einzelnen niedrigen Hügeln, gerade so wie es gewöhnlich aus der Ferne gesehen wird.

Die Breite ihres Aufenthaltortes bestimmten sie 5 Mal durch Messung von Meridianhöhen verschiedener Gestirne, mittelst des astronomischen Ringes: am 14ten December 1596 beobachteten sie den Stern an der Schulter des Orion; am 12ten Januar 1597 den Aldebaran, und am 19ten Februar, so wie am 2ten und 21sten März Sonnenhöhen. Alle diese Beobachtungen ergeben übereinstimmend 76° Breite. Gegen Ende Aprils und zu Anfang des Mais wurde das Meer gänzlich vom Eise befreit und die Holländer begannen an der Rückkehr in ihre Heimath zu denken. Zur Ausbesserung ihres Schiffes war keine Möglichkeit vorhanden und deshalb waren es die Boote, welche das einzige Mittel zur Heimkehr gewährten. Mit bedeûtender Mühe gelang es der entkräfteten Mannschaft, dieselben wiederum brauchbar zu machen. Die Vorgesetzten mußten nun ihren ganzen Einfluß aufwenden, um den Muth der Arbeiter zu erhalten und das Eis, welches NOwinde auch jetzt noch bisweilen herantrieben, benahm ihnen oft jegliche Hoffnung. In den ersten Tagen des Juli beendeten sie endlich die Vorbereitung ihrer Fahrzeûge und mit den kärglichen Vorräthen welche ihnen vom Winter geblieben waren, gingen sie am 14ten in See. Vor dem Antritte der Reise schrieb Barenz eine kurze Nachricht über das Erlebte, und legte sie in den Schornstein ihrer Wohnung: auch wurde über die Umstände, welche sie zur Aufgebung ihres Schiffes und zu den übrigen Entschlüssen veranlaßten ein Aktenstück aufgenommen und von Allen unterschrieben. Auf jedem Fahrzeüge wurde ein Exemplar dieser Handschrift bewahrt, damit, wenn eines derselben unterginge, kein falscher Verdacht auf die Mannschaft des andern fiele.

Wie früher nahmen die Holländer ihren Weg um die NO-spitze von Nówaja Sémlja. Wärend länger als einem Monat erlitten sie unglaubliche Beschwerden und Gefahren. Eine Reise in kleinen und offenen Fahrzeügen bleibt auch auf freier See ein leicht verderbliches Unternehmen, um wie vielmehr nicht längs felsiger und mit Eis umgebener Ufer, und auf stürmischem Meere. Am 20sten in der Nähe des Eiskaps starben Barenz und ein Matrose, welche schon lange erkrankt waren. Der Verlust des erstern war ihnen aüßerst fühlbar, weil sie auf seine Erfahrung und seine Geschicklichkeit ihre besten Hoffnungen gegründet hatten. Am 23sten erreichten sie das Frostkap und fanden die Breite ihres Ortes zu 76° 30′. Am folgenden Tage bogen sie um das Nassauer Vorgebirge und fuhren von dort bis zur Kreüzinsel auf eine Entfernung von nur 15 deütschen Meilen, wärend nicht weniger als 25 Tage. Dieses war der beschwerlichste Theil ihrer Reise und sie verloren auf derselben noch einen Matrosen. Am 20sten verließen sie die Kreüzinsel, umschifften Langeneß (das Trockene Vorgebirge, Suchòi Nòs) am 21sten, flohen am 22sten vor dem Eise in eine Einfahrt unter 73° 10′ in welcher sie 4 Tage verweilen mußten. Dort fanden sie eine Menge glänzender Steinchen, welche nach ihrer Meinung Gold enthielten Diese Einbucht erstreckte sich so weit, daß, als sie sich am Mittag des 26sten wiederum auf den Weg machten, sie dennoch deren Mündung nicht vor Mitternacht erreichten. Stets von Eis umgeben kamen sie am 28sten zur St. Lorenz Bucht (Stróganowische, StrógANOWskaja Gubà) und begegneten dort zwei Russischen Fahrzeügen. Als unsre Seefahrer von der unglücklichen Lage der Holländer hörten, bemühten sie sich auf jegliche Weise, ihnen hülfreich zu werden, und unter andern versahen sie dieselben mit Brod und geraüchertem Wildpret. Von den Holländern litt nun ein Jeder mehr oder weniger am Scharbok, weshalb ihnen dann das Löffelkraut, welches sie hier in Menge fanden, zu aüßerster Freude gereichte, sie aßen davon so viel sie nur konnten und fühlten sogleich Erleichterung. Am 3ten August beschlossen sie nach dem Vestlande über zu fahren, von welchem sie am folgenden Tage die Gegend an der Petschora erblickten. Wärend des ferneren Verlaufes ihrer Reise, begegneten sie oftmals Russischen Schiffen, welche ihnen den Weg zeigten und mancherlei Hülfe leisteten. Am 18ten umschifften sie Kanin Nos, kamen am 24sten zu den 7 Inseln (Sem Ostrowi), wo sie erfuhren, daß ein Holländisches Schiff bei Kola läge. Am folgenden Tage bestätigten

Russen bei der Insel Kildin diese erfreüliche Nachricht, und man beschloß nun durch Loparen einen Brief dahin abzufertigen. Die Abgesandten kehrten nach 4 Tagen zurück und übergaben ein Antwortschreiben von Kapitain Ryp, demselben von dem sie sich im vorigen Jahre bei der Bäreninsel getrennt hatten. Bald darauf kam auch Ryp selbst und brachte Alles was sie nur bedurfen konnten. Die beiderseitige Freüde beim Wiedersehen kann man sich vorstellen. Die Russen beschenkten sie für ihre Gastfreündschaft, so viel sie eben vermochten, gelangten dann am 2ten September zu Ryp's Schiff, und auf diesem im 1sten November glücklich nach Amsterdam zur Freüde und Verwunderung ihrer Landsleüte, von denen sie längst für verloren gehalten wurden.[1]

Die denkwürdige Überwinterung der Holländer in dem Eishafen (Ledjanoi Gáwan), hat sich in der Überlieferung unserer Nowasemler Seefahrer erhalten.[2] Sie nennen jenen Aufenthaltsort Sporai Nawolok; ob man aber jemals daselbst Trümmer von der Holländischen Wohnung gefunden habe, ist völlig unbekannt.

Unter allen Ereignissen welche diese Reisenden erlebten, ist die frühe Wiederkehr der Sonne ohne Zweifel das bemerkenswertheste. Mit Rücksicht auf die astronomische Strahlenbrechung, sollte die Sonne in der Breite von 76°, am 1sten November neüen Styles unter dem Horizont verschwinden, und nicht eher als am 6ten Februar neüen Styles widererscheinen d. h. bei einer südlichen Abweichung von ungefähr 15°; dagegen aber ereignete sich die erstere Erscheinung um drei Tage später und die letztere um 13 Tage früher, d. h. bei einer im ersten Falle um 1° im zweiten aber um $3\frac{3}{4}$° größeren Abweichung der Sonne. Diese merkwürdige Erfahrung erregte nicht nur die Verwunderung der Beobachter selbst, sondern veranlaßte auch nach deren Rückkehr eine Menge verschiedner Auslegungen von Seiten der Gelehrten. Mehrere hielten eine solche Anomalie für unmöglich, weil sie der erlangten Kenntniß von der Krümmung der Erde durchaus widerspräche[3] und sie erklärten Alles durch die Annahme, daß die Holländer die Langeweile einer langen und ununterbrochenen Nacht durch Schlaf zu verkürzen versucht, und 13 bis 14 Tage mehr als sie glaubten verschlafen hätten, so daß sie dann den 24sten Januar zählten, wärend man wirklich schon den 6ten Februar erreicht hatte. Unter andern vertheidigte diese Ansicht ein gewisser Robert Le Canion, der Lehrer von Heemskerk, Dewer und Ryp, und schrieb über dieselbe in einem Briefe an W. F. Blaeu, welchen dessen Sohn in seinem großen

[1] Heemskerk ward nachmals Admiral und blieb im Jahre 1607 in einer Schlacht mit der Spanischen Flotte bei Gibraltar.

[2] Neüe Monatschriften Theil XXXI. Seite 8.

[3] Adelungs Geschichten Seite 239.

Atlas aufgenommen hat.[1] Indessen ist eine solche Voraussetzung bei weitem unwahrscheinlicher und befremdender als das Ereigniß selbst. Dewer führte äußerst gewissenhaft ein sehr ausführliches Tagebuch, und sowohl durch diese Arbeit, als auch durch gespannte Erwartung auf die erfreuende Widerkehr der Sonne, ward er veranlaßt sich einer richtigen Zeitrechnung zu befleißigen. Wir haben bereits gesehen, daß sie, sobald ihre Uhren stehen blieben, ein 12 stündiges Stundenglas als Zeitmaaß gebrauchten: freilich dürfte Unaufmerksamkeit von Seiten der zum Umkehren dieser Sanduhr angestellten Leute einige Irrung veranlaßt haben, unmöglich konnte aber diese wärend 12 Wochen bis auf 14 Tage ansteigen. Etwa gedenkbar wäre ein solcher Irrthum, wenn die Holländer wirklich einen Theil jener Zeit verschlafen hätten, doch besitzen wir die bestimmtesten Beweise des Gegentheils nicht nur in Dewer's Tagebuche, sondern auch schon in dem glücklichen Ablaufe eines so durchaus unvorbereiteten Winteraufenthaltes, welcher auch in der jetzigen Zeit und mit den uns nun zu Gebote stehenden Mitteln äußerst schwierig, damals aber ohne stetes Arbeiten durchaus unmöglich war.

Wie konnte aber außerdem bei der Rückkehr in die Heimath und in dem Falle solcher Voraussetzung die Zeitrechnung der Reisenden mit der dort geführten übereinstimmen? denn daß wirklich in diesem Punkte ein Unterschied statt fand, ohne bekannt zu werden, und ohne daß diejenigen davon Nachricht erhielten, welche unsere Seefahrer der Schlafsucht beschuldigten, scheint durchaus unmöglich. — Außer diesen negativen Beweisgründen besitzen wir sodann noch einen direkten und positiven. Die Holländer selbst geriethen nämlich anfangs durch die unerklärbare Erscheinung auf den Gedanken daß sie einige Tage verschlafen hätten, und nahmen deshalb ihre Zuflucht zu den Josephischen Ephemeriden, welche im Jahre 1580 zu Venedig gedruckt wurden. In diesen war eine Zusammenkunft des Mondes mit dem Jupiter, auf den 24sten Januar eine Stunde nach Mitternacht angezeigt. Dasselbe Phänomen ereignete sich auch bei ihnen an dem genannten Tage um 6 Uhr Morgens, als beide Gestirne nach NtO. ihres Kompasses sich zeigten.[2] Wollte man auch diesem Beweise mißtrauen, so müßte man den gewissenhaften Dewer einer absichtlichen Unwahrheit beschuldigen, und somit sicher eine der größten Ungerechtigkeiten begehen. — Andre glaubten daß die Holländer sich bei Bestimmung ihrer Breite geirrt und vielmehr an derselben Stelle gelebt haben, an welcher, 170 Jahr später, der Steuermann Rösmuislow überwinterte, weil auch dieser die Sonne am 24sten Ja-

[1] Grooten Atlas, Seite 5. c.

[2] Hulsius Seite 58.

nuar wiederkehren sah. [1] Aber nicht nur daß die genügende Übereinstimmung zwischen 6 verschiedenartigen Beobachtungen nicht erlaubt an dem Resultate der Holländer zu zweifeln, so ist dieser Schluß auch schon deswegen ungegründet, weil Rósmuislow nach altem, die Holländer aber nach neüem Style rechneten, welcher im XVIten Jahrhundert schon um 10 Tage von jenem verschieden war. In diesem Sinne müßte man also vielmehr schließen, unsere Reisende hätten noch bei weitem südlicher als Rósmuislow überwintert, wir werden aber weiter unten sehen, daß auch dieser Letztere sowohl das Verschwinden als auch die Widerkehr der Sonne durchaus nicht in Übereinstimmung mit der gewöhnlichen mathematischen Vorhersagung erlebte.

Mit Recht erklären die meisten Schriftsteller neüerer Zeit das mehrerwähnte Ereignisse für eine Wirkung der Strahlenbrechung *) und diese Annahme scheint so durchaus zureichend, daß jede andere überflüssig wird. Die Gränzen einer gemeinschaftlichen Wirkung der astronomischen und terrestrischen Strahlenbrechung in der mit Dämpfen erfüllten Atmosphäre der Polargegenden, sind uns noch keinesweges genugsam bekannt, vielmehr sind dieselben von einander bei weitem entfernter als man gewöhnlich annimmt. Die neüsten Reisen geben davon auffallende Beispiele. Kapitain Parry sah das Meeresufer in einer Entfernung von 90 Italiänischen Meilen [2], und Kapitain Scoresby sah das in der Luft schwebende und verkehrte Bild eines Schiffes, welches sich um 32 Italiänische Meilen von ihm befand. [3] Demgemäß kann es daher nicht befremden, daß unter dem Horizonte befindliche Gestirne unter gewissen Umständen um 3° bis 4° erhöht erscheinen. Auch die Beobachtungen der Holländer selbst beweisen nun, daß es wirklich eine außerordentliche Strahlenbrechung war, welche jene frühe Widerkehr der Sonne veranlaßte. Am 19ten Februar d. h. 26 Tage nach dem Erscheinen des oberen Sonnenrandes am Horizonte, beobachteten sie die Mittagshöhe desselben Randes zu $3\frac{1}{2}°$. [4] Die Mittagshöhe hatte also nur um $3\frac{1}{2}°$ zugenommen in einer Zeit, wärend welcher das Gestirn selbst sich dem sichtbaren Pole um 8° näherte: ein Verhalten welches man nur allein einer außerordentlichen Verminderung der Strahlenbrechung bei zunehmender Höhe des Gestirnes zuschreiben kann.

[1] Denkschriften des Departements der Admiralitäte Theil IV. S. 385 (in Russischer Sprache).

[*) Forster, im deütschen Orig. S. 484. — B.]

[2] Parry's Voyage London 1821. S. 288.

[3] Scoresby S. 75, 133.

[4] Hulsius, S. 61.

Nach aller Wahrscheinlichkeit waren es auch dieselben Einflüsse, vermöge deren sie am 9ten März die Sibirische Küste erblickten. Die Entfernung beider Länder kennen wir nicht genau, doch hat man Grund zu glauben daß sie weniger als 120 Italiänische Meilen beträgt. *) Daß übrigens die Holländer wirklich Sibirien und nicht, wie einige glaubten, die Maksimok Insel [1] sahen, bekräftigen auch noch die Überlieferungen, nach denen bisweilen umgekehrt Nowaja Sémlja von den Küsten Sibiriens gesehen wurde; eine Thatsache, welche sogar schon Witsen berichtet. [2]

Die Einfahrt in welcher die Holländer, am 22sten Juli verweilten, ist ohne Zweifel die Mündung der Mátotschkin Straße (Mátotschkin Schár), die Breite des Ortes und die beschriebene Größe jener Einfahrt sprechen dafür auf unbestreitbare Weise. Wäre damals Barenz der Leitstern jener Reisenden noch am Leben gewesen, so hätte man wahrscheinlich diese wichtigste Entdeckung nicht unbeachtet gelassen, und wäre durch sie zu neüen Expeditionen veranlaßt worden. Aber die entmuthigte Mannschaft dachte nur noch an ihre Rückkehr in die Heimath, und Niemand verfiel darauf, daß man sich in einer direkt nach Osten gerichteten Durchfahrt befinde.

Nach so vielen theils nur erfolglosen, theils wahrhaft unglücklichen Versuchen, verfloß beinahe ein Jahrhundert, bevor man wiederum eine entscheidende Unternehmung zur Aufsuchung des Nord-Ostdurchganges veranstaltete. Freilich wurde auch in der Zwischenzeit der Gegenstand nicht ganz aus den Augen verloren, dennoch aber sind alle damaligen Fahrten in jener Gegend nur als bedeütungslose Wagnisse zu betrachten.

Sieben Jahre nach Heemskerk und Barenz Reise sprach man in Holland von einer Wiederholung dieses Unternehmens, aber man hielt damals die eigentliche Endabsicht für unerreichbar und die neuen Vorschläge blieben daher unbeachtet. [3]

[1608 und 1609 Hudson] Heinrich Hudson, der späterhin durch seine Entdeckungen und durch sein Unglück gleich berühmt wurde, hatte im Jahre 1607 bei der Aufsuchung eines gerade gegen Norden gerichteten Durchganges vergebliche Hoffnungen gehegt, und beschloß daher im folgenden Jahre sein Glück in NO zu versuchen. Am 2ten April verließ er die Themse auf einem kleinen Fahrzeüge, welches die Englisch-Russische Compagnie für ihn ausgerüstet hatte.

[*) So lautet das Original, obgleich die Angabe eines Minimums, dem Zusammenhange gemäßer scheinen würde. — E.]

[1] Kronolog. Geschichte I, 37.

[2] S. 762, 897, 922.

[3] Kronologische Geschichte, S. 906.

Er segelte nach NO. und traf am 9ten Juli in 75½° Breite auf Eis, dann versuchte er an verschiedenen Stellen durch dasselbe hindurchzudringen, gelangte dadurch allmählig in die Nähe von Nówaja Sémlja und ging am 25sten an ihren Küsten in 72° 12′ Breite vor Anker. Man fand an dieser Stelle der Insel eine Menge von Rennthierhaüten, so wie auch Vögel und deren Eier, und im Allgemeinen erklärte Hudson das Äußere von Nówaja Sémlja für sehr anziehend; ziemlich hohe Berge waren theils mit Schnee, theils mit grünender Vegetation bedeckt und an den Abhängen sah man Rennthiere weiden. — Er übertrug einer Abtheilung seiner Mannschaft die Erforschung eines großen Flusses, in der Hoffnung daß derselbe vielleicht den gesuchten Durchgang darböte, aber die Beauftragten kehrten ohne Erfolg zurück, nachdem sie in dem Flusse bis zu einer Tiefe von nur 7 Sajenen aufwärts gefahren waren. Man beschloß demnächst einen Weg längs der Insel Waigatsch und längs des Obj zu suchen, aber auch dort nicht glücklicher, trat er die Rückkehr an und erreichte England am Ende des August. [1]

Hudson war wahrscheinlich in eine der Buchten eingelaufen welche sich in dem Moller'schen Meerbusen (Saliw Móllera) befinden; aber es ist schwer zu entscheiden, was unter dem Flusse, den er erforschen ließ zu verstehen sei. — Barrow glaubt nicht, daß man wirklich Rennthiere auf Nówaja Sémlja gesehen habe; er hält vielmehr für eine erwiesene Wahrheit, daß es nur fleischfressende Thiere auf dieser Insel gäbe und nimmt daher an, Hudson habe sich irgend wie getaüscht. Wir besitzen indessen die glaubwürdigste Kunde daß es auf Nówaja Sémlja sogar jenseits des 74sten Breitengrades Rennthiere giebt: Hudsons Aussage ist daher durchaus gerechtfertigt, auch war es außerdem eine sehr gewagte Annahme daß man irgend ein fleischfressendes Thier für ein Rennthier, oder Knochen von jenem für Rennthiergeweihe habe ansehen können!

Besonders bemerkenswerth ist diese Reise von Hudson, weil wärend derselben zum ersten Male in hohen Breiten Beobachtungen über die Neigung der Magnetnadel angestellt wurden. Die Resultate dieser Beobachtungen waren wie folgt:

In der Breite	64°	52′	Neigung	81°
— — —	67	00	— —	82
— — —	69	40	— —	84
— — —	74	30	— —	86

Es scheint, als sei eine jede dieser Neigungen um 5° bis 6° größer als die wahren, und eben dafür spricht auch Hudsons letzte Beobachtung unter 75° 22′ Breite, welche andeütet daß der magnetische Pol fast in der Mitte zwischen der Bäreninsel und Nó-

[1] Barrow, S. 183 — 186.

waja Sémlja lag; denn wir wissen nunmehr, daß dieser Pol sich bei weitem westlich von dort befindet. Vielleicht hatte die angewendete Nadel irgend einen konstanten Fehler.

Hudson hatte die Hoffnung auf einen nordöstlichen Seeweg noch nicht gänzlich aufgegeben, vielmehr unternahm er im Jahre 1609 eine zweite Reise zu diesem Zwecke, auf einer Jacht der Holländisch-Ostindischen Compagnie. Wahrscheinlich hatte er zuvor in seinem Vaterlande die Unterstützung seiner Absicht vergeblich nachgesucht.[1] Wegen Unvollkommenheit der Beschreibungen ist uns der Zweck dieser neüen Reise nicht genau bekannt. Man weiß nur, daß er am 25sten März alten Styles aus dem Texel auslief, am 25sten April das Nordkap umschiffte, und von dort nach Nówaja Sémlja segelte, bis er am 4ten Mai das Ufer desselben von dichtem Eis völlig umgeben fand.[2] Er wendete sich deshalb gegen die Amerikanischen Küsten.

(1612 Van Hoorn) Im Jahre 1612 versuchte der Holländische Schiffer Jan Kornelisson van Hoorn, nördlich von Nówaja Sémlja gegen Osten vorzudringen. Von der Insel Kildin nahm er seinen Kurs direkt zur Nowosemlischen Küste und erreichte dieselbe am 30sten Juni. Er segelte längs derselben gegen Norden bis zum 8ten Juli, wo er zu dichterm und an das Land gelehntem Eise gelangte. Der Gränze dieser Eismassen folgte er gegen Nord bis zu $76\frac{1}{2}^{\circ}$ Breite und kehrte erst dort zum Ufer von Nówaja Sémlja zurück. Dann hielt er wieder gegen NW. längs eines Eiswalles bis zum Parallel von 77°, kehrte dann von Neüem zum Ufer zurück und begann von dort an seine Rückkehr ohne jeden anderweitigen Erfolg.[3]

Man weiß nicht durch wen die Kosten dieser Reise bestritten wurden. Sie bekräftigt übrigens die spätere Wahrnehmung des Kapitain Wood, daß sich bisweilen aus angehaüftem Eise eine undurchdringliche Mauer zwischen Nówaja Sémlja und Spitzbergen bilde.

(1625 Bosman). Die sogenannte Nordische oder Grönländische Compagnie, welche im Jahre 1614 in Holland gegründet wurde, rüstete 1625 ein Schiff zu einem neüen Versuche China auf nordöstlichem Wege zu erreichen. Unter dem Befehle von

[1] Barrow, S. 186. Adelung, S. 266. Forster, S. 421

[2] Admiral Krusenstern sagt, daß Forster der Fahrt nach Nówaja Sémlja bei Hudsons zweiter Reise nicht erwähne, vergl. Reise des Rjurick, Theil 1. S. LXVII (in Russischer Sprache), doch findet man bei Forster a. a. O. S. 422 „and soon reached Nova Zembla where he found the whole country bloked up with firm and solide ice."— (Im Orig. S. 484). Barrow aber läßt diese Umstände gänzlich unerwähnt.

[3] Noord en Oost Tartarije pag. 906.

Kornelis Bosman lief dieses Schiff am 24sten Juni aus dem Texel. Am 24sten Juli fuhr er an der Insel Kolguew vorüber und sah am 28sten das Ufer von Nówaja Sémlja in 71° 55′ Breite. Zugleich aber eine Menge von Eis, gegen welches man bis zum 3ten August zu kämpfen hatte. Erst an diesem Tage gelang es in eine Bucht einzulaufen in der man gegen 12 bis 13 Inseln fand. Am 1sten August konnten sie diesen Zufluchtsort wiederum verlassen; am 8ten erlebten sie ein heftiges Gewitter, welches in jenen Gegenden zu den seltenen Erscheinungen gehört, drangen am 10ten in die Nassauer (Júgorische) Straße und am 12ten aus dieser in das Karische Meer wo sie wiederum so mächtigen Eismassen begegneten, daß sie gezwungen waren unter großen Gefahren in die eben genannte Straße zurück zu kehren. Am 21sten kamen Russische Jäger auf einem Boote (lódja) eben dahin und erzählten den Holländern, daß man die Jugórische Straße nicht jährlich, sondern nur im je dritten Jahre völlig eisfrei finde, und daß vor einigen Jahren drei Schiffe versucht hätten weiter gegen Osten zu segeln; aber zwei derselben seien untergegangen und nur das dritte unter großen Gefahren und gänzlich erfolglos, nach Jahresfrist zurückgekehrt. Es scheint, daß die Russen von den Holländern gewisse Absichten auf die Gegenden argwohnten, welche sie als die ihrigen betrachteten und daß sie deshals deren Besuche nicht gern sahen und in ihren Erzählungen die Gefahren der Schifffahrt in jenen Meeren, möglichst zu übertreiben suchten. Am 24sten August erhob sich ein fürchterlicher Sturm aus NO., welcher das Holländische Schiff von beiden Ankern losriß und es ins Meer führte, so daß man nun wider Willen nach Holland zurückkehren mußte und daselbst am 1sten September anlangte.[1]

Diese war die letzte Holländische Reise nach Nówaja Sémlja, bei welcher man die Auffindung eines NOdurchganges nach Indien beabsichtigte; ihre Erfolglosigkeit veranlaßte, sich nunmehr auf den weitesten aber sichersten Weg durch die Südhalbkugel zu beschränken. Holländische Wallfischfänger haben auch nachher Nówaja Sémlja noch einige Male erreicht, doch wiederholten sich diese Unternehmungen nur so lange, bis man erfuhr, daß die Wallfische sich vorzugsweise in der Nähe von Spitzbergen und Grönland halten, und seit dieser Zeit wurde Nówaja Sémlja gänzlich aufgegeben.

Ehe wir aber zu den eben angedeüteten Fahrten übergehen, haben wir nach chronologischer Ordnung, der Reise von Lamartiniere[2] zu erwähnen, denn obgleich diese nach ihrem Inhalte an

[1] Blaeu's Grooten Atlas, pag. 6, e. Und Noord en Oost Tarterije' pag. 906.

[2] Nouveau Voyage du Nord, dans lequel on voit les moeurs, la manière de vivre et les superstitions des Norweghiens, des La-

Münchhausens und manche ähnliche Erzählungen sich anschließt, so darf sie doch hier nicht übergangen werden, weil sie in einer großen Anzahl von Schriften die falschesten Bemerkungen veranlaßte; namentlich aber und sogar in denen von Witsen, Buffon, de Brosse und von vielen andern der geachtetsten Männer.

(1653 Lamartiniere). Eine Kaufmannsgesellschaft, welche im Jahre 1647 durch Friedrich III. König von Dänemark gegründet wurde, sandte 1653 drei Schiffe nach den nördlichen Küsten Europas um daselbst Handel zu treiben. Auf einem derselben bekleidete de la Martiniere das Amt eines Arztes.

Aus Kopenhagen ausgefahren landeten sie bei Christiania, Bergen und Drontheim. Unter dem Polarkreise erlebten sie eine Windstille, entgingen aber derselben, indem sie sich bei den Küstenbewohnern, die sämmtlich als Zauberer berühmt waren, für 10 Kronen und 1 Pfund Taback, den bis zum Kap Nuksell nöthigen Wind, in drei Schlauchen erkauften. Der Wind aus dem ersten Schlauche führte sie bis 30 Meilen jenseits des fürchterlichen Malstrom, und der Inhalt des zweiten versorgte sie bis zum Kap Nuksell. Durch die magnetischen Berge in der Nähe dieses Kaps, verlor ihr Kompaß seine Wirkung und sie waren daher genöthigt wärend 48 Stunden allein mit Hülfe der Karte zu steuern. Als man das dritte Behälter öffnete, erhob sich ein so fürchterlicher Sturm, daß es schien als wolle der Himmel auf sie einstürzen, um sie für die Gemeinschaft mit Zauberern zu bestrafen. Ihr Schiff ward auf eine Klippe geworfen und zerschellte; sie selbst aber retteten sich mit äußerster Mühe nach Wardhus und als sich dort zur Ausbesserung des Wrackes keine Gelegenheit fand, gingen sie an das Waranger Meer in die Ortschaft Waranger.

Bei Wardhus hatten die Dänen eine kleine Festung und einen Beamten, um Abgaben von den Schiffen zu nehmen, welche sich nach Archangel begaben oder von dort zurückkehrten.

Wärend ihr Schiff ausgebessert wurde, fuhren sie des Handels wegen auf dem Murmaner Meere (Mourmanskoi More bei de la Martiniere, anstatt Murmanskoe More) in das Land der Killopen und das Russische Lappland, und kehrten von Kola wieder nach Waranger zurück. Die Anwohner des Murmaner Meeres, hatten nach Lamartinieres Aussage eine andere Sprache als die Waranger; die Killopen erklärt er für ein Lappländisches Geschlecht, welches aber wilder sei als die übrigen. Sie fuhren alle mit Rennthieren denen man nur nöthig habe, gewisse Worte ins Ohr zu flüstern,

pons, des Killopes, des Borandiens, des Syberiens, des Moscovites, des Somojedes, des Zembliens et des Islandois, par de la Martinière. Vergl. Beckmann's Literatur der ältern Reisebeschreibungen, I, 102 — 113.

damit sie sich pfeilschnell an den gewünschten Ort begeben. Die Russischen Loparen seien Nikolaïten (Nicolaites de Religion), ebenso wie die Russen selbst. Die Dänischen Loparen aber gehören zwar zur Lutherischen Kirche, seien aber dennoch sämmtlich Zauberer und halten gewisse Hausteufel in der Gestalt schwarzer Katzen. In Lappland sei alles Wild schneeweiß. Nicht nur die Bären, die Wölfe, die Füchse und die Hasen, sondern auch die Krähen seien weiß wie Schwäne und haben nur schwarze Schnäbel und Zehen.

Nach vielen ähnlichen Beschreibungen, erzählt de la Martiniere von der Fortsetzung der Reise gegen Osten, wärend welcher ihm, wie gewöhnlich, die fürchterlichsten Stürme begleiten. Am 4ten Juli sah man im Osten hohe Berge, die Dänen wollten daselbst landen, wurden jedoch durch einen Sturm gezwungen unter dem Ufer von Boranday Schutz zu suchen; dort fand man zum Glück einen gefahrlosen Hafen mit 12 bis 13 Sajenen Tiefe. Um die Bewohner aufzusuchen und mit ihnen Handelsverbindungen anzuknüpfen, wurde sogleich ein Theil der Mannschaft ausgesandt, unter Andern aber ein Mann, welcher der Nordischen und Russischen Sprachen (la langue du Nord et le Russe) mächtig war, und de la Martiniere. Sie fanden bald einen Wohnplatz der Barandeizen, begannen Handel mit denselben und mietheten für zwei Bünde Taback und 4 Pinten Brandwein einen Führer und Rennthiere bis nach Sibirien. Man fuhr wärend einiger Tagen durch Barandaÿ, kaufte in allen Dörfern Pelzwerk und kam endlich nach der kleinen Ortschaft Witschora (Vitzora). Von dort schickten sie ein Boot mit den aufgekauften Fellen zu ihrem Schiffe, sie selbst aber fuhren ebenfalls auf einem Boote nach Petschora, (Potzora) einem Städtchen, das sich an dem Ufer eines ebenso benannten Sees (d'une petite mer) befand und welches sie nach 15 Stunden erreichten. Nachdem sie, wie früher, Pelzwerk zu Wasser auf ihr Schiff gesandt hatten, fuhren sie mit Rennthieren nach Sibirien. Auf dem Wege begegneten sie fünf Männern, welche sich à la Moscovite in Bärenfelle gehüllt hatten. Es waren Verbannte, unter denen La Martiniere einen alten Freund einen Lotharingischen Edelmann und Russischen Obersten erkannte. Wärend die Reisenden diese Unglücklichen bewirtheten, nahm der zuletzt genannte Gelegenheit, seinem Freunde Alles was er über Rußland wußte zu erzählen. Diese merkwürdige Beschreibung nimmt 12 Druckseiten ein; man findet in derselben Alles. — Eine Geschichte und Statistik von Rußland, die Sitten und Gebräuche der Russen, ihre Religion, eine Beschreibung Sibiriens, der Tartarei, und aller Völker, welche Rußland bewohnen; ja sogar den Pilzen des Landes ist ein eignes Kapitel aufbehalten. Diese Episode giebt vorzugsweise einen Beweis von Herrn La Martinieres unerschöpflicher Erfindungsgabe.[1] Nachdem er von den Verbannten Abschied genommen, setzte der Verfasser seine Reise fort. Er bestieg die Berge, auf der Gränze von Borandày und Sibirien und gelangte 10 Stunden nach der Abfahrt von Petschora nach Papinogorod an einem Flusse gleichen Namens. Nachdem sie dem Gouverneur dieses Ortes einen Besuch abgestattet und wiederum Felle aufgekauft hatten, beschlossen die Dänen mit dem noch übrigen Vorräthen an Taback und Gelde, durch Samojessia (Samojessie) zu ihrem Schiffe zurückzukehren; sie mußten zu diesem Ende die Ripheischen Berge übersteigen. Endlich nach Aufkaufung sämmtlichen Pelzwerks bei den Samojeden, kamen sie zu ihren Landsleuten in Borandày. Sogleich nach ihrer Ankunft lichtete man den Anker und schiffte nach Nówaja Sémlja, wohin sie am folgenden Tage gelangten. Dort fanden sie Bewohner, welche die Sonne anbeteten und gewisse Götzenbilder, die sie Fetizo nannten. Die Nówasémler (les Zembliens), würden sich, wenn sie existirten, über la Martinieres Beschreibung mit Recht entsetzen, noch mehr aber über die hinzugefügten Abbildungen. Nach 16tägigem Aufenthalt bei Nówaja Sémlja schifften sie zur Straße Waigatsch (Vaygatt) um durch dieselbe weiter gegen Osten zu gelangen. Unter Weges erlegten sie Wallrosse, welche bei La Martiniere mit einem Adlerschnabel und einem Horne auf dem Kopfe abgebildet sind. Das Eis und die mit ewigen Schnee bedeckten Berge Pater noster (Patenótres) verursachten Schwierigkeiten innerhalb der Straße und nöthigten endlich zur Rückkehr,[2] aber vor der Einfahrt in das offene Meer gelang es ihnen noch, am Ufer zwei Nówasémler Männer und zwei Weiber desselben Volkes gefangen zu nehmen. Von Nówaja Sémlja segelten die Dänen nach Grönland, von dort nach Island und erreichten endlich Kopenhagen. Herr Lamartiniere beschloß sein Buch mit einer geographischen Abhandlung, welche alles Vorhergehenden würdig ist. Er versichert Nówaja Sémlja sei mit Grönland im Zusammenhange, so daß man, wenn nicht Schnee und Kälte daran hindern, durchaus leicht von dem einen dieser Länder in das andre gelangen könne. Die Straße Waigatsch sei 35 Deütsche Meilen lang, an ihrem Ende aber abge-

[1] Dennoch findet man darin Nichts von dem Chinesischen Mauritanien welches in die Kronologische Geschichte u. s. w. Theil I. S. 99 überging, wahrscheinlich durch falsche Uibersetznng von Adelung's Worten: „welche sich bis an die Mauern von Cataya erstrecken." Im Original liest man: „qui s'étendent jusqu'aux murailles de Cataya."

[2] Bei dieser Gelegenheit giebt der Verfasser wiederum eine Etymologie des Wortes Waygatt: „Si l'on y pouvoit entrer par cet endroit l'on abbregeroit le chemin de nostre Ocean pour aller aux Grandes Indes, de plus de trois quarts, qui pour ce sujet est nommé Vaygatt, qui veut dire en nostre Langue cul de chemin ou cul de sac, de Weig chemin et gat cul." pag. 289.

schlossen durch die Paternosterberge, welche La Martiniere selbst sahe und von denen der niedrigste ½ Meile messe. Alle Erzählungen der Holländer von ihren Fahrten durch diese Straße bis in das Tatarische Meer seien daher nichts weiter als Fabeln. Ferner herrsche dort ein ewiger Winter, eben so wie in dem Lande der Papagaien, am Südpole der Erde, ein ewiger Sommer, u. s. w.

Diese ist also die Reisebeschreibung, die zu ihrer Zeit einer bedeütenden Achtung genoß, und aus welcher Buffon seine Kunde von den sogenannten Semlanzen und Borandijzen, Witsen aber die seinige von dem Paternoster, den Barandaizen, Papinogora, Witzora und vielen andern entnahmen.[1] Man findet in derselben eine so seltsame Verwechselung der Benennungen und Dinge, und ein so auffallendes Gemenge von Wahrheit und lügenhafter Erfindung, daß man zuletzt nicht mehr im Stande ist, das Eine von dem Andern zu unterscheiden; das Ganze könnte man eine, auf wahre Begebenheiten begründete Fabel nennen.

Das Warangische Meer, in welchem die Dänischen Schiffe verweilten, ist das bekannte Waranger Fjord. Eine Ortschaft Waranger, am nördlichen Ufer derselben findet man auf einigen alten Karten, sie fehlt aber auf den neüsten. Es scheint, als sei sie nicht verschieden von Wadsoe, weil innerhalb der Waranger Bucht nur allein dieses Dorf, einen gefahrlosen Schiffshafen besitzt.

Murmaner Meer (Murmánskoe More), nennen die Russen einen Theil des Ocean, welcher die Lappländische Küste bespült. Herr Lamartiniere machte daraus einen Theil von Lappland. Seine Killopen sind die wilden Lopen (dikie Lopui) oder wilden Loparen (dikie Lopari). In mehreren alten Berichten wird von den Loparen oder Lopen erwähnt, daß die Russen sie mit dem Beiworte die wilden (dikie) belegt haben; deütsche Schriftsteller machten daraus ihre Dikiloppen [2], und bei Lamartiniere, welcher wahrscheinlich das Di für den Artikel nahm, entstanden endlich Killopen.

Das räthselhafte Borandai oder Borandi kann man ohne Zweifel für die Insel Warandei erklären, welche südlich von der Nowasemler Küste und 68 Ital. Meilen gegen O. von der Petschora Mündung liegt. Lamartiniere, dessen leidenschaftlicher Hang zum Lügen auch noch durch völligen Mangel seemännischer Erfahrung und Kenntniß ergänzt wurde, konnte leicht die Benennung einer Insel auf das ganze nah gelegne Land und auf dessen Bewohner ausdehnen. Auch konnten ihn Karten aus der damaligen Zeit in dieser

[1] Hist. Nat. de Buffon rédigée par Sonnini. Paris. An VIII. T. 20. pag. 73 et seq. Witsens Noord en Oost Tartarije pag. 901, 905, 927, 952, 953. etc.

[2] Joannis Schefferi Lappland. Frankfurt am Main und Leipzig 1674, Seite 28, 50.

Behauptung bestärken; denn auf diesen sieht man fast immer noch die Schriftzüge der auf die Insel bezüglichen Namen: Bolsoy, Boranday bis an das Festland ausgedehnt, so daß es in der That nicht leicht ist, dessen wahre Bedeútung zu ermitteln. So sind denn seine Borandijzen am Ende nichts anders als Nowasemler und Russen, welche zu Jagdunternehmungen die Insel Boranday besuchten. Freilich behauptet er von dort mit westlichem Winde zur Petschora gesegelt zu sein, so daß die Dänischen Schiffe sich östlich von diesem Flusse befinden mußten; doch kann ein solcher Irrthum gar leicht mit der großen Menge der übrigen aus einerlei Quelle entsprungen sein. Es scheint als haben sie sich wärend ihrer Reise durch Boranday nicht weit vom Ufer entfernt, da es ihnen möglich war, die gekauften Waaren auf Booten an Bord ihrer Schiffe zu befördern. Die Stadt Petschora entlehnte Lamartiniere gleichfalls von den Karten des 17ten Jahrhunderts, auf denen am rechten Ufer des Flusses Petschora und an einem großen See eine Stadt dieses Namens angegeben ist, welche wahrscheinlich die Pustoserische Insel andeúten sollte. Auf einigen derselben sieht man auch Papin- oder Papinow-Stadt (Papin, Papinowgorod), jedoch nicht in Sibirien, sondern nah an der Petschora. Auch bei einigen Schriftstellern z. B. Herberstein [1] wird derselben erwähnt, und wirklich könnte daher damals irgend ein Landstück jenen Namen geführt haben, jedoch ist jetzt durchaus keine Kunde davon zu finden. Die Bewohner von Nówaja Sémlja, welche von den Dänischen Seefahrern auf Geheiß ihres Königs im Triumph nach Dänemark gebracht wurden, waren ohne Zweifel Samojeden. — Unter Fetizo*) versteht er die Götzenbilder von denen sich, wie schon mehrmals erwähnt, ganze Haufen am Götzenkap (Bolwanskii Nos) auf der Insel Waigatsch befinden; das Anbeten der Sonne ist eine ausschmückende Erfindung des Verfassers. Die Paternosterberge sind entweder das Ostufer der Jugorischen Straße, oder ebenfalls ein Erzeúgniß von Lamartinieres Phantasie.

(1664 Vlaming). Mit Freúden findet man wiederum wahrhafte und nützliche Reiseberichte nach dem so eben betrachteten. Im Jahre 1664 hatte ein Holländischer Wallfischfänger, der Schiffer Vlaming, in dem westlichen Theil des Nord Meeres keine Beúte gefunden: er wendete sich daher gegen Nówaja Sémlja und da er nirgends Eis fand, fuhr er längs der Nordküste derselben und an das Erwünschte Vorgebirge (Muis Jelámja), bis zur Höhe des Ortes in welchem Heemskerk überwinterte. Von dort segelte er gegen OSO. bis zu 74° Breite und da er daselbst nichts als offnes Meer erblickte, kehrte er wiederum nach Umschiffung der NOspitze

[1] Herberstein S. 558. [*) Ob Fetisch? — B.]

von Nówaja Sémlja nach Holland zurück. Gegen N. und NO. von den Oranieninseln fand Vlaming steinigen Meeresboden und bei zunehmender Entfernung vom Ufer, abnehmende Tiefen: in dem Abstande von 70 Meilen nicht mehr als 4 bis 5 Sajenen Wasser über Thonboden, so daß er in der Nähe jenes Ortes ein Land vermuthete. Gegen SO. von Heemskerks Winterwohnung, fand er 80 — 70 Sajenen Tiefe, und den Boden dem Zuydersee'schen ähnlich; je weiter vom Ufer um desto ruhiger und niedriger fand er das Meer, so daß er schloß: das Festland der Tatarei könne nicht weit entfernt sein; ja einige der Matrosen glaubten sogar Land zu sehen. Dirk van Nirop nahm dadurch Veranlassung auf seiner Karte in dieser Gegend ein Land unter dem Namen Jelmerland zu verzeichnen; zu Ehren des Bootsmann Jelmer,[1] welcher Vlaming begleitete. Dieselbe Benennung ist später auch auf andere Karten übergegangen.

In vielen Beziehungen ist diese Reise höchst bemerkenswerth. Sie beweist eine außerordentlich verschiedene Beschaffenheit des Eises, welches man in verschiedenen Jahren an ein und demselben Orte antrifft, und veranlaßt fast ohne Zweifel zur Anerkennung der Existenz eines Landes im NO. von Nówaja Sémlja, unter $81\frac{1}{2}°$ Breite und $79\frac{1}{2}°$ Länge. Dennoch kann man sich eines Verdachtes gegen andre Umstände dieses Berichtes kaum enthalten, denn es ist schwer zu glauben, daß ein so erfolgreiches Unternehmen, welches ungewöhnlichen Eismangel in dem Nordmeere nachwieß, nicht sogleich allgemein bekannt geworden sein und die Lust zu neüen Versuchen gegen NO. nicht von Neüem erweckt haben sollte. Freilich hat Witsen nach Vlamings eignen Worten geschrieben, und es ist kein Grund vorhanden, den Einen von Beiden einer Unwahrheit zu zeihen; aber die Beschreibung der Reise wurde mehrere Jahre nach deren Vollendung abgefaßt, so daß man sogar die Monate, in welchen sie ausgeführt wurde nicht nennt. Man muß daher glauben, Vlaming habe kein Tagebuch geführt und nur nach dem Gedächtniß erzählt. So konnten sich manche Unwahrheiten in der Darstellung der Nebenumstände einfinden, wärend über die Hauptsachen und z. B. über die Existenz von Inseln oder Untiefen in NO. von Nówaja Sémlja kein Zweifel obwaltet: nur möchte vielleicht die Entfernung dieser letzteren vom nächst gelegnen Ufer nicht richtig angegeben sein.

Auch giebt diese Reise die nöthige Aufklärung über die Entstehung von Jelmers Land, welches auf Hase's Karte von Russland angegeben ist. Dieses Land, durch dessen Existenz die Unmöglichkeit einer Umschiffung der Nordküste von Sibirien für erwiesen gehalten wurde, ist Nichts anders als diese Nordküste selbst (oder die Küste

[1] Noord en Oost Tartarije pag. 902.

der Tatarei nach Witsen's Ausdruck), welche man nach Vlamings und seiner Gefährten unbestimmter Aussage in die Karten eintrug.

(1675 Snobbeger). Im Jahre 1675 landete ein anderer Wallfischfänger Kornelis Snobbeger bei Nówaja Sémlja. In den Bergen unter 73½° Breite fand er glänzende Steine, in denen er edle Metalle vermuthete. Er belud sein Schiff mit diesem Funde, und kehrte voll Hoffnung auf bedeûtende Reichthümer nach Holland zurück. Aber seine Rechnung betrog ihn, denn das mitgebrachte Erz enthielt auf 100 Pfund *) nur 2 Loth oder für drei Gulden Silber[1] und konnte daher nicht ein Mal die Steinbruchs Kosten ersetzen.[2]

Witsen fügt hinzu, daß er außer diesem Erze von Nówaja Sémlja auch noch Stücke Marmor erhielt, von denen einige rosenfarben und mit weißen Adern, andere völlig schwarz mit goldglänzenden Flecken, zu Tischen, Fußböden und andern dem ähnlichen Arbeiten sehr tauglich waren; einzelne der zuletzt genannten Arten enthielten (nach dem Ausdruck des Orginals, E.) mineralische Erde und waren sehr verbrennlich. Durch Behandlung im Feûer fand er, daß 100 Pfund **) dieser Steine 1 Loth Silber und ½ Loth Gold ergaben, und daß folglich die dortigen Erze der Ausbringung nicht werth seien. Wahrscheinlich waren diese von Witsen erwähnten Steine, Stücke Quarz und Schiefer, aus denen, wie man es jetzt weiß, alle Berge von Nówaja Sémlja bestehen, und welche außerdem an Schwefelkieß aûßerst reich sind. Das von Snobbeger gefundene Erz war vielleicht ebenfalls Schwefelkies, denn in der Nähe der Matotschkin Straße (Màtotschkin Schàr) unter 73½° Breite, findet man diesen sehr haûfig.

(1676 Wood und Flawes).[3] In der letzten Hälfte des 17ten Jahrhunderts, nach vielen erfolglosen Reisen gegen NW., begann man in England wiederum an eine NO. Durchfahrt zu denken. Mancherlei und größtentheils nicht sehr wahrhafte Nachrichten über

[*) Im Original steht sto fútow, 100 Fuß, anstatt wie zu glauben ist, sto fúntow 100 Pfund. — E.]

[1] Kronologische Geschichte u. s. w. Theil I. S. 131.

[2] Noord en Oost Tartarije pag. 918.

[**) Hier wurde wieder anstatt sto fútow 100 Fuß, des Ausdrucks des Originals, sto fúntow d. i. 100 Pfund gelesen. — E.]

[3] Barrow, S. 261. Adelung, S. 65. Diese Reise ist bei Barrow nur kurz geschildert, wärend von Adelung, Wood's vollständiges Journal mitgetheilt wird. Aus diesem habe ich die hier mitgetheilten Längen und Breiten entnommen und auf unsrer beigefügten Karten den Kurs des Schiffes Speadwell eingetragen.

die Eislosigkeit des Arktischen Meeres, und über die Reisen Holländischer Schiffe zu ausgezeichnet hohen Breiten, ja sogar zum Pole selbst, und um einige Hunderte von Meilen gegen Osten von Nówaja Sémlja, Barenz Meinung, daß 20 Meilen vom Ufer das Meer von Eis entblößt sein müsse, und endlich, eine eigne und selbstständige Betrachtung veranlaßten den Kapitain der Königlichen Flotte John Wood, einen geschickten und erfahrnen Seemann, zu der Überzeugung, daß man jenen Durchgang mit Sicherheit des Erfolges, in der Mitte zwischen Spizbergen und Nówaja Sémlja suchen könnte. Entschlossen sich diesem Unternehmen zu widmen, überreichte er 1676 dem Könige und dem Herzoge von York einen Aufsatz, in welchem er für seine Ansicht 7 Veranlassungen und 3 Beweisgründe anführte. Beide erkannten die Richtigkeit des Behaupteten, und der Erstere befahl, dem Kapitain Wood die Fregatte Speedwell zu übergeben, wärend der Andre in Verein mit mehreren Großen des Landes die Pinke Prosperous kaufte, welche unter Befehl des Kapitains William Flawes den Speedwel begleiten sollte. Ihre Schiffe waren auf 16 Monate mit allen Erfordernissen versehen.

Sie liefen am 28sten Mai 1676 aus der Themse, bogen um Nordkap am 19ten Juni, und begannen von dort einen NÖlichen Kurs. Am 22sten Juni, als man nach Rechnung in 75° 53′ Breite und 39° 48′ Länge O. von Greenwich sich befand, zeigte sich niedriges und zusammenhangendes Eis, welches sich von WNW. gegen OSO. erstreckte. In der Voraussetzung daß diese Massen mit Spizbergen zusammenhingen, hielten sie längs derselben gegen Osten. Vier Tage lang schifften sie in dieser Richtung und liefen in jede Öffnung, welche man in dem Eise zu sehen glaubte, aber es zeigte sich, daß es eine durchaus ununterbrochene und undurchdringliche Mauer gebildet hatte. Am Abend des 26sten Juni sahen sie ein hohes und schneebedecktes Ufer von Nówaja Sémlja in einer Entfernung von 15 Meilen. Am andern Tage überzeugte man sich, daß das Eis mit dem Ufer zusammenhing und fand am Mittage die Breite 74° 46′, die Länge 54° 4′ und die Entfernung vom Ufer 6 Meilen. In Erwartung irgend einer günstigen Veränderung in der Lage des Eises, lavirten sie zwischen dem Ufer und einer Menge von Schollen, welche sich von dem festen Eise abgelöst hatten. Am 29sten um 11 Uhr Abends, bei W. Winde und äußerst bedecktem Wetter, sah man vom Speedwell Eis gerade vor dem Galliun, man begann sogleich das Schiff zu wenden, aber noch wärend des Brassens, stieß es auf einen Felsen, von dem man jedoch noch glücklich entkam. Aber bald darauf sahen sie wiederum Brandung, und bei einer zweiten Wendung lief man auf eine Steinklippe, von der kein Entkommea mehr möglich schien. Der Wellenschlag und das ausströmende Fluthwasser warfen sie noch höher auf die Untiefe; die Fregatte zerschlug sich und begann sich zu füllen. Kapitain Wood konnte daher nur noch daran denken sich mit der Mannschaft ans Ufer zu retten, und mit Verlust von zwei Männern gelang ihm die Ausführung dieser Absicht. Aber die Geretteten befanden sich nun in einer fast hoffnungslosen Lage. Ihr Begleiter Prosperous war aus dem Horizont verschwunden und sie argwohnten, daß auch er Schiffbruch gelitten habe, oder daß es ihm doch, falls er demselben entgangen, bei dem herrschenden Nebel unmöglich würde, sie zu erblicken. Das einzige Ruderboot welches ihnen geblieben war, konnte gegen 30 Menschen tragen; ihrer waren aber 70. Ein Jeder machte nun eigne Vorschläge zur gemeinschaftlichen Rettung. Die Einen wünschten auf der Schaluppe nach den Küsten von Russland zu fahren; wärend Andre es für besser hielten sich auf Landwege dahin zu begeben, ja Einige dachten sogar auf Zerstörung der Ruderfahrzeüge, damit Allen ein gleiches Schicksal bevorstände. Zur Bekämpfung ihrer gefährlichen Absichten bediente sich Kapitain Wood des niemals zu billigenden Hülfsmittels berauschender Getränke, er bemühte sich ihnen durch beständige Trunkenheit ihre Vorhaben vergessen zu machen. In einer so fürchterlichen Lage verblieben sie wärend zehn Tage, bis sich am 8ten Juli, zu allgemeiner Freude, die Pinke Prosperous unter Segeln zeigte. Kapitain Flawes erblickte das Feüer, welches sie absichtlich und zu diesem Zwecke anlegten; er rettete sie alle und kam am 22sten wohlbehalten nach England.

Der unglückliche Ausgang von Kapitain Woods Unternehmung hatte ihn von einem eifrigsten Verfechter der Nordostdurchfahrt, in einen starken Gegner derselben verwandelt. Er versicherte, daß Nówaja Sémlja und Spizbergen ein zusammenhangendes Festland bilden, daß das Meer, welches sich an sie anschließt mit ewigem Eise bedeckt sei, und daß man alle Erzählungen der Holländer und Engländer, welche das Gegentheil bezeügen, für Erfindungen zu halten habe. Es ist einerseits sicher, daß sich dieser Seefahrer, zur Vertheidigung seines Unglücks, mancher schwer zu erweisenden und vielleicht von ihm selbst nicht geglaubten Aussage bediente; von der andern Seite begingen aber in der Folge die Vertheidiger der Nordostdurchfahrt eben so erwiesene Ungerechtigkeiten gegen denselben. Sie belasteten ihn selbst mit der ganzen Schuld an dem Mißlingen seines Unternehmens, und behaupteten, er sei seinem ursprünglichen Entwurfe ungetreü geworden, und anstatt sich in der Mitte zwischen Spitzbergen und Nówaja Sémlja zu halten, habe er sich aus Feigheit dem Ufer dieser letzteren genähert, und vieles ähnliche.[1] Alles dieses ist durchaus ungegrün-

[1] Adelung, Seite 92 in der Anm. Engel, Memoires Géographiques. Lausanne 1765 pag. 221 — 222. Wood n'ayant pas suivi ses

det. Kapitain Wood segelte vom Nordkap aus gegen NO., traf das undurchdringliche Eis genau in der Mitte zwischen Spizbergen und Nówaja Sémlja, und mußte nothwendig, um einen Durchgang durch dasselbe zu finden, seinen bisherigen Kurs gegen eine andre, namentlich gegen eine östliche Richtung vertauschen, denn an dem Ostufer von Spizbergen häuft sich das Eis, durch beständige Strömung von Ost nach West, stets ungleich mehr als an der Küste von Nówaja Sémlja. Eine Fahrt zwischen Eis und Ufer ist bei weitem gefahrvoller, als zwischen reinem Eise, und Wood hat sie daher keinesweges aus Kleinmuth unternommen. Um die Handlungen eines Seefahrers gerecht zu beurtheilen, vorzüglich aber um ihn der Feigheit zu beschuldigen, sollte man stets erst selbst etwas ähnliches versuchen.

Kapitain Wood benannte den Ort, an dem er Schiffbruch litt, nach seinem Schiffe: das Kap Speedwell, und nach seiner Berechnung ist die Breite desselben 74° 40′ und die Länge 63°. Es scheint mir als habe er nur auf der Admiralitäts- oder Podschiwálow-Insel scheitern können, namentlich aber an der Südspitze derselben, welche nach unserer Bestimmung unter 74° 55′ Breite und 55° 34′ Länge liegt; denn südlich von dieser Stelle sind an den Ufern von Nówaja Sémlja überall steil zunehmende Tiefen und reines Meer; aber die genannte Insel ist von felsigen Untiefen und Riffen rings umgeben. Der Unterschied von 15′ in den Breitenbestimmungen kann nicht befremden, weil Wood daselbst, wie sich aus seinem Journale ergiebt, keine Beobachtungen anstellte. Was aber die Länge betrifft, so ergiebt sie sich aus seinen Datis ungleich richtiger als nach seiner eignen Angabe: denn addirt man die vom 19ten Juni an in seinem Journale verzeichnete Längenwege, zur Länge vom Nordkap, so erhalten wir die von Kap Speedwell zu 54° 28′ d. h. nur um 1° 6′ kleiner als die wahre. Die magnetische Abweichung fand er 13° W., jetzt beträgt sie an derselben Stelle etwa 14° O. und es ist daher erlaubt, an der Genauigkeit von Woods Beobachtung zu zweifeln; dennoch aber kann man nicht unterlassen zu bemerken, daß dieselbe die Veränderung der Abweichung übereinstimmend mit der obenerwähnten Beobachtung der Holländer ergiebt, (oben Seite 25 und im Anhange zur Übersetzung. E.). Nach seinen Wahrnehmungen fließt die Fluth-

idées, et ne dirigeant pas sa route par le milieu entre Spitzberg et la nouvelle Zemble, mais ayant, par une crainte qui ne lui fait pas honneur, agi comme les autres, en côtoyant, il trouva comme eux une mer glacée au 76 ème degré. Il perdit la tramontane etc. Tous ces faits dis-je sont des preuves au dessus de toute exception qui anéantissent ces allégués de Wood, que la crainte et le desir de se disculper de sa poltronerie, lui ont inspiré." Reise nach dem Nordpole von Phipps. Bern, 1777, im Anhange S. 132—135.

welle dort gerade gegen das Ufer und steigt bis zu 8 Fuß; das Meerwasser ist salziger, schwerer und klarer als irgend wo anders, so daß „bei einer Tiefe von 80 Sajenen oder 480 Fuß nicht nur „der Meeresboden, sondern auch die auf demselben liegenden Mu„scheln gesehen wurden.“[1] Diese Angabe scheint mir eine völlige Unmöglichkeit zu enthalten.

Diese war die letzte Reise in welcher man die Aufsuchung eines NOdurchganges von Europa nach China beabsichtigte. Freilich bemühten sich noch nachmals manche Gelehrte[2] die Möglichkeit eines solchen zu beweisen, es scheint aber, als haben weder die Regierungen noch private Capitalisten ihre Meinung getheilt, denn bis zum heütigen Tage hat keine der seefahrenden Nationen neüe Unternehmungen darauf gerichtet. Auch Nówaja Sémlja wurde, von jener Zeit an nicht mehr von ihnen besucht, und es bleibt uns nur noch einer Fahrt des Schiffes Vlaming zu gedenken.

(Vlaming 1688). Dieser Seefahrer, dessen einer Reise wir schon früher zu erwähnen hatten (oben S. 50.), besuchte Nówaja Sémlja zum zweiten Male im Jahre 1688. Er traf durchaus kein Eis, dagegen aber stürmisches und nebliges Wetter. Auf der kleineren der Oranieninseln fand er einen Baum von drei bis vier Klaftern in Umfang, höher als die Strandlinie bei gewöhnlichem Hochwasser, ausgeworfen. Er konnte nicht begreifen, woher ein so ungeheürer Baum gekommen sei, da es dergleichen auf Nówaja Sémlja durchaus nicht giebt; auch fand er daselbst Stangen, welche ungefähr 100 Jahre zuvor von Holländern errichtet wurden. Sein Schiff ging in der Kostin Straße (Kostin Schar; in Vlamings Beschreibung: Costintsarch) vor Anker, und er hielt dieselbe für eine Bucht und widerlegte die Meinung, daß von dort aus eine Straße in das andre Meer führe. Die Insel Maigolschar (in der Beschreibung Maygolțzaar), die in dieser Gegend liegt, hangt nach seiner Beschreibung mit dem Ufer durch ein Riff zusammen, welches bei Hochwasser bedeckt wird. In der Nähe derselben liegen einige kleinere Inselchen, und hinter diesen eine Einbucht in das Ufer. Vergleicht man diese Beschreibnng mit dem Orte, welchem auf den Holländischen, und nach diesen auch auf unsern alten Karten, die Benennung Maigolschar gegeben wird, so muß man glauben es sei die Felseninsel oder Klippe gemeint, welche, südlicher als Kostin Schar, dem Vorgebirge Sawina Kowriga *) gegenüber liegt. Woher die Benennung Maigolschar genommen sei weiß jetzt

[1] Barrow, S. 267. Adelung, S. 98.

[2] Lomonossow, Engel, Barington u. a.

[*) Kowriga ist ein Laib Brod; das Adjectivum Sawinoi scheint von dem Eigennamen (Sawa) gebildet oder aus Sowinoi von Sowa die Eüle entstellt. — E.]

keiner der dortigen Bewohner, und man kann sogar auch keine Vermuthung darüber hegen. Es scheint als wenn Vlaming außerdem auch in der Mátotschkin Straße gewesen sei, doch weiß man nicht, ob bei der jetzt erwähnten Fahrt oder bei einer seiner früheren. Er erzählt daß er zwischen Langeneß und Groote Bacy einen hohen Berg bestiegen habe, von welchem aus sich eine ziemlich breite gegen Osten gerichtete Straße zeigte, deren Ende nicht abzusehen war.[1] Wir wissen schon daß, Langeneß das Trockne Vorgebirge (Suchoi Nos) ist, und man kann daher, trotz der Unverständlichkeit des Ausdrucks Groote Bacy, fast mit Gewißheit behaupten, daß er Mátotschkin Schar gesehen habe.

Bei dieser Reise entdeckte Vlaming auch die Insel Witsen, von der er in seinem Journal Folgendes sagt: Am 24sten Juli des Morgens, sahen wir die Insel Kolguew nach NW, in 4 bis 5 Meilen Entfernung. Am Abend wandten wir von derselben ab, gegen NNO. mit frischem Winde und hohen Wellen. Am Mittage des folgenden Tages sahen wir eine Insel, die Keiner von uns kannte, und welche auf den Karten nicht angegeben ist. Wir näherten uns derselben um sie zu besichtigen, aber bald wurde es so trübe, daß man genöthigt war nach SSW. zu halten; nach zwei Stunden klärte es sich wiederum auf, und wir lawirten noch einmal landwärts bis zu einer Tiefe von 6 — 15 Sajenen über weißem Sandboden. Aber eine Strömung welche uns rückwärts führte, zwang dann endlich die neu entdeckte Insel zu verlassen, welche ich aus Freundschaft für den Bürgermeister Witsen mit dessen Namen belegt habe. — Vlaming schätzte die Insel Witsen von Kolguew um 25 Meilen gegen NNO. entfernt, und, nach dem uns sehr gründlich bekannten Abstand zwischen Kolguew und Nówaja Sémlja, verlegen der angegebene Rhumb und die Entfernung dieses fragliche Land um 4 Deutsche oder 16 Italiänische Meilen westlich von der Mejduscharischen (d. h. Mittelstraßen-) Insel. Wir wissen jetzt sehr genau, daß es an jener Stelle keine von Nówaja Sémlja völlig getrennte Insel giebt, und man kann daher nicht bezweifeln daß Vlaming nichts anders als das Ufer der letztgenannten gesehen habe, namentlich aber die Mejduscharische oder Mittelstraßen Insel. Nebliches Wetter entzog ihnen in der Breiten-Mündung der Kóstin Straße den Anblick des Ufers von Nówaja Sémlja, und er hielt daher das gesehene Land für eine durchaus selbstständige Insel. Auf den alten Karten zeichnete man zwar die Witsen Insel um 40 deutsche Meilen von Nówaja Sémlja entfernt; aber nur deswegen, weil man diese letzte zu weit gegen Ost von Kolguew dachte.

[1] Noord en Oost Tartarije, pag. 923 — 924.

Bis hierher fehlte es uns an Gelegenheit irgend einer Russischen Reise zu erwähnen, obgleich man genugsam weiß daß die Russen wärend des ganzen Zeitraums, den wir so eben betrachteten, auf Booten (lódji) und sogenannten Karbásen vom Weißen Meere und von dem Petschora Flusse, nicht nur bis nach Nówaja Sémlja, sondern auch durch das Karische Meer bis zu den Mündungen des Obj und Jenisei mit Jagd- und Handelsabsichten fuhren.[1] Diesen Weg legten sie bisweilen auf der See zurück, bisweilen auch schleppten sie ihre Fahrzeüge über die Tragstelle (Wolok) zwischen dem Karischen und Obischen Meerbusen. Sie liefen zu dem Ende in den Trüben Fluß (Mútnaja Rjekà), welcher sich ins Karische Meer ergießt, und fuhren unter 8tägigem Bugsiren auf demselben stromaufwärts bis sie zwei Seen erreichten, welche 10 bis 12 Meilen im Umfange hatten. Dort entluden sie ihre Fahrzeüge, und schleppten sie über eine Landzunge von etwa 200 Sajenen Breite, in den sogenannten grünen See (Selénoe ósero) aus welchem der Grüne Fluß (Selenajà Rjeka) in den Obischen Meerbusen laüft. Auf diesem Flusse fuhren sie dann endlich bis zum Obj.[2] Die Schifffahrt vom Obj bis ins Archangeler Meer dauerte 3 — 4 Wochen, und von dem Obj zum Jenisei 2 — 3 Wochen. Sie entfernten sich niemals von der Küste des Festlandes und gingen stets durch die Júgorische Straße, niemals durch die Karischen Pforten (Kárskie wóroti); denn diese letztere Durchfahrt ist zwar breiter als jene, aber dennoch weit gefährlicher wegen oftmaliger Anhaüfungen des Eises. Vom Obj aus gingen sie auch geraden Weges nach Nówaja Sémlja, auf Schiffen welche zu Werchoturie nach dem Vorbilde der Holländischen Buizen gebaut, und deshalb Busen (busi) genannt wurden.[3] Diese denkwürdige Schifffahrt ward späterhin gänzlich unterlassen, theils wegen der natürlichen Hindernisse, theils auch vielleicht wegen der Schwierigkeiten und Beschränkungen die man derselben entgegensetzte. In der Júgorischen Straße und auf der Matwjejew Insel wurden, wärend des Sommers, Wachen unterhalten, nicht nur um Abgaben von den Fahrzeügen der Jäger zu entnehmen, sondern auch um jede anderweitige Beschiffung zu verhindern. Die Russischen Verwalter hielten es wahrscheinlich für vortheilhafter, daß der gesammte Handel mit den Sibirischen Urvölkern nur auf Landwege geführt wurde.[4]

[1] Nachrichten über diesen Gegenstand findet man sowohl an vielen Stellen der bisher erwähnten Reiseberichte, als auch in Noord en Oost Tartarije pag. 729, 758, 804, 805, 842, 892, 916, 920, 921, 951.

[2] Noord en Oost Tartarije, pag. 940.

[3] Ebendaselbst, S. 758, 872. Buisen nennt man in Holland die Schiffe deren man sich zum Häringsfang bedient.

[4] Witsen schreibt, daß die Russen sogar einen befestigten Platz auf

(1690 Iwánow). Die Begebenheiten eines dieser Seefahrer des Kórmschtschik oder Schiffsführer Ródion Iwánow, hat Witsen mit dessen eignen Worten beschrieben.[1] Dieser Iwánow befand sich im Jahre 1690 mit zwei andern Schiffen auf einer Jagdunternehmung, litt am 1sten September Schiffbruch bei der Insel Scharapow's Bank (Scharápowa kóschka) nahe am Ostufer des Karischen Meeres und ward gezwungen, daselbst zu überwintern. Es waren ihrer in allem funfzehn Männer; sie kneteten sich eine Wohnung aus dort vorgefundenen Thone, und aus Blut und Haaren von Seehunden und Wallrossen. Die Mischung dieser drei Substanzen verhartete zu einer äußerst festen Masse, welche ihnen, mit den Planken der gescheiterten Fahrzeüge beschlagen, eine sichere Zuflucht, sowohl gegen die Kälte als auch gegen die Raubthiere darbot. Ein aus demselben Thone erbauter Ofen, wurde mit dem Treibholze geheizt, welches sie am Strande sammeln mußten. In der ersten Woche nährten sie sich nur von Meerkohl (Morskaja Kapusta d. i. beim Russischen Volke jeder breitblätterige Fucus E.), den sie etwas einweichten und mit einigem Mehle mengten; nachher aber von dem Fleische der Seehunde, Wallrosse und sogar der weißen Bären. Das letztere aber aßen sie nur bei äußerster Noth denn sie hielten es für unrein. Bisweilen waren sie sogar gezwungen ihre Pelzkleider und Stiefel als Nahrung zu brauchen, nachdem sie dieselben in süßem Wasser einigermaßen aufgeweicht hatten. Dieses Wasser entnahmen sie anfangs aus 8 Fuß tiefen und mit äußerster Mühe gegrabenen Löchern; im Winter aber thauten sie Schnee. Die ununterbrochene Winternacht dauerte bei ihnen fünf Wochen lang. Wärend dieser Zeit verließen sie ihre Hütte fast niemals und der Mangel an Bewegung und die verdorbene Luft in ihrer Wohnung erzeügte den Scharbock, an welchem eilf Männer starben. Rodion Iwanow war einer der vier Überlebenden; zu Anfange des Frühjahrs erhielten sie Besuche von Samojeden, welche ihnen von der Ausbeüte ihrer Winterjagd Einiges raubten. Die Russen wagten nicht mit diesen auf das Festland überzusetzeu und zogen es vor zu erwarten, ob nicht irgend ein Russisches Schiff sie aufsuchen werde. Glücklicherweise wurde diese Hoffnung nicht getaüscht; man erblickte sie zufällig von einem Jägerfahrzeüge, welches sie rettete und in ihre Heimath zurückführte.

Nach Iwanows Beschreibung ist die Scharapow's Bank (Scharápowa kóschka) so wie auch der Name andeütet mehr eine Untiefe als eine Insel zu nennen; denn das Hochwasser bedeckt sie fast vollständig mit Ausnahme einiger Hügel[2], auf deren einem

Nówaja Sémlja anlegen wollten, daß aber dieses Vornehmen nicht ausgeführt wurde, S. 762. [1] Ebendas. S. 913 bis 915.

[2] Aehnliche Hügel pflegen unsre Jäger Sópki d. i. Kuppen zu nennen.

die Russen ihre Hütte angelegt hatten. Sie besteht fast ganz aus Treibsand, auf welchem nur an einigen wenigen Stellen Moosboden angetroffen wurde. Von Waigatsch kann man in 24 Stunden zur Scharapow's Bank überfahren; die ganze Insel aber umfährt man bei gutem Winde in einem Tage, und umgeht sie zu Fuß in vier Tagen. Gegen N. und S. von derselben liegen zwei oder drei ihr ähnliche Bänke (Koschki), gegen welche sich fast beständig große Eismassen anlehnen. Wallrosse und Seehunde halten sich sehr haüfig auf diesen Inseln, so daß die Ausbeüte, welche sie an diesen Thieren im Laufe des Winters erhielten, einen Haufen von 90 Sajenen Länge, eben so viel Breite und 6 Fuß Höhe bildete. Von Wallrossknochen sammelten sie 40 Pud, und jedes Pud derselben galt damals 15 Rubel. Auch fanden sie daselbst einen gestrandeten Wallfisch. Zwischen der Scharapow's Bank und dem Ufer des Festlandes kann man hindurchfahren, doch ist im Allgemeinen die Fahrt in dieser Gegend sehr gefährlich, weshalb auch die Jäger sich nicht gern dahin begeben.

Bis zum achtzehnten Jahrhundert ist nur diese einzige Russische Reise bekannt geworden, und zugleich auch ist diese die einzige vorhandene Beschreibung von der Scharápow's Bank. Freilich ist sie nicht sehr ausführlich, dennoch aber verleiht sie eine so deütliche Vorstellung, daß man kaum behaupten kann, von allen Punkten unsrer Nördlichen Küsten eine ähnliche zu besitzen. Es wäre z. B. außerst wünschenswerth eine auch nur eben so vollständige Kunde über das Ostufer von Nówaja Sémlja zu erhalten, längs welcher der Schiffsführer (Kormschtschik) Loschkin um die Mitte des vorigen Jahrhunderts gefahren ist. Zum Unglück fand sich kein zweiter Witsen, der uns ähnliche Details über die Reise dieses unternehmenden Seglers aufbewahrt hätte; so daß uns jetzt kaum mehr als dessen Name bekannt ist. Wir werden weiter unten dieser merkwürdige Reise etwas näher erwähnen.

In den dreißiger Jahren des vorigen Jahrhunderts wurde auf Befehl der Kaiserin Anna Iwánowna eine Unternehmung ausgerüstet, welche vermöge ihres ausgebreiteten Wirkungskreises, kaum ihres Gleichen in den Jahrbüchern der nautischen Entdeckungen findet. Der Zweck dieser Expedition war eine Aufnahme der Küsten von der Stadt Archangel gegen Osten bis zum Festlande von Amerika und zu den Inselgruppen des Ostoceans. Wir werden hier nur die Erfolge der Westabtheilung dieser großartigen Unternehmung erwähnen, weil nur diese sich auf unseren Hauptgegenstand beziehen.

Diese Abtheilung sollte, unter unmittelbarer Aufsicht des Admiralitätscollegii, vom Meere aus die Küste zwischen Archangel und der Objmündung aufnehmen. Die Auswahl der Fahrzeüge und die gesammte übrige Ausrüstung des Geschwaders überließ man dem General-Kapitain des Archangeler Hafen, welcher, auf den Rath der Seefahrer jener Gegend, zwei sogenannte Kótschi (Singul. Kótscha) nach dem Vorbilde derjenigen, welche jene letzteren bei ihren Jägerfahrten brauchten ausrüsten ließ. Diese Fahrzeüge erhielten die Namen: Expedition und Obj, und sie maaßen 52½ Fuß in der Länge, 14 Fuß in der Breite und 8 Fuß Tiefe. Zu Befehlshabern wurden die Lieutenants Murawjèw und Páwlow ernannt, und einem jeden 20 Mann Schiffsvolk gegeben.

(1734 — 35. Murawjèw und Páwlow). Sie verließen Archangelsk am 4ten Juli 1734 [1], liefen am 21sten aus dem weißen Meere, gingen dann bei der Insel Kolguew vorüber zwischen der Matwjejew- und Langen-Insel (Dolgoi ostrow) hindurch und erreichten am 25sten die Jugorische Straße, in welcher sie drei Tage vor Anker lagen. In dieser Zeit wurde ein Untersteüermann auf einem Ruderfahrzeüge zur Aufnahme der Insel Waigatsch abgesandt. Am 29sten verließen sie die Jugorische Straße, in deren Mitte sie 12 — 14 Sajenen Tiefe fanden. Das östlich von ihnen gelegene Ufer war eben und meist niedrig, nur stellenweise erhob es sich und sank steil gegen das Meer. Sie fuhren wärend eines Tages längs desselben, hielten dann queer durch das Karische Meer nach NO t O. und sahen am 31sten Juli das Ostufer desselben, welches ihr Lothse für die Umgegend der Trüben Bucht (Mútnaja gubà) erkannte. Bald daráuf sahen sie diese Bucht selbst und gingen in ihr vor Anker. In der Mündung derselben fanden sie nur 2 Sajenen Tiefe, aber weiter hinein in der Bucht 9 Sajenen. Sie versahen sich daselbst mit Wasser und Holz und fuhren dann weiter gegen N t W. längs des Ufers, bei 8—10 Sajenen Tiefe. Am folgenden Tage mußten sie vor Anker gehen. Am 8ten August gingen sie wieder unter Segel, mußten aber am 9ten wegen sehr starken widrigen Windes wiederum zurückgehen und in der Trüben Bucht eine Zuflucht suchen. Nachdem sie daselbst sechs Tage gestanden und die Breite des Punktes zu 70° 50′ bestimmt hatten, gingen sie wiederum in See; erreichten am 19ten eine Breite von 72° 45′, und beschlossen, wegen später Jahreszeit, von dort aus gegen Süden zurückzukehren und einen bequemeren Platz zum Winteraufenthalt zu suchen. Am 21sten gingen sie in der Mündung des Karaflusses vor Anker; weil ihnen aber die geringe Tiefe nicht erlaubte sich höher aufwärts in denselben zu begeben, fuhren sie zur Jugorischen Straße. Aber auch dort fanden sie keine Möglichkeit zum Überwintern und sahen sich daher genöthigt nach dem Pet-

[1] Die Orginaltagebücher der Lieutenants Murawjèw und Pawlow habe ich nicht erhalten können; die hier vorliegende Beschreibung ihrer Reise wurde daher aus dem 4ten Theile der Denkschriften des Kaiserl. Admiralitäts-Departements entnommen.

schoraflusse zu segeln, in dessen Mündung sie am 4ten September einliefen. Nachdem sie ihre Schiffe bei einem Dorfe Keewidka[1] zur Überwinterung angelegt hatten, begaben sie sich mit ihren Mannschaften nach dem befestigten Flecken Pustósero (Pustoserskji Ostròg).

Im Juni 1735 gingen sie endlich mit ihren Kótschen wiederum ins Meer, erreichten die Jugorische Straße am 15ten Juli, gingen daselbst vor Anker, und detachirten einen Steüermann zur Aufnahme der Küste von Waigatsch. Am 21sten verließen sie die Straße, aber dichtes Eis nöthigte sie schon an demselben Tage wiederum vor Anker zu gehen und verursachte ihnen auch dann noch wärend zwei Wochen beständige Unruhe. Sie mußten ihren Standort oft ändern, und bald unter dem einen, bald unter dem andern Ufer Schutz suchen. Endlich am 3ten August zeigte sich das Meer durchaus frei von Eis, und sie konnten ihre Reise fortsetzen. Aber bald begegnete man von Neüem einer großen Menge Eises zwischen welchem dichter Nebel herrschte und die Fahrt aufs äußerste gefährdete. Am 11ten August lief eines der Schiffe auf eine von Wasser bedeckte Eisscholle, von welcher man es nur durch ein Werpanker wiederum befreite. Am 8ten trennten sie sich, Lieutenant Murawjèw lief am 23sten in die Trübe Bucht, lag daselbst bis zum 27sten vor Anker, und ging dann zur Jugorischen Straße, wo er am 6ten September mit seinen Reisegefährten zusammentraf. Im gemeinschaftlichen Rathe ward beschlossen, auch jetzt, so wie früher, im Petschoraflusse zu überwintern, in welchen sie auch am 11ten September einliefen.

(1736 und 1737. Malúigin, Skurátow und Suchótin). Lieutenant Murawjèw äußerte sich nun sehr mißfällig über seine Kotschen, und bemühte sich die Schuld des Mißlingens gänzlich auf diese zu übertragen. Seine desfalsigen Vorstellungen wurden von dem Admiralitätscollegium anerkannt, welches Befehle gab bei Archangelsk zwei bedeckte Boote von 60 und 50 Fuß Länge zu bauen und dieselben unter Anführung der Lieutenante Skurátow und Suchótin zum Lieutenant Murawjèw zu senden. Dieser letztere sowohl als auch Lieutenant Pàwlow, wurden aber unterdessen abgelöst (nach Aussage der Denkschriften wegen unanständiger Handlungen), und an ihre Stelle nach Pustosersk der Lieutenant Malúigin kommandirt. Bis er in See ging, war dieser dem Kapitain

[1] So heißt es in der Denkschrift des Kaiserlichen Admiralitäts-Departements Theil IV Seite 367. Wahrscheinlich ist aber das Dorf Teljwiska 17 Werst unterhalb Pustosersk oder auch der Fluß Koswiska, 5 Werst vom Gorodezer See (Gorodézkoe osero) gemeint. Den Namen Keewidka findet man nirgends längs des ganzen Laufes der Petschora.

Tscherēwin beigegeben gewesen, welchen man, wie es scheint, nur um die Untersuchung gegen die früheren Anführer einzuleiten, absandte.

Lieutenant Malúigin begann mit Anfange Mai die Kotscha-Expedition zur Reise vorzubereiten, welche schon am Orte der Abfahrt ein Leck von 4 Zoll in einer Stunde zeigte. Gegen Ende des Monats war sie fertig, die Lothsen maaßen das Fahrwasser des Flusses und stellten Boien aus, und Lieutenant Malúigin begann am 27sten von dem Dorfe Telwiski stromabwärts zu fahren. Am 28sten kam er zur Mündung, und da er Eis vor sich sahe, ging er SWlich vom Götzenvorgebirge (Bolwánskji Nos) vor Anker. Am folgenden Morgen trieb mächtiges Eis aus dem oberen Flußlaufe herbei, so daß sie das Ankertau auslaufen ließen um unter Segel zu gehen; aber sie geriethen auf eine Untiefe, wurden dann mit dem treibenden Eise über Bänke geführt, und endlich gegen Schollen gedrückt, welche sich auf andern Untiefen festgesetzt hatten; ihr Vorsteven brach und das Steüerruder wurde losgerissen. Das Schiff zu retten war unmöglich, und man hatte daher nur an die Rettung der Mannschaft und Ladung zu denken. Wirklich gelang es mit Hülfe von Soldaten und Matrosen, welche Kapitain Tscherēwin auf Scheerbooten zu ihnen sandte, sämmtliche Mannschaft und einen großen Theil der Ladung zu bergen. Das Fahrzeüg blieb an dieser Stelle.

Herr Malúigin schritt sofort zur Ausbesserung der Kotscha Obj, und konnte schon am 17ten Juni auf dieser eine Reise beginnen. In der Flußmündung hielt ihn widriger Wind 4 Tage lang auf. Am 21sten ging er von Neüem unter Segel, und begegnete an demselben Tage in der Höhe des Zwilling-Vorgebirges (Dwóinitschnji Nos) einer Menge von Eis, gegen welches er wärend einer ganzen Woche kämpfte, indem er bald am Ufer des Festlandes, bald an den Guläjewer Bänken vor Anker ging, welche letztere mit mächtigen Eismassen bedeckt waren. Am 29sten gelangte er zur Insel Warandej, begegnete aber wiederum so vielem Eise, daß er an der Westspitze derselben vor Anker gehen mußte. Bis zum 19ten des folgenden Monats versuchten sie täglich den Anker zu lichten und ihre Fahrt fortzusetzen; aber jedes Mal, und an verschiedenen Stellen der Insel Warandej, zwang sie das Eis, sich wiederum fest zu legen. Nicht selten waren sie genöthigt die Anker zu kappen und sie nachher mit großer Mühe wiederum aufzusuchen. Es herrschte damals meistens feüchtes und kaltes Wetter. Das Tauwerk bedeckte sich mit einer Eisrinde, so daß es kaum möglich war dasselbe zu regieren; das Fahrzeüg hatte ein Leck von 3, bisweilen aber auch von 9 Zoll in der Stunde, und diese Umstände verursachten wärend der Reise unbeschreibliche Beschwerden. Am 22sten Juli kamen sie im Angesicht der Langen

Insel und erfuhren von einem Jägerschiff, welchem sie daselbst begegneten, daß es weiter ostwärts noch äußerst viel Eis auf dem Meere gäbe. An demselben Tage gingen sie bei der Langen Insel vor Anker, und verblieben daselbst siebenzehn Tage, weil sie Eis an der Fortsetzung ihrer Reise hinderte. Am 7ten August vereinigten sich mit ihnen die oben erwähnten Boote, welche man bei Archangelsk gebaut hatte, unter dem Befehle des Lieutenants Skurátow und Suchótin.

Diese letzteren verließen am 25sten Juni die Mündung der Dwina, gingen mehrmals wegen widriger Winde vor Anker, und liefen am 30sten in den Fluß Schoina, 50 Meilen gegen S. von Kanin Nos, um ein Leck zu untersuchen welches sich in dem zweiten Boote gebildet hatte.[1] Der Eingang in den Fluß Schoina ist nur zwei Kabeltau breit, und bei der Ebbe nur 3 Fuß tief. Die Hafenzeit betrug 30 Minuten. Beim Einlaufen in den Fluß muß man sich näher am Südufer halten.

Man entdeckte bald den Schaden am zweiten Boote, besserte ihn aus und machte sich wieder auf den Weg. Am 2ten Juli fuhren sie um Kanin Vorgebirge, und hielten auf die Insel Kolguew. Sie fuhren bei nebligem Wetter an derselben vorüber, sahen am Morgen des 4ten Juli das Timanische Ufer, und gingen am Mittag vor Anker, 4 Ital. Meilen NO. vom Heiligen Kap (Swjátoi Nos) bei 6 Sajenen Tiefe über Muschelboden. Die an diesem Punkte beobachtete Breite betrug (nach Suchótins Journale) 68°1′ und es folgt daraus 67°58′ für die Breite des Heiligen Kap. Die magnetische Abweichung fand man 12° Ost. Die Hafenzeit $7^h 24'$. Das Heilige Kap erstreckt sich vom Ufer gegen NW. und von ihm aus zieht sich gegen NO. ein anderes hohes Ufer. Nachdem sie wärend vier Tage erfolglos in der Straße, zwischen dem Festlande und der Kolguewinsel lawirt hatten, wandten sie sich gegen die letztere und gingen am 8ten Juli vor Anker bei dem Buchtigen Flusse (Gubístaja Rjeká) gegenüber bei 4½ Sajenen Tiefe über Sandboden. Nachdem sie sich mit Wasser und Holz versehen hatten, setzten sie ihren Weg um die Südspitze der Kolguew Insel fort, konnten aber bis zum 14ten dem herrschenden NOwinde Nichts abgewinnen, und gingen daher bei der Südspitze der Flachen Bänke (Plóskie Koschki) vor Anker, wo die Breite zu 68°28′ (nach Suchótins Journal) bestimmt wurde. Nachdem sie bis zum 18ten Juli daselbst verweilt hatten, gingen sie zum Flusse Wasjkina um Wasser und Holz einzunehmen. Von diesem Flusse, welcher sich in dem SO. Theile der genannten Insel be-

[1] Das Boot des Lieutenants Skurátow, des älteren von beiden, wurde das erste, das andere unter Lieutenant Suchótin aber das zweite genannt.

findet, erstreckt sich ein niedriges Sandufer 8 Meilen weit nach W. und wendet sich dann nach NNW. zum Buchtigen Flusse (Gubistaja Rjekà). Die Tiefe beträgt 4 — 5 Sajenen in einer Meile Entfernung vom Ufer. Am 21sten lichteten sie die Anker, erhielten aber am folgenden Tage widrigen Wind und kehrten abermals zur Insel Kolguew zurück. Dort erlitten sie einen heftigen Sturm aus NO. der bis zum 25sten anhielt und wärend welcher das erste Boot ein Anker verlor. Erst am 3ten August erlaubte ihnen der Wind die Fortsetzung ihrer Fahrt. Sie gingen an diesem Tage unter Segel und kamen am 7ten zur Matwjejew- und Langen-Insel, wo sie mit Malúigin zusammen trafen. Am folgenden Tage kamen alle drei Fahrzeüge unter dem Befehle dieses Letzteren zur Jugorischen Straße und legten sich vor Anker zwischen dem Trocknen und dem Überfahrts Vorgebirge (Suchoi und Perewósnoi muis).

Nach Skurátows und Suchótins Journalen beträgt die Breite dieses Ortes 69° 27′, nach Malúigins Journale aber 69° 49′; diese letztere Bestimmung ist um 7′ größer als die neüsten. Die magnetische Abweichung fanden sie $\frac{3}{4}$ Rhumb. O. (8° 26′,25 O.).

Hier erfolgte eine Veränderung der Befehlshaber; Lieutenant Malúigin bestieg das 1ste Boot, übergab das 2te an Skurátow und beauftragte Suchótin sich auf der Kotscha Obi nach Archangelsk zu begeben.[1]

Lieutenant Suchótin begann seine Reise am 19ten August und mußte sich wärend 24 Stunden durch das Eis hindurchschlagen, welches die Jugorische Straße anfüllte. In das offene Meer gelangt, hielt er zuerst nach W., dann nach WSW. und kam am 6ten Tage bei stets günstigem Winde nach Kánin Nos, ging am 29sten an der Wallrossinsel (Ostr. Morjówez) vorüber, und erreichte glücklich am 1sten September den Dwinafluß. Die ihm stets günstige Richtung des Windes war ein wahrhaft glücklicher Umstand, denn die Kotscha Obj war von schlechter Beschaffenheit und hatte ein Leck von 5 Zoll in der Stunde.

Lieutenant Malúigin blieb mit den zwei Booten bis zum 24sten August in der Jugorischen Straße. Wiederhohlentlich sandte er seine Leüte mit Samojedischen Rennthieren aus, um von den höher gelegenen Punkten der Insel Waigatsch das Meer zu übersehen, erhielt aber stets die Nachricht, daß ringsum Alles mit Eis bedeckt war. Auch in der Straße trieben viele Schollen. Die Luft war aüßerst kalt, so daß das Meer ringsum die Fahrzeüge einige Mal gefror. Am 24sten konnte er endlich die Straße ver-

[1] In den Denkschriften des Kaiserlichen Admiralitäts-Departements und in der Kronologischen Geschichte Seite 115, heißt es mit Unrecht, daß Skurátow auf der Kotscha nach Archangel abgefertigt wurde.

lassen, doch zwangen ihn mächtige Schollen noch an demselben Tage bei der Fleischinsel (Mjásnoi ostrow) wiederum vor Anker zu gehen. Er blieb daselbst 13 Tage lang ohne Möglichkeit eines Fortschreitens, weil das Eis oft rings bis zum Horizonte durchaus unbeweglich beharrte. Wärend dieser Zeit wurde eine Aufnahme der Fleischinsel und des ihr zunächst gelegenen Ufers des Festlandes ausgeführt. Man besichtigte die Flüßchen die sich in jener Gegend ergießen und welche alle sehr wasserarm befunden wurden. Die Breite des Ortes wurde zu 70° 9′ bestimmt (nach zweien Beobachtungen am 26sten und 31sten August im Journale von Malúigin) und die Hafenzeit zu $5^h 9'$. Am 5ten September wurde eine gemeinschaftliche Berathung gehalten, an welcher die Unteroffiziere und die Kórmschtschiks (d. i. die Archangeler Seefahrer, welche als Lothsen dienten) Theil nahmen. Offenbar wurde in dieser Versammlung beschlossen die Reise fortzusetzen, denn am folgenden Tage lichteten beide Fahrzeüge die Anker und gingen gegen O. zwischen stehendem Eise und dem Ufer. Am 6ten September gingen sie wegen widrigen Windes bei dem Flüßchen Ljadi vor Anker (in Skurátows Journale heißt es Ladena, wahrscheinlich für Lodéinaja), welcher 36 Ital. Meilen von der Fleischinsel absteht. Der Untersteüermann Welikopóljskoi und der Kormschtschik (Schiffsführer) Juschkow fanden in der Mündung dieses Flusses bei Hochwasser nur $4\frac{1}{2}$ Fuß Tiefe. Am folgenden Tage fuhren sie weiter, gingen am 10ten September vor der Mündung des Flusses Kora vor Anker, und liefen am 11ten in diese Mündung selbst, in welcher die Breite zu 69° 48′ beobachtet wurde. Das Fahrwasser in dieser Mündung erstreckt sich nach OSO. zwischen dem Süduferr und einer Landzunge, welche vom niedrigen Norduferr hervorragt. Die Tiefe beträgt 6 — 8 Fuß, in dem Flusse aber 4 Sajenen. Am 13ten September wurde in einen dem erst erwähnten ähnlichen Concilium aus unbekannten Gründen beschlossen, nach dem Wallrossflusse (Rjéka Morjówka) zur Überwinterung zu gehen und in Folge davon liefen beide Fahrzeüge noch an demselben Tage wiederum ins Meer, trafen aber bevor sie den genannten Fluß erreichten, auf so dichtes Eis daß sie sich gezwungen hielten zur Kora zurückzukehren; sie erreichten dieselbe am 18ten September und legten ihre Fahrzeüge am 26sten für den Winter in den Drei-Seen Fluß (Troch óserпaja rjétschka). Im December fuhren beide Befehlshaber und ihre Mannschaften auf Rennthierschlitten nach Obdorsk, und ließen bei den Schiffen den Untersteüermann Welikopóljskji mit eilf Mann.

Im Juli und August desselben Jahres vollführte der Geodät Seliphontow auf Rennthierschlitten eine Aufnahme des Westufers der Obischen Bucht, und fuhr dann, auf einer Karbase, nach der Weißen Insel um einen Theil des Südufers derselben zu untersuchen. Im November vereinigte er sich mit dem Lieutenant Malúigin.

Zu Anfang Mai's 1737 kehrten Malúigin und Skurátow zu ihren Booten zurück, und fingen an, sie zur Reise vorzubereiten. Anfangs Juni brach das Eis auf der Kora, da man aber wußte, daß das Meer nicht vor der Mitte des Juli von Schollen frei werde, so beschloß man, nach gemeinschaftlicher Berathung, bis zum 1sten Juli an dem damaligen Aufenthaltsorte zu verweilen. Um die Mitte des Juni zeigte sich Scharbock bei der Mannschaft, doch gelang es durch Anwendung antiskorbutischer Kraüter, welche sie auf den Mooren der Umgegend sammelten, die Krankheit zu unterdrücken.

Am 17ten Juni fand man die Breite des Drei-Seen-Flusses (Troch ósernaja rjétschka) aus Mitternachts- und Mittagshöhe der Sonne zu 69°13′ (nach Skurátow's Journal), die magnetische Abweichung $\frac{3}{4}$ Rhumb. O. (8° 26′, 25 O.).

Am 1sten Juli liefen sie in die Kora und gingen am 3ten in der Mündung desselben Flusses vor Anker. Auf dem Meere sah man noch außerordentlich viel Eis und sie verweilten deshalb 3 Tage an jener Stelle, sandten aber Abtheilungen der Mannschaft gegen O. und gegen W. um die Ufer aufzunehmen. Am 6ten liefen sie ins Meer, und hielten nach O. auf die Baidárizer Bucht (Baidárizkaja gubà), vor deren Mündung sie am 9ten vor Anker gingen. Am Eingange dieser Bucht ist nur 6 Fuß Tiefe, in ihrem Meere aber 4 Sajenen; die Breite des Fahrwassers beträgt nur ein Kabeltau. Man bemerkte daß daselbst der Zufluß der Fluth nur 4 Stunden lang gegen O., der Abfluß der Ebbe aber wärend 8 Stunden gegen W. erfolgt und schloß daß sich Flüsse in die Baidárizer Bucht ergießen müssen. Übrigens war der Fluthstrom ungleich mächtiger als der der Ebbe. Am 11ten hoben sie den Anker und fuhren gegen N. längs des Ufers welches sie aufnahmen. Unterweges trafen sie haüfige Eismassen und wurden einige Mal gezwungen sich vor Anker zu legen. Am 18ten fuhren sie am Flusse Jerubei vorbei, welcher sich unter 69° 53′ Breite ergießt. Seine Mündung ist von Untiefen umgeben. Am 21sten gingen sie vorüber an der Trüben Bucht und den Scharapower Bänken und fanden die Breite der ersteren 70° 27′, der letztere aber von 70° 46′ bis 71° 12′. Auf den Bänken sahen sie einige sandige Hügel und die Körmtschiki sagten, daß sich zwischen denselben Durchfahrten befinden, in die man einlaufen und in ihnen ohne Gefahr vor Anker liegen könne. Am 22sten fuhren sie an dem Flusse Bärin (Medwjédiza) vorüber, und sahen an dessen Ufer einen sogenannten Tschum oder ein aus Rennthierfellen gemachtes Samojedenzelt[1], Menschen welche es umgaben. Die Breite des Flusses fand man 71° 45′ (Skurátows Journal). Von dieser Mündung erstrecken sich trockne Bänke gegen NW. Am 23sten Juli erblickten sie die Weiße Insel (Ostrow bjelgi) und ankerten am 24sten in der Straße, welche diese Insel vom Festlande trennt. Die Breite derselben bestimmten sie zu 73° 8′ (Skurátows Journal). Die Fluth lief dort 4 Stunden lang gegen W., die Ebbe aber wärend 8 Stunden nach O. Jene führte Salzwasser, diese aber nur Süßes zurück; der Ebbestrom war hier bei weitem stärker als der der Fluth, welcher bisweilen gänzlich unsichtbar wurde. Die Hafenzeit betrug 3 Stunden. Das Steigen des Wassers $1\frac{1}{2}$ Fuß. Die Straße ist wie besäet mit Bänken, zwischen denen heftige und einander entgegengesetzte Strömungen herrschen. Durch widrige Winde wurde Lieutenant Malúigin zu 25 tägigem Aufenthalte an dieser Stelle gezwungen. Am 18ten August lief er endlich in die Obische Bucht, am 11ten September in den Obj, und den 2ten October in den Soswafluß, in welchem er überwinterte. Den Mannschaften wurden in Beresow Quartiere angewiesen.

(1738 und 1739 Skurátow und Golowin). Lieutenant Malúigin kehrte zu Lande von Beresow nach Petersburg zurück, wärend Skurátow den Auftrag erhielt im folgenden Jahre mit beiden Booten nach Archangelsk zu schiffen. Dieser machte sich daher am 30sten Juni 1738 von dem Soswaflusse aus auf die Reise, nachdem er dem Untersteuermann Golowin den Befehl über das zweite Boot übertragen hatte. Am 2ten Juli verließ er die Mündung des Obj und traf dann in der Obischen Bucht auf mächtige Eismassen, gegen welche er unter großen Beschwerden und Gefahren zu kämpfen hatte. Er verlor ein Anker und erreichte endlich mit Mühe, am 31sten Juli, die Weiße Insel (Bjéloi óstrow). Am 3ten August lief er in das Karische Meer, segelte gegen Süden und erfuhr auf jedem Schritte fürchterliche Hindernisse von den Eismassen, welche ihn endlich gegen Ende Augusts am Südufer des Karischen Meeres, zwischen den Flüssen Kara und Baidáriza völlig einklemmten. Im September begannen Stürme und Frostwetter; Eis und Wellenschlag erschütterten die Schiffe sehr heftig und zu ihrer Rettung blieb nur übrig, daß man sie möglichst nahe an das Ufer zöge, und sie daselbst wärend des Winters stehen ließe. Um dieselbe Zeit ward ein Jägerschiff in der Nähe des Karaflusses zerdrückt, und dessen Mannschaft wandte sich, nachdem sie Alles verloren hatte, an Skuratow, mit der Bitte, sie vom Hungertode zu retten. Im November als sich der Winter völlig festgesetzt

[[1] Vergleiche Erman's Reise um die Erde. Histor. Bericht, Thl. I. Seite 637, 693. — B.]

hatte, fuhr Lieutenant Skurátow mit dem größten Theil seiner Leüte auf Samojedischen Rennthierschlitten nach Obdorsk und ließ bei seinen Booten nur den Untersteüermann Welikopoljskji, die Kormschtschiki und einige Matrosen.

Im Mai 1739 kehrte er wiederum zu den Fahrzeügen zurück. Sobald das Eis sich vom Ufer entfernt hatte, ließ er sie vom Stapel, rüstete sie dann vollständig aus, und fuhr endlich am 4ten Juli gegen W. zwischen dem Ufer und stehendem Eise, welches einen Kanal von nur $1\frac{1}{2}$ Meilen Breite bildete. Beim Flusse Kara wurde er durch die Schollen fast gänzlich abgeschnitten; wärend zwei Wochen drang er täglich nur um 1 bis 2 Meilen vorwärts, indem er immer genau in der Richtung des Ufers fuhr und meist nur um wenig Sajenen von demselben entfernt hielt; seit dem 19ten Juli konnte man die Fahrt etwas mehr beschleunigen, am 25sten fuhren sie an der Fleischinsel vorüber und gingen am 29sten in der Jugorischen Straße vor Anker. Nachdem er sich dort mit Wasser und Holz versehen und den Booten ihre vollständige Ladung gegeben hatte, lief Skurátow am folgenden Tage wiederum aus, begegnete bei der Langen- und der Matwjejew'sinsel mächtigen Eismassen drang durch dieselben hindurch, und fuhr dann ohne Hindernisse bis am 4ten August, wo er bei der Insel Kolguew vor Anker ging um das zweite Boot zu erwarten, von welchem er sich am 2ten August, zwischen dem Eise, getrennt hatte. Nach zweitägigem und vergeblichen Warten, setzte er seine Reise fort, umschiffte Kanin Vorgebirge am 9ten, und kam am 11ten glücklich zur Dwina. Das zweite Boot lief nach 2 Wochen ebendaselbst ein.

Es leidet kein Zweifel daß man bei dieser fünfjährigen Expedition noch mehr hätte leisten können als die Lieutenante Murawièw, Malúigin und deren Gefährten. Die zu untersuchenden Ufer wurden meist nur oberflächlich beschrieben, und vollständige Aufnahmen nur von wenigen Gegenden ausgeführt; ihre astronomischen Messungen waren ebenso wenig zahlreich als zuverlässig und physikalische Beobachtungen blieben ihrer Reise durchaus fremd. Es wäre jedoch äußerst ungerecht, diese Mängel der Expedition als eine Schuld der Befehlshaber zu betrachten, denn im Bereiche des Ihnen Möglichen erfüllten diese durchaus Alles; namentlich aber glänzten Malúigin und Skurátow durch alle Eigenschaften, welche man an den ersten und gerühmtesten Seefahrern bewunderte; durch Entschlossenheit, Vorsicht und unermüdlichen Muth. Aber die Natur entgegnete ihnen so mächtige Hindernisse, und die ihnen verliehenen Hülfsmittel waren so unzulänglich, daß ihre Leistungen ungleich mehr als deren Mängel Bewunderung verdienen. Noch jetzt ist es wünschenswerth daß man ihre Journale einer vollständigen Bekanntmachung anstatt der Auszüge würdigte, die bisher veranstaltet wurden und auf welche auch wir uns beschränken mußten, um den Hauptzweck des gegenwärtigen Werkes nicht aus den Augen zu verlieren. Freilich besitzen wir jetzt bereits weit vollständigere Aufnahmen eines Theiles der Küsten welche jene Seefahrer berührten, und auch von dem Übrigen verleiht uns die Fortsetzung der Landreise des Steuermann Iwanow zuverlässige Kunde, dennoch aber kann man vielfältige und namentlich nautische Details über die Tiefen, die Beschaffenheit des Meeresboden, die Strömungen und vieles ähnliche nur allein aus jenen Tagebüchern entnehmen, ohne welche daher eine befriedigende hydrographische Beschreibung jener Gegend unmöglich bleibt.

(1757 Júschkow). Der Nowasemler Steurer (Kormtschtschik) Júschkow welcher als Lootse bei der zuletzt beschriebenen Expedition gedient hatte, scheint einer von Denen gewesen zu sein, welche von dem Silberreichthum Nówaja Sémljas sehr fest überzeügt waren, oder doch wenigstens Andre davon zu überzeügen versuchten; nach seinen Worten zeigte sich dieses Metall daselbst an der Erdaberfläche: „in Gestalt eines Anfluges.“[1] Die Nachricht von diesen Reichthümern fand lebhafte Theilnahme bei einem gewissen Kin, welcher dem Schuwálower Talg-Comtore vorstand. Dieser entschloß sich im Jahre 1757 Júschkow nach Nówaja Sémlja auszusenden und versprach ihm für die Auffindung jenes Anfluges, außer besonderen Begünstigungen bei den Ausbeütungsarbeiten, auch noch eine Geldprämie von 250 Rubeln. Aber beide wurden in ihren Hoffnungen getaüscht, denn Juschkow starb auf dem Wege nach Nówaja Sémlja.

(1760 Lóschkin). Gegen das Jahr 1760 erwägte Sáwwa Lóschkin ein sehr unternehmender Nowasemler Steuerer aus der Stadt Olónez, daß es an dem Ostufer von Nówaja Sémlja, welches noch niemals von einem Jäger besucht worden, weit mehr Pelzthiere geben müsse, als an den übrigen Buchten der Insel, und beschloß daher sein Glück in jener neüen Gegend zu versuchen. Er ging von den Karischen Pforten längs der Ostküste gegen Norden. Leider sind uns die Einzelheiten dieser Reise nicht aufbehalten worden, und man weiß nur, daß Lóschkin wegen des Eises mit so fürchterlichen Schwierigkeiten zu kämpfen hatte, daß er zwei Winter an dem Ostufer von Nówaja Sémlja zubringen und drei Sommer verwenden mußte, bevor es ihm gelang um das Vorgebirge der Ankunft (Muis Dochódui), wiederum zur Westküste zu gelangen. Er fand das Ostufer durchaus niedrig und ganz ohne Häfen; an ausgeworfenem Holze herrschte Überfluß und namentlich von Lärchen.[2]

[1] Neüe Monatschriften, XIX. Seite 45. [2] Am angef. Orte XXI. S. 8 — 54. Von Lóschkin's Reise hört man noch heütigen Tages bei den Archangeler Seefahrern dieselben merkwürdigen Uiberlieferungen, welche Herr Krestinin bekannt machte.

(1768 — 1769 Rósmuislow). Von Zeit zu Zeit wiederhohlten sich nun bei den Archangeler Kapitalisten ähnliche Versuche zur Gewinnung edler Metalle auf Nówaja Sémlja. Im Jahre 1768 wurde zu diesem Zwecke von einem der reichsten dortigen Kaufleüte Namens Bármin eine Kótschmare [1] ausgerüstet. Den Oberbefehl über dieses Fahrzeüg gab man dem Steüermann Rosmuislow, der Lieutenants Rang besaß und welchen man eine Aufnahme der Nowasemler Küsten und des Karischen Meeres aufgetragen hatte. Der Zweck dieser Reise wurde also ein Zweifel, denn die Regierung beabsichtigte geographische Entdeckungen und Herr Bármin Silbererz. [2] Die Instruktion welche Rosmuislow durch den Gouverneur von Archangelsk, den General-Major Golowzuim erhielt, ist leider für unwiederbringlich verloren zu halten, denn in dem Schiffstagebuche findet sie sich nicht, und das Archangeler Stadt-Archiv, in welchem sie außerdem zu erwarten wäre, ist im Jahre 1779 verbrannt.

Als Mannschaft wurden Rosmuislow von der Regierung der Untersteüermann Gúbin und zwei Matrosen beigegeben, von dem Kaufmann Bármin aber der Kormschtschik Tschirákin und 9 Arbeitsleüte. Sie verließen die Dwina am 10ten Juli um Mitternacht, fuhren am 13ten an der Tenneninsel (Sosnówez) vorüber und flohen am 13ten vor einem heftigen Nordwinde in die 9te Anfahrt (dewjátoe Stanówischtsche), 10 Meilen südlich vom Flusse Pánoi. An diesem Orte entdeckten sie Lecke an verschiedenen, unterhalb der Wasserlinie gelegenen Stellen ihrer Fahrzeüge, und stopften dieselben so gut es an ging. Am 16ten verließen sie die 9te Anfahrt und gingen am folgenden Tage bei den 3 Inseln vor Anker. Rosmuislow bestimmte die Breite dieses Punktes zu 66° 43′ und die magnetische Abweichung zu 4° O. Die erstere maaß er um 22′ zu klein. Widrige Winde hielten ihn daselbst bis zum 24sten Juli. An diesem Tage ging er wiederum in See, und erreichte am folgenden Tage das Heilige Vorgebirge. Der Wind kam aus WSW. und war daher für die Fahrt nach Nówaja Sémlja der günstigste, aber nach dem Gebrauch der damaligen Nówasémler Seefahrer durfte er seine Abfahrt nicht anders als von den Sieben Inseln entnehmen. Man fing daher an zu lawiren und war genöthigt, als der Wind stärker wurde, in der Kaschkárenzer Bucht 17 Meilen SO. vom Heiligen Vorgebirge eine Zuflucht zu suchen. Am 27sten liefen sie von dort aus, passirten das Heilige Vorge-

[1] Unter Kotschmaren versteht man in Archangelsk dreimastige Fahrzeüge, welche gegen 500 Pud zu tragen vermögen.

[2] Herr Kristinin (Nachrichten u. s. w. Seite 45) spricht nur von dem Erzsuchen und in den Memoiren des Adm. Dep. IV Seite 379 ward nur der Küstenanfuhr erwähnt.

birge an demselben Tage, und hielten mit SOwind zu den sieben Inseln, welche sie auch am 18ten Juli erreichten. Sie sandten nun einen Bericht an Herrn Golówzuin, versahen sich mit Wasser, Holz und Fischen und nahmen endlich am 2ten August von dort ihre Abfahrt nach Nówaja Sémlja.

Frische Winde zwischen SW. und NW. beschleunigten ihre Reise so sehr, daß sie schon am 6ten des Morgens Nówaja Sémlja erblickten namentlich aber das Gänse Kap, von welchen sie sich gegen N. 50° W. in 8 Italiänischen Meilen Entfernung befanden. Sie liefen von dort gegen N. mit schwachen und veränderlichen Winden und gingen dann, wegen eingetretener Stille, am 7ten Mittags am Britwin (Scheermesser) Vorgebirge vor Anker. Am 9ten August trat plötzlich heftiger NWwind ein; sie bereiteten sich unter Segel zu gehen und liefen auf den Rath des Kormschtschik Tschirákin in die Britwin Bucht. Die Einfahrt in diese Bucht liegt zwischen dem SO. Ufer der Britwin Insel, und einigen von der Nówasémler Küste getrennten und hervorragenden Klippen; sie laûft anfangs nach SO. hernach nach NNO., ist breit und hat 7 — 10 Sajenen Tiefe. Der NOseite darf man sich wegen haûfiger Bänke nicht nähern. Rosmuislow ankerte zwischen der Britwin Insel und dem zu Nówaja Sémlja gehörigen Abhangsvorgebirge oder Basár (Otrúbistni muis ili Basár) bei 5 Sajenen Tiefe und über feinem Sandgrund. Er beschreibt diesen Ankerplatz als sehr günstig für Jägerschiffe, weil solche bei heftigem Meereswinde tiefer in die Bucht einlaufen und hinter dem Enten Vorgebirge (Utínui Nos) Schutz suchen können. Die Ufer der Britwinbucht sind bergig, aber längs der Wasserlinie mit sandigen Niederungen umgeben, auf denen sich platte Steine finden. Von Pflanzen giebt es dort Nichts als Moos und einiges Gras.

Am 12ten August fuhr Rosmuislow weiter gegen N., nachdem er sich durch Werpe vom Ankerplatz entfernt hatte. Ein dreimastiges Jägerschiff welches er in der Britwin Bucht getroffen hatte, ging desselben Weges. Zwei Tage lang hatten sie sehr schwache Winde aus verschiedenen Rhumben, und daher eine sehr geringe Fahrt. Sie mußten einige Male vor Anker gehen, und kamen erst am 14ten zur Panjkow Insel, welche sich vor dem Eingange in die Matotschkin Straße befindet. Die Küste war dort nicht hoch aber mit steilen Abhängen gegen das Meer. Mit Schnee und Nebel bedeckte Berge liegen landeinwärts: „so daß sich zwischen den Bergen und dem Meere eine weite und nur mit Moos bewachsene „Ebene ausbreitet.“ In der Matotschkin Straße erlitten sie einen Sturm aus O. und blieben wärend desselben vor Anker. Am 16ten fuhren sie des Morgens innerhalb dieser Straße gegen O., aber bei Erreichung des Widder Vorgebirges (Baranji Muis) erklärte der Kormschtschik Tschirákin, daß er niemals jenseits dieses Punktes gelangt sei, und daher das Schiff nicht länger zu führen vermöge. Rosmuislow entschloß sich deshalb vor Anker zu gehen und begab sich am folgenden Tage auf einem Ruderboote zur Ausmessung des Fahrwassers in der Straße. Am 19ten hatte er die Messung bis zum Wallross Vorgebirge (Morjówui Muis) fortgesetzt und fand überall 9 — 15 Sajenen Tiefe und felsigen Boden. Widrige Winde und Strömungen zwangen ihn von dort zu seinem Schiffe zurückkehren. Am 21sten August sandte er den Untersteüermann Gubin nach dem kleinen Flusse Medwjánka (Bärenfluß) um von dort die Aufnahme des Südufers der Matotschkin Straße zu beginnen, wärend er selbst bis zu dessen Rückkunft von seinem Schiffe aus, die Tiefen der Straße nach verschiedenen Rhumben maaß, Peilungen von verschiedenen Punkten des Ufers nahm u. s. w. Gubin kam am 30sten August zum Schiffe zurück, und gleich darauf fuhr Rosmuislow weiter, um die Besichtigung der Matotschkin Straße zu vollenden. Er gelangte an demselben Tage zu deren Östlicher Mündung, und bestieg dort einen hohen Berg von welchem sich das Karische Meer durchaus Eisfrei zeigte. Troß der Freüde, welche ihm diese Entdeckung verursachte, wurde er doch an deren Benutzung durch die schlechte Beschaffenheit seiner Kotscha verhindert. „Unser Fahrzeüg, sagt Rosmuislow, war sehr wenig geneigt mit widrigen Winden zu gehen; wir kannten seine Ungeschicklichkeit und „konnten davon Nichts gutes hoffen; denn es vermochte weder unter Segel dem Winde entgegen zu laufen, oder zu lawiren, noch „auch ohne Segel zu treiben. So lange der Wind über das Hintertheil blies, half uns der große Segel gar trefflich, sobald er sich „aber drehte und widrig wurde, mußten wir ein anderes kleines „Segel aufziehen und dahin zurückfahren von woher wie kamen." Auf seinem Rückwege untersuchte Rosmuislow die Delphin Bucht (bjelújaja gubà) am Nordufer der Straße 13 Ital. Meilen von der Ostmündung, und fand dieselbe zum Winteraufenthalt für Schiffe geeignet. Am 2ten September kehrte er zu seinem Schiffe zurück und setzte die vom Untersteüermann Gubin begonnene Aufnahme des Südufers der Straße fort, weil der Wind noch nicht erlaubte mit der Kotscha weiter zu fahren. Er sah vorher daß man gezwungen sein würde in der Matotschkin Straße zu überwintern, und ließ daher eine Hütte, welche sich in der Nähe jenes Punktes befand, auseinander nehmen und einschiffen, um sich nachher mehr Gelaß für den Winter zu verschaffen. Am 6ten September erhob sich endlich SWwind sie gingen unter Segel und erreichten die Delphinsbucht am folgenden Tage.

Das Herannahen des Winters war damals schon äußerst bemerkbar, der Frost nahm täglich zu, und die Winde wurden meist immer stürmischer und das Wetter regnerisch. Rosmuislow überzeügte sich durch diese Umstände von der Unmöglichkeit fernerer Unternehmungen in jenem Jahre; er entschloß sich zum Winteraufenthalt und wählte dazu die kleine Seehunds Bucht (Tjulánaja Guba) in dem Ostufer der Delphinsbucht. An diesem Punkte ließ er die in der Matotschkin Straße gefundene Hütte aufschlagen, und stellte eine andre, und von Hause aus eingeschiffte auf das Süduser bei dem Holzvorgebirge (Drowjánoi muis), um wärend des Winters ergiebigere Jagden zu haben. In jeder dieser Hütten lebten 7 Mann; der Kormschtschik Tschiràkin war erkrankt.

Am 20sten September bedeckte sich die Matotschkin Straße mit Eis, am 25sten kam die am Holzvorgebirge wohnende Mannschaft zu Rósmuislow und erzählte, daß nun auch das Karische Meer bis zum Horizonte mit Eis bedeckt sei. In diesem Monate wehten meistens schwache Ostwinde bei umwölkten Wetter und fast an jedem Tage fiel Schnee.

Im Oktober waren die Winde bald heftig bald schwächer meist von NO.; das Wetter war stets bewölkt und neblich und bisweilen hatte man Schneestürme.

Wärend des Novembers wehten heftige Winde von verschiedenen Seiten, es herrschten stets Fröste und Schneegestöber bei bewölkten Wetter. Am ersten Tage des Monats sagt Rosmuislow, „schlossen und kalfaterten wir unsre Hüttenfenster wegen des unerträglich mächtigen Schnees und des fürchterlichen Windes; um „so mehr als die Sonne sich nun unter den Horizont verborgen „hat und daher kein Tagelicht mehr erzeügt.“ Am 17ten vollendete der Kormschtschik Tschirakin nach langwierigen Leiden. Außer ihm hatten sie gewöhnlich 2 bis 3 Kranke.

Der December war stürmisch, es wehte meist aus NO. und NW., der Himmel war bewölkt, die Fröste und Schneestürme furchtbar. Am 12ten um 8 Uhr Nachmittags zeigte sich der Mond verfinstert nach dem Rhumb ONO. Man hatte 1 bis 2 Mann Kranke.

1769 war der Januar ein stürmischer Monat; es wehte aus NW. Das Wetter war bewölkt; am 24sten sah man die Sonne im Horizont „bei 16° 20′ Südabweichung.“

Wir wissen jetzt zuverlässiig daß Rosmuislow unter dem Parallel von 73° 18′ überwinterte. In dieser Breite müßte sich der obere Sonnenrand unter gewöhnlicher Horizontalrefraktion bei $17\frac{1}{2}$° Südabweichung d. h. am 19ten Januar a. St. im Horizonte zeigen. Die in dem gegenwärtigen Falle beobachtete fünftägige Verspätung dieser Erscheinung, erklärt sich sehr leicht dadurch daß der Südhorizont von Rosmuislows Winterwohnung von hohen Bergen begränzt ist, welche die Sonne verdecken nachdem sie bereits über den Horizont hervorgetreten ist. In Rosmuislows Journale wird der Tag der Verschwindung des obersten Sonnenrandes nicht ausdrücklich genannt; nimmt man aber an es sei an dem Tage geschehen, an welchem sie ihre Fenster kalfaterten, so stimmt diese Erscheinung vollkommen mit der mathematischen Vorhersagung.

Am 26sten Januar gab es an kranken Arbeitsleüten 2 Mann und auch die übrigen litten an bedeütender Engbrüstigkeit, denn heftige Winde und Schneegestöber erlaubten nicht einmal sich 10 Sajenen weit zu ergehen.

Am 31sten hieß es: „einer der Arbeiter welche am Holzvor„gebirge wohnten, sah am NOufer eine Heerde Rennthiere und „fing an auf dieselbe loszugehen um deren so Viel zu erbeüten, „als der Höchste ihm bestimmt hätte. Kaum war er aber unter„weges als sich ein fürchterlicher Wind und ein Gestöber erhob, „welche die Luft der maßen verfinsterten daß man einen Menschen „auf 10 Sajenen weit nicht sehen konnte; deshalb auch schien un„ser Jäger einem sichern Tode geweiht, und als er nach zwei Ta„gen nicht zurückkehrte, beschlossen wir ihn zu den Umgekom„menen ohne Begräbniß zu rechnen."

Im Februar herrschten NO. und NWwinde, theils sehr heftige, theils mittelmäßige; mit Nebeln, Schneetreiben und fürchterlichen Frösten.

Der März war ein stürmischer Monat, mit NO. NW. und Wwinden, Nebeln und Schneegestöbern. Es lagen 3 Mann an schweren Krankheiten.

In der ersten Hälfte des Aprils, wehten heftige Winde aus N. und NW. und das Wetter war feücht. Am 17ten heißt es: „von Mittag an hatten wir Sturm aus SW., mit dickem Nebel „und bisweilen mit Regen, nachher fiel heftiger Hagel von der „Größe einer halben Flintenkugel und dauerte bis Mitter„nacht." — In jener Breite und zu einer solchen Jahreszeit ist dieses eine sehr ungewöhnliche Erscheinung. In der zweiten Hälfte des Monat waren die Winde haüfig und das Wetter heiter. Am 23sten starb ein Arbeiter am Holzvorgebirge.

Im Mai waren Winde und Wetter veränderlich: „am 22sten „hatten wir einen fürchterlichen Wind aus NW., welcher von den „hohen Bergen eine dumpfe, bittere und rauchähnliche Luft herbei„führte." Zwei Arbeiter starben und zwei andre waren schwer krank. — Rosmuislow welcher den ganzen Winter in erzwungenem Müßiggang verlebte, schritt mit Ende dieses Monats wiederum zu geodätischen Arbeiten.

Im Juni herrschten aüßerst veränderliche Winde und meist nebliches Wetter. Ein Arbeiter starb. — Am 16ten hatte das Eis in der Straße noch eine Dicke von zwei Arschinen. Am 30sten „sah man an der Straße, daß der Regen und das Wasser, „welches in rauschenden Strömen von den Bergen hinabfloß, die „Dicke des Schnees sehr vermindert hatte." — Aber das Wasser war noch fest genug gefroren und Rosmuislow beschloß die Aufnahme des Südufers der Straße vom Eise aus zu vollenden. Er begab sich zu diesem Ende nach dem Flusse Schumilowa und überließ seine zwei Kranken „dem Sohne des Höchsten zu gnädigem „Schutze."

Die erste Hälfte des Juli war windstille, die zweite aber stürmisch; die Winde wehten von NW. und SW. das Wetter war neblich und regnerisch. Am 6ten starb einer von Rosmuislows Matrosen. Am 9ten verschwand das Eis auf der Delphinbucht, aber in der Straße blieb es bis zum 18ten. In ihren Schiffen zeigte sich ein bedeutendes Leck, sobald das Eis in dem Raume aufthaute; es entstand durch eine Menge von faulen Stellen, so daß man genöthigt war das eingedrungene Wasser zwei Mal täglich auszuschöpfen. „Nachdem wir die faulen Stellen herausge„schlagen hatten, füllten wir die Höhlungen mit dickem Thone, „den wir mit verwitterten Spänen gemengt hatten, wir kalfaterten „überall wo es nöthig war, aber das Leck war nicht zu stillen."

Am 1sten August machte Rosmuislow sein Schiff völlig reisefertig; aber die Matotschkin Straße ward erst am 2ten eisfrei. Sie verließen nun unverzüglich ihre Winterwohnung, in welcher sie das Eis wärend 316 Tage eingeschlossen gehalten hatte, und richteten ihre Fahrt ins Karische Meer. Rosmuislow selbst war krank und außer dem Untersteuermann hatte er nur 4 Gesunde in seiner Mannschaft.

Die Breite ihres Winteraufenthaltes bestimmte er fünf Mal, in dem er Mittagshöhen der Sonne mit einem Astrolabium maaß. Die Ergebnisse seiner Messungen stimmen ziemlich genügend unter sich und das Mittel aus ihnen beträgt 73° 39′. Nach der sicheren Kunde welche wir jetzt von der Breite der Matotschkin Straße besitzen, ist diese Angabe um 21′ zu groß und man muß daher annehmen, daß Rosmuislows Astrolabium mit einem constanten Fehler von etwa $\frac{1}{3}$° behaftet war. Die Abweichung der Magnetnadel fand er zu $3\frac{1}{2}$° Ost. Das Steigen der Syzygienfluthen zu 2 Fuß. Die Länge der Matotschkin Straße beträgt nach seiner Rechnung 42 Italiänische Meilen.

So oft seine Gesundheit es ihm erlaubte, untersuchte er nicht nur die Ufer, sondern auch die Berge, welche die Matotschkin Straße umgeben. Diese bestehen wie er sich ausdrückt: „aus klei„neren und größeren platten Steinen, auch findet man auf meh„reren Bergen Schichten eines zerreiblichen Schiefer." Er fand nirgend, „einige ausgezeichnete oder curiosere Dinge, als da sind Erze, „edle Mineralien, vorzüglich aber ungewöhnliche Steine, Salzseen „oder dem ähnliches: namentlich auch keine gute Wasserquellen oder „Perlenmuscheln." Der Kormschtschik Tschirákin sagte an Rosmuislow, daß sich an einer gewissen Stelle des Süduferes ein kleiner Felsblock „von so außerordentlicher Schönheit befinde, daß er „bei hellem Tage mit den funkelsten Farben prangt. Ich hielt „dies für sehr beachtenswerth; aber jetzt (1769 im Fluthjahr) ha- „ben sowohl ich, als die Leute welche mich dahin begleiteten, zwar „sehr eifrig aber vergebens nach jenem Felsblock von wunderbarer „Schönheit gesucht. Wir umgingen eine Menge von Blöcken, „aber keiner hatte außer der ihnen gewöhnlichen rohen Farbe, ir- „gend etwas ausgezeichnetes, und so war denn die Lügenhaftigkeit „des Erzählers genugsam bestätigt, außerdem auch hätte er es ja „sicher vorgezogen durch einen Stein, welcher nach seiner Beschrei- „bung einem Diamant kaum nachstand, reich zu werden, als sich „an den gewohnten Jagd Unternehmungen abzumühen." Auf den Bergen giebt es eine Menge von Süßwasserseen und in diesen kleine Fische, „welche man indessen nicht fangen konnte aus Man- „gel an passenden Netzen." — Baumwuchs ist fast gar nicht vor- handen: „weil, wie Rosmuislow sich ausdrückt, der Sommer nur „allein auf den August und auf einige Tage des Septembers be- „schränkt ist; auf diese aber folgt ein schroffer Übergang zum Win- „ter, auch keine Arten von Gräsern können wegen des ununter- „brochenen Winters genugsam wachsen; nur spärlich fanden wir „Hypenum perforatum (Swjeroboi oder Thiertödter), welches so eben „durch den Schnee hindurch brach, so wie auch Salat, aber die Kräfte „beider haben wir nicht erforscht." Aus dem Thierreiche gab es daselbst große Heerden von wilden Rennthieren, so wie anch Stein- füchse, Wölfe und weiße Bären. Im Frühjahr kommen wilde Gänse, Möven und Dolen geflogen. Endlich giebt es an Seethieren verschiedene Arten von Delphinen, Seehunde und Wallrossen.

Rosmuislow hatte den Auftrag erhalten durch das Karische Meer zu schiffen um die Entfernung zwischen Nówaja Sémlja und dem Festlande zu messen. Als er daher am 2ten August um 11 Uhr Abends aus der Matotschkin Straße auslief, hielt er gerade nach Osten. Er hatte ungefähr 6 Italiänische Meilen zurückgelegt, als ihm kleine Stücke von Treibeis begegneten; diese wurden dar- auf von Stunde zu Stunde dichter bis sie ihm am 3ten um 8 Uhr Abends in 33 Meilen von Nówaja Sémlja den Weg völlig abschnitten. Sie bildeten nun eine ununterbrochene und starke Kette, „zwischen welcher sogar vom Mastkorbe, weder Wasserhori- „zont noch Küste sichtbar war. Unter dessen, fährt Rosmuislow fort, „wurde unser Fahrzeug von den Schollen gedrückt und es zeigte „sich bald ein ansehnlicher Leck, weshalb wir denn nach gemein- „schaftlicher Berathung beschlossen, sobald es der Wind erlauben „würde zur Matotschkin Straße zurück zu kehren um nicht uns „Alle auf dem gebrechlichen Schiffe einem nutzlosen Untergange „auszusetzen." — Am 4ten gegen Mittag sahen sie wiederum die

Küste von Nówaja Sémlja und in ihr eine Öffnung, welche sie für die Einfahrt der Matotschkin Straße hielten, sie liefen in dieselbe ein, und gewahrten bald ihren Irrthum, denn es war diese irgend eine unbekannte Bucht deren Ufer von Riffen umgeben sind. Durch Windstille wurden sie verhindert sogleich wiederum zurück zu kehren, sondern mußte daselbst vor Anker gehen. Erst am Mittag des 6ten August erhob sich NOwind und erleichterte das Auslaufen aus dieser Bucht, welches ihnen noch dadurch bemerkenswerth geworden war, daß sie daselbst die Leiche eines ihrer Gefährten ins Meer warfen; es war dieser der 8te und letzte Mann unter den auf Nówaja Sémlja verstorbenen.

Diese Bucht welche Rosmuislow unter den Namen der ungekannten Einfahrt (nesnájemoi Saliw) auf seiner Karte aufnahm liegt 20 Italiänische Meilen NÖstlich von der Östlichen Mündung der Matotschkin Straße; sie erstreckt sich von S. nach N. Im Norden hat aber Rosmuislow ihr Ende nicht erreicht und sie könnte daher wohl eine Straße sein, welche eine oder mehrere Inseln von Nówaja Sémlja trennt. Unsern Seefahrern war es durchaus unmöglich diese Verhältnisse näher zu untersuchen, denn sowohl ihr Anführer als auch dessen Gehülfe Gubin waren krank, und von thätiger Mannschaft blieben nur Viere; die Lebensmittel waren im Ausgehen und sogar vor Anker, wuchs die Höhe des Wassers im Schiffe um einen Zoll in der Stunde. In dieser bedenklichen Lage dachte man nur auf die Mittel zur Rückkehr in die Heimath.

Rosmuislow sagt nicht wodurch er veranlaßt wurde von der unbekannten Einfahrt gegen Süden zu segeln; jedenfalls war aber dieser zufällige oder berechnete Entschluß sehr zweckmäßig, denn als man 27 Meilen nach SSW. gefahren war, zeigte sich die wahre Mündung der Matótschkin Straße. Sie liefen in dieselbe ein, hielten meist nach Westen und gingen in der Nacht des 8ten August bei dem Flusse Mátotschka vor Anker. Hier bemühte sich Rosmuislow zunächst die lecke Stelle seines Schiffes zu entdecken. Die Ladung wurde gelöscht und es zeigten sich nun mehrere durchgehende Löcher zu beiden Seiten des Vorsteven. Er ließ sie kalfatern und sodann mit Thon bestreichen und mit Brettern benageln. Sobald man aber die Anker wiederum lichtete zeigte sich wie Rosmuislow sagt: „daß die See unsre Thonpflaster aufweichte und „das frühere Leck so vollständig wiederum öffnete, daß wir wegen „Ausbesserung in nicht geringe Verzweiflung geriethen.“ — Zu ihrem Glücke lief zu derselben Zeit eine Lodja des Bauern Wodochljébow (Wasserbrod) in die Straße ein. Durch die Führer derselben Lodúigin und Jermolin ließ sich Rosmuislow bereden mit seiner Mannschaft an Bord dieser Fahrzeuge zu gehen, denn sagt er: „es ist so nutz„los mit einem verdorbenen Schiffe wie das unsrige in das offen„bare Meer zu gehen, daß die Gesetze es sogar verbieten, weil man

„dadurch einen Selbstmord begeht und zum Mörder wird.“ „Aus „den eben angeführten Raisons“ entlud er sein Schiff vollständig, ließ nur die Maste darauf, führte es in den Fluß Tschirakin und folgte dann mit seinen Gefährten der menschenfreundlichen Einladung des Ladúigin und Jermolin. Sie blieben bis zum 25sten August in der Matotschkin Straße vor Anker um die Jagdbeûte aufzunehmen, welche man daselbst hinterlassen hatte. Dann gingen sie in See, und trafen am 27sten in der Morgendämmerung nach einem Wege von 25 Meilen gegen SW t W. auf dichte Eisschollen, durch welche sie sich bis zum folgenden Abend unter wechselnden Kursen hindurch wanden; von dort an begegneten sie keinem Eise. Am 31sten August erblickten sie die 7 Inseln und gingen am folgenden Tage wegen widriger Winde in der Bucht Portschnicha, hinter der großen Rennthierinsel (bolschoi olénji ostrow) vor Anker. Am 2ten September gingen sie bei wiederum günstigem Winde unter Segel, und kamen am 8ten desselben Monats glücklich nach Archangelsk.[1]

Rosmuislows Expedition scheint keinem der bei der Ausrüstung Betheiligten genügt zu haben. Der Besitzer des Schiffes fand sich in seinen Hoffnungen durchaus betrogen, und auch in hydrographischer Beziehung glaubte man nicht viel geleistet, obgleich übrigens Rosmuislow die Länge der Matotschkin Straße nicht nur zum ersten Male, sondern auch mit so großer Genauigkeit maaß, daß man bis zum heûtigen Tage nichts besseres darüber besitzt: denn auch die Messung, welche wir im Jahre 1823 vollführten darf mit jener ältesten nicht verglichen werden. Außerdem aber ist diese Reise auch von einer andern Seite bedeûtender Aufmerksamkeit würdig; sie erinnert lebhaft an die Seefahrer des 15ten und 16ten Jahrhunderts, denn eben wie diese so vollführte auch Rosmuislow mit äußerst geringen Mitteln ein beschwerliches und gefahrvolles Unternehmen; wir sehen in ihm dieselbe Unerschütterlichkeit in Gefahren, dasselbe Vertrauen auf die Segnungen der Vorsicht und jene hohe Entschlossenheit, welche außer dem Gedanken an die Erreichung des Hauptzweckes keinem andern Raum giebt. Rosmuislow's Standhaftigkeit kann man die gerechteste Bewunderung nicht versagen, wenn man ihn von Krankheiten entkräftet, nach dem Verluste von fast $\frac{2}{3}$ seiner Mannschaft und auf einem durchaus trostlosen Fahrzeûge, mit stets gleichem Eifer um die Ausführung seines Reiseplanes bemüht sieht.

Nach Rosmuislows Reise verfloß fast ein halbes Jahrhundert, wärend dessen Nówaja Sémlja's nur von den Jägern erwähnt

[1] Diese Beschreibung ist aus dem handschriftlichen Tagebuche des Steûermann Rosmuislow genommen, welche in dem Kaiserl. Admiralitäts-Departement aufbewahrt wird.

wurde, welche sich alljährlich von verschiedenen Punkten des Archangeler Gouvernements dahin einschifften. Die dunkelen Überlieferungen von dem Metallreichthume jenes Landes, fanden nur noch bei den Liebhabern alles Außerordentlichen einigen Anklang; die Archangeler Rheder hofften aber nicht mehr so wie früher von Nówaja Sémlja einen unmittelbaren Goldgewinnst zu erhalten, sondern begnügten sich mit dem indirekterem Ertrage von den daselbst erlegten Pelzthieren. Dennoch erregten jene Überlieferungen den patriotischen Eifer eines unsrer ausgezeichnetsten Mitbürgers, des Grafen N. P. Rumjánzow, dessen Name an eine ununterbrochene Reihe von Unternehmungen zum Besten der Wissenschaften und des Reiches erinnert, — und veranlaßten ihn (im Jahre 1806) zur Ausrüstung einer Expedition, welche an Ort und Stelle den zu Grunde liegenden Thatbestand aufklären sollte. Auf Empfehlung des Herrn S. S. Derjábin übertrug der Reichkanzler diese Untersuchung dem Bergwerksbeamten Lúdlow, welcher früher in den Goroblagodatischen Werken gedient hatte *), und er veranlaßte die Handelsgesellschaft des weißen Meeres (Bjelomórskaja kompánja) daß sie ein Fahrzeug anwieß um denselben nach Nówaja Sémlja überzusetzen. [1]

Die Bjelomórische Compagnie wählte zu diesem Ende einen einmastigen Tender die Biene (Ptschelà) von 35 Tonnen, welcher früher zu Jagdfahrten gedient und von 1806 bis 1807 im Jekateriner Hafen (Jekataríninskaja gáwan) überwintert hatte. Sie besoldete als Führer dieses Fahrzeuges den Steuermann der 9ten Rangklasse Pospjélow, welcher im vorhergehenden Jahre seinen Abschied aus der Kaiserlichen Marine genommen hatte. — Herr Pospjélow verließ Archangelsk am 7ten März 1807, und kam am 21sten nach Kola. Am 29sten desselben Monats traf auch Herr Lúdlow zu ihm, der schon gegen Ende Juli 1806 nach Archangelsk gekommen war, daselbst aber den Winter über verweilte weil die Compagnie nicht früh genug von seiner Bestimmung gehört hatte um ihn noch in demselben Jahre zu befördern. Herr Pospjélow befand zwar den genannten Tender zu seinem Vorhaben geeignet, aber in äußerster Unordnung. Er lag in gekanterter Stellung am Ufer, zwischen Eis geklemmt und mit Schnee verschüttet. Viele wichtige Theile waren zerbrochen oder beschädigt und manche unerläßliche Geräthschaften fehlten gänzlich. Bei äußerst beschränkten

[*) Eine Beschreibung dieser Norduralischen Werke findet sich in Erman's Reise um die Erde. Abtheilung I. Thl. 1. S. 359. — B.]

[1] Logbuch des Tender die Biene (Ptschelà) Mscr. im Besitze des Kaiserlichen Admiralitäts-Departements. — Nachrichten von dieser Expedition hat auch Herr Berch in dem Journale der Sohn des Vaterlandes (Suin otétschestwa) 1818. Nro. 45 mitgetheilt.

Mitteln gelang die Ausbesserung nicht ohne bedeütende Mühe. Anfangs Juni wurden die fehlenden Gegenstände auf einer sogenannten Schnjake aus Archangelsk zugeführt und durch Herrn Pospjélow's unermüdliche Thätigkeit, war schon gegen Ende des Monats das Fahrzeüg völlig reisefertig. Am 23sten Juli kam Herr Lúdlow, der wärend der Ausbesserung in Kola gewohnt hatte, an Bord der Biene, und am 29sten gingen sie in See. Die Mannschaft des Tenders bestand aus einem Mesener Bürger der die Stelle eines Kormschtschik vertrat, aus acht Matrosen und zwei Bergwerksarbeitern. Heftiger Nordwind zwang sie am folgenden Tage bei der Insel Kildin einzulaufen und daselbst einige Stunden zu verweilen. Nachdem sie wiederum ausgelaufen waren, erhielten sie widrige Winde von großer Heftigkeit. Herr Lúdlow litt in so hohem Grade an der Seekrankheit, daß Pospjélow am 3ten Juli dadurch genöthigt wurde, in der Kemischen Anfahrt (Kémskoe Stanówischtsche), hinter den 7 Inseln einzulaufen. Die stürmischen Winde aus NO. und NW. dauerten wärend einer ganzen Woche, so daß sie nicht vor dem 11ten Juli wiederum unter Segel gehen konnten. Sie hielten darauf 5 Tage lang mit mehr oder minder günstigen Winden nach NO., und hatten fast immer trübes Wetter. Eis fanden sie nirgends wärend dieser Überfahrt, aber ein kalter Wind schien oftmals von solchem her zu wehen. Am 17ten Juli des Morgens sahen sie Nówaja Sémlja; es war die, an die südliche Mündung der Kostin Straße gränzende Küste. Der Wind kam nun aus N. und nöthigte sie in dieser Straße vor Anker zu gehen. Herr Lúdlow fuhr auf der Méjduscharischen Insel ans Land, und fand auf derselben einen mit Moorboden bedeckten Schiefer, ohne die geringsten Anzeigen von Erzen.[1]

Am 19ten Juli hoben sie die Anker und schifften in der Straße nach Norden. Sie erhielten bald von Neüem widrigen Wind, fuhren aber fort zu laviren bis zum Abend, wo sie 15 bis 5 Sajenen Tiefe über blauem Thonboden erreichten. Wärend der folgenden Tage fuhren sie ebenfalls in Schlägen und erreichten am 23sten Juli die weißen Inseln.[2] Herr Lúdlow landete auf diesen, fand darauf völlig entblößte Gypsfelsen und auf einer derselben einen salzigen See. Die widrigen Winde dauerten noch zwei Tage bis sich am 25sten SOwind erhob, mit welchem sie in einem Tage zur nördlichen Mündung der Kostin Straße gelangten und zwischen

[1] In Herrn Berch's Aufsatz ist von einer Dunklen Insel (Temnoi ostrow) die Rede, doch giebt es keine dieses Namens in der Kostin Straße und man ersieht vielmehr aus dem Logbuche, daß Herr Ludlow auf der Mejduscharischen Insel landete.

[2] Es giebt nur zwei Inseln dieses Namens und nicht drei wie in Herrn Berch's Aufsatze irrig gesagt wird.

der Wáljkow- und Járzowinsel vor Anker gingen; nördlich von der Einfahrt welche die letztere Insel von der Méjduscharischen trennt und unter dem Namen der eisernen Pforten (jelésnuija worotà) bekannt ist. Die Tiefe beträgt an dieser Stelle 23 Sajenen und der Grund ist blauer Thon. Überhaupt fanden sie in der Kostin Straße nirgens weniger als 5 Sajenen Tiefe, an einigen Stellen aber stieg sie bis zu 30 Sajenen, der See-Boden war meistens blauer Thon. Herr Lúdlow landete auf der Wáljkow und Járzowinsel, aber von den Resultaten seiner Unternehmung wurde nichts bekannt. In der Wáljkower Anfahrt lag damals eben ein Schiff der Bjelomorischen Kompagnie, welches auf Nówaja Sémlja überwintert hatte.

In der Kostin Straße beobachtete Herr Pospjélow 71° 5′ Breite d. h. sehr nahe ebenso wie nach den neusten Bestimmungen. Am 28sten Juli Morgens gingen sie von der Kostin Straße wieder in See und hielten längs des Ufers gegen N. Unter schwachen und veränderlichen Winden war ihre Fahrt sehr langsam.[1] Am 4ten Tage erreichten sie die Mündung der Matotschkin Straße. Herr Lúdlow wünschte, daß man in der Silberbucht (gubà Serébrjanka) vor Anker ginge, welche zum Gegenstand seiner mineralogischen Untersuchungen bestimmt war, da aber dieser Meerbusen seewärts gänzlich offen ist, so mußten sie sich weiter bis in die Straße selbst begeben, und ankerten an demselben Tage in der Altglaubigen Bucht (Starowjérskaja Guba) am Südufer, 2½ Meile von der Mündung der Mátotschkin Straße.

Sie fanden dort eine gut erhaltene und mit einem Dampfbade versehene Hütte zum Einkehren, und ließen sich darin nieder. In der Nähe lagen einige sogenannte Karbasen, welche die Jagdfahrer gewöhnlich an den Stellen, wo sie ihr Gewerbe treiben, hinterlassen. Eines dieser Fahrzeuge mußte nun ausgebessert und ausrüstet werden, um Herrn Lúdlow nach der, 9 Ital. Meilen von ihrem Ankerplatze gelegenen Silberbucht überzusetzen. Bis zum 4ten August waren diese Vorbereitungen beendet und Herr Lúdlow begann sogleich seine Reise, kehrte aber schon am folgenden Tage zurück, weil man nicht im Stande war, gegen einen ziemlich starken Wellenschlag von NW. hinaus zu rudern. Am 6ten August Abends fuhr Herr Lúdlow zum zweiten Male aus und kehrte schon am 7ten um Mittag nach vollständiger Ausführung seines Auftrages zurück. In so kurzer Zeit gelang es ihm „auf verschiedenen

[1] Am angeführten Orte heißt es: „Häufiger Nebel und Eis von au„ßerordentlicher Größe und Stärke, verursachten ihnen die meiste „Schwierigkeit." In dem Logbuche wird aber keiner einzigen Eisscholle erwähnt, auch war das Wetter gut genug, um daß Herr Pospjelow täglich seine Breite beobachten konnte.

„Bergen und zum Theil bis zur Schneegränze, alle rundum die „Silberbucht gelegenen Ufer zu umgehen. Er fand daselbst nicht die „geringsten Anzeigen von ehemaligem Bergbau und keine Spur von „Silbererzen; sondern nur allein ein Stück Bleiglanz von 10 „Centner, welches vielleicht nicht mehr als 1 Solotnik Silber ent„hielt." [1] Herr Lúdlow bemerkt sehr richtig, daß die Benennung dieser Bucht keineswegs auf wahren Silbergehalt ihrer Umgebungen deútet, sondern sich vielmehr ebenso gut auf das trügerische Ansehen der Ufer beziehen könne, welche aus Talkschiefer und Glimmer- oder *) Katzensilber bestehen.

Nach seiner Rückkehr in die Altglaúbige Bucht fuhr Herr Lúdlow fort deren Ufer zu besichtigen. Auf der Nordseite der Straße fand er Kupferkies und Schwefel (sjeru) **). Nach seiner Meinung „könnte man, wenn einst das Kupfer sehr stark im Preise „stiege, diese Steine nach Lappland überführen, weil daselbst bei „großem Überflusse an Holz deren Verhüttung ohne bedeútende Ko„sten möglich wäre." Herr Lúdlow meinte wahrscheinlich die südlichen Kreise des Archangeler Gouvernements, denn Lappland ist gerade in der genannten Beziehung eine der ärmsten Gegenden der Welt. Er bestreitet auch, daß man die Berge von Nówaja Sémlja als eine Fortsetzung der Uralischen betrachten dürfe „denn die „Südhälfte jener Insel sei völlig eben, und die Berge beginnen „auf ihr nicht südlich vom 75sten Grades, auch sei ihr Streichen „von O. nach W. das der Ural hingegen von SW. nach NO." [2]

Herr Lúdlow glaubte übrigens troß des geringen Erfolges seiner eignen Bemühungen, daß Nówaja Sémlja eine genauere mineralogische Untersuchung in hohem Grade verdiene. Er vermuthete Malachit an den Ufern der Mátotschkin Straße, weil unsere Jäger daselbst, nach der Erzählung des Kórmschtschik Mjássikow, grüne Farbe gefunden hatten. — Pospjélow welcher wärend dieses ganzen Aufenthaltes an einer Erkältung litt, hatte unterdessen das Schiff zur Reise vorbereitet und nach dem Gebrauche der Nówasémler-Seefahrer, aus Treibholz ein 8 Fuß hohes Kreúz aushauen und mit einer passenden Inschrift neben ihrer Hütte aufrichten lassen. [3] Am 12ten August meldete er Herrn Lúdlow, das

[1] Aus oben angeführtem Orte, Seite 298 — 299.
[*) Im Originale steht: und. — E.]
[**) So steht im Orginale wahrscheinlich eine Verwechselung zwischen Schwefelkies Sjérnui Koltschedan, und Schwefel Sjéra. — E.]

[2] Eine von diesen Angaben kann ich mit Bestimmtheit für irrthümlich erklären; die Nówasémler Berge beginnen unter 72° 45' und nicht erst bei 75°. Herr Lúdlow kam an dem Ufer der Insel nicht nördlicher als zu $73\frac{1}{2}$°

[3] Herr Lúdlow erwähnt auch versteinertes Holzes. Ebendaselbst S. 297. Aber die Nówasémler Gebirge sind unanfänglich und können daher keine Versteinerungen enthalten.

Schiff sei fertig, und als dieser erklärte daß zur Verlängerung seines Aufenthaltes auf Nówaja Sémlja kein Grund vorhanden sei, befahl er die Anker zu lichten und auf dem nächsten Wege nach Archangelsk zurück zu kehren. Wärend der ersten zwei Tage hatten sie schnelle und bequeme Fahrten, aber am 17ten August begannen heftige und ihnen zum Theil widrige Winde. Am 20sten passirten sie das Heilige Vorgebirge (Swjátoi Nòs) und gelangten ins weiße Meer. Am 22sten betraf sie ein heftiger Sturm bei der Tonneninsel (Sosnówez) und zwang sie zum Einlaufen bei der Drei Insel Anfahrt (Trèch óstrowskoe Stanówischtsche), in welcher sie bis zum 30sten August verweilten. Wärend dieser Zeit fuhr Herr Lúdlow zu Lande nach der Panoisker Niederlassung. — Nachdem sie wieder in See gegangen, gelangten sie glücklich zu dem Flusse Solótiza (Goldfluß), von dort aber wurden sie durch das Wetter gezwungen abermals zurückzukehren und hinter der Tonneninsel vor Anker zu gehen. Am 2ten September gingen sie mit NOwinde wiederum unter Segel, erhielten aber an demselben Tage einen sehr starken widrigen Wind. Herr Lúdlow glaubte eine heftige Seekrankheit, an welcher er noch immer litt, nicht länger ertragen zu können. Er beschloß daher zu Lande nach Archangel zurück zu kehren und befahl, daß man ihn in dem Dorfe Kutschjäch (auf dem halben Wege zwischen den Winterbergen (símnie gorui) und dem Krähenvorgebirge (Worónowui Nòs) aussetze. Pospjélow der seine Seereise fortsetzte erhielt noch an demselben Tage einen günstigen Wind, mit dem er am 5ten September glücklich in die Dwina einlief.

Herr Pospjélow hat ein vollständiges Tagebuch über seine Reise geführt. Ohne irgend einen Gehülfen konnte er unmöglich alle gesehenen Ufer von Nówaja Sémlja mit Genauigkeit aufnehmen; aber den Mangel an Übereinstimmung welchen er gleich anfangs zwischen dem wahren Verhältnisse und den ihm mitgegebenen Karten bemerkte, veranlaßte ihn, fleißig Peilungen zu nehmen und die Lage des Ufers zu bemerken. Nach diesen Beobachtungen verfertigte er eine sehr brauchbare Karte der Nówasémler Küste, von der Kóstin- bis zur Mátotschkin-Straße, und fügte Ansichten hinzu, welche die stets gebirgigen Umgebungen dieser Uferstrecke sehr schön darstellen. Er übergab alle diese Schriften und Zeichnungen dem Vorstande der Bjelomorischen Kompagnie. Ich habe nicht erfahren ob dieselben von dort aus einer höheren Behörde eingereicht wurden, doch weiß ich gewiß, daß Herr Pospjélow, welcher von jener Zeit bis zum heütigen Tage ununterbrochen zu Archangel lebte, seinen Bemühungen nicht die geringste Aufmerksamkeit zu Theil werden sah. Herr Lúdlow der nach Petersburg zurückkehrte, hatte hingegen das Glück dem Kaiser vorgestellt und auf allerhöchsten Befehl zum Markscheider ernannt zu werden

Keiner von beiden hat eine Beschreibung seiner Reise bekannt gemacht; vielmehr hörte man von derselben zuerst durch Herrn Berg der in dem Journale „der Sohn des Vaterlands" (1818 Nro. 45) einen kurzen Bericht auf Herrn Lúdlow's mündlicher Aussage begründet. Außer mancher leidenschaftlicher Urtheile über Herrn Pospjélow enthält dieser Aufsatz auch vielfältige Irrungen in Zahlen, Namen und Begebenheiten und man ersieht daraus, daß Herr Lúdlow kein Tagebuch führte und nur nach dem Gedächtnisse erzählte. Herr Pospjélow hat mir hingegen im Jahre 1822 sein Originaltagebuch nebst Karte nnd Ansichten übergeben und ich habe davon Abschriften beim Kaiserlichen Admiralitäts-Departement niedergelegt.

Es erhellt aus dieser Übersicht sämmtlicher Reisen, welche bis zum Jahre 1807 einschließlich unternommen wurden, daß die Karten dieser Insel nur auf den Angaben dreier Seefahrer Barenz, Rosmuislow und Pospjélow begründet werden konnten. Barenz war der Einzige, welcher das Norduser und das Westufer von Nówaja Sémlja, von der nordöstlichsten Spitze bis zu den am Südufer gelegenen Inseln befuhr, ohne jedoch die südlichste Spitze des Landes zu erreichen; ebenso maß nur Rosmuislow die Meerenge welche sich queer durch Nówaja Sémlja erstreckt, bestimmte deren Breite und vollendete die Aufnahme aller von Barenz nicht gesehener Theile der Insel, als habe er die Fehler seines Vorgängers verbessern wollen. Pospjélow war endlich der Einzige der die Kostin Straße befuhr und deren Breite bestimmte, da aber bis heúte über seine Fahrt nichts näheres bekannt wurde, so konnte nur allein die Vereinigung der Aufnahmen von Barenz und Rosmuislow, den Karten von Nówaja Sémlja als Grundlage dienen. Freilich durfte die damalige Unvollkommenheit nautischer Wissenschaften, zu gegründeten Zweifeln über die Genauigkeit jener Arbeiten veranlassen, aber es war kein hinreichender Grund vorhanden um irgend etwas an der Gestaltung zu ändern, welche sie den Ufern von Nówaja Sémlja anwiesen, um die Küsten derselben gegen Westen oder gegen Osten zu verrücken, oder endlich die Ausdehnung der Matotschkin Straße, sei es auch nur um eine Meile, zu vergrößern. Bei alle dem erschienen aber Karten in verschiedenen Sprachen, welche in allen wesentlichen Punkten von den Darstellungen jener Seefahrer abwichen. Der Matotschkin Straße welche man in $74\frac{1}{2}°$ bis 75° Breite versetzt hatte, wurde eine Ausdehnung von 160 Italiänischen Meilen d. h. bis zum Vierfachen von Rosmuislows Messung angewiesen. Barenz's Ersehntes Vorgebirge setzte man unter 66° anstatt unter 77° Länge und auf andern Karten noch außerdem unter 78° anstatt 77° Breite u. s. w. Mit einem Worte aber hatten diese neüsten Karten mit den ursprünglichen nichts mehr als einige, meistens höchst entstellte, Benennungen gemein.[1] Man weiß nicht woher oder wer eigentlich diese sogenannten Verbesserungen der Geographie verschuldete, und es ist wahrscheinlich, daß sie sich nur allmälig eingeschlichen haben. Um aber deütlicher die Grundlosigkeit derselben zu beweisen und um zu zeigen, wie die alten Karten von Barenz und Rosmuislow, der Wahrheit bereits sehr nahe waren, und wie hingegen die neüsten Karten sich durch die gröbsten Fehler auszeichnen, ist hier eine Vergleichungs-Karte hinzugefügt worden, welche die Lage der Küste von Nówaja Sémlja nach Barenz's und Rosmuislow's Aufnahme, nach den sogenannten verbesserten Karten der Neüeren, und endlich nach unserer eignen Aufnahme darstellt.

Der östlichste Theil des Süduferѕ von Nówaja Sémlja, so wie auch die gesammte Ostküste derselben blieben völlig unbekannt. Von allen bisher genannten Seefahrern sah keiner weder die Südspitze der Hauptinsel, noch auch die nördliche der Insel Waigatsch. Auf den Holländischen Karten hatte man die Küsten beider Länder einander fast bis zur Berührung genähert, so daß man die Existenz einer sie trennenden Meerenge nur errathen konnte; ja einige Reisende dieser Nation vermengten sogar in ihren Erzählungen Nówaja Sémlja und Waigatsch als identisch. Auf die Russischen Karten hatte man diesen Theil wie es scheint nach den Aussagen der Jäger aufgetragen, jedoch wiederum so, daß die Verbesserungssucht der Wahrheit zum Nachtheil gereichte. Die Straße zwischen Nówaja Sémlja und Waigatsch, hatte man von ihrer wahren Breite von 26 Meilen, bis auf 4 bis 5 Meilen verringert und zwar nur deßwegen, weil die Geographen voll kritischer Verdachtsgründe den anscheinend rohen Karten unsrer Seefahrer mißtrauten, auf denen doch die gegenwärtige Lage der Kúsow- und Worónow-vorgebirge ziemlich richtig angedeütet war.

Zur Aufklärung so anstößiger Widersprüche von der einen Seite, und gänzlicher Unbekanntschaft von der andern, wurde die letzte Expedition unternommen, deren wir jetzt noch zu erwähnen haben, und welche zur viermaligen Reise die den Hauptgegenstand unseres Werkes ausmacht, gleichsam als Einleitung diente.

(1819 Lásarew). Im Jahre 1819 und gleichzeitig mit den Vorbereitungen zu den bekannten Expeditionen gegen Norden, und gegen Süden unter dem Commando der Kapitaine Bellingshausen und Wasíliew, erfolgte ein Kaiserlicher Befehl nach welchem bei Archangelsk eine dritte Expedition zur Aufnahme von Nówaja Sémlja

[1] So finden wir z. B. auf Arrowsmiths Karte Cape Gelania, Cape Doteshenia, Cape Narsavskoi, Cape Ferwinskoi, (Verninten) u. s. w., zum Beweise, daß dieser Geograph von irgend einer Russischen Karte einen Theil von Nówaja Sémlja entnahm, welcher der Natur der Sache nach, auf Holländischen Karten weit richtiger zu erwarten war.

ausgerüstet werden sollte. Die Leitung derselben wurde dem Lieutenant Lásarew [1] übertragen und demselben von dem Kaiserlichen Admiralitäts-Collegium eine Instruktion von folgendem Inhalte gegeben: Sogleich nach Eröffnung der Schifffahrt in See zu gehen, und nach Nówaja Sémlja zu halten; beim Vorüberfahren an der Insel Kolguew, die Länge derselben zu bestimmen; in sofern es möglich gegen Ende Juni oder Anfangs Juli Nówaja Sémlja zu erreichen, — so solle man irgendwo am Süduſer der Insel vor Anker gehen und zwei Ruderfahrzeüge zur Aufnahme der West- und Ostküste, ein drittes aber zur Aufnahme der Insel Waigatsch absenden; alsdann gegen Ende Juli längs der Westküste von Nówaja Sémlja nach Norden zu schiffen; durch die Matotschkin Straße und das Karische Meer nach der Weißen Insel zu gehen; die Umschiffung der Nord-Ostspitze von Nówaja Sémlja zu versuchen, und endlich die abgesandten Ruderfahrzeüge entweder in der Matotschkin Straße oder an irgend einem andern verabredeten Orte wiederum zu treffen. Wenn es aber aus irgend welchen Ursachen nicht möglich wäre vor der Mitte des Juli aus Archangelsk auszulaufen, solle man direkt nach der Matotschkin Straße segeln und von dort Ruderboote nach Süden, längs deren Westseite und längs der Ostseite von Nówaja Sémlja aussenden; hierauf sich bemühen allen übrigen Vorschriften zu genügen und bei nächster Gelegenheit am Süduſer die Abgesandten wiederum treffen. Endlich aber mit Anbruch September nach Archangel zurück zu kehren.

Lieutenant Lásarew kam am 19ten April nach Archangelsk und mit ihm die Lieutenante Korsakow und Baránow. Er erhielt daselbst die confiszirte Englische Brigg Katti, welche man als Transportschiff benutzt und nun, seitdem sie zu dieser Expedition bestimmt worden, Nówaja Sémlja genannt hatte. Nicht ohne bedeütende Mühe bereitete man das ziemlich alte Fahrzeüg, zu dem ihm bevorstehenden schwierigen Dienst. Sobald die Dwina aufging, brachte man es aus dem Lúpominer Hafen in die Admiralität um die Ausrüstung daselbst zu vollenden. Am 19ten Mai kam der Midshipman Küchelbecker von St. Petersburg mit den Instrumenten, welche bei Herrn Lásarew's Abreise noch nicht fertig gewesen waren, und bis zum 9ten Juni war die Brigg Nówaja Sémlja zum Auslaufen fertig. Sie war mit allen Erfordernissen zu mathematischen und astronomischen Messungen versehen, und führte Mundvorräthe für ein Jahr, eine Menge antiskorbutischer Mittel, warme Kleidung und Beschuhung für die Mannschaft, so wie auch alle Arten von Geräthschaften um Pelzthiere, Vögel und Fische zu fangen. Für etwanige Nothwendigkeit des Überwinterns hatte man

[1] Seit 1822 Kapitain zweiten Ranges.

zwei auseinander zu nehmende Hütten angefertigt, aber aus Mangel an Raum in dem Schiffe konnte Herr Lásarew nur eine derselben mit nehmen. Außer den schon genannten Offizieren befanden sich auf seiner Brigg der Steüermann Charlow I., der Stabsarzt Bratanowskji und 44 Mann Untergebene niederen Ranges. Man hatte auch noch einen Bergwerksbeamten und einen Zeichner zu Mitgliedern der Expedition bestimmt, aber diese trafen die Brigg Nówaja Sémlja nicht mehr zu Archangelsk, von wo aus dieselbe am 10ten Juni in See ging.

Am 14ten erreichte Lieutenant Lásarew die Wallroß Insel (ostrow morjówez,), und hielt von dort gerade nach Kanin Vorgebirge, an welchem er am 16ten vorüberſegelte, ohne unterweges außer einiger Reihen Ufereis, irgend etwas Bemerkenswerthes getroffen zu haben. Durch einen besondern Glückszufall entging er allen Fährlichkeiten, welche über diese Meeresstelle wie ausgesäet sind, und nach seinem Stillschweigen zu urtheilen, traf er nicht ein Mal auf eine der dort haüfigen Untiefen. Er wurde dadurch veranlaßt allen Schiffen, welche aus Archangelsk in den Nordocean ausliefen, die Fahrt durch die Ostküste des Meeres zu empfehlen, aber wegen der äußerst gefährlichen Nördlichen Bänke (Sjéwernuia Kóschki) und außerordentlich heftigen und unregelmäßigen Strömungen, wird man wohl immer dem ungleich sichern, und keineswegs längeren westlichen Wege den Vorzug geben, auf welchem man außerdem auch keineswegs mehr Eis, als auf jenem östlichen Wege antrifft. Im Jahre 1821 folgten wir Herrn Lásarew's Vorschlage, und entgingen kaum einem vollständigen Schiffbruch.

Sogleich bei der Einfahrt in den Nord-Ocean, ward Herr Lásarew von Eismassen empfangen. Seine Absicht war gerade auf die Matotschkin Straße zu segeln, weil er hoffte, daß durch Nordwinde, welche wärend des ganzen Frühjahrs geherrscht hatten, die Nördlichsten Ufer Nówaja Sémljas vom Eise befreit sein würden. Bald darauf sah er aber nach Maßgabe nördlichen Fortschreitens die Menge und die Dichtigkeit des Eises zunehmen, und beschloß daher nach der Südspitze der Insel zu segeln; aber auch dort entgegnete ihm das Eis unüberwindliche Hindernisse. Am 1sten Juli überzeügte er sich endlich, daß das gesammte Südufer bis zum Vorgebirge Britwin mit einem undurchdringlichen Eiswalle umgeben war, und begann daher gegen die Insel Kolguew zu segeln, welche er noch an demselben Tage erreichte. Um diese Zeit begann unter der Mannschaft der Brigg eine Krankheit sich zu zeigen, welche nachmals, mehr als Alles andre, das Mißlingen der Expedition veranlaßte.

Nachdem Herr Lásarew 5 Tage lang auf der Höhe der Insel Kolguew gekreüzt und von der NWspitze derselben die Breite zu 69°28′30″ die Länge zu 48°31′ O. bestimmt hatte, segelte er nach Osten, traf aber bald wiederum auf Eis. Elf Tage lang fuhr er fort ohne Erfolg gegen dasselbe zu kämpfen und sah dann am 19ten Juli ein Ufer, welches er „für den südöstlichen Theil der „Maigolstraße (Maigolschar).“ [1] hielt. Er lief dann gegen N. um Kostin Schar zu besichtigen. Am 21sten bestimmte er durch Beobachtungen die Lage eines Punktes der Küste, jedoch ohne ihn namentlich zu erkennen; und schloß daß man denselben auf früheren Karten um fast 90 Meilen zu weit gegen Osten verlegt hatte. Am 25sten Juli ereilte ihn ein Sturm, wärend ihn an einander gedrängte Eismassen umgaben; dann lief er, als es wiederum ruhig geworden, nach dem Ufer in der Nähe der Maigol Straße, und da er dieselbe vom Eise frei fand, so beeilte er sich einen günstigen Westwind zur Untersuchung der Südspitze von Nówaja Sémlja zu benutzen. Wärend er dem Ufer folgte, wurden einige Kreüze gesehen, und dann von den Salingen aus gegen SO. Bergspitzen: „welche auf der Waigazer Insel liegen mußten.“ [2] Herr Lásarew gedachte nun in der Marsuliner Straße (Marsulinoi Schar) vor Anker zu gehen, weil deren Lage in allen Beziehungen seinen Zwecken entsprach, aber Eismassen zwangen ihn schon an demselben Tage (27sten Juli) wieder umzukehren, und von neüem einen Durchgang zur Kóstin Straße zu suchen. Auf der Höhe der Maigolstraße erhielten sie eine Stille, und das Schiff begann nun durch Strömung gegen die Küste getrieben zu werden. Lieutenant Lásarew mußte daher einen Anker werfen, den er jedoch sobald als möglich wiederum lichtete um schleünig meerwärts zu segeln. Zur „schnellen Abreise von diesem genugsam bekannten Orte wurde ich „noch außerdem,“ so sagt Herr Lásarew „durch das Fehlschlagen „der Hoffnung uns frisches Wasser zu verschaffen, veranlaßt; denn „man hatte zwar bald nach dem Einlaufen in diese Bucht eine Abnahme in der Salzigkeit ihres Wassers, als sicheren Beweis daß „Flüsse in dieselbe einmünden, bemerkt, aber das Schöpfen aus den„selben hätte nicht ohne große Beschwerden und weite Wege ge„schehen könne, und unterdessen war das Schiff in so großer Gefahr „von treibenden Schollen beschädigt zu werden, und ein Ende dieser „Beschwerlichkeiten und Hindernisse war so wenig abzusehen, daß wir „darüber ermüdeten und die Aufsuchung einer sicheren Stelle für „wünschenswerth hielten.“ Die Breite dieses Ankerplatzes ist 71°, „die Länge 52°41′ und die Hafenzeit 12^h28.“ „Bei nördlichen Strö„mungen, wechselte die Tiefe von 10 Fuß bis zu 7½ Sajenen“ und auf einer Untiefe, welche die Ruderfahrzeüge vom NW. Ende der Maigol-

[1] Siehe oben. [2] Die Insel Waigatsch zeigt sich, selbst bei hellem Wetter, kaum vom Kusow Vorgebirge, und man muß daher glauben es sei hier, wie es so oft in hohen Breiten geschieht, Nebel für Land genommen worden.

straße auffanden; „von 10 und 8 Fuß bis zu $4\frac{1}{2}$ Sajenen." Ein solches Steigen der Wasserhöhe, welches dem bei Saint Malo und bei Bristol statt findenden fast gleich kommen würde, ist durchaus unwahrscheinlich, weil die neüsten und die älteren Beobachtungen übereinstimmend ergeben, daß an keinem andern Punkte von Nówaja Sémlja die Fluthhöhen mehr als 2 bis 3 Fuß betragen.

Nachdem er diesen Ort verlassen hatte, beschloß Lieutenant Lásarew nach der Mátotschkin Straße zu laufen. Er hielt nach N. längs des Ufers, welches jetzt daselbst eisfrei geworden war, bis daß er am 3ten August, in $73\frac{1}{4}°$ Breite wiederum dichten Anhaüfungen von Schollen begegnete. Die unaufhörlichen Nebel, welche ihn auf dieser Strecke umgaben, verhinderten das Ufer in gewünschter Vollständigkeit zu übersehen; dennoch gelang ihm die Lagenbestimmung des Karmasulsker Vorgebirge (wahrscheinlich Karmakulsker) dessen Breite sich zu 71° 41′ und Länge zu 50° 49′ ergab. Wärend 6 Tagen kämpfte Herr Lásarew mit dem Eise auf dem Parallele der Matotschkin Straße, aber gänzlich ohne Erfolg. Mit jedem Tage verminderte sich die Hoffnung einer baldigen Erreichung jener Straße, denn die Hindernisse blieben ungeändert, und die Zahl der Kranken wuchs so unaufhörlich, daß man zuletzt das Fahrzeüg kaum noch zu regieren vermochte.

In einer wärend dieser schwierigen Umstände gehaltenen Berathung, beschloß man unter Aufgebung jedes ferneren Versuches, die Rückkehr nach Archangelsk zu beginnen. Am 9ten August wandten sie sich abwärts von Nówaja Sémlja, und erreichten schon am 12ten Mai Kanin Vorgebirge. Beobachtungen auf der Höhe dieses Vorgebirges ergaben dessen Länge um $2\frac{1}{2}°$ kleiner als die auf der Karte des Weißen Meeres enthaltene Angabe. Herr Lásarew schob diesen Unterschied gänzlich auf Unzuverlässigkeit seines Kronometer: in der That betrug aber dessen Fehler nur etwa 1°, wärend die übrige Abweichung von $1\frac{1}{2}°$, nach dem Ergebnisse unserer späteren Expeditionen, wirklich der Karte angehörten. Herr Lásarew verließ sich aber auf die alte Länge des Kanin Vorgebirges und verfolgte seinen Weg gegen W. Wärend drei Tage herrschten widrige Winde zwischen S. und SW., am 4ten erhob sich NNOwind und Herr Lásarew fuhr nun gegen SSW. nach seiner Rechnung gegen die Mitte des Weißen Meeres; aber in der Nacht sah er sich unerwartet von Ufern umgeben, und mußte vor Anker gehen. Bei Tagesanbruch zeigte sich, daß sie in die Bucht am Heiligen Cap (Swjatonóskaja guba) gelaufen waren, wie es auch wegen der Felsen in ihrem Abfahrtspunkte nothwendig geschehen mußte. Am 18ten hoben sie abermals die Anker, erhielten aber im Weißen Meere nochmals widrige Winde, welche fast wärend zwei Wochen anhielten. Zu Anfange Septembers war nur noch ein sehr kleiner Theil der Mannschaft frei von Skorbut, so daß die Offiziere selbst nicht selten Matrosenarbeiten verrichteten. Mit äußerster Mühe gelangten sie am 3ten September nach Archangelsk, wo man 19 von der Mannschaft niederen Ranges, sogleich in ein Krankenhaus schaffen mußte. Drei derselben starben ehe man den Hafen erreichte.

Bei so ungünstigem Ende konnte diese Expedition keinen genügende Lösung der herrschenden Zweifel und Fragpunkte über Nówaja Sémlja gewähren. Sie ließ deren Küsten unerforscht, und bestimmte nur im Allgemeinen, daß dieselben sich auf der letzteren Karte (welche nach Herrn Läsarews Ausdruck durch das Admiralitätscollegium zusammengestellt worden war) um 90 Meilen zu weit gegen Osten befanden. Diesen geringen Erfolg verschuldete übrigens zuerst ein außerordentlicher Eisreichthum des Meeres und eine äußerst schlechte Witterung, welche wärend der ersten Hälfte des Sommers, die Untersuchung der Ufer verhinderte; sodann aber der Krankheitszustand der Mannschaft, welche Herrn Läsarew's Rückkehr schon Anfangs August veranlaßte d. h. zu einer Jahreszeit, in welcher man mit Wahrscheinlichkeit auf besseres Wetter und auf ein eisfreies Meer zu hoffen hatte. In der Beschreibung der Reise sind aber diese Ursachen nicht im gehörigen Lichte dargestellt. Denn nach den Worten dieser Beschreibung [1] könnte man jene erwähnte Krankheit für eine, der Gegend von Nówaja Sémlja eigenthümliche halten, wärend sie doch offenbar keine andere war, als der gewöhnliche Seemannsscharbock, welcher sich bei Kap Hoorn, unterm Äquator und bei Nówaja Sémlja, durch gleiche Symptome bekundet: namentlich aber durch Niedergeschlagenheit, Aufbrechen verharschter Wunden, plötzliche Epilepsien u. s. w. Ohne Zweifel wirkte das rauhe Klima von Nówaja Sémlja zur Beförderung dieses Übels, aber die Beschränktheit des Fahrzeüges, welches unter Deck und im Raume durch die Theile der Winterhütte angefüllt war, der daraus hervorgehende Mangel an Ruhe für die Leüte und die schlechte Luft, muß man, so scheint es, als wahre Ursache derselben betrachten. Außerdem ging auch Lieutenant Läsarew zu früh in See. Seine Instruktion lautete dahin, weil man ihm mehr Muße zur Erfüllung des Reisezweckes zu verschaffen wünschte, aber die Nówasémler Küste wird selten vor Ende Juli erreichbar, und das Auslaufen zu Anfang Juli, mußte daher ohne jeden Vortheil für die Expedition nur die Mannschaft ermüden und sie für Krankheiten empfänglich machen. Ferner wird die große Menge von Eis an den Ufern von Nówaja Sémlja, in jenen Breiten nicht für eine zufällige oder temporäre Erscheinung er-

[1] Die Fahrt der Brigg Nówaja Sémlja, Seite 33, 35, 47 u. a.

klärt, sondern für Folge einer Naturumwälzung im hohen Norden, durch welche die Kälte unmäßig erhöht und die Küsten der Insel unzugänglich geworden sein sollen.[1] Eine nähere Würdigung dieser Annahme erwächst aus den folgenden Berichten.

Zusätze.

A. Zu Seite 4.

Unter den vielen ausgezeichneten Männern, welche der Ruf und die Tugenden Alfred des Großen zu dessen Hofe hinzogen, befand sich auch ein berühmter Normann aus dem nördlichsten Norwegen Namens Okter oder Ochter. König Alfred selbst hat die Wanderungen dieses Mannes nach dessen eignen Worten, in seiner Geographie der mitternächtigen Länder beschrieben, welche von Forster übersetzt und dessen Geschichte der Nordischen Reisen hinzugefügt wurde. Ochters Erzählung ist etwa folgenden Inhalts: „Er beschloß einst zu erfahren bis wie weit sich sein Geburtsland gegen Norden erstrecke, und hatte, wärend er zu diesem Ende grade gegen Mitternacht fuhr, festes Land zu seiner Rechten, zu seiner Linken aber das offenbare Meer. Nach drei Tagen erreichte er den Punkt, welcher für die Fahrten der Wallfischfänger die äußerste Gränze bildete, fuhr dann abermals wärend drei Tage gegen Norden, und sah daß sich von dort die Küste gegen Osten erstrecke. Er wartete bis sich Westwind einstellte, folgte dann dem Ufer gegen Osten, machte aber nach vier Tagen Halt um Nordwind zu erwarten, weil sich die Küste gegen Süden zu wenden begann. In dieser letztern Richtung schiffte er wärend 5 Tage bis zur Mündung eines großen Flusses an der er anhielt, weil er wegen feindseliger Gesinnung der Anwohner seinen Weg nicht weiter fortzusetzen wagte. Nur das Ufer dieses Flusses war bewohnt, und bis zu demselben war alles Land, welches Ochter erblickte, eine Wüste in der nur zu gewissen Jahreszeiten Finländer zum Fisch- und Thierfange sich einfanden. Nur das Land der Beormer war dicht bevölkert, weshalb es auch Ochter nicht zu betreten wagte. Die Beormer erzählten ihm Vieles, sowohl von ihrem eignem Lande, als auch von denen ihrer Nachbaren, indessen glaubte er ihnen nur theilweise weil es an Gelegenheit fehlte durch eigne Anschauung zu prüfen. Es schien ihm übrigens als ob die Beormer und Finnen sich einerlei Sprachen bedienten." Forster's

[1] A. a. O. 20, 28, 29, 46, 56, u. a.

Northern voyages pag. 62—64. — Adelung versetzt diese Reise in das Jahr 871. Nordöstliche Geschichte Seite 88.

Zusatz B. Zu Seite 16.

Ein Schreiben von Johann Balach an Gerhard Merkator. Aus Arensburg im Jahre 1581.

In Erinnerung Deiner Vorliebe für alte Erdbeschreibungen freüe ich mich meines Zusammentreffens mit dem Überbringer dieses Briefes. Ich empfehle Dir diesen Mann und er wird Dir vielleicht in derjenigen Angelegenheit behülflich sein, über die Du so lange schon mit großer Mühe Nachrichten sammelst, und welche auch noch unsere neüsten Geographen zu Zwiespalt veranlaßt: ich meine die Entdeckung des Vorgebirges Tabin und des berühmten und reichen Chinesischen Königreichs. Dieser Mann stammt aus Flandern, ist seines Amtes ein Krieger, war wärend einiger Jahre als Gefangener in Russlaud und stand daselbst im Dienste zweier ausgezeichneter Männer Jákow und Anikji (im Lateinischen Originale steht Jacovius und Unacius wohl sicher für diese Russischen Namen), welche ihn nach Antwerpen schickten um daselbst für ansehnliche Preise einige geschickte und erfahrne Seeleüte zu miethen; und als er ihnen solche verschafft hatte, bauten sie auf dem Dwinaflusse zum Behuf der beabsichtigten Reise und mit Hülfe eines geschickten Deütschen Künstlers, zwei Schiffe. Der Überbringer dieses Schreibens erzählt sehr frei und unumwunden, der östliche Weg nach China sei eben so nah als bequem; daß er anfangs zu Lande bis zum Obj durch das Samojedische und Sibirische Land, hernach aber zu Wasser längs des Petschoraflusses gereist sei. Daß er ferner zu diesem Vorhaben in der Bucht des Heiligen Nicolaus ein Fahrzeüg ausgerüstet habe, welches nur geringer Wassertiefe bedurfte, und daß er dann auf demselben, nachdem man es mit allen Erfordernissen zu einer solchen Reise, so wie auch mit Leüten welche sich sowohl auf die Samojedische Sprache als auch auf die Lage der Obischen Gegend gut verstanden, versehen hatten, gegen Ende Mais nach Osten längs des Ugrischen und Petschorischen Landes, so wie auch längs der Insel Olgoi (für Dolgoi) gefahren sei. Nachdem er an der Insel Waigatsch, welche zwischen Ugoria und Nówaja Sémlja liegt, vorüber gesegelt, habe er einen Meerbusen erreicht der sich gegen Süden erstrecke, und in welchen sich die Flüsse Kurmesia und Kara ergießen, längs deren ein anderer und sehr wilder Samojedenstamm wohne. Der Obi habe nach der Aussage der Samojeden 70 Mündungen, zwischen denen große und von verschiedenen Völkern bewohnte Inseln liegen. Im Obi müsse man überwintern um sich zur ferneren Reise vorzubereiten. Von dort könne man dann in einem Sommer nach China gelangen, in sofern nur das Eis nicht hindere, welches vor der Mündung des Flusses, bald in großer bald in geringerer Menge, umhertreibt u. s. w. Am Ende seines Briefes bedauert Balach daß der vielgereiste Krieger nicht mehr geographische Kenntniß besessen habe.

Zweites Kapitel.

Erste Reise der Brigg Nówaja Sémlja, 1821.

Vorbereitungen. — Beschreibung des Archangeler Hafen. — Auslaufen der Brigg. — Ihre bedrängte Lage im Weißen Meere, — Begegnung mit Treibeise im Nördlichen Ocean und Kampf mit demselben. — Wahrnehmung eines eisfreien Ufers von Nówaja Sémlja. — Aufnahme desselben. — Zweite Begegnung mit dem Eise. — Rückkehr nach Archangelsk.

Alle Reisen in dem Polarmeere beweisen daß die Hindernisse, welche die Schiffenden von dem Eise erfahren, in verschiedenen Jahren keineswegs gleichmäßig sind. Außer einer Menge von Beispielen in den Berichten über Nördliche und Nordwestliche Fahrten, finden wir davon auch mehrere in unserer Übersicht der Reise nach Nówaja Sémlja. Im Jahre 1594 fanden die Holländer sowohl die Jugorische Straße als auch das Karische Meer ziemlich eisfrei, aber, im folgenden Jahre gelangten sie troß möglichster Kraftanstrengung und bedeutender Gefahren, kaum bis zur Fleischinsel. Im Jahre 1596 kam Barenz bis zur Nordöstlichen Spitze von Nówaja Sémlja, litt aber daselbst Schiffbruch wegen Haüfigkeit des Eises. Um 16 Jahre nach ihm fand van Horn an der Küste von Nówaja Sémlja eine undurchdringliche Mauer von Eis. Dann im Jahre 1664 fand Vlaming sowohl am Begehrten Vorgebirge als auch in N. und O. von demselben ein durchaus offnes Meer, wärend 12 Jahre später, Wood nicht jenseits des Parallel von 76° zu gelangen vermochte. Im Jahre 1734 befuhr Lieutenant Murawjew das Karische Meer ohne Schwierigkeiten, wärend in allen folgenden Jahren sowohl dieser als sein Nachfolger sehr haüfig auf Eis trafen. Die Ursache dieses merkwürdigen Verhaltens liegt darin, daß an jedwedem Orte die Menge des Eises nicht sowohl von seiner geographischen Breite oder von der mittleren Jahrestemperatur abhangt, als vielmehr von dem Zusammentreffen einer Menge von Umständen, welche wir für zufällig zu halten pflegen; von der größeren oder geringeren Kälte, welche wärend des Winters und Frühjahres herrschte, von der Heftigkeit der Winde, wärend derselben Jahreszeit, von deren Richtung, ja sogar der Ordnung in welcher sie aus einer Richtung in die andre übergingen, und endlich von dem Zusammenwirken aller dieser Umstände, nicht nur an dem eben zu betrachtenden Orte, sondern auch an den Flüssen welche ihr Eis dahin senden. Daher können denn auch in keinem Falle weder eine noch auch sogar mehrere erfolglose Reisen in einem Polarmeer, für einen Beweis beständiger Beeistheit desselben gelten.

Auch die ungünstigen Erfahrungen welche die Reise des Lieutenant Lasarew darbot, vermögen nicht diese Ansichten zu widerlegen und zwar um so weniger als damals nur ganz besondere Umstände die Aufgebung des Vorhabens veranlaßte. Daher beschloß auch die Regierung die früheren Versuche zu wiederholen, und verordnete zu diesem Ende bei Archangelsk eine Brigg zu bauen, welche dann bereits im Juni 1820 vom Stapel gelassen wurde. Indessen wurde die Ausrüstung der Expedition selbst aus unbekannten Gründen bis zum folgenden Jahre aufgeschoben; zu dieser Zeit aber ernannte mich der Herr Seeminister auf Empfehlung des Kapitain Golownin[1], mit dem ich kurz zuvor von einer Reise um die Erde zurück gekehrt war, zum Anführer derselben und verlieh mir demgemäß die folgende Instruktion: „Der Zweck des Ihnen „aufgetragenen Unternehmens ist nicht eine umständliche Aufnahme „von Nówaja Sémlja, sondern einzig und allein eine preliminaire „Übersicht ihrer Ufer und die Erforschung der Größe dieser Insel, „durch Bestimmung der geographischen Lage einiger ihrer wichtig„sten Vorgebirge und der Länge der Straße, welche den Namen „Matotschkin Schar führt, — insofern nämlich weder Eis noch „andere wesentliche Schwierigkeiten sie daran hindern."

„In dieser Absicht liegt Ihnen ob, Archangelsk nicht vor der „Mitte des zukünftigen Juli zu verlassen; denn nach allen Wahr„scheinlichkeiten hat man um diese Jahreszeit ein eisfreies Meer „bei Nówaja Sémlja zu erwarten, wärend frühere Versuche be„weisen, daß in den vorhergehenden Monaten die Befahrung des „genannten Meeres durch Eis und Nebel erschwert wird."

[1] General Major, General Intendant der Marine und beständiges Mitglied des Kaiserlichen Admiralitäts-Departement, diente damals als persönlich Bevollmächtigter des Seeministers Admiral Marquis de Faversé (Herr W. M. Golownin ist im Jahre 1831 an der Cholera verstorben. — E.).

„Sie haben ihren Weg gerade gegen die Mitte von Nówaja „Sémlja zu nehmen, in sofern Wind und Eis es erlauben; wenn „nicht, so bestreben Sie sich zuerst den am bequemsten zu errei„chenden Theil der Insel zu sehen, verwenden Sie alsdann alle „Ihnen zu Gebote stehenden Mittel, um Breite und Länge der „bemerklichsten Orte dieser Gegend genau zu messen; sollte es Ih„nen möglich sein das Land zu betreten ohne ihr Schiff der Ge„fahr der Einschließung durch Eismassen auszusetzen, so versaümen „sie diese Gelegenheit nicht, und bemühen sich alsdann eine genaue „Aufnahme zu machen, und Alles anzumerken was sich Ihnen auf „dem Lande darbietet; vor Allem aber seien Sie bemüht, die Länge „der unter dem Namen Matotschkin Schar bekannten Straße zu „prüfen; sollte das Eis Sie an einer Stelle verhindern das Ufer „zu erreichen, so versuchen sie es an einer anderen und an einer „dritten Stelle, indem sie dabei Ihren Kurs nach den Vorzeichen „richten, von denen Sie eine ungehinderte Fahrt erwarten.“

„Mit steter Rücksicht auf die Beschaffenheit Ihres Fahrzeüges „und auf die Gesundheit Ihrer Mannschaft, mögen Sie bei Nó„waja Sémlja bleiben, so lange die Jahreszeit es erlaubt, und so„dann nach Archangelsk zurück kehren. Übrigens benimmt man „Ihnen nicht die Freiheit, in dieser Beziehung die eigne An„schauung Ihrem Entschlusse zu Grunde zu legen. Keinenfalls aber „mögen Sie wärend des Winters daselbst verweilen. Sollte Sie „aber wider alles Erwarten die Nothwendigkeit dennoch dazu zwin„gen, so wenden sie alle Sorgfalt an die Gesundheit der Mann„schaft und die Erhaltung der Brigg, um im nächsten Sommer „zurückzukehren. Für einen solchen Fall habe ich dem General„Komandeur des Archangeler Hafens vorgeschrieben, auf Ihr Schiff „eine gezimmerte Hütte und Ziegelsteine zu liefern, oder auch eine „Bedachung über das ganze Fahrzeüg nebst zweien Kaminen und „zweien gußeisernen Öfen. Von Ihrem Dafürhalten hangt es ab „das Eine oder das Andre zu nehmen, so wie auch die Hütte als „dereinstigen Zufluchtsort für irgend einen Jagdreisenden, an einem „als dazu passend erkannten Orte, zu hinterlassen.“

„Bei Ihrer Rückkunft nach Archangelsk, haben Sie Ihren „Raport und Ihre Beobachtungen, so wie auch das Logbuch nach „St. Petersburg unter Addresse des Seeministers zu senden, und „nach Abgabe der Brigg wird Ihnen denn erlaubt auch persönlich „hierher zurück zu kehren.“

Nachdem ich aus dem Kaiserlichen Admiralitäts-Departement die erforderlichen Karten, Bücher und Instrumente empfangen hatte, benutzte ich die letzte Schlittenbahn um Petersburg zu verlassen, und erreichte Archangelsk zu Anfang des April.

Die in der Geschichte der Russischen Flotte und des Russischen Handels so berühmte Stadt Archangelsk, welche auch vorzugsweise vor allen andern: die Stadt genannt wird, liegt am rechten Ufer der Nördlichen Dwina, 40 Werst von der Mündung dieses Flusses in 64° 34′ 10″ Nördlicher Breite und 40° 34′ Östlicher Länge von Greenwich. [1] Der Fluß Kusnétschicha welcher sich an dieser Stelle von der Dwina abzweigt, scheidet Archangelsk in zwei Theile, und namentlich 1) die eigentlich sogenannte Stadt, welche auf der Südseite der Kusnétschicha liegt und 2) die Solombalische Ortschaft oder auch bloß Solombala an der Nordseite derselben.

Auf einem steilen und 3 bis 4 Sajenen hohem Vorgebirge, welches durch die rechten Ufer der Dwina und Kusnétschicha abgeschnitten wird, steht die jetzige Stadt, nnd dasselbe führte in früherer Zeit den Namen Pur Nawolok. Bis zum 16ten Jahrhundert befand sich in diesem Distrikte Nichts anders als ein Mannskloster des Erzengel Michael, aber im Jahre 1584 wurde daselbst eine Niederlassung mit Pallisadenbefestigung gegründet und die Neu Cholmogorische (oben Seite 14. Anmerkung) genannt. Nach drei Jahren wurde der Handel mit den Engländern dahin übertragen, nachdem derselbe bis dahin und seit der Begründung durch Kapitain Chanceler, welcher im Jahre 1553 den Weg zur Dwina zufällig auffand [2], an der Nikoler oder Pudojemer Mündung (Nikólskaja ili Pudojémskaja ústje) geführt worden war. [3] Die Neucholmogorer Niederlassung wurde zu Anfang des 17ten Jahrhunderts nach dem Kloster gleiches Namens: die Erzengel oder Archangel-Stadt (Archángelskji Górod) genannt. Sie war damals theils von Schützen (strjelzi) bewohnt, welche die Garnison des befestigten Theiles bildete, theils von verschiedenartigen Völkern aus den umgebenden Dwinischen Dörfern und Niederlassungen. Anfangs war dieselbe von den Cholmogorischen Wojewoden abhängig, wurde aber schon im Jahre 1704 zu einer Kreisstadt und später zu einer Gouvernementsstadt erhoben.

Die stumpfe und gegen Westen vorspringende Endspitze des Pur Nawolok, bildet fast die Mitte der Stadt, welche sich von dort an gegen SO. längs des Dwinaufers, und gegen NO. längs des Ufers der Kusnétschicha fortsetzt, und im Ganzen einen Raum von 6 Werst in der Länge und von ungefähr 1 Werst in der Breite einnimmt. An dieser Endspitze wurde gegen das Jahr 1670 ein großartiges steinernes Gebaüde in Gestalt eines Viereckes,

[1] Das Haus des General-Kommandeur in der Solombala. [2] Die Nachrichten über den ursprünglichen Zustand von Archangelsk, habe ich theils aus W. Krestinin's Geschichte der Stadt Archangelsk St. Petersburg 1792, theils aus der: Geschichte des Ursprungs u. s. w desselbe Schriftstellers (in Russischer Sprache) entnommen. [3] Siehe oben Seite 12.

dessen Seiten mehr als eine Werst maßen, aufgeführt, es war mit Thürmen versehen und diente gleichzeitig als Festung und Kaufhof (gostinji dwor). Jetzt befindet sich die Börse, das Zollamt, der Packhof u. a. in dem südlichen Theile dieses bereits verfallenen Gebaüdes. In dem nördlichen war früher die Münze.

Am Südende der Stadt nahe am Dwinaufer, steht das steinerne Kloster des Erzengel Michael, und daher an eben derselben (und in alten Zeiten Njatscherui genannten) Stelle im Jahre 1637 erbaut wurde, nachdem ein älteres hölzernes Kloster in der Mitte der Stadt zugleich mit einem Theile dieser letzteren bis auf den Grundbau abbrannte. Außer diesem Kloster besitzt Archangelsk neün steinerne Kirchen (unter denen eine Lutherische) und zwei hölzerne.

Die Gebaüde sind größtentheils hölzern, doch giebt es in der Mitte der Stadt auch eine ansehnliche Menge von steinernen, sowohl zu öffentlichen Zwecken als Privatleüten gehörigen. Unter jenen sind: das Haus des Generalgouverneurs und die Sitze der Behörden ausgezeichnet, so wie auch ein Militairwaisenhaus am Ufer der Kusnétschicha und ein theologisches Seminar in der Nähe der Kloster.

Der Gostinoi dwor (Kaufhof, Hof der Handelsgäste) *) besteht aus einigen steinernen Haüsern, von alterthümlicher Bauart und liegt am Dwinaufer, um etwas südlicher als die alte Festung. Vor demselben wird an jedem Dienstage ein Kramhandel geführt, zu dem sich sowohl die Bewohner der umgebenden Dörfer, als auch die Städter mit Esswaaren und Handarbeiten, oder richtiger mit Allem was verkaüflich ist, einfinden. Dort wird sämmtlichen Bedürfnissen für die nächste Woche, durch Einkaüfe genügt; und ein jeder Hauswirth, vorzüglich aber die der untersten Klasse, hält es eben so sehr für seine Pflicht am Dienstag den Neüen (Nowói, so nennt man jenen Marktplatz), als am Sonntag den Frühgottesdienst zu besuchen. Um einen Rost oder einen Topf zu kaufen, geht man zum Nowói nicht nur von den entferntesten Enden der Stadt oder der Solombala, sondern auch von den Dörfern. An diesem Markttage sind daher vom frühsten Morgen bis zum späten Abend die Straßen mit einer wogenden Volksmenge bedeckt, welche zu Fuß oder zu Wagen dem Neüen zueilt oder von ihm zurückkehrt. Sobald aber der Handel geschlossen ist, sieht man im Sommer den Fluß mit Karbasen bedeckt, welche bis zum Unglaublichen beladen sich nach den verschiedensten Richtungen bewegen, — im Winter aber eben so schwer beladene Schlitten sich in den Straßen

[*) Uiber die Bedeütung und Anordnung dieser Russischen Institute vergleiche Ermans Reise Abtheilung I. Theil 1, Register Artikel Gostinoi dwor. — B.]

drängen. Es herrscht dort eine in unsern Provinzialstädten nicht gewöhnliche Lebendigkeit und nur mit den sogenannten Sonntags basaren (woskrésnie basári) die ich in Wolhuinien zu sehen Gelegenheit hatte, wüßte ich das Schauspiel zu vergleichen, welches sich zu Archangelsk 52 Mal in jedem Jahre erneüert.

Die Anlage der Stadt ist ziemlich regelmäßig, die Straßen schneiden sich unter rechten Winkeln; drei derselben bilden Längendurchmesser und die übrigen Querdurchschnitte der Stadt. Vor dem Hause des Generalgouverneurs befindet sich ein schöner und gefälliger Platz, die Hauptstraßen sind von genugsamer Breite und mit Steinen gepflastert; in allen laufen an den Seiten: Brücken für die Fußgänger. *)

Seit 1820 hat man auch einen öffentlichen Garten angelegt, dem aber das sumpfige Erdreich sehr hinderlich ist. Bis jetzt richtet das Archangeler Publikum seine Lustfahrten stets nach der sogenannten Moses Insel, zwischen der Stadt und Solombala. Ein ziemlich dichter Birkenhain, in welchen man Durchschläge, Wege und ähnliche Anlagen gemacht hat, bedeckt diese Insel, und ein großes Lusthaus steht in der Mitte derselben. Am 20sten Juli feiert man ein großes Volksfest durch Fahrten nach der Keginsel auf der sich die Kirche des Propheten Elias befindet. Einige Familien verleben den Sommer auf der Insel Uima 12 Werst oberhalb der Stadt am rechten Dwinaufer.

In der Stadt selbst wohnen sämmtliche Beamte der Regierung und der Landtruppen, der Eparchial-Bischof und die russische und ausländische Kaufmannsschaft. Auch befinden sich in derselben die Sitzungsstätte der Gouvernements- und Städtischen Behörden, die Hospitale der Landtruppen und die für die Flotte, die Militairwaisenanstalten, das Geistliche Seminar, das Gouvernements-Gymnasium, das Hafenzollamt u. m. a.

Die Solombala entstand gleichzeitig mit den Archangeler Werften, bei deren Gründung man den dabei beschäftigten Beamten und Arbeitern Wohnplätze auf den Solombaler Inseln anwieß, welche die Flüsse, die Dwina und Kusnetschicha und die Bäche Solombálka und Kúrja bilden. Diese Niederlassung welche sich außerst schnell vergrößerte war ursprünglich unabhängig von der Stadt, jetzt ist sie der Stadtpolizei untergeben und bildet das sogenannte Solombaler Viertel von Archangelsk.

Die Länge dieses Stadtviertels in der Richtung der Dwina, beträgt $1\frac{3}{4}$ Werst und die Breite gegen 1 Werst. Durch die oben erwähnten zwei Bäche wird dasselbe in drei Theile geschieden, von denen der 1) zwischen der Solombalka und Kusnétschicha enthaltene, die Bade- oder Seilerinsel (bánnui ili prjádelnui ostrow) heißt,

[*) Vergl. Ermans Reise I. 1. 72, 230 u. a. Register unter Mostowie.]

der 2) aber zwischen der Solombalka und Kúrja, die Nikolai Insel und der 3) gegen Norden von dem Flüßchen Kusnetschicha auf der großen Solombaler Insel angelegte, vorzugsweise Solombala genannt wird. Alle diese Stadtheile sind unter einander durch hölzerne Pfahlbrücken vereinigt. In dem ersten stehen am Ufer der Kusnetschicha die hölzernen Wohnhaüser des Generalkommandeur, des Oberschiffzimmermeister und der zur Stadt abgeordneten Flagg-Kapitain (Flágmani). Auf das erstgenannte Gebaüde stoßt eine Verbindungsbrücke mit der Stadt, welche über die Kusnetschicha gerichtet 230 Sajenen lang ist und auf großen Pramartigen Barken, zwischen zweien Pfahlreihen ruht. In dem zweiten Theile befindet sich die steinerne Hauptkirche der Transfiguration (Sobòr Prèobrajénija Gospódnja) und Privathaüser; in dem dritten, welcher alle übrigen an Größe übertrifft, zwei dreistöckige steinerne Gebaüde zur Aufnahme der Marinebedienten und eilf einstöckige hölzerne für die Generalität und die Stabsoffiziere der Marine. Alle übrigen Haüser bestehen aus Holz und gehören meistens ebenfalls Beamten oder Bedienten der Marine; zum Theil auch Verabschiedeten oder Leüten von anderweitigem Berufe. Die Straßen welche sich auch hier unter rechten Winkeln schneiden, sind, mit Ausnahmen weniger, mit Brettern gepflastert. Einige haben Brückenwege für die Fußgänger; dennoch hat man diese letzteren weniger gegen den Koth geschützt als es bei der Wohlfeilheit des Holzes in dortiger Gegend möglich gewesen wäre. An dem Nordende von Solombala befindet sich ein Begräbnißplatz und eine steinerne Kirche des Heiligen Martin.

Schon im vorigen Jahrhundert wurde Schiffbau bei Archangelsk begonnen. Im Jahre 1694 wurde daselbst auf Befehl Kaiser Peter des Großen das erste Schiff angelegt, und in demselben Jahre für Rechnung des Kaisers mit Waaren nach Holland abgefertigt. Im Jahre 1700 begann man sodann in Solombala auch Kriegsschiffe zu bauen. Diese Arbeiten gingen mit der außerordentlichen Schnelligkeit von Statten, welche alle Unternehmungen des großen Russischen Reformator auszeichnete; denn nach zwei Jahren besaß er bereits ein Geschwader von 13 Schiffen und ging mit demselben in See. Gegen 1720 erlitt der dortige Schiffbau eine Unterbrechung, aber im Jahre 1733 wurde auf Befehl der Kaiserinn Anna Joánowna und unter Leitung des Kontre Admiral Bredail die jetzige Admiralität gegründet, und auf den Werften derselben die Schiffe Stadt Archangelsk und Nordstern im folgenden Jahre aufgelegt und im Jahre 1735 von Stapel gelassen und nach Kronstadt abgefertigt. Seit dieser Zeit ist der Bau von Kriegschiffen zu Solombala unaufhörlich fortgesetzt worden. Man baute anfangs Linienschiffe von 54, nachher von 66 und endlich von 74 Kanonen; jetzt aber Schiffe von 74, Fregatten von 44 und 36 und Korvetten von 24 Kanonen. In früheren Jahren wurden die Arbeiten im Verding, jetzt aber durch die Leute der Regierung vollendet. Von 1733 bis 1826 wurden zu Archangelsk gebaut:

Linienschiffe zu 74 Kanonen	44
— — — 66 — —	88
— — — 54 — —	14
Fregatten	69
Korvetten (Sloop of war, Schljüp)	3
Briggen	2
Große Boote (Küteri) und Jachten	12
Transportschiffe, Flöten, Huker, Schuner, Dampfschiffe und verschiedene Segelfahrzeüge	65
Schwimmende Batterien, Kanonierboote und Jollen	52

Sowohl Segel- als Ruderfahrzeüge hat man hier aus Lärchenholz gebaut, welches seit alter Zeit durch freiwillige Contrahenten geliefert wird; in der Folge und wegen haüfiger Fahrlässigkeit dieser Letzteren bei der Erfüllung ihrer Verpflichtungen, wurden diese Lieferungen durch Bevollmächtigte der Marine, sodann aber, seit Gründung einer eignen Behörde für die Verwaltung der Schiffbauholzdistrikte, durch Bevollmächtigte der Nördlichen Distrikts-Behörde geleistet.

In früheren Zeiten herrschte längs der Ufer der Dwina und der in dieselbe mündenden Flüsse Pinega und Wüitschegda, ein so großer Überfluß an Lärchenholz, daß dessen Zubereitung und Herbeischaffung zum Hafen ohne jede Schwierigkeit erfolgte. Indessen aber ist, durch alljährliche und nicht sehr haushältrische Fällungen, dieser Überfluß von Jahr zu Jahr verringert worden und bereits seit 20 Jahren findet man kein hochstämmiges Lärchenholz mehr weder an jenen drei Hauptflüssen, noch auch an dem Wuim, einem Zuflusse der Wüitschegda. Schöne Baüme giebt es jetzt vorzüglich in der Quellgegend der kleinen Flüsse, welche in die Wüitschegda und den Wüim münden. Aber die bedeütendste Gewinnung und Zubereitung erfolgt am Flusse Mesen, in dem Jarener- und Mesener-Kreise. Die Hölzer werden überhaupt auf folgendem Wege zum Hafen befördert; die am Ursprunge des Mesen oder an den Flüssen, welche oberhalb des Dorfes Koslon in denselben einmünden, gefällten, befördert man auf diesem Flusse abwärts oder aufwärts bis zur Glotower Ortschaft an der Mündung des Flusses Irwa; sodann etwa 130 Werst aufwärts auf diesem Flusse, bis zu einer 6 bis 7 Werst breiten Wasserscheide (Tragstelle, Wolok) über welche man sie in den Fluß Jolwa schleppt. Durch diesen Fluß läßt man sie abwärts in den Wüim und zwar anfangs in losen Balken, nachher zu Flossen vereinigt, sodann aber aus dem Wuim in die Wuitschegda und endlich in die Dwina. In Allen machen sie also von dem Zubereitungsorte bis zum Hafen eine Reise von nahe 2000 Werst; es gelingt somit auch selten auf diesem Wege im Laufe eines Sommers Holz bis zum Hafen zu befördern, obgleich dieses möglich ist wenn gerade die Flüsse sehr früh aufgehen und auf der ganzen Strecke keine Hindernisse sich zeigen. Das Holz welches man am Mesen unterhalb des Dorfes Koslon sammelt, wird gegen 300 Werst stromabwärts bis zum Flusse Mésener Jejúga geflößt, alsdann aber 50 Werst weit stromaufwärts bis zum Flusse Kolodliwa bugsirt, auf welchem es ebenfalls stromaufwärts ungefähr 60 Werst weit bis zur Taibolsker Tragstelle (Wolok) gelangt. An dieser Wasserscheide von ungefähr 17 bis 24 Werst Breite, wird es im Winter zum Flusse Jug gezogen, aus welchem es dann stromabwärts in die Pineger Jejúga, und aus dieser endlich in die Pinega und die Dwina gelangt.

Auch jetzt noch wird das Lärchenholz stets seltener, und es kann geschehen, daß unsre Kommissarien sich bald zur Petschora und zu den in dieselbe mündenden Flüssen wenden müssen. Die Petschora ist in dieser Beziehung noch wenig untersucht worden. Im Anfange des gegenwärtigen Jahrhunderts suchte einer der Marine Kommissarien an diesem Flusse nach Holz, und es wurden gegen 50 Stück hochstämmiger Lärchen zum Archangeler Hafen gebracht, durch Vermittelung der zwei Flüßchen der Petschorischen und der Wuitschegdischen Muilwa (von denen jene in die Petschora, diese in die Wuitschegda mündet) und über die 5 Werst breite Tragstelle, welche sie von einander trennt. Da aber dieser Versuch in der Folge nicht wiederholt wurde, so muß man wohl glauben, diese Herbeischaffung sei entweder sehr beschwerlich befunden worden oder nicht vortheilhaft genug, in einer Zeit in der man auch an den nächst gelegenen Flüssen des Holzes noch genug hatte. Dennoch hat man dadurch die Hoffnung erlangt, daß an der Petschora zum Schiffbau taugliches Lärchenholz vorhanden ist, obschon dessen Herbeischaffung zum Archangeler Hafen zu allen Zeiten und unter allen Umständen mit erheblichen Schwierigkeiten und Kosten verbunden sein wird. In dem Flusse Ijma welcher in die Petschora mündet, giebt es ebenfalls sehr schöne Stämme, aber auch von dort ist der Transport beschwerlich und zeitraubend. Man bringt sie zuerst 20 bis 25 Werst weit auf Landwegen zum Flusse Uchta, alsdann schleppt man sie auf diesem an Wasserfällen reichen Flusse stromaufwärts bis zu einer 25 Werst breiten Tragstelle, welche zum Flusse Kois führt der dann endlich in den Wuim fällt. Diese Herbeischaffung kann man nicht schneller als in drei Jahren vollenden. — Der Fluß Uchta und sein Zufluß von der Rechten der Tobuis, sind ebenfalls reich an vortrefflichem Holze, aber auch von ihnen aus können die Stämme nicht schneller als in 2 bis 3 Jahre zum Hafen gebracht werden. Sie werden etwa

70 Werst weit auf dem Tobuis stromaufwärts gezogen, alsdann im Winter zum Flüßchen Tschinja worok über eine 25 Werst breite Tragstelle gefahren, durch diesen Fluß 50 Werst weit abwärts bis zum Flusse Robtscha getrieben und dann durch die Robtscha und Weslenga 250 Werst mit günstiger Strömung bis zum Wuim. An den Flüssen Ijma, Uchta und Tobuis wurde vor etwa 25 Jahren durch freiwilligen Contrahenten Holz für den Archangeler Hafen bereitet.

Im Allgemeinen ist dieses ganze Flußsystem, sowohl hinsichts der Holzungen welche es umgeben als auch seiner Verbindung, noch sehr wenig bekannt. Es ist wünschenswerth, daß man in jene Gegend sowohl geschickte Forstmeister als auch Marine- und Intendanturoffiziere sende, welche durch vollständige Untersuchung entscheiden könnten, in wiefern es möglich sei den Archangeler Kriegswerf durch Holz von der Petschora und von deren Zuflüsse zu versorgen. Bei steter Abnahme der Holzmenge an den nächst gelegenen Flüssen, verdient dieser Gegenstand in hohem Grade die Aufmerksamkeit unserer Regierung, und sicher wird dieselbe bald zu einer so nothwendigen Untersuchung schreiten.

An Tannenholz ist bis jetzt noch kein Mangel fühlbar gewesen, und es giebt davon hinlänglichen Vorrath an den Zuflüssen der Dwina z. B. an der Wuitschegda, Suchona, am Jug, an der Jemza, dem Lug u. v. a.

Alles Mastholz wird von jenseits der Wasserscheiden hierher gebracht. Einen großen Theil davon fällt man an den Flüssen Schichra, Kjanenga, Majatschega und Wuinoscha, welche zum Wolgasysteme gehören, und von denen es durch Menschen 30 bis 70 Werst weit zum Flusse Kundonga geschleppt wird, der sich in den Jug ergießt.

Das Eichenholz dessen man sich zu Archangelsk sehr wenig bedient, wird an der Wolga zubereitet, und von dort bringt man es 400 Werst weit zu Lande bis zum Jug, von welchem es dann endlich in die Dwina hinabgeflößt wird.*)

Die Admiralität nimmt einen Theil von Solombala ein, welcher zugleich an die Dwina und an die Kusnetschicha anstößt, und in der Länge 500 Sajenen, längs des Ufers des ersteren Flusses, in der Breite aber 150 — 200 Sajenen mißt. An seiner SW. und SOseite wird sie von diesen beiden Flüssen bespült und ist von der NO. und NWseite mit hohen Pallisaden umgeben. Dieser Raum umschließt alle Amtsgebäude für die Hafenbehörden, alle Magazine, außer denen für Pulver, für Talg und Pech, und alle

*) Diese Nachrichten über den Holzbedarf und dessen Befriedigung verdanke ich meinem verehrten Freunde, dem gelehrten Forstmeister Peter Iwánowitsch Klókow.

Werkstellen mit Ausnahme der Tauwerksfabrik. Der Pulverkeller befindet sich auf dem rechten Ufer der Kusnetschicha, unterhalb der Stadt neben der Übungsbatterie; das Talg- und das Pechmagazin am Flüßchen Kurja unterhalb Solombala und die Taufabrik auf der Seilerinsel außerhalb der Admiralität. In dieser letzteren sind alle Gebaüde von Holz, mit Ausnahme des Flügels, welcher die Sitzungsraüme der Behörden enthält, der Schmieden, des Kassengebaüdes und eines Magazines die sämmtlich aus Stein bestehen. Im NWlichen Winkel desselben steht eine Redonte mit 12 Kanonen auf welcher mit Beginn der Schifffahrt die Admiralitätsflagge aufgezogen wird.

Ebenso wie die Ortschaft Solombala wird auch die Admiralität durch die Wasser Solombalka und Kurja in drei Theile getheilt. Der südlichste derselben liegt auf der Seilerinsel und heißt die Kleine- oder die Holz-Admiralität; der mittlere auf der Nikoler Insel heißt die Große und der nördlichste die neüe Admiralität. In der ersteren bewahrt man eine Menge von Schiffbauholze, theils unter Bedachungen, theils im Freien; auch sind dort am Ufer der Solombalka die Schuppen für Boote. In der großen Admiralität sind 5 Stapel welche man die alten nennt und in der neüen Admiralität die 4 sogenannten neüen Stapel. Bis 1806 wurde auf beiden gleichmäßig gebaut, aber der durch das Hochwasser herbeigeführte Sand, hat allmählig das Fahrwasser verschüttet und den alten Stapeln gegenüber die Tiefe allmählig so verringert, daß es unmöglich wurde daselbst Schiffe von ersten Range zu bauen. Jetzt beträgt die Tiefe bei den neüen 19, bei den alten aber nur 12 Fuß, in der Mitte des Fahrwassers aber welches daselbst nicht breiter ist als 200 Sajenen ist sie zu 26 Fuß. Die Moses Insel welche der südlichen Ecke der Admiralität gegenüber oberhalb der alten liegt, verschuldet hauptsächlich dieses Verhältniß denn ihre Ufer wurden bei jedem Eisschmelzen um Einiges angegriffen und der von ihnen abgespülte Sand, setzt sich in dem Fahrwasser und füllt dasselbe an. Es ist nicht unmöglich, daß auch die neüen Stapel der einen das Schicksal der alten theilen werden. Wenn man die Mosesinsel mit Pfählen umgäbe, so dürfte dadurch wohl dem Übel vorgebeugt werden, welches sie jetzt verschuldet.

Alle Schiffe und Fregatten werden jetzt zu Archangelsk nach ein und demselben ein Mal genehmigten Plane gebaut. In den letzten Jahren hat man einige Fregatten nach der Sepingschen Methode construirt. Die ausgezeichneten Eigenschaften dieser Fahrzeüge und namentlich der Schiffe und Fregatten zu 44 Kanonen sind allgemein bekannt. Einige derselben fielen jedoch etwas schiefseitig aus und man schrieb diesen Übelstand der Lage der Stapel zu. Derselbe ist von NO. nach SW., so daß das Fahrzeüg wärend der ganzen Bauzeit mit dem rechten Borde nach SO. mit dem linken nach NW. gekehrt ist; wärend dieser ganzen Zeit trocknet die Sonne den rechten Bord, ohne kaum merklich auf den linken zu wirken und dadurch wird das Schiff schiefseitig. Der Bau eines Linienschiffes dauert gewöhnlich 10 — 11 Monat. Die Art sie von Stapel zu lassen ist verschieden von der auf den St. Petersburger Werften üblichen. Dort werden von jeder Seite 4 Schuhe am Hintertheile und 3 am Vordertheile mittelst Bolzen an das Schiff befestigt, so daß nach Hinablassung des Schiffes, das schwierige Geschäft der Ablösung der Schlitten übrig bleibt. In Archangelsk werden aber die Schuhe nicht an das Schiff befestigt, sondern nur die rechten mit den linken durch Grandtauwerk zusammen geknebelt und auf diese Weise an das Fahrzeüg angedrückt. Sobald daher dieses auf dem Wasser schwimmt, fallen die Schuhe mit den Geleisen von ihm ab und es bleibt völlig frei. Gewöhnlich werden die neüerbauten Schiffe bereits in demselben Jahre nach Kronstadt abgefertigt.

Zu Aufhebung der Maste und anderer Lasten giebt es zwei Krane, der eine oberhalb der alten und einen anderen unterhalb der neüen Stapel. Kielbänke besitzt die Admiralität nicht und wenn es nöthig ist ein Schiff zu Kielholen, so baut man zu diesem Ende einen Barkenboden (Um das Fahrzeüg zu tragen).

Zur Archangeler Admiralität gehört auch die Schirschemer Fabrik am Flusse Schirscha oder Schirschema, welcher sich 7 Werst oberhalb der Stadt in das linke Ufer der Dwina ergießt. Man arbeitet daselbst mittelst Wasserräder und es werden dort alle nothwendigsten Bedürfnisse der Admiralität befriedigt, namentlich Bretter gesägt, Nägel, Bolzen u. a. geschmiedet und geschliffen; so wie auch kupferne und eiserne Gegenstände gegossen. Früher wurden daselbst auch Anker geschmiedet, jetzt aber werden sowohl diese als auch die Geschütze aus Kronstadt zur See herbeigeschafft. Jährlich geht sowohl von Kronstadt nach Archangelsk als auch von hier nach Kronstadt zurück ein Transportschiff von 700 — 800 Tonnen, welches im erstern Falle mit Ankern, Kanonen, Monturstücken und andern für den Hafen nöthigen Gegenständen, im letzteren aber mit Pech sowohl in festem als flüssigen Zustande, mit Alabaster, Eisenabfällen u. a. beladen wird.

Es giebt 4 Kaufmannswerfte bei Archangelsk zwei am rechten Dwinaufer, und 8 Werst oberhalb der Stadt, und zwei auf dem linken Ufer des Flusses Maimaksa, indessen werden bei dem jetzigen Zustande des Handels nur sehr selten Schiffe auf ihnen gebaut.

Die Verfassung des Archangeler Hafens ist von der anderer Häfen in etwas verschieden. Im Jahre 1820 wurde das Amt des obersten Hafen Kapitains mit dem eines Archangeler, Wologder und Olonezer Generalgouverneur vereinigt und zugleich beim

Comtore des Hafen Kapitains ein beständiges Mitglied ernannt um die Hafenangelegenheiten zu leiten, wärend der Generalgouverneur Besichtigungsreisen durch sein Gouvernement antritt.

Von Solombala an setzt sich eine ununterbrochene Reihe von Gebaüden längs der Dwina noch zwei Werst weit fort; dort befindet sich das Zollcomptoir in welchem die Kauffarteischiffe ihre Verpflichtungen entrichten, Magazine und Buden mit allen Erfordernissen für die Schifffahrt, Wohnhaüser für die Verkaüfer dieser Gegenstände, Schuppen zur Aufbewahrung von Brettern für den überseeischen Handel, welche auch daselbst an verschiedenen Stellen gesägt werden u. s. w. Dieser ganze Raum wird vorzugsweise der Hafen genannt, weil alle Kauffahrteischiffe die nach Archangelsk kommen, daselbst vor Anker gehen, so wie auch gelöscht, beladen und ausgebessert werden. Die Waaren aus den städtischen Packhaüsern bringt man auf Barken zu ihnen und entladet sie auch auf dieselbe Weise. Das Buksiren dieser Barken von mehr als 100 Fuß Länge und 40 Fuß Breite gewährt ein aüßerst anziehendes Schauspiel. Man spannt an jede 6, 8, 10 und bisweilen noch mehrere Karbasen, auf welchen sich drei bis vier Mal so viele Ruderer befinden von denen jeder mit zwei Rudern arbeitet. Wenn der Wind es erlaubt gebrauchen sie zwei Sprittsegel und binden dann das Buksirtau der Barke an den Hauptmast der hintersten Karbasen. Sie bewegen sich mit wunderbarer Regelmäßigkeit, niemals habe ich gesehen daß von 10 Karbasen irgend einer die ihm angewiesene Stelle verließ; vielmehr lenkt man sie eben so genau als wenn sie mit der ungeheüern Barke nur eine einzige große Maschine bildeten. Bei stromaufwärts gerichteter Fahrt (wozu sie dann immer die Fluthzeit wählen) ist die Arbeit beschwerlicher aber mit geringerer Gefahr verknüpft und die Ruderer pflegen diesen Theil ihres Weges durch ihre fröhlichen Gesänge zu verkürzen. Dahingegen ist das Hinunterfahren leichter aber bei weitem gefährlicher: nur durch eine außerordentliche Gewöhnung und Aufmerksamkeit hüten sie sich weder auf eine Untiefe geworfen zu werden noch auch gegen das Ufer oder gegen eines der zahlreichen Schiffe, zwischen denen sie hindurchzufahren haben. Sie müssen zu diesem Ende die Wirkung der Strömung bis zu ihren aüßersten Feinheiten kennen. Bald rudern sie längs des Flusses, bald in die Queer gegen das rechte und dann wieder gegen das linke Ufer und legen sich endlich mit eben so großer Geschicklichkeit gegen ihr Schiff, wärend eine Strömung von zwei Knoten (d. h. von zwei Meilen in der Stunde) sie treibt. Der Hafen, in welchem sich mit Eröffnung der Schifffahrt die hohe Lebendigkeit und die unaufhörliche Bewegung einstellen, welche man an den Landungsstellen in Handelsstädten kennt ist an Sonntagen der beliebteste Lustort für die Bewohner von Solombala. Der Seemann besucht ihn um den beliebten Ther- und Steinkohlengeruch zu athmen.

In dem Hafen oberhalb sämmtlicher Kauffahrtheischiffe, und um eine halbe Werst von der Admiralität liegt auch das sogenannte innere Wachtschiff des Hafens (Russ. portowája Brantwáchta).

Nur wärend des Sommers bleiben übrigens die Kauffahrteischiffe in dem Hafen, denn den Winter über vermögen sie nicht daselbst zu verweilen, wegen der Gefahren welche das Frühjahrs-Eis darbietet. Die größeren Handelsschiffe überwintern vielmehr in den Flüssen Maimaksa und Powrakúlka; aber die Lodji und ihnen ähnliche kleine Fahrzeüge bleiben auch dann an dem städtischen Ufer, dem Kaufhofe gegenüber.

Die Kaiserlichen Schiffe begeben sich für den Winter in den Lapominer Hafen, den man auch schlechtweg Lapominka nennt und welcher im Jahre 1734 am rechten Flußufer 25 Werst unterhalb der Stadt zu diesem Zwecke angelegt wurde. An dieser Stelle springt das Ufer zwei Werst weit gegen N. vor und bildet eine Bucht. Vor derselben gelegene Inseln und die Enge des zwischen ihnen befindlichen Kanales versperren dem Eise zur Zeit der Wasserschwelle den Zugang, und schützen dann die Schiffe vor den Gefahren des Eistreibens, welche ihnen an offenen Stellen drohen. Sie befestigen sich daselbst mit Kabeltauen an Pfählen. Am Ufer befinden sich Haüser für einen Aufseher und für die Offiziere und die Mannschaft der Schiffe, Gerüste zum Kielholen, Magazine zur Aufbewahrung der Schiffseffekten u. a.; außerdem aber an 150 Sajenen gegen NO. von allen Wohngebaüden, ein Karantainenhaus für den Fall des Einlaufens verdächtiger oder nicht vorschriftsmäßig gereinigter Schiffe. Rings um Lapominka liegen mit dichtem Schilfe verwachsene Sumpfstellen. Eine ungeheüere Menge von Mücken macht in den ersten Sommermonaten, den Aufenthalt an diesem Orte aüßerst unangenehm. Aber der Jäger findet daselbst eine reiche Beüte, denn die umgebenden Seen sind im Frühjahr mit einer Menge von Zugvögeln bedeckt. — Die Benennung dieses Hafens ist von den Flüssen Lapa und Minka entnommen, welche sich in dessen innersten Winkel ergießen. Alle großen Fahrzeüge überwintern daselbst, aber die kleinen welche nach Löschung ihrer Ladung nicht tiefer als 9 Fuß einsinken, bleiben bisweilen auch in dem Flüßchen Solombalka bei dem sogenannten ersten Solombaler Dorfe.

Die Dwina theilt sich hart bei Archangelsk in sehr zahlreiche Arme und bildet ein ausgedehntes Delta, in dessen Mitte gegen 180 Inseln von verschiedener Größe liegen; und 40 Werst unterhalb der Stadt, ergießt sie sich ins Meer durch 4 Hauptmündungen, die Beresower, Murmaner, Pudojémer und Nikoler.

Die erste dieser Mündungen ist tiefer, breiter und geradliniger als die übrigen und deshalb die wichtigste von allen. Durch diese laufen alle Kriegs- und Kauffahrteischiffe, sowohl vom Meere nach Archangelsk, als auch rückwärts; durch die übrigen aber nur Lodji und ähnliche kleine Fahrzeüge. Sie beginnt bei der Stadt selbst und erstreckt sich von dort gegen NW., fließt um die Mosesinsel und dann weiter längs des Solombáler Ufer. Wir werden sie unten ausführlicher beschreiben.

Die Murmaner Mündung trennt sich 6 Werst unterhalb Solombála, von der linken Seite der Beresower, und fließt anfangs $1\frac{1}{2}$ Werst weit nach WSW., dann aber 30 Werst weit nach verschiedenen Rhumbs zwischen N. und W., und 20 Werst SWlich von der Beresower Banke ergießt sie sich endlich ins Meer. An ihrer rechten Seite liegen die Nikoler Insel und die Inseln Samonosk, Laida und Golez, an der linken Kumbuisch und einige kleinere und unbenannte. Sandige Untiefen umgeben diese Inseln und verengen das Fahrwasser bis auf drei, zwei ja bis auf eine Kabeltaulänge. Die größte Tiefe beträgt 30 Fuß und die geringste in der eigentlichen Mündungsstelle 9 Fuß. Dieses Fahrwasser ist ganz ohne Bezeichnung und da es von beiden Ufern des Festlandes weit entfernt ist und meerwärts durch Bänke und fast unbedeckte Inseln endet, so ist es äußerst schwer und ohne einen Lootsen fast unmöglich ein Fahrzeüg hindurch zu führen.

Die Pudojemer Mündung beginnt am SOende der Stadt, fließt nach W. mit Abbiegungen gegen N. und S. und hat 18 Werst weit zu ihrer linken das vom Festlande gebildete Dwinaufer, zu ihrer Rechten aber die Inseln Keg, Andrejanow, Wagin, Popidgorsker Lug und einige kleinere. Dann biegt sie sich abwärts von dem festen Ufer, läßt zu ihrer Linken den Anfang der Nikoler Mündung und hat bei 25 Werst weitem Laufe zwischen N. und W. zu ihrer Rechten die Inseln Popidgorsker Lug, nebst der Lapominer und Anoraler, welche von Bänken umgeben sind, zu ihrer Linken aber mehrere unbekannte Inseln die ebenfalls zwischen Bänken liegen. Sie endet endlich 20 Werst SW. von der Murmaner und 14 Werst N. von der Nikoler Mündung. Die Breite dieser Durchfahrt beträgt $2\frac{1}{2}$ bis $4\frac{1}{2}$ Kabeltau, die Tiefe von 35 bis zu $8\frac{1}{2}$ Fuß. Das Einlaufen vom Meere aus ist durch dieselbe ebenso schwierig wie durch die Murmaner Mündung und aus denselben Gründen.

Die Nikoler Mündung ist seichter und enger als alle übrigen. Nach ihrer Trennung von der Pudojemer hat sie zu ihrer Linken das feste Ufer und zur Rechten nach den Rhumbs NW., W. und SW. die Inseln Lizker, Barmin, Nikoler, Schatun, Warme (Tjeplui) Möven (Tschai tschji) und die unteren Jagriinseln (Nijnie Jagri). Ihre Breite beträgt 75 Sajenen und weniger, die Tiefe

6—8 Fuß. Am linken Ufer dieser Mündung und vier Werst vom Meere steht ein Mönchskloster des Heiligen Nikolai, welches wegen des dort begonnenen Handels zwischen England und Rußland berühmt ist. Zwei Söhne einer gewissen Martha einer Ansiedlerinn von Nowgorod, Namens Anton und Felix, ertranken im weißen Meere und wurden auf das Koreler Ufer gespült und im Nikoler Kloster begraben. Die Mutter erbaute eine Kirche über ihren Leichen und schenkte derselben einige ihrer Landgüter in der Dwinagegend.[1].

Wir haben demnächst noch einiger Arme der Dwina zu erwähnen.

Der vorzüglichste derselben der Fluß Kusnétschicha beginnt zwischen der Stadt und Solombala bei der Mosesinsel und fließt 13 Werst zwischen N. und O. und sodann 12 Werst zwischen N. und W., wärend er zur Rechten durch das feste Dwinaufer und zur Linken durch die Inseln Solombaler, die Poprawlusker, Neuschinsker, Luisunow und Tschaitschji, oder Möveninsel, begränzt wird. Dann verläßt er das feste Ufer und behält zu seiner Rechten die Inseln Tschijew und Lapominer, fließt noch $4\frac{1}{2}$ Werst weit zwischen N. und W. und verbindet sich bei dem Lapominer Hafen mit der Dwina. Die Breite dieses Flusses beträgt bei der Stadt 230 Sajenen, und weiter abwärts zwischen 300 und 125 Sajenen. Die Tiefe ist am Ursprunge von 6 bis 14 Fuß, und wächst weiter abwärts bis zu 30 und 40 Fuß. Unterhalb der Stadt liegen in der Mitte derselben die kleinen und von Bänken umgebenen Inseln Schilow und Kasamez. 13 Werst von der Stadt ergießt sich in seine rechten Seite der Fluß die Große Lodjma an welchem man viele Lodji und andere kleine Jägerfahrzeüge baut.

Der Fluß Solombalka geht von der Dwina in die Kusnetschicha zwischen der Bade- (Bannui) und Nikoler-Insel; in seiner westlichen Mündung hat er die für Ruderfahrzeüge hinreichende Tiefe; in der Mitte wird er bei Ebbezeit trocken gelegt, und in seiner Ostmündung, in welcher Kaiserliche und auch ein Theil der Kaufmannsschiffe überwintern, beträgt seine Tiefe 11, 13, 10 und 6 Fuß. Das Fahrwasser von der Admiralität bis zu diesem Hafen geht anfangs längs des SWufers der Badeinsel in 50 Sajenen Abstand von derselben; von der Spitze dieser Insel nach S. gegen das Stadtufer um eine Bank welche sich von jener Spitze nach S. und SO. erstreckt, dann aber die Kusnetschicha abwärts parallel mit dem Stadtufer, und in 80 Sajenen Abstand von demselben, bis zur Kirche der Heiligen Dreifaltigkeit (Swjataja Troiza); von dieser Kirche queer über den Fluß zu dem Hause des Ge-

[1] Siehe die Beschreibung des Archangeler Gouvernements durch K. Moltschanow, St. Petersburg 1823. Seite 180.

neral-Commendanten auf der Badeinsel; auf dieser letzten Strecke findet man die geringste Tiefe mit 6 Fuß. Endlich aber längs des Ufers der Badeinsel um die NOspitze derselben, zum Hafen.

Der Fluß Kurja oder Petkurja trennt sich von der Dwina zwischen der großen und der neüen Admiralität, fließt zwischen der großen Solombaler zu seiner Linken und der Nikoler Insel zu seiner Rechten, 10 Werst weit nach NO. und N. und fällt in das Flüßchen Maimaksa. Seine Breite beträgt 20 Sajenen, und seine Tiefe 3 — 8 Fuß. Früher konnten die Solombaler Einwohner nur durch die Admiralität von dem Flüßchen Kurja in die Dwina fahren, aber im Jahre 1822 wurde ein Kanal von der Solombalka in die Kurja, nahe bei dem Ersten Dorfe gegraben und seit dieser Zeit ist die Durchfahrt durch die Admiralität nur dabei beschäftigten Leüten gestattet.

Der Fluß Maimaksa entspringt 3 Werst unterhalb Solombala aus der Dwina und fließt dann 13 Werst weit zwischen der Balkeninsel (Brewennik) und der Insel Liner Lug zu seiner Linken und der Solombaler- und Powrakuler-Insel zur Rechten, nach verschiedenen Rhumben zwischen NO. und NW. und ergießt sich endlich 21 Werst unterhalb der Stadt in die Kusnetschicha. Seine Breite beträgt durchschnittlich zwischen 100 und 200 Sajenen, aber an einer Stelle nahe der Mitte seines Laufes verringert sie sich bis zu 40 Sajenen. Die Tiefe wechselt zwischen 30 uud 18 Fuß, 3½ Werst von der oberen Mündung nimmt er von der rechten Seite das Flüßchen Kurja auf, 4½ Werst von derselben Seite die Powrakulka und 9½ Werst von dem genannten Punkte, von der linken Seite den kleinen Kriwjak, welcher die Inseln Brewennik und Linskoi Prilug von einander scheidet. Die Ufer der Maimaksa fallen überall steil in die Tiefe und sind deshalb zur Anlegung von Werften geeignet; zum Winteraufenthalt für Schiffe paßt aber dieser Fluß weniger wegen gewaltsamen Eistreibens. An seiner oberen Mündung bei der Insel Brewennik kantonirten zu Peter des Großen Zeiten die zwei Garnison-Regimenter, das Russische und das der Haiduken, welche aber noch unter derselben Regierung an die Kusnetschicha verlegt wurden. — Jetzt liegt daselbst eine mit Dampf getriebene Sägemühle des Kaufmann Klassen, in welcher auf 4 Raümen täglich 160 Balken geschnitten werden. Die Besitzer der Sägemühlen zu Archangelsk empfingen 1819 das Privilegium, wärend 12 Jahren, aus den Forsten der Regierung jährlich 50000 Tannenstämme ohne Abgaben zu kaufen, von diesen erhält der Kaufmann Klassen 30000. Ein wenig unterhalb dieser Fabrikanlage, liegt die Schneidemühle und die Werfte des Kaufmann Brandt und dicht neben derselben eine gleiche Anlage welche jetzt der Titularräthin Klókow gehört. Die Arbeiten mit Handsägen werden in diesen beiden Fabriken vollzogen.

Das Flüßchen Powrakúlka trennt sich 7 Werst unterhalb der Stadt von dem linken Ufer der Kusnetschicha, fließt zwischen der Nikoler Inlel zu seiner Linken und der Powrakuler zu seiner Rechten, 5 Werst weit bald N. bald W. und ergießt sich in die Maimaksa. Seine Breite ist von ungefähr 50 Sajenen und die Tiefe in der Wmündung von 21, 19, 15 und 11 Fuß. In dieser überwinterten gewöhnlich die Kauffahrteischiffe. Weiter abwärts vermindert sich die Tiefe beständig und sie beträgt in der sogenannten oberen oder östlichen Mündung nur $1\frac{1}{2}$ Fuß, ja bisweilen ist dort gar kein Wasser. Deshalb ist auch die Strömung in der Powrakulka sehr schwach, das Eis fließt im Frühjahr nur sehr langsam ab und ohne die daselbst überwinternden Schiffe zu beschädigen.

Die übrigen Flüßchen zwischen den äußerst zahlreichen Dwinainseln sind äußerst eng und seicht. Keiner derselben hat bei Ebbe und auf seinen Bänken mehr als 4 Fuß Wasser und viele trocknen gänzlich aus.

Bei meiner Ankunft in Archangel herrschte daselbst noch vollständiger Winter. Am folgenden Tage fuhr ich nach den Lapominer Hafen zur Besichtigung der neüen Brigg welche man für unsre Expedition erbaut hatte. Ich fand sie natürlich im besten Stande, aber sie erforderte dennoch einige Veränderungen im Baue, zu deren Vollendung die Zurückführung des Schiffes in den Admiralitätshafen abzuwarten war. Unterdessen beschäftigte ich mich mit Bildung der Mannschaft deren geringe Anzahl eine um so sorgfältigere Auswahl der Einzelnen erforderte. Auch nahm ich die zu unserer Reise bestimmten Gegenstände aus dem Hafen in Empfang, machte astronomische Beobachtungen u. s. w. Alle übrige Zeit war der Einsammlung von Nachrichten über den Zustand der Nówasémler Gegend gewidmet, denn gleich anfangs schienen mir dergleichen äußerst wichtig.

Der Gedanke an die Beschwerden welche bei der bevorstehenden Reise unserer warteten, beunruhigte mich bedeütend; wir hatten gesehen, daß die letzte Expedition auf so mächtige und natürliche Hindernisse stieß, daß man troß der Geschicklichkeit ihres Führers und troß des treüen Diensteifers der Untergebenen, ohne Erfolg zurückkehren mußte. Um daher zu erfahren in wiefern uns etwa ein besseres Schicksal bevorstände, benutzte ich jede Gelegenheit um Nachrichten über Nówaja Sémlja zu erhalten, sowohl von den Schiffsbesitzern welche ihre Jagdfahrzeüge dahin sendeten, als auch von den Kormschtschiki, den Jägern selbst und Allen, von denen einige Kunde zu erwarten war. Meine Besorgnisse schwanden bald durch die Nachrichten, welche ich von diesen Leüten erhielt und ich gewann endlich die durchaus beruhigende Überzeügung, daß die Küste von Nówaja Sémlja jetzt keineswegs minder zugänglich sind als in früheren Zeiten, und daß nur ebenso wie damals die Menge des Eises in den einzelnen Jahren verschieden ist. Viele der reisenden Jäger baten um die Erlaubniß uns zu begleiten, da sie aber sämmtlich ohne irgend einige Kenntniß vom Seewesen waren und da ich sie unverständig und in ihren Erzählungen über Nówaja Sémlja zu unwahrscheinlichen Fabeln geneigt fand, so wurde ihr Anerbieten nicht angenommen. Es schien mir durchaus unnütz einen solchen Kormschtschik mit sich zu haben, doch habe ich in der Folge diese Ansicht als irrig erkannt.

Den Nówasémler Jagderwerb fand ich wirklich in Verfall, jedoch keineswegs wegen einer zunehmenden Kälte oder einer Anhäufung des Eises wie Herr Lasarew voraussetzte. Vielmehr lag der Grund nur in dem Sinken der Preise für die Gegenstände jenes Erwerbes. Zu Anfang dieses Jahrhunderts als das Pud Roggenmehl 50 Kopeken kostete, wurde das Pud Fischfett mit 4 Rubel 50 Kopeken bezahlt; im Jahre 1805 erhob sich der Preis des ersteren zu 80 Kopeken, wärend der letztere auf 4 Rubel sank; 1810 kostete das Pud Mehl 1 Rubel 15 Kopeken, und der Thran 5 Rubel.[1] Dieses kam daher daß in jenen Jahren die Wallfischfänger anderer Nationen auf Spitzbergen besonders glücklich gewesen waren, so daß denn auch der Betrag des von Archangel aus über See geführten Thranes von 40 und 70 Tausend Pud bis zu 10 und 20 Tausend Pud sank. Es kam dazu noch der zufällige Umstand, daß mehrere der besten Schiffsführer (Kórmschtschiki) in kurzer Zeit und einer nach dem andern starben. Einige Fahrzeüge die man mit minder geschickten Leüten versehen hatte, kehrten erfolglos zurück; einige andere hatten sich nicht zum Winteraufenthalt bereitet, wurden vor den nördlichsten Küsten von Nówaja Sémlja in Eis geklemmt, und gingen mit sämmtlicher Mannschaft verloren. Diese Umstände verursachten beträchtliche Verluste für die Archangeler Schiffsbesitzer und bewirkten, daß wärend einiger Jahre keiner derselben seine Fahrzeüge nach Nówaja Sémlja absandte; aber von andern Orten wie z. B. von Mesen, werden diese Expeditionen noch bis in die jetzige Zeit fortgesetzt und noch in diesem Jahre ging ein Mesener Schiff nach Nówaja Sémlja überwintern. Die niedrigen Preise des Thranes haben übrigens auf den Spitzbergener (Russisch: Grúmanter) Jagderwerb eben so nachtheilig gewirkt; anstatt 15 und 20 Fahrzeüge wie früher, werden jetzt nur eines oder zwei in jedem Jahre dahin abgesandt und es zeigt sich daher, daß die Spitzbergener Unternehmungen keineswegs auf Kosten der Nówasémler, an Be-

[1] Das Getraide dient als Vergleichungspunkt für den Werth der Jagdausrüstungen. [2] Im Jahre 1825 galt das Pud Mehl 1 Rubel 50 Kopeken, das Pud Thran 4 Rubel 25 Kopeken.

deûtsamkeit gewonnen haben, sondern daß vielmehr beide gleichzeitig verfielen. Die ersteren erholten sich indessen durch den Fang der Steinfüchse (Canis lagopus Russisch Peszi nach dem Archangeler Dialekte Psézi) welche auf Grumant noch haûfiger und noch werthvoller sind als auf Nówaja Sémlja; dort werden unter 10 Steinfüchsen 8 blaue und 2 weiße gefangen, auf Nówaja Sémlja hingegen 8 weiße und nur 2 blaue auf 10. Die letzteren werden 7 bis 8 Mal theûerer bezahlt als die ersteren. — —

(1821 April). Als wir uns auf diese Weise überzeûgt hatten, daß unserer Reise durchaus keine ungewöhnlichen Schwierigkeiten drohten, wurden die Rüstungen zu derselben sehr hoffnungsvoll begonnen und mit erhöhter Ungeduld warteten wir nun auf eine Jahreszeit welche die noch übrigen Vorbereitungen des Schiffes zu beginnen erlaubte.

(Sonnabend 30). Endlich am 30sten April brach das Eis auf der Dwina, doch vergingen noch 5 Tage bevor sich dieselbe gänzlich reinigte. Das Eis staute sich einige Male in den Mündungen ohne übrigens bedeûtende Überschwemmungen zu verursachen, denn das größte Anwachsen des Wassers betrug nur 9 Fuß 3 Zoll.

Die Eröffnung der Dwina erwarten die Archangeler oder richtiger die Solombaler mit eben so großer Ungeduld und Unruhe, obgleich aus ganz andern Gründen, wie die Aegypter den Austritt des Nil. Die Dwinaüberschwemmungen werden bisweilen sehr beträchtlich; denn wenn sich die Wärme plötzlich einstellt und wenn sich das treibende Eis in den Mündungen stopft, so steigt das Wasser oft um 20 Fuß über sein gewöhnliches Niveau, überschwemmt alle niedrige Gegenden und verursacht so bedeûtenden Schaden wie z. B. im Jahre 1811. Solombala liegt sehr niedrig und ist deshalb diesen Überschwemmungen in hohem Grade ausgesetzt; um daher früh genug die dagegen nöthigen Maßregeln ergreifen zu können wird in dieser Jahreszeit in der Stadt auf der Kirche zur Verklärung der Heiligen Mutter Gottes (welche die Borowsker genannt wird) ein Telegraph errichtet. Derselbe liegt hart am Flußufer an einer Stelle von welcher alle Mündungen sehr gut sichtbar sind. Man erhebt eine rothe Flagge wenn der Eisbruch oberhalb der Stadt beginnt, eine weiße wenn er in der Nikoler und eine blaue wenn er in der Beresower Mündung bemerkt wird. Übrigens haben die Solombaler auch ihre Vorzeichen; vor der Eröffnung des Flusses fängt gewöhnlich dessen Wasser an sich zu trüben (es geht die Trübung; idjot Mútniza); sie bemerken, ich weiß nicht ob stets mit Recht, daß diese Trübung am 9ten Tage vor dem Eisbruche beginnt. Das Wasser wird zuletzt so trübe, daß es unmöglich ist davon zu trinken, weshalb denn auch in jedem Hause bei Zeiten einige Tonnen in Vorrath gefüllt werden.

Den Angestellten werden zu diesem Zwecke aus dem Hafen, der Regierung gehörige Fässer verabreicht. Die Hausbesitzer fangen dann an sich auf das Eistreiben vorzubereiten; sie verlegen ihre Habseligkeiten und Wohnstätten in die oberen Stockwerke und auf die Böden der Gebaüde und warten Tag und Nacht, oft lange Zeit vergeblich, auf Wasser. Sobald aber dieses wirklich eintritt und die Straßen und Höfe überschwemmt, so begeben sie sich selbst ebenfalls nach oben. Zur Sicherung der Hausthiere sind die meisten Höfe in Solombala mit platten Dächern versehen und auf diese führt man das Vieh wärend der Überschwemmung. Freilich sichern diese Dächer vor dem Wasser, erhöhen aber eben so sehr die Feüersgefahr. Übrigens bringt der Austritt nicht immer einen Tag der Trauer: wenn die Überschwemmung nicht übermäßig groß ist, sich bei gutem Wetter, vorzüglich aber an einem Feiertage ereignet, so besteigen die Solombaler ihre Karbasen und fahren unter fröhlichen Gesängen auf den kleinen Flüssen und auf den Straßen um ihre überschwemmten Wohnungen.

Die Stadt selbst liegt hoch und ist daher dem Wasser nicht ausgesetzt.

Diese Überschwemmungen und Eistreiben bewirken übrigens außer dem augenblicklichen Nachtheile auch einen bleibenden, in dem sie die Ufer angreifen und die Fahrwasser versanden. Die alten Inwohner von Archangel erinnern sich, daß man Stimmen auf der Keginsel, welche westlich von der Stadt liegt in dieser letzteren unterscheiden konnte; jetzt beträgt aber die Entfernung beider 1½ Werst. Im Solombaler Hafen, 1½ Werst von der Admiralität, lag früher ein Begräbnißplatz und eine Kirche des Heiligen Laurenz; die letztere stand noch bis 1809 wo man sie wegen Baufälligkeit abtrug, jetzt ist aber jene ganze Gegend unter Wasser, und am Ufer entlang gehend sieht man nicht selten die Spitzen von Gräbern und Grabsteinen aus dem Wasser hervorragen. Man behauptet, daß von jenem Ufer wärend 15 Jahren wenigstens um eine halbe Werst abgespült wurde; dessen ungeachtet und merkwürdiger Weise, ist aber daselbst das Flußbette am Ufer durchaus eben so steil abschüssig geblieben wie früher, so daß Schiffe hart am Ufer ankern können. Der Nowodwiner Kirche gegenüber standen unter Peter dem Großen die Zimmer in denen am Peter-Tage öffentliche Gastmähler gegeben wurden. Im Jahre 1809 konnte man daselbst noch eine Batterie von 12 Geschützen erbauen: von dieser Zeit an wurde es aber beständig unterwaschen, so daß man es 1819 nur noch als eine kleine Hervorragung über dem Wasser bemerkte. Bei der nächstfolgenden Schwelle wurde auch diese hinweggespült, so daß man im Jahre 1820 schon 6 Fuß Tiefe über dieser Stelle fand. — Die große Sjaisker Insel 4½ Werst oberhalb der Festung, war einst so groß, daß ein ganzes Bataillon daselbst ein Lager hatte; jetzt hat dieselbe kaum 30 Sajenen im Umfange. Da nun alle diese hinweggespülten Inseln und Inselstücke in dem Fahrwasser abgesetzt wurden, so könnte man vermuthen, daß dadurch im Laufe der Zeiten die Dwinamündung gänzlich verstopft werden würde; man hat aber eine hinreichende Gewährleistung daß dieses niemals geschehen werde, denn es ist ausgemacht, daß über der Beresower Barre vor drei Jahrhunderten und vielleicht auch schon früher nur um ½ Fuß tieferer Wasserstand war als jetzt. Durch ähnliche Abnahme der Tiefe wird stets die Strömung an einem andern Orte beschleünigt und eben dadurch die Tiefe an demselben vermehrt und die neü erzeügten Bänke vermögen daher nur das Fahrwasser zu verändern ohne es jemals verschwinden zu machen. [1]

Der Eisbruch für die Dwina fällt im Mittel auf den 1sten Mai. Man überzeügt sich hiervon auf folgende Weise; theilt man den Zeitraum von 90 Jahren, wärend dessen diese Erscheinung in Archangelsk regelmäßig und beständig beobachtet wird, in kleinere und z. B. zehnjährige Zwischenraüme, nimmt dann das Mittel aus den für den Eisbruch angegebenen Tageszahlen, sowohl in jeder dieser Unterabtheilungen als auch in der ganzen Reihe der Beobachtungen, so wie endlich auch aus den Angaben für das frühste und für das späteste Eintreffen dieser Erscheinung, so zeigt sich, daß sowohl alle diese Mittel als auch das aus den Angaben für den frühesten und spätesten Eisbruch wärend der gesammten 90 jährigen Periode zwischen den 30sten April und den 2ten Mai fallen. Es ist ein beruhigender Gedanke, daß sogar Erscheinungen welche wie diese auf den ersten Blick für völlig zufällig gehalten werden, dennoch dem unergründlichen und ewigen Naturgesetze des Gleichgewichtes und der Ausgleichung unterliegen. — Ebenso gefriert der Fluß in der letzten Hälfte des October; dennoch aber ist man in einzelnen Jahre bereits am 5ten October auf dem Eise gegangen, wärend sich in andern die Zeit des Gefrierens bis auf Ende Novembers verspätet.

(Mittwoch 11.). Am 11ten Mai konnte ich mich endlich zu meinem Schiffe begeben, mit dessen Ausrüstung ich bis dahin meinen Bruder den Midshipman Litke II. beauftragt hatte. Wir gingen nun noch an demselben Tage aus dem Lapominer Hafen und fuhren bis zur Nowodwiner Festung, wo wir zwei Tage lang wegen widrigen Windes vor Anker blieben. Am 13ten kamen wir zum Hafen und begaben uns am folgenden Tage nach der Landungsstelle an der Admiralität; wo wir abermals Ladung und Geräthschaften völlig ausschifften.

[1] Siehe oben.

Unsre Brigg erhielt so wie ihre Vorgängerin den Namen Nówaja Sémlja.[1] Sie hatte 80 Fuß Länge und 25 Fuß Breite. Der ehrenwerthe Erbauer[2] hatte Nichts vernachlässigt um ihr möglichste Dauerhaftigkeit und alle wünschenswerthen Eigenschaften zu ertheilen. Das gesammte Gerippe des Fahrzeuges war äußerst dicht ausgelegt, die Raüme zwischen den Spanten von innen kalfatert, die innere Bekleidung war dichter als gewöhnlich und die über der Wasserlinie gelegene durch Kupferbekleidung befestigt und geschützt. Dennoch mußte nun Manches an der Bauart in Gemäßheit der uns bevorstehenden Art des Dienstes angeordnet werden. Es blieb vieles zu ändern und hinzuzufügen. Unter andern war ein Dach anzufertigen um im Falle einer Überwinterung, nach Capitain Parrys Beispiel[3] an Bord bleiben zu können. Dieses Mittel schien mir der Einschiffung von Hütten bei weitem vor zuziehen, weil diese letzteren den Raum so sehr verengen, daß Lieutenant Lasarew berichtet er sei dadurch sogar verhindert worden Wasser aus dem Unterdeck zu entnehmen. Von einer Bedachung waren ähnliche Übelstände nicht zu befürchten, weil sie nur $\frac{1}{5}$ des für den Hütten nöthigen Raumes einnahm. Außerdem aber konnten auch diese letzteren die man nur aus 5zölligen Planken zusammenzuschlagen pflegte, bei weitem nicht so vollständigen Schutz gegen die Kälte gewähren, als ein Schiff mit innerlicher Kalfaterung des Gerippes und seiner zwiefachen Bekleidung. Auch kann man im Winter am Bord sowohl Schiff als Ladung bei weitem leichter und erfolgreicher bewahren, man wird der Ausschiffung und Landung des Mundvorrathes und vieler andern Übelstände überhoben u. s. w. Ich beabsichtigte anfangs nur ein gewöhnliches Bretterdach anzufertigen, entschloß mich aber sodann auf den Rath des Herrn Schiffszimmermeister Kurotschkin zu einen segeltuchenen, getheerten und in drei Queerstücke getheiltem, welches weniger Raum einnahm und gegen Schnee und Feüchtigkeit besser schützte. Eben so war manche Änderung an der Bemastung und Takelage nöthig, um sie sowohl für die geringere Zahl unserer Mannschaft als auch für das harte Klima zu eignen.

Die Ausrüstung der Brigg dauerte daher ziemlich lange, um so mehr als man uns vom Hafen aus die erforderte Zahl von Arbeitern nicht stellen konnte, weil man gleichzeitig die Ausrüstung des Linienschiffes Hlgr. Andreas von 74, der Fregatte Kreützer von 36 und der Korvette Pomoschtschnui besorgte, welche sämmtlich am 18ten Mai von Stapel liefen. Erst am 25sten Juni

[1] Der Brigg auf welcher Lieutenant Lasarew seine Reise vollendete wurde bei dieser Gelegenheit ihr ursprünglicher Name Katti wiedergegeben. [2] Herr Andrei Michailowitsch Kurotschkin, Beamter der 5ten Klasse. [3] Siehe Reise der Brigg Nowaja Semlja, Seite 42.

konnten wir uns daher an Bord begeben und die Brigg abwärts von der Admiralität ziehen. In den ersten Tagen des Juli waren wir völlig segelfertig, beschäftigten uns aber noch mit verschiedenen astronomischen und physikalischen Beobachtungen, weil uns geboten war nicht vor der Mitte des Juli auszulaufen. Ich versuchte in dieser Zeit die Abweichung der Magnetnadel an Bord der Brigg zu beobachten, stand aber bald davon ab, weil die unvollkommnen Kompasse so viel Reibung besaßen, daß sie durchaus keine Übereinstimmung der Resultate verliehen. Das Mittel welches ich hierbei anwandte, wurde wie ich später erfahren auch von Capitain Parry benutzt. Bei jedem Kurs des Schiffes wurde das (magnetische. E.) Azimut der Sonne und die Angabe des Chronometers beobachtet und nach dem aus letzterer das wahre Sonnenazimut berechnet worden, ergab dann der Unterschied zweier Resultate die Abweichung der Magnetnadel.[1] Dieses Mittel erfordert einige Rechnung, ist aber dafür auch einfacher als alle bisher angewandten.

Die Bemannung der Brigg bestand bei der Abreise aus folgenden Beamten:

Lieutenante.	Fedor Litke I. Commandeur.	
	Michailo Lawrow.	
Midshipman.	Nikolai Tschijow.	
Steüermann.	Iwan Fedorow.	
Stabs-Arzt.	Isak Tichomirow.	
Steüermannsgehülfen		2
Quartiermeister		2
Matrosen		23
Artillerie-Unteroffiziere		1
Kanoniere		2
Schiffergehülfe		1
Budelier		1
Gehülfe des Arztes		1
Bedienter		1
Zimmermann		1
Kalfaterer		1
Segelmacher		1
Schmidt		1
	In Allem	43 Mann.

Bei der Verproviantirung war dafür gesorgt, die Krankheiten zu verhüten, welche außerdem von einer beschwerlichen Schifffahrt im Polarmeere zu befürchten standen, und ohne Zweifel verdankten

[1] Richtiger: die durch Anziehung des Schiffeisens vermehrte Abweichung, welche bei der Kursrechnung an den gesteüerten magnetischen Rhumb anzubringen ist. — E.

wir hauptsächlich dieser Fürsorge der Behörde, das Glück bei unserer viermaligen Reise keinen einzigen Mann verloren zu haben. Außer des vorschriftsmäßigen Schiffsproviantes erhielten wir noch die folgenden Vorräthe, deren Verwaltung meinem Dafürhalten gänzlich anheim gestellt wurde.

An schwarzem Thee	36 Pfund
— Zucker	12 Pud
— Rum	10 Eimer (Wedra)
— Sbiten [1]	100 Eimer
— Sirup	20 Pud
— Sauerkohl	50 Eimer
— Kartofel	12 Tschétwert
— Zwiebeln	6 — —
— Moosberen (Vaccinium oxycoccus L.)	12 Pud
— Knoblauch in Essig	6 —
— Senf	8 —
— Blatttaback	18 —
— Seife	10 —
Ferner für Kranke.	
— Teneriffer Wein	6 Eimer
— Limonen-Saft	1 —
— Tafel-Bouillon	10 —
— Pfefferschooten	10 Pfund
— Pfefferkörner	5 —
— Graupenmehl	10 Pud
— Hühnereier	2000
Zum Schutz gegen Kälte und Unwetter für die Leute.	
Linnene Hemden	6 für einen Jeden
Wollene Strümpfe	3 Paar — —
Wollene Nachtmützen	1 — — —
Bachilen [2]	3 — — —

[1] [Ein beim Russischen Volke sehr übliches warmes Getränk aus Honig, Wasser und Gewürze dessen Name von sbitj, sbiwatj durch schlagen umrühren oder verkleinern entnommen. — E.]. Der Sbiten mit welchem man die Schiffe versieht, welche von Archangel ins Baltische Meer oder von diesem zurück gehen, wird aus Honig und Wasser mit einer Beimengung von Essig gekocht und gewährt besonders nach schwerer Arbeit in kaltem und feuchtem Wetter ein äußerst heilsames Getränk. Es erwärmt und ist schweißtreibend, so daß es die Leute vor Erkältungen schützt wenn man ihnen bei Verabreichung der Hangematten davon trinken läßt. Uibrigens muß man ihn vor der Anwendung nur erwärmen, nicht aber wie Herr Lasarew that (Reise der Brigg Nowaja Semlja S. 32) mit Wasser und Sirup verdünnen, weil dadurch seine Wirksamkeit unnütz geschwächt wird. Ich gab gewöhnlich zu $1\frac{1}{2}$ Schaalen (Tscharka) auf den Mann, bei großer Kälte aber auch zu 2 Schaalen.

[2] D. h. Stiefel deren sich unsre nordischen Jäger bedienen. Sie reichen um 5 bis 6 Zoll über das Knie und sind wasserdicht genäht.

Fausthandschuh	2	für einen Jeden
Warme Mützen	1	— — —
Tuchene Hemden	1	— — —
Flanellene Hemden	2	— — —
Mantel mit Kapußen aus Segeltuch und mit Tuch gefuttert	1	— — —
Pelswamse (Poluschubi, Halbpelze) aus Schaffell	1	— — —

Außerdem zum Thierfang die nöthige Anzahl von Büchsen sowohl große [1] als kleine, Netze, Angeln, Lanzenspitzen, Harpunen u. dgl.

Die Brigg hatte 16 Stückpforten, führte aber nur 6 dreipfündige Geschütze, welche wir nicht anders als zu Signal- und Salutschüssen gebrauchten und zu deren Bedienung alle nöthigen Vorräthe auf ein Jahr vorhanden waren.

Unsern Wasservorrath den wichtigsten bei jeder gewöhnliche Schifffahrt und der auch bei den Fahrten zwischen Eise nicht minder wesentlich ist, konnten wir bis zu $4\frac{1}{2}$ Monat hinreichend einnehmen. An Brennholz hatten wir 25 Sajenen und 350 Pud Steinkohlen. Wir hatten vier Ruderfahrzeüge eine 8 rudrige Barkasse auf dem Verdeck zwischen Grot- und Fokmast ein 8 rudriges Boot und eine 6 rudrige Jolle beide an Krahnhaken neben den Grotwanten, und eine 4 rudrige Jolle an Krahnhaken über dem Spiegel. Nur das Boot war aus Tannenholz, alle übrigen Fahrzeüge abec aus Lärchenholz gezimmert. Das Boot und das 6 Rudrige waren dicht an die Grotwand gelegt, hingen in dieser Lage sehr ruhig und waren nur bei heftigstem Rollen des Schiffes den Schlägen der Wellen ausgesetzt. Bei Schiffen von nicht so sanfter Bewegung wie das unsrige möchte ich aber diese Aufhängungsart für die Schaluppen nicht eben für rathsam erklären.

An astronomischen und physikalischen Instrumenten besaßen wir:

Chronometer (von Arnold Nro. 1889 und Barrand Nro. 665)	2
Messingne Sextanten, von Kook	2
Hölzerne — —	1
Seebarometer	1
Thermometer	3
Inclinatorium von Lenoir (2)	1

Unser Schiff war so geraümig, daß troß dieser Menge und Manchfaltigkeit von Gegenständen, welche wir aufzunehmen hatten, dennoch ein jeder seine ihm eigne Stelle erhielt, so daß der

[1] Welche von unsern Jagdreisenden vorzugsweise Wallroßbüchsen (Morjöwki) genannt werden weil sie nur gegen Wallrosse (Morji) dienen.

[2] Beim Transporte nach Archangelsk war etwas Quecksilber aus dem Barometer verschüttet worden, so daß derselbe die absoluten Höhen zu geringe angab, obgleich er die Veränderungen im Luftdrucke richtig zeigte. Das Inclinatorium welches ich in Archangelsk vorfand, war aber so sehr verdorben, daß ich es nicht anwenden konnte.

Volksraum völlig leer war und daher auch stets mit Leichtigkeit frische Luft in ihm erhalten werden konnte, wärend zwei eiserne Öfen gleich anfangs dazu dienten die Feüchtigkeit daraus zu entfernen. Dieser Raum war nicht nur breit, sondern auch von genugsamer Höhe, um daß unsre Leüte darin sehr bequem tanzen konnten, so oft das Wetter nicht erlaubte es auf dem Verdecke zu thun. Auch dieser Umstand trug zur Erhaltung der Gesundheit bei.

Ich beabsichtigte gegen den 10ten auszulaufen, aber widriger Wind hinderte daran bis zum 14ten. An diesem Tage erhob sich früh Morgens ein sehr leiser Wind aus O. Wir beeilten uns den Anker zu heben, waren aber kaum $1\frac{1}{4}$ Werst vorgerückt als es abermals widrig wehete und uns zwang vor Anker zu gehen.

(Freitag 15ten Juli). Am 15ten um 4 Uhr Morgens erhielten wir einen gleichmäßigen O. Wind. Wir lichteten abermals und hielten auf den Fluß Maimaksa. Von der Admiralität bis zu dieser Stelle laüft das Fahrwasser gegen N., und man hat darin die Solombaler Ufer zur Rechten und kleine Inselchen zur Linken; jene ist sehr steil abschüssig wärend diese auf 300 Sajenen mit Bänken umgeben sind. Vom Ausflusse der Maimaksa hielten wir nach NW., zur SOspitze der Nikoler Insel welche um $3\frac{1}{4}$ Werst von dort entfernt ist. Zur Linken behielten wir die Fortsetzung der kleinen Inselchen und zur Rechten die Balkeninsel, welche mit Birken- nnd Tannengestraüche dicht bedeckt ist. Sein Ufer ist etwa 4 Fuß hoch, mit Abhängen und gegen das Bette so steil abschüssig, daß man es mit dem Schiffe berühren kann ohne auf Grund zu gerathen. Bei der Annäherung an die Nikoler Insel zeigte sich zur Linken die Murmaner-Mündung. Wir fuhren an ihr vorüber, hielten weiter gegen NW t N. längs des Ufers der Nikoler Insel und liefen $2\frac{3}{4}$ Werst von deren SOspitze zu unser Rechten die große Saisker Insel, welche 150 Sajenen von der Nikoler absteht. Von dort hielten wir nach N. und N. $\frac{1}{2}$ O. $4\frac{1}{2}$ Werst weit bis zur Nowodwiner Festung. $1\frac{1}{2}$ Werst von der großen Saisker Insel, ließen wir zu unserer Rechten die kleine Saisker, welche jetzt im Widerspruche zu ihrem Namen größer ist als die Große. In $1\frac{1}{2}$ Werst von der Festung fingen wir an mehr gegen die Rechte zu halten, weil sich eine Untiefe von der Nikoler Insel gegen daß Flußbett erstreckt. Der Nowodwiner Festung gegenüber und in der Mitte des Fahrwassers liegt eine 6 Fuß tiefe und mit einer rothen Bake bezeichnete Bank; welche daselbst nach Abspühlung der Insel Markow zurückgeblieben ist. Man läßt sie gewöhnlich Westlich liegen, obgleich sich an ihrer Westseite seit dem Jahre 1811 eine 17 bis 18 Fuß tiefe Durchfahrt gebildet hat. Bei der Nowodwiner Festung kann man fast hart an das Ufer fahren. Wir passirten dieselbe um 7 Uhr, salutirten mit 7 Schüssen und erhielten eine gleiche Zahl zur Antwort.

Diese Festung liegt auf der Insel Liner Lug (Linskoi Prilug) an der Ostseite des Beresower Fahrwassers, 15 Werst von der Admiralität. Sie ist nach der verbesserten Freitagschen Methode gebaut, bildet ein regelmäßiges Viereck mit 4 Bastionen; und hat einen einfachen Ravelin gegen die Seeseite, eine Fausse-braye und Wassergräben. Ein Glacis umgiebt sie von 3 Seiten, und von der 4 wird sie durch die Dwina gedeckt. Der Wall, die Fausse-braye die Eskarpe und Kontreskarpe sind mit behaunem Kalkstein bekleidet und der bedeckte Weg mit Pallisaden versehen. Das innere Polygon hat 140 Sajenen Seite und die gesammte Vestung mißt 860 Sajenen mit dem Glacis. Sie wurde von Peter dem Großen im Jahre 1701 begonnen und 1705 geendet. Früher stand eine einfache Schanze an ihrer Stelle, welches aber 1701 dennoch hinreichte um einen Angriff der Schweden auf Archangelsk abzuschlagen. Sie steht unter Leitung des Kriegsgouverneurs von Archangelsk. Früher lag eine Zollbariere bei der Nowodwiner Festung, an welcher man die einlaufenden Kauffahrtheischiffe untersuchte. Jetzt laufen dieselben direkt in den Hafen.

Die Nowodwiner Festung reicht hin um einen Feind abzuwehren der es etwa versuchen sollte sich durch das Beresower Fahrwasser gegen Archangelsk zu begeben, weil man aber auch durch die übrigen Mündungen eben dahin gelangen kann, so werden gewöhnlich wärend Entzweiungen mit irgend einer Seemacht, an mehreren anderen Punkten Batterien errichtet. Wärend des schwedischen Krieges im Jahre 1790, hatte man auf jeder der Inseln Lapominka und Nijnie Jagrui zwei Redouten, auf der Südspitze der Mudjujsker Insel, in Solombala, so wie auf jeder der Inseln Kumbuisch, Samonosk und Ljapominsk eine Redoute zu 76 Kanonen; außerdem war eine Umwallung um Solombala gezogen. Diese temporairen Befestigungen verfielen sehr schnell und es wurden daher im Jahre 1809 bei den folgenden Mißhelligkeiten mit England 9 neue Redouten gebaut und zwar namentlich zwei am Solombaler Ufer, so wie in Lapominka und der Insel Mankow, in der Admiralität auf der Powrakuler Insel, am Zusammenflusse der Maimaksa und Kuinétschicha, an der Murmaner Mündung auf der Nikoler Insel, an der Pudojemer Mündung auf der Wisajajer Insel und auf der Stadtseite der Pudojemer Mündung gegenüber je eine Batterie. Auf allen diesen Werke von denen jetzt keine Spuren mehr vorhanden sind, befanden sich 122 Geschütze. Gleichzeitig hatte man auch längs des Meerufers von den Winterbergen (Siamie gorui) bis zur Dwinamündung und auf den in den Mündungen gelegenen Inseln bis nach Archangelsk hin Signalposten aufgestellt, welche sogleich von der Annäherung des Feindes Nachricht geben sollten.

Von der Festung an ist das Fahrwasser zu beiden Seiten mit Bojen versehen, welche man hier aus Tannenzweigen bereitet: diejenigen welche man in W. liegen lassen soll unterscheiden sich von den übrigen dadurch, daß man ihnen ihre Zweige gelassen und dieselben mit dem Wasser parallel gestellt hat. Wir nahmen unsern Kurs nach N. indem wir bald ein wenig gegen O. bald gegen W. davon abwichen und zur Linken mehrere kleine Inseln und eine große und bis zum More reichende Bank, zur Rechten aber zuerst ein 14füssige Bank welche durch eine schwarze, und 400 Sajenen von der Festung abstehende Bake bezeichnet ist, und sodann die Insel Netjesow und eine Untiefe ließen welche sich von der letzteren gegen N. erstreckt und ebenfalls durch eine schwarze und 5 Werst von der Festung abstehende Bake bezeichnet ist. Jenseits dieser Bake hielten wir nach NNO. und N t O zur Wendungs Boje (Russ. Poworótnaja Wjécha) die an der Nordspitze der Netjesower Untiefe zwei Werst von der Bake steht, und an welcher wir um 8 Uhr vorüber fuhren.[1]

Die Wendungsboje führt ihren Namen deßwegen, weil sich an derselben der Weg in den Lapominer Hafen rechts abwendet. Sie ist von den übrigen Bojen dadurch unterschieden, daß sie aus zwei Tannen, in Gestalt eines umgekehrten Λ zusammengesetzt ist. Das Fahrwasser nach Lapominka richtet sich von derselben 600 Sajenen weit nach OSO. und sodann 350 Sajenen gegen NO t O. bis zu den Pfählen. Diese letzteren erstrecken sich 380 Sajenen gegen NO. und 180 Sajenen nach O t N.

Von der Wendungsboje hielten wir nach NW., und behielten zur Linken die schon genannte große Untiefe, zur Rechten aber die Inseln Murawoi und Lebedinui (Schwaneninsel). Die letztere führt ihren Namen von den Schwänen welche im Frühjahre hindurchziehen und auf dieser Insel in großen Schwärmen verkehren. Dort hören die Bojen auf. Weiter gegen NW. ist das Fahrwasser durch Baken bezeichnet, von denen man die rothen in W. und die schwarzen in O. zu lassen hat. Unser Lotse hätte uns dort beinahe auf eine Bank gesetzt. Der Wind bließ leise und unbeständig aus dem NOviertel; er hielt daher aus vorlaüfiger Besorgniß sehr nahe an die unter dem Winde gelegene Seite des Fahrwassers, aber es ward plötzlich ganz still so daß wir nun durch eine Strömung gerade auf jene Untiefe geführt wurden. Wir warfen einen Anker und hielten uns, aber hinter unserm Spiegel lagen bereits trockne Sandbänke in nur 15 Sajenen Abstand. Wir hatten schon einen Werpanker bereit gemacht um uns von dort hinweg zu ziehen, als sich ein frischer SO. erhob, mit welchem wir unverzüglich wiederum unter Segel gingen und gegen 11 Uhr die Baken erreichten.

[1] Dwiner Kronik in der Alten Russi. Bibliothek Th. VII, S. 66.

Die erste Bake vom oberen Flusse aus, und die 7te für die vom Meere Einlaufenden ist roth, und wird an der NOspitze der oben erwähnten großen Untiefe gelegt; 5 Kabeltaue WSW. von der Wspitze der Schwaneninsel, und 5 Werst von der Wendungsboje. Bei dieser Bake wendet sich jene Untiefe gegen W. und bildet mit einer andern nördlich von ihr gelegenen (der 2ten vom Meere aus) die sogenannte alte Barre, ein Fahrwasser durch das man früher Kriegsschiffe führte, welches aber jetzt seine Tiefe gänzlich verloren hat. Diese Durchfahrt laüft nach verschiedenen Rhumben zwischen WSW. und WNW., 6 Werst weit, und endlich 8 Werst SSW. von der jetzigen Barre. Die geringste Tiefe desselben beträgt jetzt 11 Fuß. Die Strömung laüft in derselben aüßerst heftig und man hielt sich daher an deren Ostseite wenn man sie mit der Fluth, und an der Westseite wenn man sie mit den Ebbestrom passirt. Von der 7ten Bake fuhren wir fort nach NW. zu halten. Nach $1\frac{1}{4}$ Werst passirten wir eine schwarze Bake die 4te der vom Meere aus gezählten, welche auf einer Untiefe, die sich vom trocknen Meere landeinwärts erstreckt, nach $2\frac{1}{2}$ die 6te rothe Bake durch welche die SOspitze der zweiten vom Meere aus gerechneten Bänke bezeichnet wird. Diese Bank bildet die Nordseite der alten Barre. Nach 4 Werst erreichten wir die Höhe der SOspitze der Mudjujsker Insel. Diese letztere erstreckt sich $13\frac{1}{4}$ Werst von S t O. $\frac{1}{4}$ O. nach N t W $\frac{1}{4}$ W. und ist niedrig, sandig und mit hohem Tannenwalde bedeckt. Auf dem Festen Ufer bildet sie eine Bucht, welche das trockene Meer genannt wird und dessen Name mit völligen Recht auf gänzliche Unschiffbarkeit zu deüten ist. Seine Mündung zwischen der Schwanen- und Mudjujsker Insel mißt 4 Werst in der Breite. Der Spitze der letzteren gegenüber, da wo das Haus der Zollaufseher steht erweitert sich das Fahrwasser bis auf 2 Werst und bildet dort einen sehr bequemen Ankerplatz. Gewöhnlich liegt daselbst das entferntere Wachtschiff, welches auch bisweilen zu Anfang und zu Ende der Schifffahrt bei der Wendungsboje vor Anker geht; sobald aber Kriegsschiffe auf der Barre sind, muß das Wachtschiff eben dahin gehen. Von diesem Punkte hielten wir nach NNW. gingen nach 400 Sajenen an der 5ten rothen Bake nach $1\frac{3}{4}$ Werst an der 3ten schwarzen auf der Mudjujsker Untiefe gelegenen und nach $3\frac{1}{4}$ an der 4ten rothen Bake vorüber, welche letztere auch die Pfeilbake (Strjélitschnui) genannt wird, weil sie auf einer pfeilartig aussehenden Bank, der ersten welche man vom Meere aus trifft, gelegt wird. Zwischen der ersten und zweiten Bank erstreckt sich gegen NW. das sogenannte neüe Fahrwasser, welches vor 30 Jahren tiefer zu werden begann, jedoch bis zu nicht mehr als 12 Fuß Tiefe wuchs.

Es ist hier zu bemerken, daß von der Admiralität bis zu dem eben genannten Orte die Tiefen des Fahrwassers 25—40 Fuß, die Breite desselben aber 300 — 400 Sajenen betragen. Von der Pfeilbanke aber wird die Durchfahrt beständig seichter und enger und erhält den Namen Barre. Diese Stelle hieß in alten Zeiten das Loch (Jama). Von der Pfeilbacke nahmen wir den Kurs N t W. $\frac{1}{2}$ W.; gingen nach 1 Werst an der 2ten schwarzen Bake vorüber, bei welcher die Tiefe 17 Fuß war und nach 2 Wersten an der 3ten rothen, welche auch Wendungsbake genannt wird, weil man sich von derselben aus nach links zu der seichtesten Stelle unter allen oder der eigentlichen Barre wendet. Die Lootsen beachten dort zwei junge Tannen auf der Mudjujsker Insel welche höher sind als die übrigen und eigenthümlich gestaltete Kronen haben. Wenn diese jungen Tannen in Eins gewesen und dann wiederum, nach dem Ausdruck der Lootsen, so zu sagen um eine Sajene auseinander gegangen sind, macht man die Wendung gegen die Barre. Die Tiefe bei der Wendungsbarre beträgt 14 Fuß, die Breite des Fahrwassers 250 Sajenen. Wir hielten von ihr aus gegen NNW. $\frac{1}{2}$ W. und gelangten nach 300 Sajenen Fahrt über die eigentliche Barre auf welcher die Tiefe $12\frac{1}{2}$ Fuß beträgt. Nach einiger Zeit gingen wir dann an der Bitowsker oder zweiten rothen Bake vorüber, welche über der NOspitze der ersten Bank an einer 4 Fuß tiefen Stelle liegt. 1 Werst jenseits der Wendungsbarre gingen wir an der 1sten schwarzen Barke vorüber bei welcher die Tiefe 15 Fuß beträgt, und $\frac{1}{2}$ Werst weiter hatten wir schon 20 Fuß. Dort endet die Bank und weiter hin giebt es keine Baken mehr. Diese Stelle ist durch die erste schwarze oder die sogenannte Empfangsbake bezeichnet, welche alle übrigen an Größe übertrifft und auf der sich eine blecherne Windfahne befindet. Man legt dieselbe auf der Verbindungslinie zweier auf der Mudjujsker Insel aufgestellten Stangen. Die Tiefen auf der Barre sind bisweilen einigen Veränderungen unterworfen. Im Frühjahr 1823 bildete sich in der Mitte derselben eine 10fußige Bank, von 100 Sajenen Länge und 20 Sajenen Breite welche zu beiden Seiten $12\frac{1}{2}$ Fuß Tiefe hatte. Diese Bank wurde durch eine rothe Bake bezeichnet. Sie wurde 1824 bei der Wasserschwelle hinweggespült und die Barre ward wiederum eben, aber seichter als früher; sie hatte nun nicht mehr als 11 Fuß 8 Zoll Tiefe. In dem gegenwärtigen Jahre (1825) betrug derselbe nach Versicherung des Herrn Lots Kapitain von Archangelsk[1] wiederum 12 Fuß 4 Zoll, aber die Länge der Barre hatte etwas zugenommen.

In dem ganzen Flusse findet man Thonboden mit Ausnahme der Barre auf welcher sehr feiner und äußerst fester Sand liegt.

[1] Herr Petrówitsch Mechrengiu von der 8ten Klasse.

Alle oben angegebnen Tiefen sind die bei der Ebbe statt findenden. Das Wachsen durch die Fluth beträgt im Mittel 3 Fuß, bei NW. und NOwinden wird es um 1 bis 2 Fuß bedeütender, dahingegen steigt aber doch das Wasser bei stromabwärts wehenden Winden bisweilen um nicht mehr als $1\frac{1}{2}$ bis 2 Fuß. Die Hafenzeit beträgt auf der Barre 6 Stunden und in Archangelsk hat man erst um 2 Stunden später Hochwasser. In den Mündungen der Dwina und von ihnen meerwärts bis zu den Winterbergen von der einen, und bis zu Unsker Bucht (Unskaja Gubà) von der andern Seite zeigen die periodischen Strömungen ein sehr merkwürdiges Verhalten. Drei Stunden nach Anfang der Fluth wird das Wasser stationär und fällt dann um $1\frac{1}{2}$ bis 2 Zoll; bisweilen ereignet sich auch eine abwärts gerichtete Strömung. Diese Verzögerung der Fluth dauert 30 bis 45 Minuten und wird Manicha genannt. Alsdann erneüert sich die Fluth: man sagt es gehe die Bólschiza, welche in 2 oder $2\frac{1}{2}$ Stunden oder genau in 6 Stunden nach dem Anfange der Fluth das eigentliche Hochwasser herbeiführt. Die Ebbe dauert genau 6 Stunden ohne jede Unterbrechung. Diese Erscheinung ist bis jetzt noch nicht genügend erklärt. Petr Jákowlewitsch Gamalèi [1] erwähnt ihrer folgendermaßen: „Eine Erscheinung welche sich an der engsten Stelle dieses Meeres 30 Werst „weit zu beiden Seiten des Vorgebirges Kaznes zeigt. Die Fluth, „welche vom Meere kommt begegnet an dieser Stelle den aus der „Kandalakser und Oneger Buchten ausfließenden Ebbe, wird noch „außerdem durch die Ufer gehemmt und erleidet daher einigen „Stillstand, wärend dessen das Wasser bereits seine größte Höhe „erreicht zu haben scheint und welcher deshalb Manicha wahrscheinlich von den Zeitworte manitj oder hinhalten genannt wird. Bald „darauf erhält aber die Fluth das Übergewicht und bewirkt ungefähr eine Viertelstunde nach dieser Erscheinung das eigentliche „Hochwasser." Wir bemerken zuerst, daß diese Beschreibung der Manicha nicht ganz richtig ist. Man bemerkt die genannte Erscheinung nicht bloß bis auf 30 Werst von Kaznes, sondern auch in der Dwina bis zur Wendungsboje und noch weiter aufwärts; wärend der Dauer derselben geräth das Wasser nicht blos in Stillstand, sondern es fällt auch und fließt abwärts und endlich erfolgt auch das Hochwasser um mehr als $\frac{1}{4}$ Stunde später. Ebenso ist auch die gegebene Erklärung des Phänomens kaum für ganz richtig zu halten. Überall im weißen Meere von Swjatoi Nos bis zur Dwina sind die Verspätungen des Hochwassers nahe regelmäßig und für beide Ufer gleich, so daß es sich an den Winterbergen (Simnie gorui) und in dem Flusse Pjáliza gleichzeitig einstellt. Es könnte daher nirgends eine allgemeine Begegnung der Wasser er-

[1] Theorie und Praxis der Schiffsführung. Theil II. S. 504 — 505.

folgen. Will man aber auch annehmen daß sich dergleichen ereigne, so entsteht die Frage, warum man bei der Ebbe Nichts ähnliches wahrnehme. Man bemerkt übrigens auch hier, daß das Wasser an den Ufern sowohl sein Fallen als sein Steigen gewöhnlich um eine halbe oder um eine Stunde vor dem Wechsel der Strömung in der Mitte des Flusses beginnt. Sobald man gegen Ende der Ebbe an den oberen Ufern einen Rand von nassem Sande bemerkt, so sagt man hier, „das Wasser sei im Untergehen („woda sapála")" zu Ende der Ebbe aber, wenn man das erste Steigen bemerkt: „das Uferwasser sei aufgelebt (woda sajila w'beregach")."

Bis zur Mitte des Sommers und bevor nicht nach der Anschwellung im Frühjahr, die mittlere Wasserhöhe eingetreten ist, welche man hier Mejenja oder mejenaja woda d. i. den Mittelsommerstand von mejen, die Mitte des Sommers nennt lauft die Strömung beständig abwärts und wärend der Ebbe nur mit vermehrter Stärke. Nach jener Zeit erfolgt eine Fließen nach beiden Seiten, welches sich aufwärts bis zur Stadt Cholmogora erstreckt.

Die Reede jenseits der Birkenbarre (Beresowoi barr) ist gegen W. und N t W. völlig offen; dennoch aber wärend der Sommermonate gefahrlos weil sich wärend derselben fast niemals heftige Stürme ereignen und man daselbst bei gewöhnlichen starken Winden ohne Beschwerden vor Anker bleiben kann. Ohne diese Bedingungen wäre es unmöglich bei Archangelsk Schiffe ersten Ranges zu bauen; denn dergleichen muß man fast ganz leer in die See führen, und daselbst in diesem Zustande würde ihnen stürmisches Wehen außerst gefahrbringend sein. Überall auf der Rhede sind die Ankerplätze vortrefflich; die Tiefe beträgt 6 bis 10 Sajenen, der Grund ist Thon an einigen Stellen mit Sand. Die Kriegs- und Transportschiffe bleiben bis zur Beladung oder bis zum Löschen, um etwa 6 Seemeilen WNW. von der Empfangsbake entfernt, die Kauffahrteischiffe kommen aber gewöhnlich näher. Die erstgenannten werden zum Übergang über die Barre bis zu 14 Fuß und 5 Zoll beladen, die Kaufmannsschiffe werden aber bisweilen durch die Lootsen bei 15 Fuß, bisweilen sogar bei 15 Fuß und einigen Zollen Einsenkung über dieselbe geführt.[1] Die Archangeler Kaufleute welche tiefer als 15 Fuß geladene Schiffe abfertigen oder vom Meere erwarten, versehen sich gewöhnlich mit einigen Fahrzeügen um dieselben zu entladen oder sie bei der Überfahrt über die Barre zu geleiten, auch giebt es bei Archangelsk 20

[1] Obgleich dagegen Verbote vorhanden sind. Die Anordnung des Ueberführens der Schiffe über die Barre ist sehr schön beschrieben in Hrn. Gamalei's Versuch der Praxis des Seewesens, Theil I, Seite 89 u. f. (in Russischer Sprache).

bis 30 Fahrzeuge, welche dieses Entladungsgeschäft als Gewerbe betreiben und welche daselbst Lichter (lichtera) genannt werden. Nicht selten entspringt ein bedeutender Zeitverlust aus dieser Nothwendigkeit des Entladens; namentlich aber und z. B. wenn das Schiff wegen widriger Winde nicht über die Barre gelangen oder wenn die Lichter nicht wagen können einem ankommenden Schiffe entgegen zu gehen. Unsre Linienschiffe und Fregatten unterlagen diesem Übelstande am fühlbarsten, weil sie die Überfahrt nicht anders als mit einem sowohl günstigen als zuverlässigen Wind wagen durften; in diesem Jahre hat man aber die nöthige Abhülfe durch den Bau eines Dampfschiffes erhalten, welches die Schiffe wärend Windstille oder widriger Winde über die Barre bugsiren wird.

An der Ostseite der Barre liegt die Mudjujsker Insel, welche sich von dort noch 7 Werst weit seewärts erstreckt. Ihre NSpitze ist durch eine 175 Sajenen breite Straße von der Spitze einer langen, schmalen, niedrigen und sandigen Landzunge getrennt, welche sich unter dem Namen der Nikoler von dem festen Ufer gegen S. ausdehnt. Diese Straße bildet die nördliche Mündung des trocknen Meeres (suchoe more) und heißt die Eiserne Pforte. Der Ursprung dieser Benennung ist unbekannt: Einige behaupten sie sei wegen der heftigen Strömungen gegeben worden, welche in jener Straße herrschen, Andre wegen der daselbst sehr haufigen Untiefen. Seit 1818 steht auf dieser Nikoler Landzunge und $2\frac{1}{2}$ Werst von ihrem Ende ein weißer Thurm von 84 Fuß Höhe, welcher vom Verdeck eines Schiffes aus 15 — 16 Seemeilen Entfernung gesehen wird. Früher stand ein ähnlicher Thurm auf der Mudjujsker Insel. Die Schiffe welche vom Meere in die Dwina einlaufen, müssen auf diesen Thurm halten ohne das Ufer zu verlassen, dem man sich daselbst ohne Gefahr auf $1\frac{1}{2}$ bis 2 Meilen und bei Ostwinden sogar noch bis auf einen geringeren Abstand nähern kann. Riffe giebt es nirgends und die Tiefe nimmt gegen das Ufer zu stätig ab; in der genannten Entfernung beträgt sie von 7 — 10 Sajenen über Thongrund. Bei dem Nikoler Thurme werden die Schiffe von Lootsen empfangen, an denen die Reihe des Dienstes ist und welche sich zu dem Ende in einer neben dem Thurme erbauten Behausung aufhalten müssen. Sie werden von dieselben über die Barre und bis in den Hafen begleitet. Da es sich aber bisweilen und sogar oftmals ereignet, daß daselbst keine Lootsen sind weil sie auch noch einen andern Aufenthaltsort auf der Mudjujsker Insel haben, so müssen die Schiffe sobald sie sich in $1\frac{1}{2}$ oder in 2 Seemeilen Abstand gegen W. vom Thurme befinden, je nach ihrer Entfernung vom Ufer, zwischen S. und W. halten und diesen Kurs befolgen bis daß der Thurm nach NO t N. die Empfangsbake aber, welche vermöge ihrer Größe und der darauf befindlichen Fahne leicht zu unterscheiden ist, nach SO. zu liegen kommen. Dort zeigen sich die Lothsen ganz sicher; sollte dieß aber nicht sogleich geschehen so muß man um sie zu erwarten vor Anker gehen, wozu denn diese Stelle äußerst geeignet ist bei einer Tiefe von 6 Sajenen auf Thongrund in 5 Werst Entfernung vom nächsten Ufer und 6 Werst von den Baken. Bisweilen wird die Empfangsbake durch heftige Meerwinde hinweggeführt; in diesem Falle können aber die zwei Stangen auf der Mudjujsker Insel ihre Stelle vertreten, mit welchen sie auf einerlei Linien liegt. Man muß dies Zeichen auf SO. $\frac{1}{2}$ O. bringen und auch auf die Entfernung vom Ufer achten. In keinem Falle muß man sich entschließen ohne Lothsen über die Barre zu gehen. Freilich könnten dringendste Umstände bisweilen dazu zwingen und z. B. wenn heftige NWwinde gegen welchen die Reede nicht schützt, ein Fahrzeug von den Ankern reißen und es gegen Bänke führen; aber gerade in diesem Falle ist wegen heftigen Wellenschlages und starken Gangs des Schiffes jene Überfahrt äußerst gefährlich. Die fürchterliche Begebenheit welche sich am 24sten September 1798 ereignete, giebt hiervon ein Beispiel. Bei einem heftigen NWsturme verzweifelte Kapitain van der Flitt, welcher das Transportschiff Heiliger Nikolai befehligte, sich auf der Reede vor Anker erhalten zu können, und entschloß sich ohne Lothsen über die Barre zu gehen. Er gerieth auf eine Bank, und nach einigen Stößen ging sein Schiff in Trümmer und die Mannschaft von 36 Mann wurde bis auf den Letzten von den Wellen verschlungen. Sollte man daher, wärend man sich vom Meere aus, der Barre nähert, einen so heftigen NWwind erhalten daß die Lothsen nicht auszufahren im Stande sind, so muß man beilegen und eine Veränderung abwarten. Wenn aber ein solcher Wind das Schiff bereits nahe an der Barre betrifft und den Lothsen nicht auszufahren erlaubt und wenn man nicht hoffen kann vor Anker zu bleiben oder von solchen schon losgerissen ist, so bleibt es denn freilich die einzige Rettung selbst über die Barre zu gehen. Zu diesem Ende muß man sich der Empfangsbake (prijémnoi Baken) bis auf ein Kabeltau nähern, alsdann von dort aus nach OSO. $\frac{1}{2}$ O. gegen die erste schwarze Bake halten. Nachdem man diese erblickt und sie 70 Sajenen östlich von sich gelassen hat muß man S t O. $\frac{1}{2}$ O. halten. Dieser Kurs führt an der Borowsker, der Wendungs- und der zweiten schwarzen Bake vorüber. Die Pfeilbake (Strjelitschnui Baken) wird sich aber dabei vor dem Gallion etwas rechts vom Kurs zeigen. Sobald man diese letztere, in 70 Sajenen Abstand von derselben, passirt hat, muß man nach SSO. halten und wenn man auf die Höhe des Zollhauses (Tamojnui Dom) auf der Mudjujsker Insel gelangt ist, den Anker werfen; bei 5 Sajenen Tiefe über Thongrund und unter dem Schutze von seewärts gelegenen Bänken; sollte man keinen einzigen Anker mehr übrig haben, so kann man das Schiff auch dadurch retten, daß man es am Mudjujsker Ufer auf den Strand setzt. Man muß mit äußerster Sorgfalt auf die Baken achten, denn es kann geschehen daß sich das Schiff durch Abweichung vom gehaltnen Kurse (vermöge Strömung oder Abtrifft E.) zu sehr gegen die eine Seite begiebt.

Die Archangeler Lothsen sind in ihren Geschäften außerordentlich geschickt, dreist und voll Entschlossenheit; leider aber auch äußerst unenthaltsam; denn, mit wenigen Ausnahmen, sind sie sämmtlich Trunkenbolde. Die Bitte um Branntwein ist ihr erstes Geschäft bei der Ankunft auf ein Schiff; man muß aber bei der Erfüllung derselben sehr behutsam verfahren, denn sie kennen kein Maaß. Oft sind sie wie sie es nennen halbfertig (polugotówie d. h. halbtrunken), fordern aber dennoch noch eine Schale und kommen dann außer Stand das Schiff gehörig zu führen. Viele von ihnen sind von Jugend an mit Englischen und Deútschen Schiffern umgegangen, und haben dabei das Deútsche und Englische sehr vollständig erlernt. Nur im Winter wohnen sie in einem eignen Dorfe Namens Chwostui, welches auf einer Insel gleichen Namens 6 Werst unterhalb Solombala auf der linken Seite des Beresower Fahrwassers, liegt. Ihre Zahl ist auf 40 festgesetzt wozu aber noch 20 Lehrlinge kommen. Im Sommer vertheilen sie sich auf vier oder fünf Karbasen, welche Wochen Weise den Dienst an der Barre übernehmen. Sie stehen dann unter der Aufsicht der Kommandeure des innern und des entfernteren Wachtschiffes und haben noch außerdem einen Lothskapitain an ihrer Spitze. Für das Geleite der Kauffahrteischiffe erhalten sie: für Schiffe unter Russischer Flagge 20 Rubel vom Meere bis zum Hafen, und 30 Rubel vom Hafen zum Meere; von fremden Schiffen aber 25, vom Meere zum Hafen und 50 Rubel im entgegengesetzten Falle. Von diesem Gelde entrichten sie alle ihre Abgaben, welche denen der Bauern gleich sind; vor diesen letzteren haben sie keinen andern Vorzug, als daß sie nur die Hälfte an Befreiungsgeldern von Soldatendienste entrichten.[1]

Wir gingen genau um Mittag über die Barre und trafen dann Lothsen, welche, so wie es üblich ist, kamen, um ihre Gefährten die uns begleitet hatten, abzuholen. Ich übergab ihnen meine Raporte und Briefe und wir hielten dann unter vollen Segeln längs des Winterufers (Simnji béreg) nach NW. bei ziemlich frischem SOwind, welcher uns eine Fahrt von 6 Knoten ertheilte. Dieser Wind verminderte sich aber bald, gegen 3 Uhr trat Stille ein und da die

[1] Wegen geringer Volkszahl im Archangeler Gouvernement, ist den Bauern seit 1820 allergnädigst erlaubt worden eine Geldabgabe anstatt Rekruten zu stellen.

Strömung uns entgegen wirkte, mußten wir in 6 Sajenen Tiefe über Thonboden, in 6 Meilen WSW. von der Nikoler Mündung einen Stop-Anker werfen.

Fünf Meilen [1] gegen NNW. von diesem Thurme liegt das Dorf Kuja in einer ziemlich mahlerischen Gegend an der Mündung eines Flusses gleiches Namens. Seine Bewohner nähren sich vorzüglich vom Fischfang, dessen Ertrag sie theils am Lappländischen Ufer gegen Mehl austauschen, theils in Archangelsk verkaufen. Außerdem besitzt dieses Dorf auch einige Weideplätze; jenseits des Flusses Kuja springt das steile aber nicht hohe Kuische Vorgebirge nach SW. hervor; es ist von röthlicher Farbe. [2] Von NW. ist dieses Vorgebirge sehr auffallend, sowol durch seine runde Gestalt als auch durch die spärliche Bewaldung seines Rückens. Weiter gegen NW. erhebt sich das Ufer allmählig und wird merklich waldreicher.

Bis zum Anbruch der Nacht hatten wir vollkommene Windstille und vortreffliches Wetter; aber bald nach Sonnenuntergang fing es an aus Osten zu wehen. Wir lichteten sogleich den Anker und befolgten unseren früheren Kurs. Die ganze Nacht über hatten wir eine schnelle Fahrt, aber gegen Morgen, als wir eben an den Winterbergen vorübergegangen waren, (welche auf alten Karten Kaznes oder Kanznes genannt werden) erhob sich ein, uns völlig widriger NOwind.

Das hohe Vorgebirge welches unter dem Namen der Winterberge bekannt ist, bildet die östlichste Begränzung der Dwinischen Bucht; von ihm an biegt sich das Ufer äußerst allmählich gegen NO. und gegen SO., ohne einen einzigen merklichen Vorsprung. Die Winterberge sind durch 4 oder 5 steile Abhänge kenntlich, zwischen denen in bewaldeten Schluchten eben so viele kleine Bäche fließen. Einer dieser letzteren ist der sogenannte steinige Bach (Kámennui rutschèi) und gehört zu den Punkten deren Lage bei der letzten Aufnahme des weißen Meeres durch astronomische Beobachtungen bestimmt wurde. Die genannten Abhänge scheinen in der Entfernung, und namentlich bei nicht ganz reinem Horizonte, von bläulicher Farbe; wahrscheinlich aus diesem Grunde haben die Engländer jenem Orte den Namen Blue Point gegeben.

Den ganzen Tag über wehte ein beständiger und frischer NOwind bei heiterem Wetter. Den unter dem Winde gelegenen Horizont erfüllte ein dichter und schwarzer Nebel, welcher dermaßen wie eine Verbindung zwischen beiden Uferhälften erschien, daß man

[1] Unter Meilen werden überall Italiänische oder Seemeilen (Minuten eines größten Kreises der Erde. E.) verstanden. Die Rhumben sind stets wahre (nicht magnetische E.) falls nicht geradezu das Gegentheil bemerkt wird. [2] Es besteht aus Thon. Siehe Lepechins Reise I. IV. Seite 83. (das Russische Original).

das Ende des Landes von dem Anfange des Nebels nicht unterscheiden konnte. Dieser Anschein war so durchaus trügerisch, daß wir jedenfalls den Nebel für Ufer gehalten hätten, wenn wir nicht anderweitig überzeugt gewesen wären, daß nur offenbares Meer nach jener Seite liege. In diesem neblichen Streifen hielt eine Lodja denselben Kurs wie wir, und durch Strahlenbrechung zeigte sich ein Bild derselben in einiger Höhe über ihr. Es lag verkehrt d. h. mit den Segeln nach unten. Bisweilen zeigte sich noch ein Bild zwischen jenen beiden und alle drei Lodji liefen dann gemeinschaftlich eine unter der andern gegen N. Diese auffallende Erscheinung dauerte ununterbrochen wärend einiger Stunden. Wir segelten mit Steürbordwind gegen das nördliche (Tersker) Ufer bis 5 Uhr Nachmittags, wo wir, in 8 Meilen Entfernung von demselben, wendeten. Nach Rechnung und Beobachtung waren wir gegen 5 Meilen westlich vom Flusse Pjaliza, sahen aber weder diesen Fluß noch irgend eine erkennbare Stelle. Vielmehr war das Ufer, so weit das Auge reichte, völlig eben, niedrig und gegen das Meer hin mit sandigen Abhängen endigend. Diese Einförmigkeit überzeügte uns von dem Nutzen der Thürme, welche man auf den Vorschlag des Kapitain-Lieutenants Dsjurkowskji an verschiedenen Punkten des Westufers zu errichten beschlossen hatte. Zwei derselben für das Puenger- und Orlow Vorgebirge waren bereits vor unser Abreise von Archangel abgefertigt worden. In der 9ten Stunde wendeten wir wieder zum Steürbordkurs.

Obgleich wir bis jetzt unsre Breite noch nicht beträchtlich vermindert hatten, so zeigte sich doch eine sehr auffallende Veränderung der Lufttemperatur; das Thermometer hatte gestern im Schatten 18° gezeigt, stand aber heüte nur auf 8°. Übrigens war das Wetter heiter und trocken. Den Matrosen wurden die tuchnen Hemden ausgetheilt, jedoch unter strengem Befehl, dieselben nicht anders als auf der Wache anzuziehen

(Sonntag. Juli 17.) Um 6 Uhr Morgens näherten wir uns abermals dem nördlichen Ufer; jedoch wiederum ebenso sehr ohne Erfolg, denn wir wendeten ohne zu wissen, vor welchem Theile desselben wir uns befänden. An vielen Stellen sahen wir Hütten der Seehundsjäger, (die Wésnowalischen). Eine derselben war größer als die übrigen, und neben ihr standen eine Stange und eine Saüle; meerwärts erstreckte sich etwas einer Landungsstelle ähnliches und wir sahen einen Menschen darauf entlang gehen. Rechts davon stand eine Lodja, welche als wir uns entfernten hinter einem sandigen Vorgebirge verschwand. Um Mittag kamen wir an das südliche Ufer, welches aber ebenso einförmig erschien wie das nördliche. Überall sah man gleichmäßig ziemlich hohe Sandabhänge, mit platten Scheiteln. Wir befanden uns dem Flusse Juza gegenüber. Am Ufer lag eine Lodja, welche durch Refraktion wundersam umgestaltet wurde; sie erschien uns bald darauf in Gestalt eines großen schwarzen Vierecks und verschwand dann gänzlich im feuchten Nebel. Nach West sahen wir eine Brigg in verkehrter Stellung. Das Wetter war heiter und trocken. Um 5 Uhr Nachmittags nahten wir uns der unter dem Tersker Ufer gelegenen Tanneninsel (Ostr. sos nówez). Dieses niedrige und ebene Eiland verschwimmt vollständig mit dem Ufer, und wird daher ganz unbemerkbar, wenn man es von einer andern als der SW. oder SO. Seite betrachtet. Auf ihrer SOspitze stehen einige Kreüze, nach denen sie von den Ausländern die Kreüzinsel (Kruis Eilant, Croſſ Island) genannt wird. Diese dienen zu einem guten Merkzeichen für diese Insel, indessen nur in einer geringen Entfernung. Das angränzende feste Ufer ist sanft geneigt, und an einzelnen Stellen, mit grün bedeckt, von Schluchten und Bächen durchschnitten; bei vollkommnem Holzmangel unterscheidet sich diese Stelle durch ihre völlig gelbe Farbe von den weiter gegen S. folgenden Ufern.

(Montag. Juli 18.) In der 9ten Abendstunde erhielten wir einen günstigen Wind aus OSO., aber um Mitternacht und auf der Höhe des Flusses Panoi ward es wiederum still. Darauf begann erst um 3 Uhr Nachmittags wiederum ein leiser Wind aus O. Wir hätten nun nach N. halten können, um auf dem gewöhnlichen Wege, welchen alle nach oder von Archangelsk gehende Schiffe befolgen, in das Nordmeer einzulaufen d. h. uns westlicher als alle Bänke an das Tersker Ufer zu halten. Ich beschloß aber nach dem Beispiele und auf den Rath meines Vorgängers Lieutenants Lasarew, den östlichen Weg theils als den näheren zu wählen, theils auch um, wenn die Umstände es erlaubten, bei der Wallroſſ Insel und dem Kanin Vorgebirge Beobachtungen zu machen. Wir hielten daher dicht am Wind nach NNO. und wendeten um 7 Uhr, als der Wind plötzlich aus ONO. zu wehen begann, nach SO. Fast zu derselben Zeit zeigte sich ein hohes Ufer gerade vor der Spitze; wir glaubten allgemein es sei dieses Nebel, denn da wir uns auf der Orlow Bank glaubten, so mußten wir es für unmöglich halten, die in der angegebenen Richtung, aber noch in sehr großer Entfernung, liegende Wallroſſinsel zu sehen. Dieses Ufer, oder dieser Nebel verschwand bald, indem es von anderem Nebel bedeckt wurde, und wir fanden uns noch mehr in unserer Meinung bestätigt. Die Tiefe betrug 15 — 13 Sajenen. Wir erwarteten dieselbe schnell zunehmen zu sehen; zu nicht geringer Verwunderung verminderte sie sich aber vielmehr um 8 Uhr bis zu 8 Sajenen; da zeigte sich auch die früher gesehene Küste von Neüem, aber bei weitem deütlicher, ihre Abhänge waren scharf begränzt; Schluchten in den Uferhügeln und Schnee in denselben, bald darauf aber auch Brandung am Strande wurden deütlich erkannt und wir zweifelten nicht länger, die Wallroſſinsel vor uns zu haben; es blieb aber durchaus unverständlich, wie wir dahin gelangt sein konnten, wärend wir uns NWlich davon in bedeütender Entfernung glaubten. Man mußte eine heftige Strömung gegen SO. annehmen und dafür sprach auch die ungemeine Schnelligkeit mit der wir uns der Insel näherten. Um 9½ Uhr waren wir schon von ihrer NWspitze um nur 4 Meilen nach N t W. entfernt, und wendeten daselbst nach Steürbord bei 6½ Sajenen Tiefe über Sandgrund. Die Tiefe wuchs schnell bis 7, 10 und 11 Sajenen und um Mitternacht fanden wir mit 15 Sajenen keinen Grund; beilegen wollte ich nicht um nicht unnütz Zeit zu verlieren.

Auf unserm Wege gegen Norden hatten wir an mehreren Bänken vorüber zu gehen, deren Existenz uns bekannt war, welche man indessen auf verschiedenen Karten äußerst verschieden angegeben fand. Auf unserer Brigg befanden sich zwei Karten des weißen Meeres, die eine, eine gedruckte Merkatorkarte nach einer Zeichnung des Herrn General Lieutenant Golinischtschew Kutúsow, die andere eine handschriftliche Plankarte, welche zu Archangelsk auf Befehl des Herrn Admiral Fondesin durch den Steüermann Jadrowzow aus denselben Spezialkarten zusammengetragen wurde, welche jener ersteren zu Grunde lagen. Auf der ersteren Karte war eine Bank von 2 Sajenen Tiefe fast auf dem Parallel des Orlow Vorgebirges und in 19 Meilen von demselben angegeben; auf der zweiten befand sich hingegen eine Bank von 1½ Sajenen auf dem Parallel vom Konuschin Vorgebirge und in 20 Meilen von demselben. Wir nahmen daher unsern Kurs so, daß er uns in der Mitte zwischen beiden Bänken hindurchführte. Die von 2 Sajenen ließen wir nach der ersteren Karte in 14 Meilen Entfernung zu unserer Linken, die von 1½ Sajenen nach der letztgenannten Karte zur Rechten in einer Entfernung von 12 Meilen, und rechneten darauf daß keine Strömnng, so stark sie auch sein möchte, im Stande wäre um uns in so kurzer Zeit gegen eine von beiden Bänken zu führen, sobald wir nur den von O t N. wehenden frischen Wind nach Möglichkeit benutzten. Bei jedem Schritt trafen wir nun auf fürchterlich aufgerührte Meeresstellen, welche von starken und entgegengesetzten Strömungen zeügten. Wenn das Fahrzeüg in einen solchen Streifen gelangte, so hörte es auf dem Ruder zu gehorchen und warf sich um 2 bis 3 Rhumben zur Seite. Um 2 Uhr nach Mitternacht befanden wir uns nach Rechnung dem N. Ende der langen Bank gegenüber, fingen an, an der von 2 Sajenen vorüber zu gehen und hofften daher bald außerhalb aller Gefahren zu sein; aber nach einem kleinen Schauer (schkwal der Russischen und squal der Englischen Seeleüte E.) von SO., ward es fast gänzlich still; dieser Umstand gereichte uns zu großem Ärgerniß und wir vergaßen daß die Vorsehung Alles zum Besten der Menschen leite; denn hätte der frühere Wind angehalten, wie wir es in unserer Blindheit wünschten, so wäre nach einer Viertelstunde kein einz'ger Mast auf der Brigg geblieben, vielleicht aber auch sie selbst schon zertrümmert gewesen.

Nach Ertheilung der nöthigen Befehle an den wachthabenden Offizier, ging ich unter Verdeck um zu schlafen, hatte aber noch kein Auge geschlossen als man herbeilief um mir zu sagen, die Brigg sei auf eine Sandbank gefahren. Wir maßen rings um und fanden folgende Tiefen: — Auf der Steüerbord Seite hinterm Spiegel 13 Fuß, beim Hauptmast 11½ Fuß und am Galion 11 Fuß; an der Backbordseite am Spiegel 14 Fuß, am Hauptmast 11½ und am Galion 10 Fuß; das Schiff hatte sich folglich mit der Spitze festgefahren. Das Ruder war noch frei und wir schickten sogleich auf der Jolle einen kleinen Werpanker und Werptau gegen SSW. nur um uns vom Spiegel aus zu halten, wenn etwa der Fluthstrom beginnen sollte; denn in diesem Falle wären wir bald wieder flott geworden. Indessen zeigte sich dieses Mittel unzulänglich, denn, wie wir unterdessen bemerkten, fiel das Wasser vielmehr aüßerst schnell und strömte mit 4 Knoten gegen WNW. Man hatte nun darauf zu denken, daß die Brigg wärend der Ebbe nicht umschlüge; meine deßfallsigen Besorgnisse wuchsen bedeütend, als sich zu unserem Leidwesen ein frischer NOwind erhob und das Schiff auf die linke Seite neigte. Alle Stangen und oberen Raen wurden niedergelassen und die Brigg von unten mit den Bramstangen und Leespieren unterstützt, aber alle diese Hölzer zersplitterten und zerbrachen eines nach dem andern und das Schiff neigte sich bald so sehr, daß ich jeden Augenblick erwartete, es werde gänzlich umschlagen; aber plötzlich erhob es sich mit einigem Gekrache und stand nun völlig gerade. Niemand von uns wußte sich von einer so auffallenden Erscheinung Rechenschaft zu geben. Erst nachdem es völlig trocken um die Brigg geworden war, sahen wir daß ihr Kiel sich in einem Kanale oder einer Rinne befand; zu beiden Seiten derselben waren Erhöhungen auf denen die Ränder des Kieles völlig ruhig lagen. Bis zu diesem Augenblicke weiß ich nicht ob die Brigg durch ihre eigne Schwere ein solches Lager bereitet hatte, ob sich dasselbe aus dem Sande bildete, welchen der Wellenschlag heranspülte, oder ob es schon fertig war als wir zu unserem Glücke gerade dahin geriethen.

Als wir auf die Untiefe geriethen, sah man nirgends rund um etwas einer Brandung ähnliches; bald darauf zeigten sich aber in NW. sprützende Wellen und nachher eben daselbst die Gränze einer sandigen Bank, welche sich nach Maaßgabe der Abnahme der Wasserhöhe, weiter ausbreitete und zuletzt zu beiden Seiten unseres Standortes ein sandiges Feld bildete, dessen Länge von O. nach W. fast 1 Werst bei einer Breite von ungefähr ½ Werst betrug. Zur selben Zeit gewahrte man Wellenspreu in geringer Entfernung gegen N. und NW. Das Ende der Ebbe welches wir mit Ungeduld erwarteten, traf gegen 8 Uhr Morgens ein und zeigte, daß wir uns fast genau im Augenblicke des Hochwassers festgefahren hatten. Bei der Ebbe blieb hintern Spiegel nicht mehr als 1 Fuß Tiefe und von den Grot Rustlinen nach vorne war alles trocken. Die völlig ausgerüstete Brigg auf einer sandigen Insel, von Brandungen umgeben, und mitten in einem Meere, welches nach keiner Seite hin Gränzen zeigte, rings um ihr Leute in manchfachster Beschäftigung, einige auf hangenden Sitzen um das Schiff unterhalb der Wasserlinie zu besichtigen, wärend andere astronomische Beobachtungen machten oder auch auf der sandigen Insel umher gingen, um Muscheln und Steine zum Andenken aufzulesen, alles dieses gewährte einen sehr seltsamen Eindruck. Wir standen nun so ruhig wie in einer Docke, und wäre es uns wirklich darum zu thun gewesen eine Beschädigung der Brigg zu untersuchen, so hätte dieses nirgends so leicht und erfolgreich geschehen können als hier. In der That aber war unsere Lage nichts weniger als gefahrlos. Wir geriethen bei Hochwasser auf die Bank; dann erregte NOwind auf dem Meere sehr hohe Wellen, welche anfangs durch ein Riff gebrochen, nun dennoch auch uns bald erreichen mußten. Die Brigg konnte zertrümmert oder doch wenigstens hart beschädigt werden, bevor sie noch durch den Fluthstrom wiederum gehoben wurde. Es lag uns nun ob sie zu erleichtern, und dazu ward vielleicht der Verlust von Gegenständen erfordert, ohne welche wir unsere Reise nicht fortzusetzen vermochten. Zu alle diesen verschiedenen Besorgnissen gesellte sich bei mir noch die eines augenscheinlichen und unvermeidlichen Untergangs, sobald etwa der Wind von Süden zu wehen anfinge. Von der anderen Seite beruhigte es mich einiger Maßen, daß die Brigg bei äußerst langsamer Fahrt aufgefahren war und daß sie auch außerdem auf einem Sande stand, welcher nicht im Stande war sie zu verschütten; und ich hoffte deshalb sie noch vor Eintritt des Hochwassers ins Freie zu ziehen. Der Stoppanker mit einem Kabeltau waren schon in Bereitschaft gesetzt und sobald die Strömung aufhörte, führte man sie, dem anderen Werpanker zu Hilfe, nach demselben Rhumb wie diesen und zog in Erwartung höheren Wasserstandes beide stramm an. Einstweilen wurde der Mannschaft eine Porzion Branntwein verabreicht und zwei Stunden Ruhe gegeben.

Um $8\frac{3}{4}$ Uhr begann der Fluthstrom. Die Brigg erlitt sofort mehrere leichte Stöße, als das Wasser anfing sie zu umgeben und wärend nun das Riff, welches uns vor dem Winde geschützt hatte, überspült zu werden anfing, wurde auch rings um uns der Wellenschlag immer heftiger. Gleichzeitig verstärkte sich der Wind. Gegen 11 Uhr, als bereits 11 Fuß Wasser hinter dem Spiegel waren, erhielt unser Schiff von Zeit zu Zeit so heftige Stöße, daß ich einen Versuch zur Fortbewegung für nöthig hielt, denn in geringer Entfernung von uns war nun bereits hinreichende Tiefe vorhanden. Es gelang uns auch wirklich die Brigg von der Stelle zu bewegen, aber mit einer so fürchterlichen Erschütterung des Rumpfes und der gesammten Bemastung, daß wir vom begonnenen Versuch für jetzt wiederum abstehen mußten. Indessen war es auch in der ursprünglichen Lage nicht besser. Das Riff ward nun gänzlich vom Wasser bedeckt, die See rollte gerade auf uns, der Wind nahm nicht ab; die Brigg empfing fürchterliche Stöße und bis zum Hochwasser mußten noch mehr als zwei Stunden vergehen, wärend deren sich gar manches Schlimme ereignen konnte. Unsere Lage ward immer gefahrvoller und um 1 Uhr nach Mitternacht, sobald das Wasser hinter dem Spiegel bis zu $12\frac{1}{4}$ Fuß gewachsen war, beschloß ich daher endlich sie fort zu bewegen, was es auch koste, und obgleich die Mitte und der Schnabel noch einen Fuß hoch auf der Bank ruhten. Wir wirkten nun mit vollsten Kräften auf die Winden, die Brigg bewegte sich, und nach zwei oder drei fürchterlichen Stößen stand sie in freiem Wasser. Wir maßen nun sogleich das Wasser im Raume und fanden es zum höchsten Troste nicht um einen halben Zoll höher als zuvor. Ich wünschte nun wärend des Laufes den ausgeworfenen Stoppanker zu heben, die dünnen Warplinien schießen zu lassen und so die Tiefe zu suchen, aber ein starker NOwind warf uns auf die Seite und zwang uns einen Halbkreis von mehr als 50 Sajenen Radius um den Stoppanker zu beschreiben. Es wäre nicht angemessen gewesen sich nur um ihn zu heben, einem heftigen Winde und Wellenschlage entgegen, bis zu einer Tiefe von nur 20 Fuß und bis auf einen Abstand von nur $\frac{1}{2}$ Kabeltau von dem Riffe zu ziehen. Wir ließen daher sowohl Kabeltau als Warpanker schießen und gingen unter Stagsegeln nach S t O. in 1 Meile Entfernung vom Riffe, wo wir in 23 Sajenen Tiefe über Boden von Sand und fettem Thone den Anker warfen. Unseren höchst ermüdeten Leüten wurden 2 Ruhestunden gegeben.

Jetzt erhob sich die Frage, auf welche von den bekannten Bänken wir gerathen seien oder ob wir eine neüe und noch nirgends verzeichnete erreicht hatten? Wir haben oben zweier uns nahe gelegener Bänke erwähnt, aber keine von ihnen entsprach der unsrigen. Die auf der Karte des Steüermann Jadrowzow befindliche Untiefe erstreckt sich von NNW. $\frac{1}{2}$ W. nach SSO. $\frac{1}{2}$ O. um mehr als 20 Meilen weit, und ist von $1\frac{1}{2}$ Sajenen tiefem Wasser bedeckt, wärend die auf welche wir geriethen in keiner Richtung mehr als 3 Meilen mißt und bei der Ebbezeit 7 Fuß hoch über das Wasser emporragt. Der letztere Umstand unterscheidet dieselbe ebenso vollständig von der 2 Sajenen tiefen Bank auf der andern Karte, und wir waren daher anzunehmen berechtigt, daß jene erstere bei keiner der früheren Aufnahmen des weißen Meeres bemerkt und daher von uns entdeckt worden war. Bei unserer Rückkehr nach Archangelsk überzeugten wir uns indeß von dem Irrthümlichen dieser Voraussetzung, denn wir fanden daselbst eine Karte des weißen Meeres welche im Jahre 1778 von den Kapitainen Grigórkow und Domojírow aufgenommen, fast ganz an derselben Stelle zwei kleine und bei der Ebbe trocken gelegte Bänke zeigte; und außerdem auch eine Englische Karte welche dieselben enthielt. Es folgte daraus, daß unsere vermeinte Entdeckung eine schon längst gemachte und nur auf den neüsten Karten vernachlässigte war. Die Breite dieser Bank beträgt nach einer genügenden Beobachtung der Mittagshöhe der Sonne 67° 11′ 15″ und die Länge nach dem Kronometerstande den wir erhielten, wärend die Brigg auf der Untiefe lag, 2° 10′ 30″ O. von Archangelsk. Von dem Thurme auf Orlow Nos (Adler Vorgebirge) liegt sie 31¼ Meilen nach N. 86° O. wahres Azimuth. Die Hafenzeit beträgt 0^h 48′, die beobachtete Fluthhöhe 12 bis 13 Fuß und zwar kann man dieselbe, da sie nur 2 Tage nach Neümond geschehen ward, höchst nahe für die Syzygien Fluthhöhe annehmen. Wir fanden übrigens, wärend wir von einem Hochwasser bis zum nächstfolgenden daselbst lagen, daß der Fluthstrom wärend der ersten 3 Stunden nach OSO. mit Geschwindigkeit von 3 Knoten laüft, und dann wärend der letzten nach SSO. mit 4 Knoten Geschwindigkeit; der Ebbestrom aber entgegengesetzt anfangs nach WNW. und hernach nach NNW. mit derselben Schnelligkeit. Diese Bank ist um so gefährlicher als sich die Annäherung an dieselbe durch keinen Wechsel der Tiefen kund giebt. Wir standen jetzt nur um 1 Meile gegen Süden von ihr entfernt bei 23 Sajenen Tiefe und obgleich wir ihre Lage gegen uns mit völliger Sicherheit kannten, so war doch troß des heftigen Windes bei Hochwasser die Brandung auf derselben kaum im Fernrohre sichtbar.

Vier Kranke, an Verwundungen welche sie bei der Arbeit erhalten hatten, so wie der Verlust von zwei Werpankern, waren der Preis um den wir unsere Befreiung von der Bank erkauften. Der letztere Umstand machte unsere zukünftige Lage ziemlich beschwerlich, denn es blieb uns nunmehr nur noch ein Werpanker von kleinerer Gattung. Ich hatte mir vorgesetzt ein Boot zur Aufhebung des Stoppankers auszusenden, in sofern es uns möglich sein würde ohne augenscheinliche Gefahr und mit einiger Hoffnung des Gelingens an ein solches Unternehmen zu gehen. Man konnte aber nun einerseits fast mit Sicherheit annehmen, daß durch die fürchterliche Strömung sowohl Werpanker als Kabeltau schon längst mit Sand überschüttet und deren Auffindung unmöglich geworden war, und von der andern wurde durch den heftigen Wind und den Wellenschlag die sofortige Aussendung eines Bootes verhindert, and es war allzu gefahrvoll vor Anker im offenen Meere und in nur einer Meile von dem Riffe auf eine Veränderung des Wetters zu warten. Freilich war es nicht eben bequem in durchaus unbekannten Gegenden mit nur einem Werpanker zu schiffen, indessen rechnete ich darauf, daß wir im Fall der Noth den kleinsten unserer Reserveanker anstatt eines Stoppankers umwenden könnten, und beschloß daher, mit Gottes Hülfe, die Reise mit dem fortzusetzen was uns nun noch übrig blieb.

Im Verlaufe dieses unheilvollen Tages hatten sich Alle gleichmäßig angestrengt. Unsere kleine Mannschaft arbeitete fast in einem Athem wärend 24 Stunden und angefeuert durch das thätige Beispiel der Herren Offiziere, ertrug sie alle Beschwerden mit dem frohen Muthe der den Russischen Matrosen stets auszeichnet. Mit besonderem Ruhme habe ich noch des Herrn Lieutenant Lawrow zu gedenken, der bei dieser Gelegenheit alle Tugenden eines vollkommenən Seeoffiziers übte.

(Mittwoch. Juli 20.) Um 12 Uhr Nachts waren wir schon zur Abfahrt bereit. Wegen hohen Wellenschlages war das Lichten der Anker nicht nur sehr beschwerlich, sondern auch mit nicht geringen Gefahren verknüpft. Es erhob sich ein heftiger Wind mit Nebel und nasser Witterung, dennoch endete Alles glücklich und um 2½ Uhr gingen wir bereits unter den Lie-Segeln nach SW. mit der Absicht sämmtliche Bänke an deren Südseite zu umgehen, und sodann unseren Weg nunmehr längs des Terischen Ufers fortzusetzen. Der genannte Kurs führte uns weit mehr links als wir zu gehen beabsichtigten; da wir indessen fast genau im Augenblicke des Hochwassers den Anker gehoben hatten, so rechneten wir, daß der Ebbestrom indem er, wie uns bereits bewußt, mit Heftigkeit von SO. gegen NW. wirkt, uns um so viel als nöthig war, dem Ufer nähern würde. Wir irrten uns hierin nicht. Um 5 Uhr erschrack der wachthabende Offizier als er die Tiefe plötzlich bis zu 8 Sajenen abnehmend fand; ich hatte aber dieses erwartet, weil wir damals eben unseren früheren Kurs zur Wallrossinsel (Morjówez) durchschnitten, auf welchem sich dieselbe Tiefe gezeigt hatte, deßhalb ließ ich auch keine Segel einnehmen und hatte keine Vorstellung von der Gefahr in der wir schwebten. Wir gingen in äußerst geringer Entfernung, vielleicht nur von einigen Kabeltauen, an einer Bank vorüber welche zwei Jahre später durch den Capitain-Lieutenant Domogazkji entdeckt wurde. Die Tiefe nahm darauf sehr schnell wiederum zu. Um 7½ Uhr als wir nach Rechnung am S. Ende der Orlow Bank vorüber gingen, wendeten wir, und liefen nun Steuerbordkurs und dicht am Winde. Dichter Nebel verdeckte die Küste, welche in geringer Entfernung lag; gegen das Ende der 9ten Stunde verschwand aber dieser Nebel, das ganze) Ufer erschien deutlich und wir peilten die Mündung des Flusses Panoi nach S. 42° W. Der Wind war uns völlig widrig und bis zum Abend gelangten wir durch Laviren nicht weiter als bis zum Orlowvorgebirge, auf welchem bereits ein jedoch nicht völlig ausgebauter Thurm sich befand.

(Donnerstag. Juli 21.) Am folgenden Morgen als wir uns gerade nördlich von diesem Thurme befanden, beobachteten wir Stundenwinkel der Sonne, aus welchen sich die Länge desselben von Archangelsk zu 0° 53′ O. ergab. Von dieser Seite ist jener Thurm sehr bemerklich, denn er steht auf dem äußersten Rücken eines gegen das Meer abschüssigen Ufers, und zeigt sich aus großer Entfernung. Wenn man aber von Süden kommt, so wird derselbe durch vorspringende Landspitzen lange verdeckt. Von Osten her verschwimmt derselbe gleichfalls mit dem Ufer auf welchem er steht.

Gegen Abend erhob sich ONOwind und erlaubte uns endlich mit direcktem Kurse auf den Nordocean zu halten. Um 10 Uhr nahmen wir unsere Abfahrt vom Gorodezer Vorgebirge, welches sich nach Kreuzpeilungen nach S. 60° W. in 7 Meilen Entfernung von uns befand.

(Freitag. Juli 22.) Am 22sten hatten wir wärend des ganzen Tages einen starken widrigen Wind. Das Wetter war anfangs heiter, so daß es uns gelang eine gute Reihe von Mondsdistanzen zu messen; wir hatten aber kaum diese Beobachtungen geendet, als sich Nebel und Nässe einstellte und uns rings umgab. Den Leuten wurden warme Kopfbedeckungen verabreicht.

(Sonnabend. Juli 23.) Derselbe Wind mit Nebel und Nässe dauerte auch am 23sten. Um Mittag in 69° 34′ Breite nach Rechnung, wendeten wir auf Backbordseite, weil wir es uns zum Gesetz gemacht hatte den Parallel von 70° Breite nicht früher als in der Nähe von Nówaja Sémlja zu überschreiten. Ich befolgte hierin den Rath erfahrner und mit der Nówasémler Gegend bekannter Leute, welche mich versichert hatten, daß es weit schwieriger sei sich dem Ufer zu nähern wenn man schon in größerer Entfernung von demselben auf Eis getroffen sei, und unser Unternehmen vielmehr nur dann gelingen könne, wenn wir auf die Südspitze der Insel zu gingen, welche weit früher als die übrigen Stellen vom Eise frei wird, und uns dann erst von dort aus längs des Ufers gegen Norden begäben.

(Sonntag. Juli 24.) Am folgenden Tage wehte der widrige Wind noch heftiger und mit größerem Wellenschlage als zuvor, und nöthigte uns alle Segel bis auf die unteren einzunehmen und die Bramstangen hinabzulassen. Am Montag Juli 25. ward es etwas stiller, doch bewegten wir uns nur langsam vorwärts wegen starker widriger Wellen.

(Dienstag. Juli 26.) Der Morgen des 26sten versprach einen schönen Tag; die Sonne zeigte sich beim Aufgange sehr klar, aber kaum war es uns gelungen einige Höhen derselben zu beobachten, als uns schon wiederum die früheren Nebel einhüllten. Wir erlitten an diesem Tage einen ziemlich empfindlichen Verlust; von den 4 Fässern mit Kartoffeln, welche wir am Bord hatten, fanden wir drei so völlig verfault, daß wir gezwungen waren sie möglichst schnell über Bord zu werfen und den Raum zu durchraüchern. Man hatte diese Kartoffeln mit trockener Pottasche gemengt und die Fässer geschlossen, doch liegt hierin gerade das sicherste Mittel zur Herbeiführung der Faülniß, denn in dem noch übrigen Fasse welches man nicht Zeit gehabt hatte zu verschließen, waren sie nur ausgewachsen, ohne zu verderben; und diejenigen endlich, welche ganz einfach in Säcken lagen, waren sogar nicht einmal gewachsen. Es scheint daher, als sei es zur Erhaltung der Kartoffeln am zweckmäßigsten sie gerade zu an der freien Luft zu bewahren. Man fing heûte an der Angel einige von den Vögeln, welche die Jäger Tolupanui nennen, und über unserer Erwartung dienten uns diese zu einem vortrefflichen Braten. Freilich ist ihr Fleisch schwarz und etwas zähe, indessen ohne den geringsten Geruch nach Fischen und sehr wohlschmeckend.

(Juli 27. und 28.) Die folgenden zwei Tage waren uns durchaus nicht günstiger als die vorhergehenden. Widriger Wellenschlag von großer Stärke verhinderte fast jedes Fortschreiten, so daß wir um Mittag des 28sten nur in 69° Breite und 1° 49′ Länge Ost von Archangelsk waren. (Freitag. Juli 29.) Nach Mitternacht ging endlich der Wind in das SOviertel über und erlaubte uns nach NO. zu halten. (Sonnabend. Juli 30.) Am Morgen des 30sten verschwand der Nebel auf einige Stunden und zum ersten Mal seit 8 Tagen, so daß wir die Kleiderbehälter und Hangematten der Matrosen trocknen konnten. Trotz eines so hartnäckigen und anhaltenden Unwetters waren übrigens nur 2 bis 3 Mann an leichten Erkältungen erkrankt. Um Mitternacht war nach 2 Sonnenhöhen die Breite 70° 52′ die Länge 6° 11′ Ost. Die Entfernung von dem nächst gelegenen Ufer von Nówaja Sémlja betrug 95 Meilen nach der Karte des Lieutenant Lasarew. Seit Mittag begegneten wir öfters Stücken von Holz, Schilf und Seegras. Wir fuhren fort mit ziemlicher Geschwindigkeit nach NO. zu laufen, und bewegten uns um so dreister als der Horizont völlig rein war. (Sonntag. Juli 31.) Im Verlauf des Tages lotheten wir mehrmals und erhielten mit 60 Sajenen keinen Grund.

Um Mitternacht fanden wir zum ersten Male mit 45 Sajenen Grund aus feinem Sande. Um 4 Uhr benachrichtigte man mich, daß das Thermometer in äußerst kurzer Zeit bis auf $+1\frac{1}{2}^{\circ}$ gesunken sei und daß sich am Horizonte ein Schiff gezeigt habe. Man errieth leicht was man von diesem sogenannten Schiffe zu halten hatte; und noch ehe ich auf das Verdeck getreten war sahe man schon eine ganze Flotte; es waren Eisschollen, deren Nähe sich bereits durch die plötzliche Erniedrigung des Thermometers zu erkennen gegeben hatte. Bald darauf zeigte sich zwischen NO. und NW. eine ununterbrochene Kette derselben. In der Verlängerung unseres Kurses sah man nur eine einzelne und getrennte Insel, so daß ich hoffte an dieser ganzen Kette vorbei zu segeln und das Ufer zu erreichen; bald aber begann die Fortsetzung derselben sich auch unter dem Winde immer deütlicher zu zeigen, so daß es unmöglich war dieselbe unter Beibehaltung des gegenwärtigen Kurses zu umgehen; dazu kam noch daß der Nebel sich nur getheilt zu haben schien um uns unsere Gefahr zu zeigen, nun aber uns wiederum einhüllte. Es wäre ebenso unnütz als gefährlich gewesen, fernerhin gegen das Eis zu segeln, und deßhalb folgten wir nun unserem ursprünglichen Plane, den Weg zum Ufer in möglichst niedriger Breite zu suchen, wendeten das Schiff zu Backbordkurs und hielten nach Süden. Es zeigte sich nun bald ringsum nichts anderes als Nebel. Meine Absicht war zunächst 30 bis 40 Meilen weit gegen Süden zu segeln, dann zum Ufer zu wenden und wenn ich abermals Eis begegnen sollte, noch weiter gegen Süden zu gehen, und auf diese Weise fortzufahren, bis daß sich endlich ein offner Weg zum Ufer zeigen würde.

(Montag. August 1.) Um Mitternacht wendeten wir das Schiff zu Steüerbordkurs. Nebel und Regen dauerten ohne Unterlaß. Wärend des ganzen Tages fand das Loth bis 70 und 80 Sajenen keinen Grund; bis endlich um 7 Uhr mit 60 Sajenen eine Tiefe gemessen und feiner Sand am Meeresboden gefunden wurde. Nach 2 Stunden zertheilte sich die Dunkelheit einiger Maßen, und wir sahen vor uns Eis an verschiedenen Stellen. Das Thermometer, welches bis dahin auf $+4^{\circ}$ gestanden hatte, fiel plötzlich auf $+\frac{3}{4}^{\circ}$ [1]. Wir näherten uns dem Eise, und sahen, daß dasselbe ein zusammenhangendes Feld bildete, welches sich zwischen N. und SO. so weit erstreckt als das Auge reichte. Wir mußten abermals wenden, um die Durchfahrt mehr im Süden zu suchen. Am Wendungspunkte war die Tiefe 35 Sajenen und der Grund so wie früher. Nach dieser geringen Tiefe und deren schnellen Verminderung zu urtheilen, konnte das

[1] Ohne Zweifel nach der in Russland allgemein gebraüchlichen Réaumurschen Skale. — E.

Ufer nicht sehr entfernt von uns sein. Nach der Karte betrug der Abstand desselbeen 35 Meilen, nach meiner Ansicht aber eher noch weniger. Es war äußerst betrübend einen in so geringfügiger Entfernung gelegenen Gegenstand dennoch nicht erreichen zu können. Es begann schon der August, welcher freilich zur Schifffahrt in der hiesigen Gegend für den besten, zugleich aber auch für den letzten Monat zu halten ist, und doch hatten wir unser Hauptgeschäft noch nicht ein Mal begonnen. Mit äußerst günstigem Winde und Wetter hätten wir zwar auch in so kurzer Zeit noch vieles vollenden können; hier aber darf man auf solche Begünstigung in keiner Jahreszeit hoffen, und die stets erneüerten Aufenthalte fingen daher an, mich über das Gelingen unserer Expedition gewaltig zu beunruhigen.

(Dienstag. August 2.) Um Mittag des 2ten August waren wir wiederum fast 30 Meilen gerade gegen S. gegangen und wendeten nun nach NO. Der Wind legte sich bald gänzlich; das Meer war ausgezeichnet ruhig; der Horizont reinigte sich und seit 6 bis 7 Tagen sahen wir zum ersten Male am Himmel blaue Stellen zwischen den Wolken. Die Tiefe betrug 95 Sajenen, der Grund bestand aus zerfließbarem Thone, die Farbe des Wassers war ein ausgezeichnet schönes Blau. (Donnerstag August 4.) Diese Ruhe dauerte bis zum 4ten bei dichtem und nässendem Nebel, welcher sich nur selten und auf kurze Zeit zertheilte. Wärend dieser ganzen Zeit hatten wir uns nach Rechnung um nur 30 Meilen gegen Osten bewegt. Die Tiefe betrug zwischen 92 und 97 Sajenen über weichem Thonboden. Um 4 Uhr Nachmittags erhob sich ein leichter Wind aus N. und wir hielten nun hart am Wind einen Backbordkurs. Nach Rechnung war das Ufer nicht mehr fern, da wir aber seit 6 Tagen keine Beobachtung gehabt hatten, so ließ sich dessen Abstand nicht genau angeben. Zufolge der bedeütenden Tiefe von 80 Sajenen, welche wir am 5ten des Morgens und in einem Augenblick gefunden hatten, wo nach Rechnung der Abstand nur 18 Meilen betragen sollte, waren wir entfernter als unsere Rechnung es angab. Nichts desto weniger blieb große Vorsicht geboten; so oft uns Nebel umgab strichen wir einige Segel, um bei unvorhergesehener Begegnung mit Eis oder Ufer um so leichter zu manövriren, sobald es aber klar wurde setzten wir wiederum alle bei. Um 9 Uhr wurde endlich das Wetter so schön wie wir es im N. Oceane noch niemals gehabt hatten. Sehr gute Beobachtungen ergaben nun, daß wir uns um 65 Meilen westlicher befanden als die Rechnung angab. Um Mittag betrug die Breite 70° 56′ die Länge 9° 59′.

Sobald der Horizont sich aufklärte, richteten sich alle Blicke erwartungsvoll gegen O., in der Hoffnung das Ufer wahrzunehmen. An vielen Stellen gewährten Wolken und Nebel einen trügerischen Anschein desselben und ein Mal hielten wir uns gar versichert in NNO. Land zu sehen. Diese Taüschung wärte aber nicht lange. Der gehoffte Gegenstand verschwand und anstatt seiner zeigte sich nur, nichts weniger als erwünschtes, Eis. Mit Hülfe des heiteren Wetters und eines stetigen NNOwindes, gingen wir um 6 Uhr Nachmittags bis zur Berührung mit demselben. Es bildete von NO. bis SW. eine Bucht deren Vertiefung nach SO. gerichtet war; an den Rändern bestand es aus schwimmenden Schollen, welche durch ziemlich breite Wasserstellen von einander getrennt waren. Weiter gegen O. wurde es haüfiger und massiver und schloß endlich den Horizont mit hohen und übereinander aufgethürmten Eisbergen, hinter welchen selbst vom Saling und mit dem Fernrohre Nichts weiter sichtbar war. Wir sahen die Unmöglichkeit ein, an dieser Stelle das Ufer zu erreichen, und hielten daher nach S. bis zum Parallel der nach SW. hin sichtbaren Einbucht des Eises, in der Hoffnung, die nach diesem Rhumbe sich zeigende Endspitze des Eisfeldes zu umgehen und dann wiederum gerade auf das Ufer zu halten. Wärend wir uns durch die von diesem Felde abgetrennten Schollen hindurchwanden, mußten wir fast in jeder Minute den Kurs ändern, kamen aber dennoch nicht ohne einige harte Stöße davon. Um Mitternacht langten wir auf die Höhe der erwähnten Endspitze und da wir nach SO. kein Eis mehr sahen, so wendeten wir abermals und fuhren hart am Wind und Backbordkurs. Nach jenem vortrefflichen heiteren Abend, an welchen wir zum ersten Male die untergehende Sonne in der Nähe des Horizontes gesehen hatten, herrschte wiederum eine aüßerst unangenehme Nacht. Der Wind hatte sich abermals nach O. gewendet und war so heftig daß wir nur mit Mühe zwei Mal gereffte Marssegel tragen konnten; außerdem aber umgab er uns wieder mit dichtem und nässendem Nebel.

Das Eis das wir heüte umfahren hatten, bildete nach aller Wahrscheinlichkeit eine Fortsetzung derjenigen Masse, welche wir am 31sten Juli und 1sten August sahen. Es war an vielen Stellen mit Unreinlichkeiten und Koth bedeckt, auch lagen darauf gewisse schwarze Gegenstände, welche wie angebrannte Baumstumpfe aussahen. Man hatte deßhalb anzunehmen daß alles dieses Eis sich am Ufer gebildet, und nur vor kurzem erst von den Nówasémler Küsten getrennt hatte. Auch werden wirklich die Ufer dieser Insel oft sogar noch später von Eis befreit. Unser Artillerie Unteroffizier Smirennikow, welcher früher, als er noch Landmann war, zwei Mal auf Nówaja Sémlja überwintert hatte, erzählte, daß beim letzten Male das Eis nicht früher als am Vorabende von Mariä Himmelfahrt (14ten August) aus der Bucht, an welcher sie überwinterten geführt wurde; so daß sie bereits besorgten, noch einen zweiten Winter daselbst verleben zu müssen. Sowohl Dieser als auch andere jener Gegend kundige Leute versicherten mich daß Eismassen, welche sich einmal vom Ufer getrennt haben, hernach niemals zu demselben zurück kehren. Auch erscheint dieses naturgemäß, denn bei Nówaja Semlja herrschen Ostwinde, und auch die Strömungen gehen meistens von O. gegen W. Auf diese Ansichten gestützt wurde ich noch mehr in dem früheren Plane bestärkt, alle nicht leicht zu durchdringende Eismassen welche uns begegnen konnten an ihren Südenden zu umgehen, weil, sobald man ein Mal dieselben im Norden gelassen hatte, der Annäherung an das Ufer kein weiteres Hinderniß entgegen zu stehen schien. Wir hegten einige Hoffnung daß diese Absicht schon jetzt erreicht sei, denn nachdem wir die letzten Eismassen verlassen hatten, zeigte sich sowol in SO. als in O. durchaus freies Meer.

(Sonnabend. August 6.) Die angenehme Erwartung war von kurzer Dauer. In der 5ten Morgenstunde wurde wiederum durch einige schwimmende Schollen und durch ein äußerst schnelles Sinken des Thermometers bis zu $+\frac{1}{4}°$ eine widrige Nachbarschaft verkündet. Der Wind blies heftig und dichter Nebel umgab uns. Die Eisschollen zeigten sich nur erst aus Entfernungen von wenigen Sajenen. Nachdem wir außer den gerefften Marssegeln alle übrigen eingenommen und uns dicht an den Wind gelegt hatten, warteten wir mit einiger Ungeduld auf helleres Wetter. Endlich trennte sich der Nebel ein wenig, und wir erblickten gegen S. ein Eisfeld welches nach Maaßgabe vollkommner Aufhellung sich weiter und weiter zur Linken ausdehnte, und endlich den gesammten Horizont von W t S. über S. und O. bis N. bedeckte. In der letztgenannten Richtung vereinigte es sich wahrscheinlich mit den ähnlichen Massen, welche wir am vorigen Tage passirt hatten. Dieses Eis war dichter als alles bisher gesehene; unter dem Winde, von der Hauptmasse aus, schwammen einzelne Schollen von verschiedener Größe. Wir segelten nun längs desselben und legten uns um 8 Uhr, nachdem wir dessen westliches Ende passirt hatten, wiederum so wie früher hart an den Wind. Wärend wir an diesem Eise vorübergingen, zeigte sich auf höchst merkwürdige Weise wie sehr durch den Wellenschlag die Temperatur des Wassers erhöht wird. Dicht neben dem Eise hatte das Wasser eine Wärme von $+3\frac{1}{2}°$, wärend in der Luft das Thermometer nur $+\frac{1}{4}°$ zeigte.

Wärend des ganzen Tages fuhren wir zwischen dünnen weitläufig getrennten Eisstücken. Eine der am Horizonte sichtbaren Schollen ähnelte täuschend einem Schiffe unter Segel, und wir erfuhren die Wahrheit nicht eher als bis wir vom Mars und im Fernrohr die Grundfläche des Gegenstandes erblickt hatten.

(Sonntag. August 7.) Um 8 Uhr Morgens als wir uns nach unserer Rechnung genugsam gegen S. bewegt hatten, begannen wir einen Schlag über Steuerbord. Der Wind blies frisch aus O. mit angenehmem Wetter. Genügende Beobachtungen ergaben uns unsere Breite zu 69° 53′ und die Länge 10° 21′ O. Um 10 Uhr wurden wir durch den Anblick eines Felsenriffes erschreckt, auf welchem die Wellen fürchterlich brandeten. Das Loth zeigte 40 Sajenen Tiefe und Thonboden. Da wir uns auf der gewöhnlichen Fahrtlinie der Jägerschiffe und recht in Mitten der Kurse von Lieutenant Lasarew befanden, so hielt ich eine neue Entdeckung für völlig unmöglich; dennoch ließ ich sogleich, auch auf den unwahrscheinlichen Fall bedacht, nach jener Gegend halten bis daß wir sahen, daß das vermeintliche Riff sich zugleich mit den Wellen erhob und senkte: es war nichts anderes als eine mit manchfachen Unreinigkeiten bedeckte Eisbank. Bald darauf sahen wir uns von einer Menge kleiner Schollen umgeben, welche man aus der Entfernung von dem Schimmel der Wellen nicht hatte unterscheiden können; da sich außerdem auch vor uns neue Eisbänke zeigten, die man mit unserem gegenwärtigen Kurse nicht umfahren konnte, so wendeten wir nach Backbord, um sicher zu sein wärend der Nacht, welche bereits ziemlich finster zu werden begann.

(Montag. August 8.) Um 2 Uhr nach Mitternacht wendeten wir wiederum nach N. und erblickten um 4 Uhr in Westen dichtes Eis an welchem wir bereits vorüber waren. Wir hofften daß nun endlich die Hindernisse besieget wären, und berechneten schon, wann das Ufer erscheinen müßte, als sich anstatt dessen gegen NO. wiederum eben so dichte Eisbänke zeigten. Um 10 Uhr als wir mit denselben bis zur Berührung gekommen, begannen wir einen Schlag gegen S. und um 4 Uhr wiederum einen anderen nach NO. Unterdessen wuchs die Heftigkeit des Windes; äußerst schleuniges Fallen des Barometers verkündete Sturm, und um deßhalb vor dem Eise, welches sich wiederum unter dem Winde zeigte, selbst dann sicher zu sein wenn wir ganz aus dem Kurs zu fallen genöthigt wurden, wendeten wir rückwärts nach S.

Dieser Tag war für uns durch zwei in diesen Meeren gleich seltene Umstände merkwürdig, denn erstens hatten wir keinen einzigen Kranken an Bord, und zweitens gelang es uns genügende Mondsbeobachtungen anzustellen.

(Dienstag. August 9.) Wirklich blies der Wind sehr heftig, dennoch aber nicht so stark als wir es befürchtet hatten; von Mitternacht an ward es noch stiller und um 4 Uhr konnten wir nach NO. wenden. Bis Mittag zeigte sich kein Eis, und wiederum glaubten wir an das Gelingen unseres Manövers, aber um 1 Uhr schwand diese Taůschung; es zeigte sich sehr dichtes Eis von SO. über O. und N. bis NW. Als wir uns ihm bis auf 1 Meile genähert hatten ohne die geringste Theilung in demselben, oder freies Meer hinter demselben zu gewahren, wendeten wir nach S. und darauf um Mitternacht wieder nach N.

(Mittwoch. August 10.) Am Morgen ward es fast Untersegelwind [1] und bald zeigte sich wiederum festes Eis vor dem Kurse und zwang nach S. zu wenden. Durch dieses langweilige und ermůdende Lawiren bei harten Winden und hoher See gewannen wir beinahe gar nichts, und beabsichtigten nur unsere Stelle zu behaupten bis daß sich ein Weg zum Ufer von dem Eis befreite, oder der Wind uns erlaubte dasselbe seiner ganzen Långe nach von Sůden zu umfahren.

Um Mittag fand sich die Breite zu meiner Verwunderung durch Meridianhöhe der Sonne 71° 8′, wärend wir uns nach Rechnung in 70° 14′ hielten. Eine so bedeůtende Differenz wårend eines Tages schien unglaublich, und håtte ich allein beobachtet, so wůrde ich sie sicher einem Ablesungsfehler von einem Grade auf dem Sextantenlimbus zugeschrieben haben: da aber außer mir auch Lieutenant Láwrow und Steůermann Fedórow beobachtet und wir Alle Resultate erhalten hatten, welche nur innerhalb einer Minute von einander abwichen, so war es außer Zweifel daß wir eine ungeheůre Strömung erfahren hatten, die uns außer jenen 54 Meilen nach N., auch noch um 20 Meilen nach W., d. h. in Allem um 58 Meilen gegen N. 21° W. in 24 Stunden geführt hatte.

Wir wußten durchaus keinen besonderen Grund für eine so unerwartete Bewegung des Wassers, und dennoch mußte ein solcher vorhanden sein. Vielleicht war die Straße welche Nówaja Sémlja von Waigatsch trennt, noch immer durch Eis verstopft gewesen, so daß dann die Wasser des Karischen Meeres, welche sowol durch die allgemeine Strömung von O. gegen W. als auch durch die beständigen NO. und Ostwinde dahin getrieben wurden, sich bei weitem über ihr gewöhnliches Niveau erhoben und endlich nach Durchbrechung dieses Dammes mit stärkster Beschleůnigung in den Nordocean ergießen, daselbst aber, dem Ufer folgend, an dem Orte an dem wir uns befanden den fürchterlichen NWstrom erregen konnten. Dieses setzte uns um so mehr in Verwunderung als das Meer bei Nówaja Sémlja bei den Jägern

[1] Russisch und Holländisch: Under-Seil zur Bezeichnung derjenigen, dem Sturme zunächst stehenden, Intensität des Windes, bei welchem nur Grot und Fok nach Anziehung der Gitaue, oder auch die kleineren Unter-Segel in gerefften Zustande, getragen werden können. — E.

nicht anders als die Region des stillen Wassers (predjèl tichoi wodùi) genannt wird. —

Dieses unerwartete Ereigniß versetzte uns fast an denselben Punkt welchen wir am 5ten August verlassen hatten, und zerstörte auf diese Weise den Erfolg fünftägiger Anstrengungen, welche nur darauf gerichtet gewesen waren die Spitze von Nówaja Sémlja zu erreichen, weil ich darin das einzige Mittel zur Besichtigung des gesammten Ufers zu finden glaubte. Da wir uns indessen nunmehr bereits östlich von dem Punkte befanden, an welchem wir vor fünf Tagen auf undurchdringliches Eis getroffen waren, und dennoch nunmehr keine Spur desselben sahen, so wendeten wir nach NO., um in dieser Richtung die Verhältnisse zu untersuchen und erst im Falle neüer Hindernisse uns wieder nach S. zu begeben. Um 6 Uhr zeigte sich Eis vor der Spitze, aber es war nicht mehr vestes, sondern bereits in treibende Schollen, bisweilen von bedeütender Größe, getrennt. Wir vermieden sie indem wir bald zu einer bald zur andern Seite ausbogen, verfolgten auf diese Weise mit äußerst heftigem Winde aus OSO. unseren Kurs gegen NO. und erhielten bald die erfreüliche Nachricht daß vom Saling Ufer sichtbar sei. Um 7 Uhr zeigte sich dasselbe auch vom Verdeck aus nach NO t N. In dieser Zeit befanden sich Bänke dichten Eises zur Linken auf der Traverse unseres Kurses, und erstreckten sich von N. bis W., ohne sich indessen, soviel man sehen konnte, mit dem Ufer zu vereinigen, welches vielmehr nach jener Seite mit einem rundlich gewölbten Hügel endete, sich von dort gegen S. allmählig erniedrigte und endlich mit dem Horizonte durch eine Niederung verband von welcher aus sich dichtes Eis rundum sogar bis nach S. erstreckte, so daß wir von allen Seiten, außer dem SW. Viertel, von demselben umgeben waren. Da wir indessen auf unserem Wege bis zum Ufer selbst, kein anderes als treibendes Eis gewahrten, so segelten wir ferner unter bloßen Marssegeln, um wo möglich die Nacht ohne Schlag zur Seite zu verbringen. Um 10 Uhr trafen wir aber auf äußerst dichtes Eis, welches wegen bereits eingebrochener nächtlicher Finsterniß aus der Ferne nicht gesehen worden war; wir merkten außerdem daß uns Strömung gegen die nördliche Kette führte, und wendeten daher bis zur Morgendämmerung (Donnerstag. August 11.) nach S., sodann aber wieder nach NO. mit fast unbezweifelter Hoffnung von nun an ohne alle Hindernisse das Ufer zu erreichen und längs desselben nach N. zu segeln. Dennoch taüschten wir uns dieses Mal ebenso wie früher, denn bei größerer Annäherung zeigte es sich daß das in N. von uns befindliche Eis mit dem Ufer in Berührung lag, und nachher auch, daß alle andere Stellen des Ufers gleichfalls mit einem 5 — 6 Meilen breiten Eiswalle umgeben waren. Um 8 Uhr hatten wir den Rand der Eismasse erreicht und mußten uns nun wieder abwärts wenden und gegen S. halten.

Nicht nur daß dieser erste Versuch uns dem Ufer zu nähern an sich selbst durchaus fruchtlos war, so zeigte er auch, daß ein solches Unternehmen überhaupt nicht so leicht sei als wir anfangs glaubten. Er schwächte daher die Hoffnung welche uns bisher getröstet hatte, denn wenn selbst um die Mitte Augusts, und nach heftigen Ostwinden die fast einen Monat lang angehalten hatten, das Ufer dennoch noch völlig von Eis umgeben war, so fragte es sich ob, und auf wie lange es überhaupt frei werden könne? und wenn wir in der Breite von 71° bereits so bedeutende Hindernisse trafen, was konnte man dann wohl an nördlicher gelegnen Punkten erwarten?

Nach der Karte war die Insel welche wir gesehen hatten die Mascharische (Mejduscharische) welche mit dem Ufer von Nówaja Sémlja die unter den Namen Kostin Schar bekannte Straße bildet.[1] Wir konnten indessen keine Straße erblicken. Von dem oben erwähnten Hügel mit rundem Gipfel erstreckte sich eine Niederung nach N. und verlor sich hinter den Horizont gerade wie das Südende des Ufers. Nicht weit von diesem letzteren erhob sich ein sehr ausgezeichneter Berg, welcher sich früher als die übrigen Ufertheile zeigte. Als wir wendeten, lag dieser letztere nach N. 67° O. in $8\frac{1}{4}$ Meile Abstand; seine Breite bestimmten wir zu 71° 28′, seine Länge zu 11° 1′.

Bei der Rückkehr nach S. begegneten wir einer Menge Eis an derselben Stelle wo vor vier Stunden nur eine einzige Scholle gewesen war. Fast wärend einer ganzen Stunde wanden wir uns mühsam durch dasselbe hindurch nnd ungeachtet steter Vorsicht empfingen wir einige heftige Stöße, von denen einer die Stützen unter dem Reserveanker hinaus schlug. Um Mittag betrug nach genügenden Beobachtungen die Breite 71° 8′ die Länge 10° 9′ Die Rechnung versetzte uns um etwa 6 Meilen nördlicher. Dieser geringe Unterschied, welcher außerdem auch nach entgegengesetzter Seite mit dem früher erfahrnen lag, machte die heftige Strömung an den vorigen Tagen noch unerklärlicher. Wir lagen den ganzen Tag über, hart am Winde nach SSO., im Angesicht einer ununterbrochenen Eiskette, welche sich von SO. bis nach N. erstreckte.

(Freitag. August 12.) Am Morgen wurde der Wind nördlicher und erlaubte uns gerade nach O. zu halten; das Wetter

[1] So hatte ich es in meinem Journale gesagt. Jetzt ist aber ausgemacht daß wir den südlichen Theil des Gänse Ufers (gúsinoi béreg) sahen, welcher sich von Kóstin Schàr nach N. erstreckt. Die in diesem Jahre bestimmte Länge stimmte sehr genau mit den Beobachtungen des Jahres 1823.

war vortrefflich, aber kalt; das Thermometer stand auf dem Gefrierpunkte. Am Horizonte lag dichtes Eis von NO. bis NW. Um 8 Uhr trafen wir auf eine ziemlich dichte Kette von Eismassen welche sich von N. nach S. einige Meilen weit erstreckte; sie war, wie absichtlich, gerade an derjenigen Stelle getheilt an der sie von unserem Kurse getroffen wurde. Von dort an hatten wir beständig Eisinseln um uns, von denen einzelne größer als alle bisher gesehene waren. Da sie aber ziemlich dünn verstreut lagen, so fuhren wir fort uns zwischen denselben nach O. zu bewegen mit um so größerer Hoffnung auf ungehinderte Erreichung des Ufers, als auch vom Saling aus, das dichte Eis nur bis nach NO. gesehen wurde; doch dauerte diese Ansicht nur bis zur 6ten Abendstunde, dann fing das Eis an sich zur Rechten zu erstrecken und um 6 Uhr als wir uns demselben völlig genähert hatten, zeigte sich das Ende bereits nach SSO. Wir gingen nun bis um 10 Uhr mehr vor dem Winde, längs des Eises. Um diese Stunde ward der Wind stiller und drohte mit Veränderung. Die Nächte waren nun schon finster geworden und wir gingen deshalb zwei Meilen weit nach WSW. und legten bei, bis zu Tagesanbruch.

So waren wir also wohin wir uns bisher auch wendeten, überall auf unüberwindliche Hindernisse unseres Vorhabens gestoßen. Dieses war um so betrübender als wir nun ohne den geringsten Nutzen einige Tage vortrefflichen Wetters vorübergehen lassen mußten, auf welches man in hiesigen Gegenden stets den höchsten Werth legen sollte. In dieser letzteren Beziehung wurden wir übrigens bald getröstet.

(Sonnabend. August 13.). Der Morgen des 13ten begann mit dichtem und nässendem Nebel. Wir wagten nicht, uns unter solchen Umständen zwischen das Eis zu begeben, sondern legten bei, um eine Veränderung abzuwarten. Das Wetter war unangenehm und kalt. Das Thermometer stand auf $+\frac{1}{4}°$. Um die 8te Stunde ward es etwas klarer am Horizonte und wir hielten nach O. Zu unserer Verwunderung war jetzt die dichte Eiskette welche uns am vorigen Tage aufgehalten hatte, spurlos verschwunden und wir trafen nur anfangs einige schwimmende Bänke, denen wir indessen durch veränderte Kurse glücklich entgingen und unseren Kurs gegen NO. fortsetzten. Indessen hatte nur Nebel uns die Hindernisse verborgen; in der ersten Stunde sahen wir wiederum dichtes Eis von N. über O. bis SSO. welches sich ringsum bis zu den Gränzen des Gesichtskreises erstreckte. Wenn wir, unserem früheren Plane getreu, längs dieser Eisbank nach S. gefahren wären so hätten wir uns allzusehr und ohne Nutzen von den Nówasémler Ufern entfernt, denn auch jetzt befanden wir uns, der Karte zufolge, bereits auf dem Parallele der Mitte von Waigatsch. Ich entschloß mich daher von diesem Plane etwas abzuweichen und irgendwo in der Mitte des Eises einen Durchgang zu suchen. Wir liefen daher bis zur Berührung mit demselben und wendeten um 3 Uhr Nachmittags auf Steüerbordseite. Fast genau in dem Augenblicke der Wendung änderte sich der Wind, so daß wir nach NW. und bald darauf nach NNW. halten konnten.

Es stand zu hoffen daß wir mit diesem Kurse das Ufer von Nówaja Sémlja endlich erreichen würden; das vor uns liegende dichte Eisfeld endete anfangs im N., je nachdem wir uns aber weiter bewegten blieb es immer mehr zur Rechten ohne sich noch bis N. zu erstrecken. Vor uns und zur Linken zeigten sich nur vereinzelte Schollen. Wärend wir uns bis zur Dunkelstunde durch dieselben hindurcharbeiteten, zeigte sich nirgends ein Hinderniß. Um nicht Zeit und günstigen Wind zu verlieren beschloß ich auch wärend der Nacht nicht beizulegen, und zwar um so eher als es nicht zweckmäßig schien mitten zwischen Eismassen das Schiff ohne Lenkung zu lassen. Wir ließen daher nur die Marssegel stehen und fuhren fort uns nach N. zu bewegen. Es zeigten sich aber bald die Gefahren eines solchen Beginnens. Wärend zwei Stunden vor und nach Mitternacht war es so finster, daß man niedrige Eismassen nur erst in äußerster Nähe gewahrte, ohne am Horizonte das Geringste zu erblicken; so drohte uns also nicht allein die Gefahr gegen eine Bank von dichtem Eise zu stoßen oder in eine Eisbucht einzulaufen, sondern es war auch beschwerlich und gefahrvoll sich zwischen den schwimmenden Schollen hindurch zu winden. Bis jetzt hatte wenigstens ein leichter Wind angehalten, das Schiff ließ sich gut lenken und man konnte daher die Schollen vermeiden; gegen Mitternacht ward es aber völlig still, die Brigg ward gegen das zur Linken befindliche Eisfeld geführt, und so heftig gegen dasselbe gedrückt daß es nicht ein Mal möglich war uns mit Stangen von demselben abzustoßen. Unterdessen näherten sich uns von der rechten Seite eine Menge von schwimmenden Schollen von denen einige ungeheüer groß waren. Zum Glück erhob sich ein leichter O.wind; wir setzten alle Segel bei, bewegten uns langsam hart am Rande des Eises, und befreiten uns auf diese Weise aus unserer gefährlichen Lage.

Diese beunruhigende Nacht machte auf uns Alle einen tiefen Eindruck. Von allen Seiten umgaben uns Kolosse von Eis, welche wie böse Vorbedeütungen durch die Finsterniß schimmerten. Die Todtenstille unterbrachen nur das Geraüsch der Wellen gegen das Eis, das entfernte Krachen von zusammenstürzenden Schollen und bisweilen auch das Geheül der Wallrosse. Dieses Alles vereinigte sich zu einer niederschlagenden und fürchterlichen Umgebung.

(Sonntag. August 14.) Bei Tagesanbruch war unsere Lage noch genau ebenso wie am vorigen Abend. Ringsum ziemlich weitläufig vertheiltes Treibeis und in W. beinahe reines Meer. Bald darauf umgab uns dichter und nasser Nebel; dennoch setzten wir unsere Fahrt ohne Unterlaß fort, in der Hoffnung daß es uns jedenfalls möglich bleiben würde durch eine Wendung nach O. das Freie zu erreichen. Zum Glücke verstreüte sich der Nebel um 4 Uhr und wir entdeckten eine ununterbrochene und dichte Eiskette am Horizonte von SW. durch W. und N. bis NO. Nach dieser letzteren Richtung wurde vom Mars aus ein Ufer in der Entfernung von 15 Meilen gesehen, welches sich wie eine einzelne Insel gestaltete von welcher aus sich unbewegliches Eis völlig bis zu uns erstreckte. Wir wendeten zu Backbordkurs und fuhren nach O., genau auf die Mitte der Straße zwischen Nówaja Sémlja und der Insel Waigatsch. Da wir nach dieser Richtung reines Meer erblickten, so hofften wir wenigstens dort einigen Erfolg. Wir hatten aber nicht länger als wärend einer Stunde diesen Kurs gehalten als wir großen und haüfigen Schollen begegneten hinter denen sich eine massive Eisbank zeigte, welche sich zur Linken mit dem Ufer vereinigte, zur Rechten aber bis nach SSO. erstreckt. Auf diese Weise sahen wir uns unerwartet an dem Ende eines Eishafens, welcher nur auf 6 Rhumbe und namentlich von SSO. bis SW. geöffnet indessen auch innerhalb dieser mit Eisinseln dicht übersäet war. Hätte sich damals ein S.wind erhoben, so wäre unsere Lage aüßerst beschwerlich geworden, und wir hätten leicht völlig eingeklemmt werden können. Zum Glücke war uns der Wind aüßerst günstig, und erlaubte alle Kurse welche zur Vermeidung der Eismassen nöthig waren.

Die Enden des von uns gesehenen Ufers lagen fast nach NO. und ONO. Diese Peilungen entsprechen genau den auf der Karte unter dem Namen Britten verzeichneten kleinen Inseln. Sie liegen ungefähr in 71° 51′ Breite und 13° 38′ Länge, übrigens erlaubte unsere Entfernung vom Ufer nicht mit Sicherheit auszumachen ob wir wirklich diese Inseln oder einen andern Theil des Ufers vor uns hatten. [1]

Wir wendeten recht vor dem Winde nach SSW. und fuhren wärend 3 Stunden unter frischem Wehen längs des Randes des westlichen dichten Eisfeldes. Alsdann nahmen wir einen W.kurs und fingen an uns durch eine Menge von Eis hindurchzuarbeiten, welches nach allen Richtungen mit großer Haüfigkeit ver-

[1] In der That sahen wir einen Theil des Ufers zwischen der Strógonower- und Schirótschicha-Bucht. Die Inseln Britwinui (und nicht Britten) liegen um 50 Meilen weiter gegen O. Die angeführte Länge und Breite jenes Punktes zeigte sich in der Folge der Wahrheit gemäß.

streût war, bis wir endlich in der 5ten Abendstunde dasselbe gänzlich passirt hatten.

Unser zweiter Versuch zur Erreichung der Ufer von Nówaja Sémlja hatte noch geringeren Erfolg als der erste, und überhaupt bestand bis jetzt die einzige Frucht unserer Expedition in der Kunde, daß nördlich vom 70sten Breitengrade bis zum Ufer von Nówaja Sémlja, und von dort längs dieses Ufers bis fast zu 72° sich eine massive Eiskette erstrecke, welche diese Küste gänzlich unerreichbar mache. Diese unangenehme Erfahrung zwang mich von dem ursprünglichen Plane abzustehen. Denn hätten wir auch noch einige Tage in dieser Gegend gekreûzt und dann endlich abgewartet daß sich das Ufer vom Eise reinigte, so blieb uns doch dann nur so wenig Zeit übrig (denn im Ganzen durfte unsere Fahrt nun nicht mehr länger als 2 Wochen dauern), daß kein erheblicher Erfolg zu erwarten war. Außerdem war die noch gar nicht berührte Uferstrecke noch zwei Mal länger als diejenige vor welcher wir uns bisher gehalten hatten; die Untersuchung jener ersteren Strecke und die Überzeûgung daß auch sie ebenso unerreichbar sei hätte daher eine weit längere Zeit erfordert. Aus diesen Gründen beschloß ich mich ohne längeren Aufenthalt am Süduser, weiter gegen N. zu begeben, obgleich es der Wahrscheinlichkeit und der natürlichen Ordnung der Dinge zuwider schien daß jene Gegend freier von Eis sein sollte als die bisher gesehene.

Auf dem Eise an welchem wir heûte vorüberfuhren lagen eine Menge von Wallrossen. Sie bildeten getrennte Heerden von 10 bis 15 Stück. Auf eine dieser Heerden schossen wir mit Kanonenkugeln. Nach dem ersten Schusse sprangen alle Wallrosse auf, legten sich aber wieder nachdem sie sich ringsum umgesehen hatten. Nach dem zweiten erhoben sie nur die Köpfe und die folgenden Schüsse erregten nicht ein Mal ihre Aufmerksamkeit. Diese schnelle Gewöhnung der Wallrosse an die Schüsse, ist den Jägern bekannt und hilft ihnen bedeûtend bei ihren Unternehmungen. Dieselben Eismassen waren auch wie übersäet mit schwarzen Möven, welche man hier Raûber (Rasbóiniki, Larus parasiticus) nennt.

(Montag. August 15.) Am 15ten lawirten wir nach N. mit heftigem Winde zwischen NNO. bis NNW. und hielten uns immer hart am Rande des Eises, welches so wie bisher dem Ufer vorgelagert blieb. Nicht ohne Betrübniß gewahrten wir die besondere Erfolglosigkeit welche uns überall verfolgte. Anfangs und so lange wir nach O. oder S. zu gehen wünschten, herrschten fast nur O. und SOwinde, jetzt aber als wir nach N. gewendet hatten, wehte auch der Wind von N. Am Abend sahen wir vom Mars das Ufer dem wir uns am 11ten genähert hatten. Hart am Bord unseres Schiffes schwamm ein weißer Bär, obgleich die Entfernung vom Ufer mehr als 20 Meilen betrug. Wenn sie auf den Schollen eingeschlafen sind so werden diese Thiere oft sehr weit ins Meer geführt.

(Dienstag. August 16.) Am 16ten lawirten wir so wie bisher bei starkem NWwinde und heftigem Wellenschlage, rings von Eismassen umgeben. Mehrere Schollen von denen der Schnee welcher sie bedeckt hatte abgewaschen worden, lagen völlig in einerlei Niveau mit dem Wasser und unterschieden sich durchaus nicht von dem Schaume der Wellen.[1] Diese Erfahrung beunruhigte uns am meisten, denn bei dem herrschenden starken Wellenschlage konnte der Stoß einer solchen Scholle sehr leicht unser Schiff zerschlagen; namentlich konnte man des Nachts von einer Reihe solcher Eismassen die größten Gefahren erwarten. Um Mittag betrug unsere Breite 71° 27′.

(Mittwoch. August 17.) Seit Mitternacht ward der Wind schwächer und um Mittag war es vollkommen still. Am Morgen fiel Schnee, Eis war nicht zu sehen. Gegen 3 Uhr hielten wir nach NO. mit SOwind der sich damals erhob. Um 4 Uhr zeigte sich eine nicht sehr lange Eiskette und hinter derselben wiederum freies Meer. Dieses Eis übertraf alles bisher gesehene an Höhe namentlich hatte eine Scholle eine ungeheure Größe und ein höchst seltsames Ansehen. Wir bedauerten sehr keinen Maler an Bord zu haben. Nachdem wir an dieser getrennten Kette vorübergefahren waren, sahen wir auch eine feste, welche sich von S. über O. und N. bis NW. erstreckte, und längs welcher wir nun nach NW. gingen. Nachdem wir bis zur Dunkelstunde längs dieser gehalten hatten ohne ihr Ende zu erreichen, wendeten wir wärend der Nacht hart an den Wind nach S. Diese Vorsicht zeigte sich durchaus nicht überflüssig denn der Wind begann bald außerst heftig aus SO. zu wehen mit hoher See, Nebel und nassem Wetter.

(Donnerstag. August 18.) Gegen Morgen ward es still und wir werdeten nach N. Ich hoffte mit diesem Kurse das gestern gesehene Eis zu umgehen. Um 7 Uhr verkündeten einige Schollen und ein dem der Brandung ähnliches Geraüsch aus NO., die Nähe neuer und in dieser Richtung gelegener Eismassen, obgleich der dichte Nebel sie uns verbarg. Wir wendeten dichter an den Wind und sahen durch den Nebel eine zusammenhangende Eiskette in weniger als ½ Werst Entfernung, welche sich wärend einiger Minuten zeigte. Um 9 Uhr, als es wiederum ein wenig heller geworden war, richteten wir uns längs derselben nach NW.,

[1] Da das spezifische Gewicht des Eises nur 0,885 von dem des umgebenden Meer-Wasers ist, so muß einige Hervorragung der Schollen stets Statt finden, dieselbe kann aber sehr gering sein, wenn die Eismasse unter dem Wasser in eine Spitze auslaüft, wärend der hervorragende Theil eine breite Oberfläche hat. — E.

geriethen aber bald in eine Bucht, aus welcher wir nicht anders als nach Umfahrung der gegen SW. sichtbaren Endspitze des Eises auslaufen konnten. Eintretende Stille erlaubte uns nicht vor Abend dieses Vorhaben auszuführen. In der 7ten Stunde erhob sich ein leichter Wind aus NNO. mit welchem wir jene Endspitze umfuhren und dann dicht am Winde nach NW. hielten.

Freilich erfuhren wir wohl eine Menge von Hindernissen bei unserer Reise, aber von der anderen Seite haben wir mit außerster Dankbarkeit anzuerkennen daß wir den vielen drohenden Gefahren mit seltenem Glücke entgingen. So ging es nun auch jetzt, denn kaum waren wir aus dem Eise ins Freie gelangt, als sich aus N. ein Sturm mit Schnee und Nässe erhob. Dieser Wind gab uns Gelegenheit die vortrefflichen Eigenschaften unserer Brigg kennen zu lernen; denn unter gerefften Grot-Marssegel, Besahn und Fokstagsegel verhielt sie sich so ruhig daß wir, troß der außerst hohen Wellen, wie gewöhnlich um einen Tisch zu Mittag essen konnten.

(Freitag. August 19.) Troß des herrschenden Unwetters gelang es uns unsere Lage mit genügender Sicherheit zu bestimmen. Die Breite betrug um Mittag 71° 58′ die Länge 4° 56′ O. Die erstere zeigte keinen erheblichen Unterschied gegen die Schiffsrechnung, die letztere versetzte uns aber um 4° 20′ westlicher als die Rechnung und dieser Unterschied hatte sich in 7 Tagen eingefunden.

(Sonnabend. August 20.) Um Mitternacht begann der Sturm sich zu legen, um 4 Uhr konnten wir schon das Vormarssegel beisetzen. Mit nun genommenem NO. Kurse trafen wir in der 10ten Stunde wiederum auf dichte Eismassen, welche den ganzen Horizont von OSO. über N. bis NW. bedeckten. Diese ebenso unangenehme als unerwartete Begegnung — denn wir befanden uns in 50 Meilen Entfernung vom nächsten Ufer — bestärkte mich wiederum in der früheren Meinung, daß jeder Versuch zur Erreichung von Nówaja Sémlja von Süden aus zu beginnen sei, und vernichtete jede Hoffnung auf ein baldiges Glücken des Unternehmens; da aber sowohl das mir anvertraute Fahrzeüg als auch dessen Mannschaft noch im besten Zustande waren, beschloß ich noch eine Woche hier zu verbleiben um den Erwartungen der oberen Behörden möglichst zu entsprechen, sodann aber, wenn wir keinen Erfolg gehabt haben sollten, den Rückweg nach Archangelsk anzutreten. Wir lagen bis um 5 Uhr Abends theils nach OSO. theils nach O. um das Eis zu umgehen, welches sich gezeigt hatte und wiederum im Nebel verschwunden war; nachher wendeten wir nach NO.

(Sonntag. August 21.) Nach Fortsetzung dieses Kurses befanden wir uns schon um 8 Uhr Morgens, der Schiffsrechnung zufolge, am Ufer. Dicker Nebel begränzte den Horizont in der Entfernung von wenigen Sajenen; es erhob sich ein äußerst heftiger Wind aus W. und hernach aus SW. d. h. gerade gegen das Ufer, mit fürchterlichem Wellenschlage. Wir hielten nun Steüerbordkurs in der Hoffnung, daß uns die Strömung, wärend der letzten zwei Tage genugsam nach W. geführt hätte um das unter dem Winde gelegene Ufer gefahrlos zu machen.

(Montag. August 22.) Seit Mitternacht drehte sich der Wind nach S. Wir lagen bis Tagesanbruch unter geringen Segeln mit Backbordkurs, und wendeten dann nach N t O. und hernach nach NO., in der gewissen Voraussetzung recht bald entweder Land oder doch Eis zu sehen. Dennoch aber und zu unserer Verwunderung zeigte sich bis Mitternacht und nach Zurücklegung von 46 Meilen weder das eine noch das andere, weshalb wir nach ONO. wendeten. Nach Beobachtung befanden wir uns damals in 72° 24′ Breite und 10° 1′ Länge, d. h. nach unserer Generalkarte genau auf dem Parallele des Britwin Vorgebirges und 15 Meilen vom Ufer

Nach Beibehaltung dieses Kurses erblickten wir bald nach Mittag ein Ufer von äußerst einförmigem Ansehen, welches sich von SSW. nach NNO. erstreckte. Nur an dessen nördlichem Ende zeigte sich ein hoher und äußerst auffallender Berg.[1] Sein kuppenförmiger Gipfel war mit Schnee bedeckt, der SO. Abhang dieses Berges senkte sich sanft, der NWliche ziemlich steil, und die SWseite bildete eine senkrecht abgeschnittne Wand gegen den Strand welcher so wie es schien die Unterlage des Gebirges ausmachte. Südlich von demselben machten niedrige aber steile Hügel, welche an vielen Stellen mit Schnee bedeckt waren die Fortsetzung des Ufers. Auffallender Weise zeigte sich nicht ein einziges Stück Eis ringsum uns; wahrscheinlich war es durch die letzten Stürme gebrochen und durch Strömungen ins Meer geführt worden.

Wir wußten nicht genau zu entscheiden welcher Theil von Nówaja Sémlja vor uns läge. Die Karte des Kaiserlichen Admiralitäts-Departements konnte in diesem Falle keine hinreichende Aufklärung gewähren. Wir suchten vergebens nach dem Vorgebirge Britwin welches durch sein Vorspringen gegen W. und durch die dort stattfindende Biegung des Ufers nach NO. und SO sehr kenntlich ist, und dennoch sollten wir uns auf dem Parallele desselben befinden. Ich hatte noch eine andere Karte mit mir, deren sich unsere Jagdreisende bedienen. Nach derselben befanden wir uns der nördlichen Einfahrt in die Kóstin Straße gegenüber. Diese

[1] Im folgenden Jahre wurde derselbe der erstgesehene (perwousmótrennaja gorà) genannt, jetzt aber mit dem Buchstaben A. bezeichnet.

Angabe war aber durchaus unwahrscheinlich, denn nach dem was wir wenigstens angenäherter Weise wußten, liegt diese Straße fast 2 Grad südlich von unserem damaligen Punkte. Als zu einem Auskunftsmittel nahmen wir nun unsere Zuflucht zu dem früher erwähnten Unteroffizier Smirénnikow, der zwei Mal auf Nówaja Sémlja gewesen war. Seine Aussagen dienten aber nur um uns zu zeigen, wie wenig man in ähnlichen Fällen dem Urtheile eines nicht seemännisch-gebildeten Mannes trauen dürfe; Smirénnikow erklärte das nun sichtbare Ufer durchaus nicht zu kennen, obgleich er auf Karbasen bis Mátotschkin Schar gefahren sei, und daß wir uns folglich bereits in den Niederungen (W'nisach) befänden — so heißen aber bei den Jägern, die Ufer welche nördlich von der genannten Straße liegen. Nach alle diesem blieb uns nur übrig, bis Mátotschkin Schár so nahe als möglich am Ufer zu bleiben, und dann nach Erblickung dieses bekannten Punktes über das früher Gesehene zu urtheilen.[1]

(Dienstag. August 23.) Wärend der Nacht legten wir bei, und nahmen dann einen N. Kurs längs des Ufers. Unglücklicherweise und wegen heftigen Windes konnten wir uns demselben nicht so sehr nähern als wir es wünschten. Fürchterliche Windstöße und Schauer brachen von hinter den Bergen hervor, und zwangen uns mehrmals sämmtliche Segel einzunehmen. Um 4 Uhr Morgens peilten wir den am vorigen Tage gesehenen Berg nach N. 47° O. Von diesem Berge gewinnt das Ufer plötzlich ein durchaus anderes Ansehen, und anstatt wie früher aus sanften und niedrigen Hügeln, besteht es nun aus hohen, steilen und zugespitzten Bergen an deren Fuße sich ein schmaler und ebener Strand bis zum Meere erstreckt. Überall zeigt sich nackter Fels. Nur Schnee bedeckte denselben, jedoch mit Ausnahme der steilen Abhänge und hervorspringenden Theile, an denen er sich nicht halten konnte. Weiter im Innern zeigten sich überall Gipfel von völlig beschneiten Gebirgen und nur wegen Bewölkung schienen sie stellenweise zu fehlen. Es war eine Landschaft von ungewöhnlicher Wildheit und ergreifendem Karakter.

Um Mittag betrug die Breite nach zwei Sonnenhöhen 73° 7′ und übertraf die gerechnete um 24 Meilen. Die Länge war 12° 40′. Nach des Steuermann Rósmuislow Karte befanden wir uns der Einfahrt in die Britwin Bucht genau gegenüber; aber die Ansicht des Ufers hatte durchaus keine Ähnlichkeit mit den Angaben dieser Karte. Freilich waren wir um mehr als 15 Meilen von demselben entfernt, aber einen so merkwürdigen Punkt

[1] Ich bitte den Leser sich zu erinnern, daß wir die Karte und die Ansichten des Steuermann Pospjelow damals noch nicht kannten.

wie sein Britwin Vorgebirge hätte man auch aus einer so großen Entfernung für unverkennbar gehalten. Da er übrigens selbst sagt, die Lage dieses Ufers sei nur nach dem Anschein, nicht aber nach genauer Aufnahme in seine Karte eingetragen, so verfolgten wir unseren Weg, ohne uns eben sehr über die genannte Ungenauigkeit zu wundern. Wir dachten nur daran Mátotschkin Schàr zu suchen, bei welchem sich alle Zweifel lösen mußten. Bei dieser Fahrt passirten wir einige Buchten, in deren Innerm sich jedoch stets, nach sorgfältiger Untersuchung mit dem Fernrohre vom Saling aus, zusammenhangendes Ufer zeigte. Als wir uns in der Dämmerung auf einige Meilen dem Parallele von Mátotschkin Schàr genähert hatten, wurde beigelegt, um nicht an dem nun so wichtig gewordenen Punkt vorüber zu gehen; bei bereits sehr finsterer Nacht war dieses aber sehr zu befürchten. Mit Tagesanbruch verfolgten wir unseren Weg mit gespanntester Aufmerksamkeit. Namentlich sahen wir genau auf die Gestalt der Berge, zwischen denen sich überall wo größere Flüsse ausfließen und um so mehr noch zur Seite einer Straße, Trennungen zu zeigen pflegen. Hier aber schienen sie eine ununterbrochene Kette zu bilden, und auch in dem Ufer selbst zeigten sich nur äußerst geringe Vertiefungen, welche der gesuchten Straße durchaus nicht ähnlich schienen. Wir hielten indessen einen Fehler in Rósmuislows Breitenbestimmung nicht für unmöglich, und hofften daher immer noch Mátotschkin Schàr bei der Fortsetzung unseres Weges zu finden; um so mehr als wir jetzt an einer Uferbank vorbei gingen welche durch ihre Ebenheit und durch einigen Abstand von den hohen Bergen, der Beschreibung zu entsprechen schien welche Rósmuislow von der, zwischen Britwin Straße und Mátotschkin Schàr enthaltenen Gegend gegeben hat.[1] Noch mehr bestärkten uns in dieser Hoffnung zwei anscheinend große Öffnungen im Ufer, welche sich hinter flachen Vorgebirgen zeigten. Um 7 Uhr Morgens waren wir der südlichen dieser Öffnungen gegenüber; sie hatte das Ansehen einer kleinen Straße, welche sich gegen SO. in das Ufer hinein erstreckte. Die im Journale mit dem Buchstaben M bezeichnete Südspitze dieser Bucht, ist durch einen sehr augenfälligen Berg ausgezeichnet, welcher sich an ihr erhebt und auf dessen Gipfel sich ein, einem Thurme oder einer Saüle ähnlicher und von allen Seiten einerlei Ansicht darbietender Gegenstand befindet. Ich benannte dieses Vorgebirge nach unserem ältesten Lieutenant: Láwrow Vorgebirge. Die zweite Öffnung auf deren Höhe wir uns um Mittag befanden, schien der ersten ähnlich. Auch sie unterscheidet sich durch ihr südliches Vorgebirge (L), auf welcher eine ungeheüere Felswand sich in einigen Stufen erhebt, die von der Südseite sehr

[1] Oben Seite 72.

sichtbar sind. Nach S. 43° O. von diesem Vorgebirge liegt ein sehr hoher kegelförmiger Berg X, welcher das Süd-Ende einer andern Kette hoher und scharfgipfliger Berge ausmacht. Diese zieht sich nach Norden und tritt dann ans Meer. Der zuletzt erwähnte hat ein sehr vulkanartiges Ansehn; ich nannte ihn Saruitschews Kuppe, zu Ehren des Hydrographen des russischen Reiches, Vize-Admiral Saruitschèw. An der Nordseite der letztgenannten Bucht zeigt sich gleichfalls eine hohe Felswand, welche sich von N. nach S. erstreckt, und deren Westseite in Form eines Parallelogrammes senkrecht ins Meer fällt. Recht in der Mitte von dessen spitzen und horizontalen Gipfel, welcher wie gezähnt erschien, erhob sich eine Saüle die man für ein Kunstprodukt zu halten geneigt war. Das Ganze bildete ein seltsames Naturspiel. Das Ufer springt hier etwas nach W. vor und geht daselbst mit einer Niederung die aus der Ferne einer Insel ähnelt.

Wolkiger Himmel verhinderte jegliche Beobachtung; nach Rechnung befanden wir uns aber in 73° 54′ Breite oder um 16 Meilen nördlich von Mátotschkin Schàr. Von dort hätten wir nun wieder zurückkehren und die genannte Straße innerhalb der so eben zurückgelegten Strecke suchen müssen, um aber durchaus gewaffnet zu sein gegen den etwanigen Einwurf, daß wir dennoch den Parallel derselben noch nicht erreicht hätten, sei es wegen einer Ungenauigkeit in Rosmuislows Karte, sei es wegen Strömung die uns wärend des letzten Tages nach S. geführt haben könnte, beschloß ich noch einige Stunden lang nach N. zu halten um so mehr als sich in dieser Richtung noch zwei auffallende Einschnitte ins Ufer zeigten.

Unter Beibehaltung desselben Kurses längs des Ufers, erreichten wir um 5½ Uhr nach Rechnung eine Breite von 74° 10′; an den erwähnten zwei Stellen zeigten sich nun kleine Buchten. Weiter hin nach N. nahm das Ufer auf eine Strecke NNO. Richtung an, bis zu einem sehr ausgezeichneten pyramidalen Berge welchen ich aus Dankbarkeit gegen den Herrn Flott Kapitain Golownìn unter dessen Commando ich die zwei nützlichsten Jahre meines Lebens vollbracht hatte, den Golownin Berg nannte. Von dort bog es sich nach NW., war stets niedrig und endete nur mit einem hohen Vorgebirge (T), welches von uns nach N t O. ½ O. in wenigstens 25 Meilen Entfernung und daher in mindestens 74½° Breite lag. Auf jener ganzen Strecke zeigte sich keine einzige Einbucht in dem Ufer, und ich überzeugte mich, daß Mátotschkin Schàr nicht daselbst läge; wir wendeten also nach S. um ihn in dieser Richtung zu suchen. Wir setzten voraus, daß er auf unserem bisherigen Wege gegen N. nnserer Aufmerksamkeit deßwegen entgangen war, weil der Wind uns nicht erlaubte näher als auf 15 Meilen ans Ufer zu kommen, obgleich es fast unglaublich schien, daß man ihn selbst in solch einer Entfernung verkennen konnte. Bis zur Dunkelstunde gelangten wir nur zu der früher erwähnten inselähnlichen Niederung, vor welcher wir beilegten. Nicht weiter als 3 bis 4 Meilen vom Ufer entfernt, konnten wir leicht bemerken, daß wir unter genau gleichen Umständen unseren Ort dennoch weit langsamer als wärend des Hinweges nach N., änderten. Dieses veranlaßte zu glauben, daß wir gegen eine widrige und ziemlich starke Strömung fuhren..

(Donnerstag. August 25.) Dieser Schluß bestätigte sich am folgenden Tage, als sich um Mittag die beobachtete Breite von 74° 23′, um 55 Meilen größer ergab als die gerechnete. Diese Strömung war noch stärker als die früher vom 22sten zum 23sten erfahrne. Nach Anbringung der durch dieselbe erheischten Korrektion fand sich, daß wir in 74° 45′ (anstatt in 74° 10′) nach S. gewandt hatten, und daß das letzte in N. erblickte Land jenseit 75° Breite lag.

Diese Strömung und die Schwäche des Windes waren Schuld daß wir wärend der ersten Hälfte des 27sten, nur langsam vorrückten und um Mittag nur bis zum Vorgebirge L gelangten. Die Bucht an dessen N. Ende besichtigten wir zum 2ten Male sehr genau, und gewannen die Überzeügung daß dieselbe ringsum vom Ufer umgeben ist, eben so wie die andere an der Nordseite des Láwrow Vorgebirges gelegene Bucht. Nachdem wir am letztgenannten Vorgebirge vorüber gesegelt waren, legten wir die Nacht über, bei. —

(Freitag. August 26.) Bei Tagesanbruch befanden wir uns genau an derselben Stelle wie am vorigen Abend; und erfuhren daraus, daß die Strömung hier nicht mit überall gleichmäßiger Kraft nach Norden gerichtet sei. Als es völlig hell geworden war setzten wir unsere Fahrt nach Süden fort und sahen bald darauf eine Niederung, welche sich vom Ufer aus gegen W. erstreckte, und daselbst eine nach N. geöffnete Bucht bildete. Von ihrem westlichen Ende welches sich durch ein nach NW. vorragendes Felsenriff auszeichnet, erstreckte sich dieselbe 5 — 6 Meilen weit gegen SW. und bildete durch Krümmungen nach O. und NO., einen kleineren Busen mit NO. Richtung und mit einer Insel vor seiner Einfahrt. An dieser niedrigen Halbinsel schließt sich gegen N. das ebene Ufer längs dessen wir am 24sten des Morgens gefahren waren, und an dessen Ende sich die Saruitschew Kuppe erhebt. Südlich schließen sich aber an jene Halbinsel hohe und steile Berge, deren Süd-Ende der am ersten Tage von uns gesehene Berg (A.) ausmacht. Als wir nach N. fuhren sahen wir die erwähnte Halbinsel nicht, wegen zu großer Entfernung, jetzt aber segelten wir in einem Abstande von nicht mehr als 2 Meilen. Um 6 Uhr erblickten wir am Ufer eine kleine Hütte um welche eine weiße

Substanz in Menge verstreut lag. Etwas südlich von derselben stand auf einem rundlichen Hügel ein nach Art einer Saule angeordneter Steinhaufen.[1] Die Hütte schien bereits dem Einsturz nahe, dennoch lösten wir eine Kanone wärend des Vorüberfahrens, denn wir wußten daß ein Mesener Schiff in diesem Jahre zum Überwintern nach Nówaja Sémlja gegangen war und es wäre daher möglich gewesen, daß dennoch die baufällige Wohnung von einer Gesellschaft unserer Landsleute als Zuflucht gewählt wurde. Es zeigte sich aber Niemand.

An dieser Halbinsel glaubte ich eine auffallende Ähnlichkeit mit der Mitjúschewer Anfahrt (Mitjúschewskji Náwolok) zu bemerken, welche Rosmuislow auf seiner Karte 20 Meilen NW. von Mátotschkin Schàr andeutet. Auch widersprach die Breite in der wir uns befanden, dieser Ansicht keineswegs. Wir beobachteten daher mit verdoppelter Aufmerksamkeit das Ufer, welches sich gegen S. von der Halbinsel erstreckte, sahen indessen eben so wie früher keinen einzigen Punkt den man vorzugsweise für Mátotschkin Schàr hätte halten können. Es zeigte sich keine einzige ansehnliche Bucht, kein Einschnitt in der Gebirgskette der auf eine große Straße zu deuten gewesen wäre, noch irgend eine der Inseln, welche man vor der Mündung von Mátotschkin Schàr zu erwarten hätte. Zu Mittag beobachteten wir 73° 17′ Breite und befanden uns daher nach Rosmuislows Angabe bereits um 2 Meilen südlich von Mátotschkin Schàr. Da wir keinen Grund hatten, diese Angabe um 20′ fehlerhaft zu glauben, so blieb uns nur anzunehmen, daß wir den gesuchten Punkt zum 2ten Male passirt hatten ohne ihn zu erkennen. Dennoch konnten wir ihn unmöglich übersehen, denn keine auch noch so kleine Vertiefung des Ufers entging unserer Beachtung und wir mußten daher schließen, daß Matotschkin Schar auf den Karten entweder mit einem unerwartet großen Breitenfehler oder mit durchaus falscher Gestalt verzeichnet sei; daß seine Mündung bei weitem enger sei, sich nach einer ganz andern Seite öffne oder d. gl. Diese Unentschiedenheit wurde von Smirénnikow noch vermehrt, der bei jeder Gelegenheit wiederholte wir befänden uns schon in der unteren Gegend (W'nísach). Freilich wäre es nicht zu verwundern gewesen, wenn ein der See nicht Gewohnter, sich über die gewöhnlichen Ufergestalten getaüscht hätte, aber unmöglich konnten wir annehmen daß Jemand der auch nur ein einziges Mal in seinem Leben sich in Mátotschkin Schàr befunden hatte, denselben nicht wieder erkennen sollte. Wie dem aber auch war, so wäre uns doch kein anderes Mittel zu vollstän-

[1] Aehnliche Saulen welche unsere Jäger Gúrjí nennen, stehen in Menge längs des ganzen Ufers, und dienen zur Unterscheidung der verschiedenen Stellen desselben.

diger Hebung unserer Zweifel geblieben, als unsere Ruderboote in eine jede der Einfahrten an denen wir vorübergehen würden auszusenden; indessen erlaubte weder die Kürze der uns noch zugemessenen Zeit noch auch die Kürze der einzelnen Tage ein solches Verfahren, denn eine jede auch noch so nichtssagende Bucht, hätte uns alsdann leicht zu einem Aufenthalt von einem ganzen Tage veranlaßt. So sahen wir uns denn mit Nothwendigkeit gedrungen die Lage von Mátotschkin Schàr zweifelhaft zu lassen, und die wenigen Tage, welche wir noch in der Nähe von Nówaja Sémlja verleben durften, nur zur Besichtigung eines möglichst großen Theiles des Süduferſ dieser Insel anzuwenden.

Von dem Tage unserer Annäherung an das Ufer bis zu der jetzt in Rede stehenden Zeit, hatten wir nur allein am 24sten August eine und nicht ein Mal große Eismasse gesehen. An dem heütigen Tage gingen wir aber an einer ganzen Eisbank vorüber, welche sich nur eben erst vom Ufer losgelöst hatte und nun durch den Wind nach W. geführt wurde: so spät erst werden diese Ufer eisfrei. Auch nach Mittag sahen wir nach W. einen ziemlich großen Streifen Eises. Das Wetter war an diesem Tage durchaus nicht Nówasémlisch; gegen 3 Uhr trat Windstille ein, und wärend derselben stieg das Thermometer auf + 4°. Zu einer andern Zeit hätten wir vielleicht bei einem solchen Wetter über Kälte geklagt, jetzt aber fand man es warm und angenehm. Wir waren schon an Ertragungen gewöhnt, und so unangenehm auch schnelle Wechsel von Wärme zur Kälte für den Menschen sind, so gewöhnt er sich doch äußerst leicht an jedes der beiden Extreme und sein Gefühl giebt durchaus kein absolutes Maaß für Kälte und Wärme.

Auf einer niedrigen und ebenen Insel, welcher wir uns heüte gegenüber befanden, stand eine gewisse dünne Stange, welche höchst wahrscheinlich den Jägern als Uferwahrzeichen gedient hatte. Man mußte annehmen, daß sie vor Kurzem erst daselbst gewesen waren, denn ein so wenig dauerhafter Gegenstand konnte sich nicht lange erhalten. Wir lösten daher eine Kanone, aber auch dieses 2te Signal blieb eben so unbeantwortet wie unser erstes.

Ungeachtet der unangenehmen Überzeügung, daß wir Matotschkin Schar bereits Nördlich von uns gelassen hatten, schmeichelte uns dennoch gegen Abend das Ansehen des Ufers mit neüer Hoffnung. Auf der Höhe des Berges (A) sahen wir im S. desselben einen ziemlich breiten Busen, an dessen Nordseite einige Inseln lagen, von welche man die eine für die Mitjúschew Insel halten konnte. Südlich von der Bucht und hart am Ufer lag eine kleinere, der Pankow Insel ähnliche. Obgleich man vom Mars und im Fernrohre keine Öffnung in dieser Bucht gewahrte und obgleich Smirennikow versicherte keine jener Inseln sei weder für die Mitjüschew noch für die Pankow Insel zu halten, beschloß ich dennoch nach Möglichkeit jeden Zweifel über eine Örtlichkeit zu beseitigen, welche uns zum ersten Mal auf bedeütsame Weise ein Bild von Mátotschkin Schàr darbot und wollte daher bis hart an dieses Ufer hinan gehen. Wärend der Nacht erhob sich aber vom Ufer her ein außerst frischer Wind in fürchterlichen Stößen. (Sonnabend. August 27.) Wir konnten nur noch völlig gereffte Marssegel tragen, und auch diese nur vermöge des Schutzes, welchen das Ufer gegen den Wellenschlag gewährte; im offnen Meere hätte dieser Wind als wahrhafter Orkan gewirkt. Er führte uns so weit vom Ufer daß wir kaum bis zum Äbend dasselbe durch Lawiren hätten erreichen können; deßhalb wollte ich dann auch keine Zeit auf ein höchst zweifelhaftes Vorhaben verwenden und zog vor, wiederum dem Ufer zu folgen.

Wie wir schon am 22sten August bemerkt hatten bilden Südlich vom Berge (A), einförmige und ziemlich hohe Hügel die Fortsetzung des Ufers. 5 Meilen Südlich von dem genannten Berge erstreckt sich gegen W. eine von den Niederungen deren wir an diesem Ufer schon mehrere gefunden hatten, und an dieselbe schließt sich ein Riff welches fürchterliche Brandungen bedeckten.[1] Die Untiefe muß sich weit meerwärts erstrecken, denn um 9 Uhr Morgens befanden wir uns 3 Meilen von deren Rande entfernt, sahen plötzlich die Tiefe bis auf 10 Sajenen abnehmen und mußten wärend einer halben Stunde nach SSW. halten, um uns von dem gefährlichen Orte ein wenig zu entfernen.

Von dort wird das Ufer immer niedriger und bildet eine Menge von Buchten, welche durch Inseln geschützt sind. Wir fuhren stets parallel mit demselben und in einem Abstande von 2 Meilen. Die außerste Spitze des Ufers lag uns nach S. Es schien daß weiterhin eine SOrichtung eintritt, als sich um 3 Uhr zu unserer Rechten eine Insel zeigte; sodann aber noch weiter rechts, ein gegen das Meer scharf abgeschnittenes niedriges Land, bis sich zuletzt Alles zu einem sehr niedrigen Ufer vereinigte, hinter welchem sich in großer Ferne schneebedeckte aber nicht hohe Hügel zeigten. Auf diese Weise sahen wir uns in einer weiten Bucht deren Enden gegen einander N t O. und S t W. in 40 Meilen Entfernung lagen. Das Nordende bildete jenes gefährliche Vorgebirge, vor welchem wir am Morgen geflohen waren, das Südliche aber die scharfabgeschnittene Niederung, welche sich zuletzt gezeigt hatte. Riffe schlossen sich sowohl an diese als an jene, und auch längs des Ufers sah man Brandungen an mehreren Stellen. Die erwähnte Insel lag im SÖstlichen Winkel dieser Bucht; ihre

[1] Es war dieses: Britwin Vorgebirge.

Längenrichtung ist NNO. und SSW. Auf ihrem nördlichen Vorgebirge erhoben sich einige Kreüze.

An dem Südende der Bucht sahen wir eine große Winterhütte welche anscheinend noch in sehr gutem Zustande war, und neben ihr eine 2te kleinere wahrscheinlich eine Badstube.[1] Um diese Zeichen von Bewohnheit in einer so völlig menschenlosen Gegend genauer zu betrachten, steücrten wir nach SW. und WSW., so daß wir in nur 2 Meilen Abstande vor jener Stelle vorübergingen. Gleichzeitige Anzeigen von Untiefen veranlaßten große Vorsicht und wir lotheten unaufhörlich. Die Tiefe hielt sich wärend einer ganzen Stunde sehr regelmäßig, zwischen 20 und 18 Sajenen, bisweilen betrug sie nur 16 — 14 und um 5 Uhr nahm sie plötzlich bis zu 8 und 6 Sajenen ab. Wir hielten sofort nach W., aber fast in derselben Minute stieß auch schon das Schiff auf fürchterliche Weise gegen einen Felsen. Ohne weiteren Zeitverlust legten wir uns nun noch näher an den Wind, nach NW. Das Loth zeigte 3 Sajenen Tiefe über schiefrigen Boden und gleich darauf erfolgte noch ein zweiter äußerst heftiger Stoß. Augenblicklich wurde nun hart an den Wind nach N. gehalten und dabei alle nur mögliche Segel beigesetzt, obgleich dieses bei bedeütender Frische des Windes und sehr hohler See, nicht ohne Gefahr für die Stengen geschah. Zwischen Furcht und Hoffnung erwarteten wir den Ausgang. Unsere gute Brigg durchschnitt aber die hohe und widrige See ziemlich leicht, und entzog sich der Gefahr; aber die Tiefe wuchs nur sehr langsam. Bisweilen nahm sie sogar wiederum ab, und stieg erst um 6 Uhr bis zu 16 und 18 Sajenen. Recht zu unserem Glücke hatte sich der Wind gerade im entscheidenden Augenblick von ONO. nach O. gedreht; hätte er sich nur um ebenso viel im entgegengesetzten Sinne geändert, so wären wir mit Untergang bedroht worden, denn das Riff, welches sich in weite Entfernung nach NW. erstreckte, wäre alsdann unvermeidlich gewesen. Auf schiefrigen Boden hätten die Anker durchaus nicht gehalten und bei einen so heftigen Wellenschlage bedurfte es nur weniger Stöße um unser Fahrzeüg völlig zu zertrümmern.

Nach Maßgabe des Wachsens der Tiefen, hielten wir wiederum nach NW., WSW. und um 7 Uhr bei 20 Sajenen, endlich wieder nach S t O. längs des Ufers. Bald darauf zeigte sich von der Spitze ein plätschernder, kurzer und bisweilen spritzender Wellenschlag, das Wasser schien trübe. Wärend wir uns dieser Stelle

[1] Neben den Hütten, welche zu längerem Aufenthalt dienen, stehen stets Badstuben welche die Jäger meist zwei Mal wöchentlich heizen: beim Delphinfang aber noch öfter, weil sie alsdann wärend der Arbeit bis zum Gürtel im Wasser stehen.

näherten verminderte sich die Tiefe plötzlich auf 15 Sajenen, weshalb wir denn auch sogleich nach SW. umlegten und als Erfolg schnell wiederum Tiefen von 20 und 25 Sajenen erhielten. Ein unzweifelhafter Beweis, daß dort ein Riff lag, obgleich wir uns in einer Entfernung von nicht weniger als 5 Meilen vom Ufer befanden.

(Sonntag. August 28.) Die Nacht über wurde wie gewöhnlich beigelegt und am Morgen gegen SO. zum Ufer gehalten, sodann aber, nachdem wir eine Tiefe von 16 Sajenen erreicht hatten, steüerten wir längs desselben nach S. Das Wetter war aüßerst ungünstig für eine Aufnahme; das Ufer verbarg sich oft in dichtem Nebel, fast beständig fiel Schnee in großen Flocken und wir trafen haüfig auf Treibeis, welches uns zwang unseren Kurs zu ändern. Da aber zur Vermuthung von festem Eise durchaus kein Grund vorhanden war, so glaubten wir keine Zeit verlieren zu dürfen und fuhren daher unter Beobachtung der nöthigen Vorsichten so wie bisher. Das Ufer längs dessen wir fuhren war niedrig, von Untiefen begleitet und völlig schneebedeckt; es zeigten sich in demselben einige völlig offne Buchten und an einer derselben zwei Hütten. Einige Minuten vor Mittag zertheilte sich der Nebel und wir sahen eine ununterbrochene Kette von festen Eismassen deren Süd-Ende sich an das Ufer anschloß; wärend sie sich gegen N. noch außerhalb der Gränzen des Horizontes erstreckt hatten. Wir waren also eingeschlossen zwischen Ufer und Eis. Der Wind wehte aus N. gerade nach der Länge dieses engen Kanales und zwang nur durch Lawiren uns dieser unangenehmen Lage zu entziehen.

Diese Eismauer erstreckt sich um mindestens 30 Meilen nach N., und wo wir uns ihr auch näherten fanden wir sie überall aus ungeheüern aufeinander gethürmten Schollen gebildet; nirgends zeigte sich die geringste Trennung noch auch eisfreies Meer jenseits derselben. Wir lawirten zwei Tage lang, und es gelang uns nicht vor dem 30sten August deren Nord-Ende zu umfahren.

(Dienstag. August 30.). Auffallend ist es daß wir wärend dieses Rückwärts-Lawirens keiner einzigen schwimmenden Scholle begegneten. Alles hatte sich nun zu einer Masse vereinigt. Das Wetter war aüßerst kalt; der fast beständig fallende Schnee thaute nicht mehr, denn das Thermometer stieg nicht mehr über den Gefrierpunkt, und sank bisweilen auf $1\frac{1}{2}^{\circ}$ unter demselben. Die Natur erhielt einen völlig herbstlichen Karakter.

Ich beabsichtigte, wenn wir dem zuletzt begegneten Eise schnell genug entrönnen, noch einen zweiten Versuch auf die Südspitze von Nówaja Sémlja, weil mir die Bestimmung dieses Punktes eben so wie die der Nordspitze von Waigatsch nicht minder wichtig schien wie die Festlegung aller übrigen Uferstellen. Jetzt mußte aber dieser Plan aufgegeben werden, denn es nahte schon der letzte Tag des Augusts, über welchen hinaus wir nicht mehr in der Nähe von Nówaja Sémlja bleiben durften, sowol wegen der Gefahren welche stets mit allzu später Schiffahrt im Eismeere und an unbekannten Küsten verknüpft sind, als auch weil vorgeschrieben war noch in diesem Herbste nach Archangelsk zurückzukehren; diese Überfahrt konnte aber unter ungünstigen Umständen einen ganzen Monat erfordern.[1] Die Dwina gefriert oft in den ersten Tagen des Oktobers, so daß wir bei längerem Verweilen, Gefahr liefen den Hafen gar nicht mehr zu erreichen, ohne doch die Hoffnung eines Erfolges bei unserem Unternehmen beträchtlich zu vermehren. Aus diesen Gründen beschloß ich den frischen Nordwind zu benutzen uud sobald wir daher freies Meer erreicht hatten, ließ ich unter vollen Segeln nach S t W. halten.

(Mittwoch. August 31.) Am folgenden Tage fanden wir auf unserem Wege überall Schneegestöber sonst aber Nichts bemerkenswerthes, und fuhren mit sehr erwünschter Schnelligkeit direkt nach dem Gorodezer Vorgebirge.

(Donnerstag. September 1.) Den 1sten September um 3 Uhr Morgens sahen wir gerade vor uns ein Ufer, welches kein anderes als das Kaninische sein konnte. Diese Begegnung verwunderte uns sehr, denn, nach der Merkatorschen Karte des weißen Meeres, traf unser Kurs auf einen um fast 40 Meilen von Kanin Vorgebirge entfernten Punkt. Es ergab sich daher, entweder daß dieses Vorgebirge auf der erwähnten Karte um eben so viel zu weit gegen Osten angegeben war, oder daß unser Kronometer die Längen zu westlich ergab, oder daß endlich eine Strömung uns wärend der letzten 16 Stunden um 40 Meilen nach O. geführt hatte. Alles dieses schien gleich unwahrscheinlich. Um 8 Uhr befanden wir uns nach Kreüzpeilungen von Kanin Vorgebirge in 22 Meilen Abstand gegen S. 25° 30′ W. und die Länge dieses Punktes betrug nach der erwähnten Karte 3° 14′ O. von Archangelsk. Zu derselben Zeit war die beobachtete Länge nach dem Kronometer 2° 2′. Wir hatten keine Erklärung für eine so bedeütende Verschiedenheit und warteten mit Ungeduld auf Beobachtungen um unsere Zweifel zu lösen.

[1] So ging es z. B. Lieutenant Lasarew, welcher die Ufer von Nówaja Sémlja am 8ten August verließ und Archangelsk nicht vor dem 5ten September erreichte.

Um 4 Uhr Nachmittags zeigte sich das Westufer. Nach Kursrechnung vom Kanin Vorgebirge, konnte man dasselbe noch nicht sehen und wir fingen daher schon an an der Richtigkeit der Lage dieses Punktes auf der Karte zu zweifeln. Um $5\frac{1}{2}$ Uhr, als wir uns von dem Vorgebirge Obornui um 10 — 12 Meilen nach N. befanden, wendete ich gegen S. Das Wetter war trübe und regnerisch, der Wind schwach und wechselnd, aber die Strömung half uns so sehr, daß wir schon am folgenden Morgen den Thurm auf dem Orlow Vorgebirge erblickten.

(Freitag. September 2.) Um 8 Uhr lag derselbe genau nach S. von uns, und zu derselben Zeit wurden Beobachtungen zur Berechnung des Stundenwinkels angestellt. Die Länge unseres Punktes und mithin auch die des Orlow Vorgebirges ergab sich zu $1^{\circ} 0',21$. Im Juli hatten wir die Länge desselben Punktes durch dasselbe Mittel zu $0^{\circ} 53'$ gefunden. Die Unerheblichkeit dieses, in 43 Tagen gebildeten Unterschiedes bewies von der einen Seite die Zuverlässigkeit unseres Kronometers [1], und von der andern die fehlerhafte Lage des Kanin Vorgebirges auf der Merkatorschen Karte des weißen Meeres, auf welcher dasselbe um fast $1\frac{1}{2}^{\circ}$ zu weit östlich von Archangelsk gesetzt war. Nach unseren Beobachtungen und nach Berücksichtigung der angedeuteten Abweichung des Kronometers folgte für die Länge desselben $2^{\circ} 50'$ nach der Karte aber $4^{\circ} 12'$ O. von Archangelsk; ungeachtet meines Vertrauens auf die Richtigkeit unserer Beobachtungen, konnte ich mich doch kaum überführen, daß eine so große Unrichtigkeit bei der früheren Bestimmung dieses Punktes statt gefunden haben sollte, denn auch auf der genannten Karte war bemerkt, diese Bestimmung sei auf astronomischen Beobachtungen am Ufer begründet. Wahrscheinlich war es übrigens diese um fast 30 Meilen zu große Ausdehnung der Nordhälfte des weißen Meeres durch welche Lieutenant Lasarew als er bei seinem Rückwege von Nówaja Sémlja Kanin Vorgebirge als Abfahrtspunkt nahm, des Nachts in die Bucht der Heilesverkündung (Swjatonóskaja Gubà) einlief, wärend er in das weiße Meer zu treten glaubte.

Nachdem wir einen ganzen Tag unter Windstillen gelegen hatten, erhielten wir endlich einen ziemlich frischen aber uns völlig widrigen SWwind, welcher 5 Tage lang ununterbrochen an-

[1] Es war der Barrand'sche dessen Angaben nach Correction um Proportionaltheile der gesammten Abweichung von 7', wärend der ganzen Fahrt als wahr angenommen wurden. Das Arnoldsche Kronometer hatte einen sehr unregelmäßigen Gang gezeigt nnd ergab zuletzt die Länge um 1° zu sehr westlich; man ließ ihn daher gar nicht mit stimmen.

hielt und uns zwang fast das ganze weiße Meer unter strammen Bolinien zu durchlaufen.

(Mittwoch. September 7 und Donnerstag. September 8.) Am 7ten des Abends passirten wir den Felsen-Bach, und näherten uns am folgenden Morgen dem Nikoler Thurme wo wir mit Sicherheit darauf rechneten die Lothsen zu treffen, denn obgleich diese meistens und namentlich im Herbste auf der Mudjújsker Insel wohnen, so schickt man sie doch gewöhnlich, wenn Schiffe und besonders Kriegsschiffe erwartet werden, denselben entgegen bis zu dem genannten Thurme bei welchem deshalb auch eine Hütte erbaut ist. Wir näherten uns aber dem Thurme fast bis auf einen Kanonenschuß und überzeügten uns, daß Niemand daselbst warte. Wegen Windstille konnten wir uns nun der Barre nicht ferner nähern, sondern waren genöthigt bis zum folgenden Abend beim Thurme vor Anker zu bleiben. In der Nacht erhoben sich dicke Wolken von NW. und ich besorgte einen heftigen Wind von jener Gegend, welcher uns dann nur zwischen zweien höchst unangenehmen Entschlüssen die Wahl gelassen hätte; entweder mitten im offnen Meere vor Anker zu bleiben oder ohne Lothsen über die Barre zu gehen. Vergeblich wurden den ganzen Tag über Kanonen gelöst und wärend der Nacht Laternen und Signal-Feüer gebrannt.

(Freitag. September 9.) Erst um Mittag des 9ten kamen die Lothsen, nachdem sie durch Bauern, welche uns sahen, von unserer Ankunft gehört hatten, obgleich auch sie selbst uns gut wahrzunehmen vermochten. Wir erfuhren bald den wahren Grund ihrer Abwesenheit; den 8ten September den Geburtstag der Heiligen Mutter Gottes feiert man bei der Stadt durch ein großes Fest und durch das Beginnen des Handels mit Meerfischen. An diesem Tage thun sich die unteren Stände von Archangelsk recht gründlich etwas zu gute; die Lothsen pflegen aber solche Gelegenheit eben so wohl zu benutzen wie ihre übrigen Landsleüte und suchen sie sogar so oft als möglich. Der unsrige vergaß nicht die allgemeine Gewohnheit seiner Gefährten, beim ersten Schritt auf dem Schiffe um ein Schälchen zu bitten; unvorsichtiger Weise gewährten wir seine Bitte und hätten beinahe theüer dafür bezahlt; bei der Einfahrt in die seichte Gegend hielt er die erste schwarze Bake, für die Borowsker, und setzte uns hart an der Barre auf eine Untiefe. Sobald seine Gefährten auf der Mudjujsker Insel dieses bemerkten, kamen sie sogleich im Vereine zu uns gefahren. Es begann damals schon dunkel zu werden. Das Wasser war im Wachsen und der Wind wehte vom Ufer, so daß wir sogar ohne ein Werpanker zu brauchen mit Bestimmtheit darauf rechneten bald wieder in tiefes Wasser geführt zu werden. Die Lothsen wollten uns in die See zurückführen, aber ich verstand mich durchaus nicht dazu und so entschlossen sie sich zuletzt uns wärend einer der finstersten Herbstnächte über die Barre zu befördern. Sie theilten eine Stange in Fuße [1] und warteten dann äußerst ruhig auf ihren Karbasen neben dem Schiffe, bis es flott wurde. In der 10ten Stunde glitt die Brigg von selbst unter den Wind, wir zogen die Schkoten an den Segeln an, und fuhren stromaufwärts. Die Lothsen maßen beständig und wenn sie durch die Abnahmen der Tiefe bemerkten, daß wir uns zu sehr nach einer Seite begaben, so befahlen sie das Steüer nach derselben zu wenden. Auf diese Weise gingen wir über die Barre ohne das geringste zu sehen, unter beständigem Kreüzen von einer Seite des Fahrwassers zur andern, und gingen endlich dem Südende der Mudjujsker Insel gegenüber vor Anker. Es war dieses ein Beispiel beider ausgezeichneten und entgegengesetzten Eigenschaften dieser Lothsen; von Unenthaltsamkeit von der einen, und von Kunstfertigkeit und Entschlossenheit von der andern Seite.

(Sonnabend, September 10.) Am folgenden Tage war der Wind allzu widrig um Archangelsk zu erreichen; wir versuchten den Anker zu heben, fuhren aber auf eine Untiefe und waren genöthigt den ganzen Tag vor Anker zu verbleiben.

(Sonntag. September 11.) Sonntags am 11ten September um 11 Uhr Morgens liefen wir endlich glücklich in den Hafen mit durchaus gesunder Mannschaft.

Nach einigen Tagen war unser Schiff entladen und wurde zur Überwinterung in den Lapominer Hafen gebracht.

Ich blieb wärend $2\frac{1}{2}$ Monat in Archangelsk um meine Journale zu ordnen und Karten zu entwerfen. Nachdem die von uns gesehene Uferstrecke verzeichnet war, blieb ich dennoch immer in Zweifel welche der bekannten Stellen von Nówaja Sémlja sie entspreche, und wo sich namentlich Mátotschkin Schàr befinde; wärend ich mich aber noch mit dieser Angelegenheit beschäftigte, traf ich zufällig auf die Karte und die Ansichten des Steüermann Pospjélow (oben Einleitung) und dieser Fund gewährte völlige Aufklärung. Die Karte sowol als die Ansichten zeigten freilich nicht von bedeütender Kunst, aber jene stimmte ziemlich mit unserer Aufnahme und auf dieser erkannte ich sofort unseren Berg A und verschiedene andere Stellen des Ufers sowol südlich als nördlich von demselben. Diese Vergleichung lehrte dann ferner, daß die niedrige Halbinsel welche wir in $73\frac{1}{4}°$ gesehen hatten, wirklich

[1] Die Archangeler Lothsen messen die Tiefen gewöhnlich mittels eines Fußstockes anstatt des Lothes, und bei kleinen Tiefen ist jenes Mittel dem letzteren wirklich vorzuziehen.

Mitjúschew Vorgebirge war [1] daß sich die Einfahrt in Mátotschkin Schàr in einer der SÖstlich von diesem Punkte gelegenen Buchten befindet, daß die Bucht an der Südseite des Berges A in welcher wir am 26sten August lawirten, die Namenlose (besimén-naja) ist, und daß es endlich das Gänsekap (gúsinui Nos) war an welchem wir dem Schiffbruche sehr nahe waren. Pospjélows Karte erstreckte sich nach Norden nicht weiter als bis Matotschkin Schàr und ich mußte deshalb das Ufer im Norden von Mitjuschew Vorgebirge mit den Karten der Jäger vergleichen und erkannte auf diese Weise die Bucht an der Nordseite des Lawrow Vorgebirges für ihre seichte Bucht (mjélkaja gubà) und die andere weiter nach Norden gelegene für die Kreuzbucht (Krestowája).

So blieb denn als Erfolg unserer Expedition nur die Besichtigung eines Theiles des Westufers von Nówaja Sémlja. Der Hauptzweck derselben, — die Messung der Länge von Mátotschkin Schàr wurde nicht erreicht; ja sogar die Lage dieser Straße blieb noch zweifelhaft. Diese Erfolglosigkeit entsprang theils in der ersten Hälfte des Sommers aus den Hindernissen welche das Eis darbot, theils an einer etwas fehlerhaften Anordnung. Ich verwandte fast einen ganzen Monat um mich mit dem Eise herumzuschlagen, welches den Weg zum Südufer von Nówaja Sémlja versperrte, in der Meinung daß diese Strecke früher als alle übrigen vom Eise frei würde. Diese Voraussetzung war vielleicht auch richtig und namentlich in Bezug auf das nördlichste Ufer, ich hätte aber erwägen sollen, daß das Südufer, wenn es auch früher als die übrigen von seinem eignen Eise frei werde, dennoch durch die Nachbarschaft eines unerschöpflichen Vorrathes von Schollen im Karischen Meere, sehr oft wiederum verstopft werden muß, wärend das Westufer sobald es einmal frei geworden ist sich wärend des ganzen Sommers mehr oder minder rein erhalten kann. Jetzt bezweifle ich fast nicht, daß wir zwischen 72° und 73° Breite freies Ufer gefunden hätten, wenn wir nur bei der ersten Begegnung mit dem Eise sogleich nach N. gefahren wären. Bei größerer Muße hätte mir denn auch Mátotschkin Schàr nicht entgehen können, und die Vorschriften der Behörden wären wahrscheinlich erfüllt worden.

Trotz aller Erfolglosigkeit bewies diese Expedition dennoch die Grundlosigkeit der Ansicht als sei die Küste von Nówaja Sémlja

[1] In der Folge erfuhr ich, daß dieses Vorgebirge bei den Jägern das trockne (súchoi muis) genannt wird, und daß man unter dem Mitjuschewer das hohe und steile Vorgebirge bei der Silberbucht (Gubà Serébrjanka) versteht.

durch Eis, welches sich im Laufe der Jahre gehäuft habe, ganz unerreichbar geworden, denn wir fanden dieselbe von 72° Breite gegen Norden auf eine unbestimmte Entfernung, vielleicht bis zur äußersten Nordspitze völlig eisfrei.

Unterdessen lief ein Befehl vom See-Ministerium ein, mich mit allen auf die Expedition bezüglichen Dokumenten nach St. Petersburg zu begeben, woselbst ich denn auch zu Anfang Dezembers ankam.

Drittes Kapitel.

Zweite Fahrt der Brigg Nówaja Sémlja im Jahre 1822.

Vorbereitung. — Abfahrt von Archangelsk. — Aufnahme der Häfen und Reeden am Ufer von Lappland. — Uiberfahrt nach Nówaja Sémlja und Aufnahme ihrer Ufer. — Anhaltender Sturm. — Rückkehr nach Archangelsk.

(1822.) Bald nach meiner Ankunft in St. Petersburg, erhielt das Kaiserliche Admiralitäts-Departement, durch den Chef des Seestabes Sr. Kaiserlichen Hoheit [1] den allerhöchsten Befehl die Fortsetzung der Expedition nach Nówaja Sémlja ganz nach der früheren Art zu veranlassen. Die Wahl eines Befehlshabers war dem Departement überlassen, und dieses befand es für gut mich wiederum so wie früher mit der Leitung zu beauftragen.

Bei einer jeden Expedition welche die Ufer von Nówaja Sémlja zum einzigen Zwecke hat, muß die erste Hälfte des Sommers stets unbenutzt bleiben, denn jene Ufer verlieren ihr Eis niemals vor der letzten Hälfte des Juli. Um einem so unnützen Zeitverluste vorzubeugen hielt es das Departement für nützlich mich noch außerdem mit einer Besichtigung der vom Nord-Oceane bespülten Küste des Russischen Lapplands zu beauftragen.

Es wird auffallend scheinen, ist aber doch nicht minder wahr, daß dieses Ufer, längs dessen Schiffe der ersten seefahrenden Nationen nun schon seit drei Jahrhunderten fast beständig segeln, bisher in hydrographischer Hinsicht weit unbekannter für uns war, als manche der entlegendsten und unbewohntesten Erdstriche. Das-

[1] Den damaligen Kontre Admiral Anton Wasilewitsch von Moller.

selbe wurde niemals gehöriger Maßen aufgenommen, und alle Karten dieser Gegend gründeten sich vielmehr nur auf unvollständigen und bisweilen ungenauen Nachrichten, welche in vielen veralteten Büchern verstreût sind. Die Holländer haben uns in diesem wie in so vielen andern Fällen die zweckmäßigste Kunden gewährt. Die Karten und Lootsanweisungen welche ihre Zeefakel enthält, bewähren sich durch ihre Vollständigkeit als das Werk eines sehr fleißigen Sammlens. Da aber die früheren Seefahrer ihre Karten nur aus Ansicht zeichneten ohne sie auf astronomische Beobachtungen zu begründen, so ist es sehr begreiflich daß denselben die Genauigkeit abging welche man in unserer Zeit von Seekarten verlangt. Unsere Schiffe welche nach Archangelsk gingen oder von dort zurückkehrten hatten lange Zeit nur die Zeefakel als Führer, und erst später wurde dieselbe durch den Atlas ersetzt, welchen der damalige General Major Golenischtschew Kutúsow im Jahre 1800 herausgab. Die in diesem Werke enthaltene Karte des Lappländischen Ufers gründete sich bereits auf einige sehr genaue Bestimmungen. Die Schiffe des Eskaders welche im Jahre 1779 unter Kontre Admiral Chmetewskji an seinem Ufer kreûzte, machten Aufnahmen mehrerer Ankerplätze zwischen dem Heiligen Kap (Swjátoi Nos) und dem Kolischen Meerbusen. Einige derselben besaßen ziemliche Genauigkeit andere waren unzuverlässig und alle nur sehr oberflächlich; so findet man z. B. auf keiner einzigen Karte die Angaben der Bodenbeschaffenheit denen der Tiefen hinzugefügt. Alle diese Detailkarten wurden einer Generalkarte einverleibt, auf welcher jedoch sowol die trennenden Strecken zwischen den aufgenommenen Punkten, als auch die westlich vom Kolaer Meerbusen gelegene Ufer nur allein aus früheren Karten genommen werden konnten. Wahrscheinlich bediente man sich hierzu der Holländischen Karten, wie viele entstellte Ortsnamen es anzudeûten scheinen. Außerdem wurden auch längs des ganzen Ufers, welches mehr als 10 Längengrade einnimmt nur die zwei Orte: Kola und die Insel Kiljdin astronomisch bestimmt, und aus diesem Grunde wurden dann auch sowol das Gesammtansehen des Ufers als auch die gegenseitige Lage der Hauptpunkte höchst unzuverlässig. In den Jahren 1808 bis 1810 gingen die Englischen Kriegsschiffe welche damals gegen die unglücklichen Fischerboote kreûzten, an verschiedenen Punkten des Lappländischen Ufers vor Anker, und brachten nachher, nach sehr lobenswerther Gewohnheit, ihre dort gehabten Wahrnehmungen zu öffentlicher Kunde. In Folge davon erschienen in England wärend der nächsten zwei Jahre mehrere Karten des genannten Ufers mit der Aufschrift from the best surveys. Die mir zu Gesichte gekommenen dürfen sich indeß keiner sonderlichen Genauigkeit rühmen, obgleich sie zuverlässiger sind als die von Arrowsmith, welche sich wie es scheint nur auf Aufnahmen unserer Feldmesser gründen und auf denen sich daher das Ufer anstatt von NO. nach SO., von O. nach W. erstreckt. Allen genannten Karten fehlten außerdem die Uferansichten, ohne welche eine Seekarte stets als unzulänglich zu betrachten ist.

Der Gegenstand meines neuen Auftrages wurde in folgender Instruktion des Kaiserlichen Admiralitäts-Departements auseinander gesetzt.

„Für diesen Sommer sind Sie abermals zum Befehlshaber „einer Brigg ernannt, und werden ausgesendet um Nówaja Sémlja „zu besichtigen, und um deren Erstreckung sowol, als auch die „geographischen Längen und Breiten zu ermitteln. Da man aber „bereits aus Erfahrung weiß, daß wegen des Eises die Schiffahrt „in der Nähe von Nówaja Sémlja nicht vor Ende Juli möglich „ist, so können Sie bis dahin Ihre Muße sehr nützlich auf die „Besichtigung des Lappländischen Ufers von Swjátoi Nos bis zur „Mündung der Kola verwenden. Auf dieser Strecke giebt es viele „Ankerplätze die von der Seeseite geschützt sind, und von denen „bereits mehrere durch Russische Seefahrer besucht wurden; z. B. „hinter den Inseln von Swjátoi Nos, hinter den Sieben Inseln „(Sem óstrowi), der Rennthierinsel (olénji ostr.), hinter der Süd„ostspitze von Kiljdjin und bei der Mündung der Kola hinter der „Jekatariner Insel. Alle diese Ankerplätze sind zwar bereits in „dem Seeatlas für die Fahrten vom weißen Meere bis zum Ka„nal von England verzeichnet, welchen General-Lieutenant Gole„nischtschew Kutúsow im Jahre 1800 herausgab, jedoch nur in „kleinem Maaßstab, und ohne detaillirte Beschreibungen, welche „den Seefahrern genügende Anleitung zum Einlaufen in dieselben „geben könnten."

„An jedem Ankerplatze muß die Lage der umgebenden Ufer „auf Baidaren mit Sorgfalt und nach den Regeln der nautischen „Geodäsie aufgenommen, die Tiefen müssen gemessen und die Be„schaffenheit des Grundes muß angegeben werden. Ferner ist die „Hafenzeit zu ermitteln, eben so wie die Fluthhöhe und die Rich„tung und Dauer der wechselnden Meeresströmung. Nicht allein „beim Einlaufen aus dem Meere oder bei der Rückkehr ins Meer, „sondern auch bei jeder anderen günstigen Gelegenheit müssen An„sichten der Ufer gezeichnet und alle Deckungen der Vorgebirge und „anderer bemerkbaren Punkte, durch welche künftige Seefahrer das „Ufer wieder erkennen und gefahrlos zu dem Ankerplatze gelangen „können, sorgfältigst angemerkt werden."

„Gegen Ende Juli haben Sie nach Nówaja Sémlja zu „segeln, und wenn deren SWufer wiederum ebenso wie im vori„gen Jahre von Eis umgeben, das Nördliche aber eisfrei sein „sollte, so verabsaumen Sie die Gelegenheit nicht, sondern bemü„hen sich bis zur äußersten Nordspitze vorzudringen, die Breite

„derselben zu bestimmen und dann nach Mátotschkin Schàr zurück-„zukehren welchen sie sowol nach der Breite als auch nach der von „Ihnen angefertigten Karte leicht auffinden können. Bei dieser „Straße gehen sie vor Anker, um den Gang Ihrer Kronometer „zu untersuchen und die geographischen Breiten und Längen durch „astronomische Beobachtungen zu bestimmen. Sofern nicht Eis „in Mátotschkin Schàr daran verhindert, schicken sie unterdessen „Ihre Steuerleute auf zwei Baidaren durch diese Straße zur Ost-„küste von Nówaja Sémlja und schreiben ihnen vor sich auf der „einen Baidare nach Norden zu begeben, und auf der andern „nach Süden längs der Ufer von Nówaja Sémlja und die Be-„sichtigung derselben so weit fortzusetzen als es unter Einhaltung „der von Ihnen vorgeschriebenen Zeit der Rückkehr zum Schiffe, „möglich sein wird."

„Da Sie die Richtigkeit der auf der Karte angegebenen Ent-„fernung zwischen Heiligen Kap und Kandenoes bezweifeln so mögen „Sie sich wenn Ihre Zeit es erlaubt nach Berichtigung des Krono-„meterganges beim Heiligen Kap, nach Kandenoes begeben, da-„selbst Morgen- oder Abendhöhen der Sonne nebst gleichzeitiger „Angabe der Kronometer beobachten, dann nach Heiligen Kap zu-„rückkehren und daselbst den Gang der Uhren abermals durch kor-„respondirende Sonnenhöhen bestimmen."

„Zu Anfang Augusts werden die Nächte schon finster und es „wird Ihnen möglich sein Sterne zu sehen; wenn Sie sich daher „zu jener Zeit irgendwo am Ufer befinden, so versaümen Sie „keine Gelegenheit zur Beobachtung von Verfinsterungen der Ju-„piterstrabanten oder Bedeckungen bekannter Sterne dnrch den „Mond."

„Auf einer alten Holländischen Karte befindet sich in 71° 7' „Breite und in 44° 40' Länge von Greenwich eine Insel unter „dem Namen Witsen deren Existenz zweifelhaft ist; suchen Sie „daher wenn Zeit und Umstände es erlauben entweder bei Ihrer „Fahrt nach Nówaja Sémlja oder bei Ihrer Rückkehr von dort, „längs dieses Breitenkreises zu gehen."

„Wärend Ihrer Fahrteu im Eismeere müssen sie die Eigen-„schaften der gesehenen Eisschollen sorgfältig beachten und nament-„lich ausmachen, ob es Fluß- oder Polareis ist welches man durch „Ansehen, Dicke und Größe derselben untertcheidet; ferner vier „Mal des Tages die atmosphärischen Veränderungen aufschreiben, „und namentlich das Steigen und Fallen des Barometers und „die Wärme der außeren Luft."

„Wärend Sie unter Segel sind, müssen Sie außer dem „Schiffsjornnale, noch ein besonderes Tagebuch führen und darin „von Anfang bis zu Ende alle Ereignisse verzeichnen, welche die „Ihnen anvertraute Mannschaft betrafen, so wie auch Ihre sämmt-

„lichen Beobachtungen und durchaus alles erwähnen was Ihnen „neu oder denkwürdig erscheint, nicht nur in nautischer Beziehung „sondern auch zur Erweiterung jedes andern Theiles menschlicher „Kenntnisse.

„Überall wo Sie vor Anker gehen, beobachten sie die Nei„gung der Magnetnadel an einem Inklinatorium welches Ihnen „zu diesem Zwecke verabfolgt wird."

„Bei Nówaja Sémlja müssen Sie so lange verweilen als „es Jahreszeit und Umstände erlauben; ohne jedoch daselbst zu „überwintern. Sollten Sie aber wieder Erwarten dazu unum„gänglich gezwungen werden, so sorgen Sie vor Allem die Ge„sundheit Ihrer Mannschaft und die Brauchbarkeit der Brigg zu „erhalten um dann im nächsten Sommer zurückzukehren. Für ei„nen solchen Fall erhalten Sie auf Ihr Schiff eine gezimmerte „Hütte nebst Ziegeln oder auch ein Dach für das ganze Schiff „nebst zweien Kaminen und zweien eisernen Oefen. Es hangt „von Ihnen ab das Eine oder Andere zu nehmen und auch die „Hütte an einem dazu passend erkannten Orte, den Jägern als „Zuflucht zu hinterlassen."

„Übrigens dürfen Sie nach eigenem Gutdünken von dieser „Instruktion im Einzelnen abgehen, je nachdem zeitliche oder ört„liche nicht vorherzusehende Umstände dazu auffordern."

„Bei Ihrer Rückkunft nach Archangelsk untersuchen Sie den „Gang Ihrer Kronometer, geben Ihr Schiff im Hafen ab und „begeben sich mit allen Ihren Tagebüchern, Kronometern und astro„nomischen Instrumenten nach St. Petersburg."

So sehr ich mich nun auch bemühte meine Abreise zu beschleünigen, so wurde ich doch bis zu Anfangs März in Petersburg aufgehalten. Mancherlei Angelegenheiten nöthigten dazu, namentlich aber die Anschaffung von Instrumenten theils um die früher untauglich befundenen zu ersetzen, theils solcher welche uns bis dahin ganz gefehlt hatten. Das ungewöhnlich zeitige Beginnen des Frühjahrs, welches sich in jenem Jahre überall im nördlichen Europa zeigte, hatte unterdessen die Wege bereits verdorben. Bis zur Hälfte des Weges nach Archangelsk war damals schon der Schnee bis auf die letzten Flocken geschmolzen. Die Instrumente konnte man aber nicht in unseren gewöhnlichen Post-Tilegen führen, und ich mußte daher für dieselben einen angemessnen Wagen kaufen in welchem ich am 21. März die Reise begann. Auf der ersten Hälfte des Weges hatte ich von außerordentlich schlechten Wegen viel zu leiden; ich fürchtete sehr für die Instrumente und namentlich für das Barometer, indessen gelang es, sie unversehrt bis zum Anfangspunkt der Schlittenbahn zu bringen, welchen ich zwei Stationen vor der Stadt Wuitegra antraf. Dort setzten wir den Wagen auf Schlittenläufe und verfolgten unsere Reise auf weit bequemere Weise, jedoch mit großen Gefahren, denn unaufhörlich waren größere und kleinere Flüsse zu überschreiten, welche sich theils bereits bewegten, theils nur noch eine äußerst dünne Eisdecke hatten. Oft war unser Fuhrwerk beim Überfahren bis zur Hälfte im Wasser; dennoch endete Alles glücklich und ich erreichte Archangelsk am 31sten März.

Ich begann nun unverzüglich meine Mannschaft zu bilden und alles zur Reise nöthige zu fordern und bemühte mich diese vorlaüfigen Anordnungen sehr zu beeilen, weil der nunmehr weit ausgedehntere Entwurf das Unternehmen zu möglichst früher Abfahrt nöthigte. Unterdessen betraf mich ein sehr unangenehmer Vorfall in der ersten Zeit meines Aufenthaltes zu Archangelsk; an einem unserer Kronometer (Arnold Nr. 2112) sprang die Kette, nicht im Augenblick des Aufziehens, sondern zwei Stunden nach demselben und von selbst. Ein Uhrmacher fand einige Ringe dieser Kette verrostet, aber hier in der Stadt war es unmöglich diesem Schaden auf genügende Weise abzuhelfen, und ich hatte nun um so mehr Grund mich zu freüen dieß Mal drei Kronometer mitgenommen zu haben, so daß ich auch jetzt noch zwei derselben und zwar sehr zuverlässige besaß.

Am 11ten April ward die Dwina frei und schon seit länger als 50 Jahren hatte man keinen so frühen Eisgang erlebt. Wir freüten uns sehr dieses Umstandes, denn man konnte nun schon am 26sten April die Brigg aus dem Lapominer Hafen zur Admiralität bringen, und ich hoffte daher daß wir noch im Mai in See gehen können würden. Indessen verzögerte sich unsere Ausrüstung auf unerwartete Weise. Nach den mancherlei Unglücksfällen, welche uns bei der vorigen Campagne betroffen hatten, war es unerläßlich unser Fahrzeüg unterhalb der Wasserlinie zu besichtigen. Ich habe aber bereits erwähnt daß der Archangeler Hafen keine Kielbänke zum Kielholen der Schiffe besitzt, und daß man sich vielmehr anstatt derselben eines Prambodens bedient. Der Herr Schiffsbaumeister hoffte indessen, unter Benutzung des hohen Wasserstandes nach dem Austreten, denselben Zweck zu erreichen wenn er ganz einfach das Schiff an einer Aufschwemme auf die Seite legte; zum Unglück fiel aber das Wasser nur zwei Tage vor dem Kielholen sehr bedeütend, und als man endlich am 8ten Mai die Brigg auf die Seite gelegt hatte, blieb ihr Kiel noch um zwei Fuß unter Wasser und man gewahrte nur eben einige der bedeütendsten Beschädigungen, welche durchaus nicht ohne Abhülfe bleiben konnten. Mehrere Tage wurden nun auf Erbauung einer Kielbank verwendet und darauf am 13ten die Brigg abermals umgelegt. Einen ungefähr 6 Fuß langen Theil des Kieles fand man nun völlig zersplittert und längs der ganzen Strecke waren die Bolzen zu Haken verbogen. Alles dieses wurde noch an demselben Tage ausgebessert und wir konnten endlich am 15ten Mai zur Beladung und Ausrüstung schreiten. Auch bei dieser Arbeit fanden wir bedeûtende Schwierigkeiten wegen ungünstigen Wetters, so daß wir uns erst am 6ten Juni von der Admiralität aus abwärts zu ziehen begannen. Am 10ten waren wir völlig segelfertig.

Die jetzige Ausrüstung der Brigg unterschied sich nur sehr wenig von der früheren, weil ja auch unser Auftrag in Bezug auf Nówaja Sémlja mit dem vorjährigen gänzlich übereinkam. Seine Exellenz Gabriel Andréewitsch Saruitschèw rieth mir eine jener ledernen Baidaren mit zu nehmen deren man sich in unseren nordöstlichen Gegenden bedient [1], und welche nach seiner Erfahrung zu Uferfahrten weit geeigneter sind als gewöhnliche Ruderboote. Zu meinem Bedauern konnte man aber in Archangelsk kein solches Fahrzeûg anfertigen, weil es dazu sowol an Material als auch an gewandten Arbeitern fehlte.

Eigne Erfahrung hatte mich nun auch, gegen meine frühere Meinung, belehrt, daß ein der Ufer von Nówaja Sémlja wahrhaft kundiger Mann uns äußerst nützlich sein könnte, und ich bat daher uns einen erfahrnen Nówasémler Schiffsführer (Kórmschtschik) zu miethen, aber weder in Archangelsk selbst war damals ein solcher zu finden, noch auch meldete sich einer aus einer der andern Städte des Gouvernements, troß der deßfalls geschehenen Aufforderungen durch die Gouvernements-Regierung.

Unsere Mannschaft bestand aus den folgenden Beamten und Dienenden:

Lieutenante:

Fedor Litke I. Kommandeur.

Michailo Láwrow.

Midshipman: Alexander Litke II.

Steûermann der 12ten Klasse: Stepàn Sophrónow.

— — — 14ten — Grigórji Prokófjew.

Stabsarzt: Nikita Smirnów.

Steûermannsgehülfe mit Unteroffizier Rang .	1
Steûermannslehrlinge	2
Gehülfe des Arztes	1
Schiffergehülfe	1
Quartiermeister	2
Matrosen	28
Budelier	1

[1] Namentlich bei den Niederlassungen auf den Aleutischen- und Kurilischen Inseln, an den Küsten von Kamtschatka und bei den Russen am Ufer von Ochozk und auf Californien. — E.

Artillerie Unteroffizier	1
Bombardier	1
Zimmermann	1
Schmidt	1
Segelmacher	1
Kalfaterer	1
In Allem . . .	48 Mann.

An Instrumenten erhielten wir:

Kronometer (Arnold Nro. 1889 und Barraud Nro. 665)	2
Messingne Sextanten	3
Dollond'sche Teleskope von 4 Fuß Länge . . .	1
Seebarometer	1
Ein Massey'sches Log (Massey's perpetual log) .	1
Inclinatorien von Le Noir und aus der Ijorischen Fabrik[1]	2
Kronometer	1

Auf meine Bitte hatte man die Stifte in unseren Kompassen mit agatnen Spitzen versehen, so daß nun das Hütchen und der Stift auf welchem er sich drehte aus einerlei Substanz bestanden, und sich daher durch Reibung nicht abstumpfen, sondern vielmehr nur noch vollkommener glätten und die Beweglichkeit des Kompasses erhöhen konnten. Leider hatte man aber jene Endspitzen nicht halbkugelförmig, sondern scharf und ziemlich dünn gestaltet und sie dadurch sehr zerbrechlich gemacht.

Nachdem wir völlig reisefertig waren, wehte unaufhörlich wärend einer ganzen Woche Nordwind bei äußerst unangenehmen und nassem Wetter.

(Montag. Juni 17.) Am 17ten Juni erfolgte endlich eine Veränderung. Mit schwachem Wehen aus SO. begannen wir uns stromabwärts zu bewegen und konnten bald darauf unter Segel gehen, hatten aber kaum den Maimáksafluß passirt, als der Wind sich so wie früher aus NW. erhob und uns zwang am Westufer der Balkeninsel (O. Brewennik) vor Anker zu gehen. Wir verbrachten dort 4 Tage in drückender Unthätigkeit. Um diese Zeit einigermaßen zu benutzen, wurden am Ufer Beobachtungen zur Ermittelung des Ganges der Kronometer, der Abweichung und Neigung der Magnetnadel u. a. angestellt. Auch schickte ich unsere Mannschaft auf den Fischfang. In dem Flusse erhielten sie

[1] Uiber diese Werkstatt für astronomische und physikalische Instrumente siehe Ermans Reise um die Erde. I. 1. 51. — B.

aber Nichts als einige Krebse, welche sich in das Netz verwickelt hatten, dahingegen fanden sich einige Hechte, Nelmlachse und Barsche in einem kleinen See der um einige Sajenen vom Ufer entfernt lag.

(Donnerstag. Juni 20.) Am 20sten erhob sich der Wind aus WSW.; ich wollte unverzüglich den Anker heben, aber unser Lothse widersetzte sich dagegen, weil er behauptete der Wind werde sich sogleich wieder nach NW. drehen. Diese üble Vorhersagung bestätigte sich vollkommen und wir waren nun wirklich gezwungen an der bisherigen Stelle zu verbleiben ohne uns deßhalb weniger über den Eigensinn unsers Lothsen zu ärgern. Dieser wurde unterdessen durch einen seiner Gefährten abgelöst.

(Freitag. Juni 21.) Am 21sten drehte sich der Wind über N. nach NO. Unser neüer Lothse war weit unternehmender als der frühere; er gab zu daß wir den Anker hoben und so befanden wir uns schon in der 10ten Stunde unter Segel theils lawirend theils mit der Strömung treibend. In der 12ten Stunde fuhren wir an der Festung vorüber und salutirten derselben, eben so wie um 1 Uhr, an der Wendungsbake, dem Wachtschiffe. Um 5 Uhr gingen wir über die Barre und hielten darauf unter allen Segeln nach NNW.

Das weiße Meer begrüßte uns mit heftigem Winde aus ONO., (Sonnabend. Juni 22.) welcher am 22sten Morgens, wärend wir an den Winterbergen vorübergingen, zu einem Sturm wurde. Nur mit Mühe konnten wir die gänzlich gerefften Marssegel am Eselshaupte [1] tragen. Um 12 Uhr näherten wir uns dem nördlichen Ufer auf 2 bis 3 Meilen und sahen auf demselben eine Menge von Fischerhütten, Karbasen und dabei beschäftigten Leüten, konnten aber dennoch, wegen bekannter Einförmigkeit aller Theile dieses Ufers, den vorliegenden nicht bestimmter erkennen. Nahe am Ufer lag eine Lodja vor Anker welche so fürchterlich rollte, daß man nicht begriff wie sich ihre Masten zu erhalten vermochten. Wir wendeten von dort zu Backbordkurs und um 5 Uhr wiederum zu Steüerbord. Der Wind zeigte sich dabei stets in der Nähe des Ufers etwas schwächer, und er erhob sich mit früherer Wuth sobald wir uns nach S. begaben. Um 7 Uhr begann der Sturm sich zu legen und um 8 Uhr konnten wir bereits die Bramsegel beisetzen. Bemerkenswerth ist daß das Barometer sowohl vor als wärend dieses Sturmes durchaus nicht fiel, sondern vielmehr erst nachdem er vergangen war sich ein wenig erniedrigte. Um 9 Uhr wandten wir abwärts von

[1] Das Verbindungsstück zwischen dem Hauptmast und der großen oder Marsstange. — E.

dem Terischen Ufer. Die früher erwähnte Lodja lag nun von uns gegen O. in 4 Meilen Entfernung.

(Sonntag. Juni 23. und Montag. Juni 24.) Am folgenden Tage lawirten wir bei äußerst schwachem NOwinde und erhielten endlich am 24sten einen günstigen SW. mit dem wir unsere Fahrt sehr schnell fortsetzten. Um 4 Uhr sahen wir im Nebel hinter unserm Spiegel eine kleine Lodja unter nur einem Segel und auf derselben zwei Menschen, welche äußerst ruhig gegen NNO. fuhren. Sie schienen durchaus nicht auf uns zu achten. Die Anwohner beider entgegengesetzten Küsten fahren äußerst häufig auf diese Weise zu einander, theils um sich zu besuchen, theils in Geschäften. Nicht ohne Bewunderung sieht man den Muth dieser Leüte, welche sich fast auf Kähnen in ein offenes Meer begeben in welchem die heftigsten Strömungen herrschen und wo nicht nur ein Wind wie der welchen wir am 22sten hatten, sondern auch ein weit gemäßigterer, sie dem unvermeidlichsten Untergange aussetzt. Aber durch die beständige Nachbarschaft des Meeres mit allen seinen Schrecknissen, wird der Mensch zuletzt völlig gleichgültig gegen alle Gefahren, und was sind auch diese Überfahrten in Vergleich mit den fürchterlichen Wesnowälischen Jagden, bei denen man von einer schwimmenden Scholle auf die andere springt und sich auf diese Weise bisweilen bis in die Mitte des Meeres begiebt. — Einige Kaufmannsschiffe aus Archangelsk gingen mit uns einerlei Weg. Rumpf und Maste dieser Fahrzeüge waren so wie bei heiterstem Wetter, völlig sichtbar, aber alles was über dem Marse lag, war wie abgeschnitten, in dichtesten Nebel gehüllt. Wahrscheinlich bot ihnen unsere Brigg ein ähnliches Schauspiel.

Wir fuhren mit 6 Knoten Geschwindigkeit weiter längs des Ufers, und passirten um 4 Uhr den Thurm den man im vorigen Jahre auf dem Pülenger Vorgebirge erbaut hatte, um 8 Uhr die Tanneninsel auf welcher in diesem Jahre ein ähnlicher errichtet werden sollte und (Dienstag. Juni 25.) um 3 Uhr Morgens die Mündung des Panoi und um 6 Uhr Orlow Vorgebirge. Nördlich von der Tanneninsel (O. Sosnówez) wird das Ufer mit jeder Meile höher, steiler und wilder. Nur die linke Thalwand des Panoi bildet ein niedriges gegen das Meer hin abfallendes und mit Grün bedecktes Ufer. Orlow Vorgebirge besteht bereits aus hohen steilen und völlig nackten Felswänden und auch weiter nach NW. bleibt das Ansehen des Ufers diesem ähnlich.

(Mittwoch. Juni 26.) Am Abend befanden wir uns NÖstlich von den Lumbower Inseln. Das Wetter hatte schon seit einiger Zeit sich verschlechtert, in der Nacht erhob sich ein äußerst heftiger Nwind mit Nebel, Regen und fürchterlichem Wetter durch welches wir in ein beunruhigendes und gefahrvolles Rollen geriethen. Die Figur am Gallion ward gänzlich abgebrochen und der Bugspritt erlitt heftige Erschütterungen. Dieses Mal verhielt sich das Barometer regelmäßiger und verkündete dieses Unwetter durch ein Fallen von 0,3 Zoll. Bis 8 Uhr Abends erhob er sich um 0,15 Zoll und der Wind wurde stiller. Wir lawirten wärend dieser ganzen Zeit in kurzen Schlägen, nur bemüht den erreichten Ort nicht zu verlassen.

(Donnerstag. Juni 27.) Am Morgen wurde es völlig still. Das Wetter war heiter, gegen 10 Uhr erhob sich SO t O.wind. Wir hielten unter sämmtlichen Segeln nach dem Heiligen Kap (Swjätoi Nos) welches wir auch bald erblickten.

Das Heilige Kap ist ein niedriges, felsiges Vorgebirge mit einem spitzen Vorsprung nach N. NWestlich von demselben in Entfernung von einem Kabeltaue liegt die vom Meere bedeckte Felsklippe Woronúcha. Zwischen derselben und der Endspitze des Vorgebirges ist eine freie Durchfahrt, welche die kleinen Fischerboote benutzen, wenn ihnen der Wind nicht erlaubt die Klippe von N. her zu umgehen. Ungefähr eine Werst weiter nach S. erhebt sich das Ufer plötzlich und sehr beträchtlich, und bildet steil abfallende schwarze Felsen, zwischen denen in schmalen Schluchten Schnee liegt der wahrscheinlich niemals gänzlich thaut. Sowol dieses Ufer als auch die Endspitzen des Heiligen Kaps selbst sind äußerst kenntlich, denn weiter gegen S. findet man weder eine diesem Vorgebirge ähnliche Niederung, noch auch Felsen von so dunkelfarbigem Ansehn. Bei trübem Wetter wie es gewöhnlich hier herrscht, wird aber dieser Unterschied erst aus einem Abstande bemerkbar, bis auf welchen es oftmals gefährlich sein würde sich dem Ufer zu nähern; den Seefahrern wäre es daher äußerst nützlich wenn man auf dem Heiligen Kap ebenso wie an den früher genannten Orten einen Thurm errichtete.

Ich beabsichtigte, nachdem ich auf dem Meridiane des Heiligen Kaps einige Sonnenhöhen zur Berichtigung des Kronometers genommen haben würde, nach dem Kanin Vorgebirge zu segeln um die Lagenbestimmung, welche wir im vorigen Jahre für dasselbe erhalten hatten zu prüfen. Der Wind drehte sich aber zum NOviertel und zwang uns daher die Ausführung dieses Plans einstweilen auszusetzen und dagegen zunächst nach den Jukanischen Inseln an der Westseite des Heiligen Kaps zu gehen. Nachdem wir das letztere umfahren hatten, zeigte sich eine breite Bucht, die von O. über S. bis W. von hohen Bergen umgeben war, und in welche wir nun mit Kurs S. ½ W. einliefen. Bald darauf unterschied man die Bären- und die Talginsel (Medwjéjii ostrow und Sáljnui ostrow) die Straße welche sie trennt, die breiteste von allen dort gelegenen, befand sich nun gerade vor der Spitze der Brigg. Unter heftigen Windstößen gingen wir um 4½ Uhr an derselben vorüber, und legten uns dann hinter den Inseln vor Anker, in einer Tiefe von 11 Sajenen über Sandgrund und in einer weiten und von allen Seiten geschützten Bucht, um $2\frac{1}{2}$ Kabeltau gegen S. 55° W. von der SOspitze der Talginsel (Sáljnui ostr.) entfernt.

Ich fuhr sogleich mit einigen der Herrn Offiziere auf die Talginsel, um daselbst, als auf dem nächst gelegenen Ufer, einen bequemen Beobachtungsort zu suchen. Unsere Absicht schlug fehl, denn die Landung war, namentlich wärend der Ebbe, sehr schwierig. Übrigens besitzt diese Insel ein anziehendes Äußere; ihre Südseite ist bedeckt mit schönem Rasen, mit wildem Lauch welchen unsere Matrosen in Menge sammelten, so wie mit einer Menge von Erdbeeren und rubus chamaemorus (Maróschka) welche damals blühten, aber Straüche sah man nirgends. Den Boden bildet Granit. In einer Schlucht welche die Insel von N. nach S. durchsetzt, findet man eine Menge runder Steine die sich zu Steinballast eignen. In der Mitte der Insel und auf dem höchsten Punkte derselben stand ein Kreûz mit der Aufschrift: im Jahre 1786; darunter stand eine zweite Schrift deren Entzifferung aber unmöglich war.

Als wir daselbst keine günstige Stelle zur Aufstellung unseres Observatoriums gefunden hatten, begaben wir uns auf die andere Seite der Bucht, nach dem Ufer des Festlandes und fanden daselbst sogleich eine völlig geschützte und sich nach SW. erstreckende Einbucht. Sie bildete einen vortrefflichen Hafen für Ruderfahrzeüge und ich wählte sie daher sofort zum Landungsplatz. In dem SWlichen Winkel dieser Einbucht ergoß sich ein klarer Bach und bildete einen Wasserfall, in welchem man mit großer Bequemlichkeit /die Vorrathsfässer füllen konnte. An Vegetabilien war das Festland reicher als die Insel; die Umgebungen der Bucht waren mit nieder gebogenen Birken- und Wachholder-Gesträuchen reichlich bedeckt. Wir fanden eine Menge von Rennthierspuren ohne jedoch einem Thiere zu begegnen. Ungeheüre und nicht abzuwehrende Mückenschwärme belästigten uns fortwärend, bis wir um 12 Uhr zur Brigg zurückkehrten.

(Freitag. Juni 28.) Am frühen Morgen des 28sten bereiteten wir uns zum Beginn unserer Arbeit; mit großem Schrecken fand ich aber die Kronometer still stehend als ich sie vergleichen wollte. Bei dem Drange der Vorbereitungen zur Landung hatte ich am vorigen Tage vergessen dieselben aufzuziehen, troz aller Vorsichtsmaßregeln welche gegen einen solchen Unfall genommen waren, der hier, bei der Seltenheit heiterer Tage, als ein wahres Unglück zu betrachten war. Ich zog die Kronometer stets selbst auf, und ließ mich bei der Vergleichung durch den Steûermannsgehülfen unterstützen der von 9 Uhr bis 1 Uhr auf Wache war, und welcher sich niemals vor Vollendung dieses Geschäftes ablösen lassen durfte. Auch der Schildwacht welcher wärend derselben Wache bei den Sanduhren stand war aufs strengste geboten sich nicht eher ablösen zu lassen als bis ihm der Steuermannsgehülfe gemeldet hatte die Kronometer seien aufgezogen. Alles dieses zeigte sich aber nun unzulänglich.

Es war nun vor Allem wichtig Beobachtungen zur Bestimmung des Ganges der Kronometer zu erhalten, welcher sich durch das erwähnte Ereigniß beträchtlich verändert haben mochte. Ich sandte deßhalb den Steuermann Sophrónow aus, um das Westende des Meerbusens aufzunehmen, und verbrachte den ganzen Tag in der erwähnten Bucht, in der Besorgniß, wenn ich dieselbe verließe durch irgend ein unerwartetes Ereigniß an der Vollendung der Beobachtangen verhindert zu werden. Um Mittag bildeten sich aber Wolken und vereitelten meine Bemühungen. Es gelang kaum noch die Meridianhöhe der Sonne zu messen, und gleich darauf wurde es völlig dunkel. Sehr betrübt über dieses Mißlingen, begaben wir uns in der 6ten Stunde an Bord.

(Sonnabend. Juni 29.) Dichter Nebel hinderte bis um 11 Uhr die Fortsetzung der begonnenen Arbeiten. Nachdem er sich zertheilt hatte wurden Lieutenant Láwrow zur Osthälfte und Steuermann Sophrónow zur Westhälfte des Meerbusens ausgesandt. Sie kehrten erst nach Mitternacht wieder zurück. Ich erhielt erst Nachmittags einige einzelne Höhen zur Berechnung des Stundenwinkels.

(Sonntag. Juni 30.) Am 30sten wurde die Aufnahme des Westtheiles beendet und die Meridianhöhe nebst Stundenwinkeln beobachtet. Am Abend besuchten uns Loparen welche den hochwürdigen Vater Joann, Geistlichen von Kola, hierher gebracht hatten. Wärend des Sommers giebt es durchaus keinen Landweg durch Lappland und Alle die alsdann genöthigt sind sich nach verschiedenen Orten zu begeben wie z. B. die Geistlichen oder die Beamten des Kreis- oder Landgerichts u. s. w. fahren daher auf Schnaken längs des Ufers, von Station zu Station; von Kola zur Insel Kiljdin, dann zur Rennthierinsel u. s. w. bis Júkanka; von da um das Heilige Kap zu den Lumbower Inseln nach Panoi, Warsucha und Kandalakscha. Von Kandalakscha fährt man über Flüsse und Seen oder geht auch bisweilen zu Fuß nach Kola. Auf diesem Wege hatte auch Pater Joan seinen Sprengel besucht. Die Loparen zählen die Entfernungen welche sie auf diese Weise zurücklegen nach Wassern d. h. nach der Anzahl günstiger 6 stündiger Strömungen, welche zur Reise gehören. Sie schätzen ein jedes Wasser auf 30 Werst und zählen 5 Wasser von den 7 Inseln bis zu den Jukaner Inseln. Diese Loparen erzählten uns ferner, daß der letzte Winter auch hier ungewöhnlich warm gewesen sei;

es habe äußerst wenig Eis gegeben und an vielen Stellen sei deshalb im Frühjahr der Seehundsfang fast gänzlich ausgefallen. Endlich auch daß sich hinter der Nokúew Insel (welche auf früheren Karten Nagel genannt wurde) ein weiter und gefahrloser Schiffshafen befinde.

(Montag. Juli 1.) Am 1sten Juli wurde die Abweichung der Magnetnadel beobachtet und die Aufnahme des Osttheiles des Meerbusens vollendet. Der Unglücksfall welcher die Kronometer betraf hatte durchaus keinen Einfluß auf ihren Gang geäußert, und dieses ergab sich sowol aus den Beobachtungen welche an drei verschiedenen Tagen wiederholt wurden, als auch dadurch, daß ihr gegenwärtiger Unterschied genau dieselben täglichen Änderungen wie früher erfuhr. Ich war sehr froh daß mein Versehn wenigstens in soweit durch die Vortrefflichkeit der Kronometer unschädlich wurde, gänzlich unfühlbar war es jedoch nicht, denn es blieb unmöglich die Länge der Júkaner Inseln von Archangelsk aus zu bestimmen.

Diese Júkaner Inseln liegen am Ende eines ziemlich weiten Meerbusens an der Westseite des Heiligen Kaps und um 7 Meilen von demselben. Sie erhielten ihren Namen von dem Flusse Júkanka der sich in die Südostecke jenes Meerbusens ergießt. Von den 7 ausgezeichnetsten derselben liegen 5 längs des Südufers des Meerbusens und in 300 Sajenen bis 2½ Werst Entfernung von demselben. Von NW. gegen SO. folgen 1) die Möweninsel (Tschäitschji ostr.) 2) die größte von allen oder die sogenannte Namenlose (besiménui) 3) die Talginsel (Sáljnji) 4) die Bäreninsel (medwjéjji) 5) die abtrocknende (obsuschnói) welche diesen Namen deßwegen führt weil ihr Südende sich mit dem festen Ufer durch ein bei niedrigem Wasser trocken gelegtes Riff vereinigt, über welches oftmals Rennthiere zur Insel überlaufen. Die zwei letzten vor der Mündung der Jukanka nannten wir Ustj-Jukanskie. (Nach der Analogie vieler andern Russischen Ortsnamen, von ustja die Mündung. — E.)

Diese Inseln bilden eine weite Rhede welche 6 Meilen Länge und in der Westhälfte eine Tiefe von 4 bis 10 Sajenen in der Osthälfte aber von 10 bis 20 Sajenen besitzt. Eine zahlreiche Flotte kann daselbst sehr ruhig verweilen, aber der beste und gefahrloste Ankerplatz ist der namenlosen und der Talginsel gegenüber, gegen Westen nicht weiter als bis zur Mitte der ersteren und gegen Osten nicht über die Mitte der letzteren hinaus. Dieser Raum ist gegen alle Winde völlig geschützt, von S. und N. durch das feste Land und durch die Inseln, von NW. durch das Vorgebirge Kljátna, welches mit der Möveninsel zur Deckung kommt, und von NO. durch die Talginsel die sich auf das Heiligen Kap Ufer projizirt. Die Tiefe beträgt 9 — 12 Sajenen; der Boden ist

Sand mit Thon. Weiter gegen O. beunruhigen Nwinde, weiter gegen NW. aber NWwinde sowol als auch Stömungen, welche vermöge der Enge jener Stelle sehr heftig, bei der Talginsel aber kaum bemerkbar sind. Ohne Noth muß man sich auch keinem der Ufer nähern, weil der Boden daselbst nicht immer rein ist.

Zwei völlig gefahrlose Eingänge führen zur Jukaner Rhede: der östliche zwischen der Talg- und Bäreninsel mit einer Breite von 800 Sajenen, und der NWliche zwischen der Möveninsel und dem Festlande mit 350 Sajenen Breite. Für Linienschiffe ist es stets rathsamer den ersteren zu wählen, denn in dem andern betragen die Tiefen stellenweise nicht über 4 Sajenen und sind daher, namentlich bei hohem Wellenschlage, für ein Linienschiff nicht ausreichend. Anderweitige Schiffe können sich beider Einfahrten gleich gut bedienen und müssen sich dann nach jedesmaligen Umständen richten. Kommt man vom Heiligen Kap so hat man, wenn der Wind von der Westseite weht, die NWesteinfahrt zu wählen, in sofern es alsdann nur möglich ist, sich oberhalb der Möveninsel zu halten; dahingegen muß man aber mit Ostwinden stets durch die östliche Einfahrt gehen. Es versteht sich von selbst daß man, von NW. kommend, des Umweges durch die Osteinfahrt in keinem Fall bedürfe. Die Straßen zwischen den übrigen Inseln sind ebenfalls fahrbar, dennoch aber so eng daß man sich nicht ohne äußerste Noth in dieselben begeben muß.

Die Jukaner Inseln scheinen aus der Ferne nur ein einziges Ganze, mit dem Ufer des Festlandes zu bilden, denn sie sind niedriger als dieses und haben völlig dasselbe Ansehen. Bei etwas trübem Horizonte kann man sie vom Heiligen Kap kaum unterscheiden; wenn man sich in einem solchen Falle hinter dieselben begeben will, so hat man sich nur allein auf den Kompaß zu verlassen. Hat man nämlich die Osteinfahrt gewählt so muß man das Heilige Kap in der Entfernung von 1 und $1\frac{1}{2}$ Meile umfahren, dann, vorausgesetzt daß der Wind aus O. weht, nach S t W. oder S. $\frac{1}{2}$ W. halten. Hat man dann 4 oder $4\frac{1}{2}$ Meilen mit diesem Kurse zurückgelegt so zeigen sich jene Inseln und die Straßen zwischen ihnen sehr deütlich und zwar, je nach der Beschaffenheit der Atmosphäre, bald ein wenig früher bald später. Nachdem man die Talg- und Bäreninsel erkannt hat, muß man auf die NWestspitze dieser letzteren oder auch noch um etwas weiter rechts halten, so daß man dasselbe um nicht mehr als $\frac{1}{2}$ Werst zu seiner Linken lasse und vor einer von Wasser bedeckten Steinklippe sicher sei die sich um 200 Sajenen gegen SO t S. von der SOspitze der Talginsel befindet, und auf welcher bei der Fluth nur 4 Fuß Wasser und um die Ebbezeit Brandung sich findet, ebenso wie an einer andern 2 Sajenen tiefen Banke die sich in derselben Entfernung von der genannten Spitze gegen O. befindet. Nach Einfahrt in die Straße muß man nach Süd in der genannten Entfernung von der Bäreninsel halten, bis daß die SWspitze dieser Insel, welche sich durch einen sehr furchtbaren und schwarzen Abhang auszeichnet, nach NO. zu liegen kommt; dann hält man nach SW., sobald aber die SOspitze der Talginsel NNW. ist, wendet man nach W. und endlich WNW. bis zum Ankerplatze. Ist man ein Mal über den Punkt der Deckung zwischen der Talginsel und dem Heiligen Kap hinaus, so kann man wo man auch will den Anker werfen.

Hat man aber aus den oben angeführten Ursachen die NW. Durchfahrt gewählt, so muß man von dem Heiligen Kap nach SW t W. halten, dann, wenn man die Möveninsel genau erkannt hat, dieselbe so umfahren, daß sie um ungefähr 1 Werst zur Linken bleibe. Sobald sich dann die Straße zwischen dieser letzteren und dem Festlande zeigt, halte man genau auf die Mitte derselben nach SO. und OSO. bis man den Ankerplatz erreicht. Ohne Noth muß man nach keiner Seite hin von diesem Kurse abweichen, denn an einigen Stellen giebt es Riffe welche bei Hochwasser bedeckt werden.

Kommt man von NW. so muß man, sobald man am Kljátna Vorgebirge vorüber ist, längs des sehr reinen und steil abschüssigen Ufers fahren nnd sich in nur 1 Meile Entfernung von demselben behaupten; dann aber, nach Erblickung der Straße zwischen der Möveninsel und dem Festlande, sich so wie früher gesagt nach derselben begeben.

In den äußeren Meerbusen am Heiligen Kap betragen die Tiefen 20 bis 40 Sajenen bei verschiedener Bodenbeschaffenheit; namentlich Sand, Sand mit Steinen, Sand mit Muscheln, Muscheln u. s. w. Auch kann man bei Owinden unter dem Ufer des Heiligen Kaps vor Anker gehen.

Hinter den Jukaner Inseln hat man vortreffliche Gelegenheit sich mit schönem Trinkwasser zu versorgen. Es dienen dazu mehrere Buchten die längs des Südufers vertheilt liegen. Die vorzüglichsten sind: die Deutsche (njemézkaja) der kleinen Ustjükaner Insel gegenüber, die Observatoriumsbucht (observatórnaja, der wir diesen Namen gaben weil alle unsere Beobachtungen in derselben angestellt wurden) gegen S. von der Westspitze der Namenlosen Insel (óstrow besiménji), ferner: Gremicha und die Inselsbucht (ostrowskaja) die in einer Reihe und in 2 Meilen Abstand gegen NW. von der Observatoriumsbucht liegen. Wenn man sich bei Hochwasser den Bächen nähert, welche sich in Fällen von den Bergen ergießen, so kann man die Fässer unmittelbar mit sogenannten Wasserschlangen oder Schlauchen füllen. Bei Ebbezeit beträgt die Tiefe in diesen Buchten weniger als 1 Sajen.

Unsere Beobachtungen in der Observatoriumsbucht ergaben folgende Resultate: *)

Nördliche Breite	. . . .	68° 3′ 16″
Ostlänge von Greenwich	. . .	39° 34
Magnetische Abweichung	. . .	1° 7′ Ost
Magnetische Neigung	. . . . .	76° 13′ —
Hafenzeit	. . . .	IX Stunden
Betrag der Fluthhöhe	. . . . .	13 Fuß.

Die Fluth kommt von NW. und besitzt an der ersten Stelle, zwischen der Namenlosen Insel und dem Festlande, eine Schnelligkeit von 1 bis 1½ Knoten. Weiter gegen O., wo die Straße breiter wird, ist, wie schon oben bemerkt, durchaus keine fühlbare Strömung.

Der Fluß Júkanka bildet einen schönen Hafen für Schiffe die nicht mehr als 15 Fuß tief einsinken. Seine Mündung hat ungefähr eine Werst in der Breite und besitzt überall eine Tiefe von 3½ bis 3 Sajenen, welche auch noch zwei Meilen weiter stromaufwärts eintritt. Der Boden ist Sand. Um in den Fluß einzulaufen muß man, nachdem man an den Ustjúkansker Inseln vorüber ist, nach OSO. halten, dann sobald man sich dem hohen und steil abfallenden Uferrand bis auf 150 Sajenen genähert hat, längs des rechten Ufers fahren ohne sich dem entgegengesetzten zu nähern, weil dieses weit weniger schnell in die Tiefe fällt. In ½ Meile von der Mündung ist man bereits gegen sämmtliche Winde völlig geschützt. Der Fluß ist nur auf 3 bis 3½ Meilen aufwärts schiffbar; dann fangen Fälle an, welche sogar kleinen Böten keinen weitern Durchgang gestatten. Vermöge des mächtigen Einflusses der Fluthbewegungen ist dieser Fluß sehr geeignet um Schiffe zu Kiel holen wenn man dazu genöthigt sein sollte. Auch zum Überwintern bietet er bedeûtende Bequemlichkeit, denn Eisgang und Überschwemmungen, die in großen Flüssen so bedeûtende Gefahren verursachen, fehlen hier gänzlich und aus leicht einzusehenden Gründen. Wärend des Winters von 1816 zu 1817 blieb ein Englisches Kauffahrteischiff hierselbst, nachdem es sich allzu lange bei Archangelsk verweilt hatte. Der Schiffer desselben wollte lieber das Frühjahr hier abwarten, als sich den Schrecknissen einer Winterfahrt auf dem Nördlichen Oceane aussetzen.

Am linken Ufer dieses Flusses, in zwei Meilen von der Mündung, und nahe einer kleinen und von hohen Bergen umgebenen Bucht, liegt eine Loparische Ortschaft unter dem Namen der Jukansker Sommergaststelle. Denn alle Wohnungen der Loparen,

¹ Es sind Mittelwerthe aus den Beobachtungen des hier in Rede stehenden und aus denen der folgenden Jahre.

die für den Sommer sowol als die für den Winter, werden von den Russen pogósti d. i. Gast-Stellen genannt. Die Sommerwohnungen werden gegen den Nicolaitag (9te Mai) bezogen, man wohnt bis zum ersten Schneefall in denselben, und kehrt dann in die Winterquartiere zurück, welche um 150 bis 200 Werst vom Meere abstehen. Die Rennthiere mit denen die Loparen hierher an die Küste reisen werden dann theils auf den Inseln, theils auf den Mooren frei gelassen und auf den letzteren findet man sie im Herbste durch ihre Spur auf dem Schnee. Nicht selten gehen indessen einige Rennthiere daselbst verloren oder werden von Wölfen zerrissen. Die welche sich auf den Inseln befinden sind dagegen gesichert, indessen würden nicht alle daselbst Nahrung finden. Die Loparen beschäftigen sich wärend des ganzen Sommers mit Fischfang und die Jukanischen fangen fast ausschließlich Lachse, weil das anliegende Meer an andern Fischen arm ist. Den Lachs fangen sie aber theils in dem Flusse Júkanka theils aber und noch haüfiger in dem See aus dem derselbe entspringt und welcher 7 Werst nach SSW. von ihren Wohnungen liegt. Sie kennen zum Lachsfang kein anderes Mittel als Verzaünungen, hinter welchen sie die abgestandenen Fische sammeln, sobald niedriges Wasser eintritt. Sie behalten dann die Ausbeüte ihres Fischfanges theils selbst, theils vertauschen sie dieselbe gegen Mehl und andere Bedürfnisse welche man ihnen auf Lodjen von verschiedenen Punkten des weißen Meeres zuführt. Bisweilen verpachten sie auch für den Sommer den ganzen Fluß oder einen Theil desselben an Archangeler Schiffsbesitzer, welche mit Fischen handeln. Eines ihrer dringendsten Sommergeschäfte besteht in Anfertigung der sogenannten Keroschki d. i. ihrer Winterfuhrwerke, welche einer zugeschärften Mulde gleichen. Dieselben müssen nothwendig aus Tannenholz bestehen und sie bringen daher dergleichen 50 Werst weit mit sich. Man bearbeitet sie im Sommer weil es nur dann möglich ist das Holz auf gehörige Weise zu biegen. Im Winter beschäftigen sich die Loparen mit Fischfang in Seen und mit Jagd.

Der Jukaner Wohnplatz besteht aus 11 Wjéji in denen gegen 60 Personen beiderlei Geschlechtes wohnen. Diese Wjéji sind aus Zweigen und Reisern kegelförmig gebaut, mit Dornen und Moos bedeckt und haben 3 bis 4 Arschinen Breite bei $2\frac{1}{2}$ bis 3 Arschinen Höhe. Eine kleine Öffnung auf flacher Erde dient zugleich als Fenster und Thüre, wärend durch eine andere an der Spitze der Rauch abzieht. In der Mitte der Wjéja bauen sie einen Heerd aus Steinen und brennen darauf Feüer, sowol zum Wärmen als zum Kochen und Brodbacken. Dieses letztere wird hier aüßerst einfach verrichtet, denn man rührt nur das Mehl mit Wasser an und formt dann daraus einen platten Kuchen welcher mit einer Seite auf einen heißen Stein gelegt und mit der andern gegen das Feüer gekehrt, und sobald er trocken ist Brod genannt wird. Der Raum zwischen dem Feüerplatze und der Wand wird mit Reisig ausgefüllt, dann mit Rennthierfellen bedeckt und auf diesen schlafen die Bewohner in dem sie sich noch außerdem in andere Rennthierfelle einwickeln.

Rings um diese Wjèji herrscht eine zurückstoßende Unreinlichkeit und Unordnung; das Innere von Fischen, Haufen von Knochen, Hunde, Kessel, Schlitten und Keréschki liegen pèlemèle und überall verbreiten sich stinkende Ausdünstungen. Übrigens aber haben die Loparen selbst ein recht vortheilhaftes Ansehen. Die Männer gehen in tuchenen kurzen Überröcken, meist von blauer Farbe mit einem gleichen Unterkleide und mit tuchenen Strümpfen und Schuhen, die Frauen tragen Russische Sarafane und auf dem Kopfe entweder den Russischen Kákoschnik oder Kopftücher.

(Dienstag. Juli 2.) Nach Beendigung aller unserer Geschäfte lichteten wir am 2. Juli Morgens den Anker und liefen durch die westliche Durchfahrt mit ziemlich starkem Südwinde ins Meer. Dieser Wind begünstigte sowol die Fahrt nach Kanin Nos als auch die Rückfahrt von dort zum Heiligen Kap, so daß ich beschloß sogleich an die Erfüllung des mir in Bezug auf ersteres gegebenen Auftrages zu gehen. In Folge davon hielten wir nach dem Heiligen Kap, von welchem wir um 8 Uhr unsere Abfahrt nahmen und liefen dann mit direktem Kurse unter vollen Segeln nach Kanin Vorgebirge.

Dieser günstige Wind dauerte indessen nicht lange. Um 0 Uhr trat eine Stille ein welche nur durch leises Wehen bald von der einen bald von der andern Seite her unterbrochen wurde und bis Mittag anhielt. Wärend dieser ganzen Zeit schwamm ein großer Fisch von dem Delphingeschlechte in der Nähe der Brigg. Er kam oft an die Wasseroberfläche um zu athmen und verbreitete dadurch jedes Mal einen so unerträglichen Geruch, daß man in der Nähe des Ortes an welchem er sich gezeigt hatte, kaum zu bleiben vermochte. Wenn ein Zug solcher Fische ein Schiff wärend Windstille umgäbe, so könnte er dasselbe in außerst unangenehme Lage versetzen. Um Mittag als das Heilige Kap nach S. 16° W. in 12 Meilen Abstand von uns lag, erhob sich ein gleichmäßiger Wind aus O t S. mit Regen und ziemlich heftigem Gewitter, einer in dieser Gegend sehr seltenen Erscheinung. Dieses Wetter und der völlig widrige Wind zwangen mich die Besichtigung von Kanin Vorgebirge für dieses Mal aufzugeben, denn günstiger Wind und gutes Wetter waren für diesen Theil unserer Unternehmung zwei gleich unerläßliche Bedingungen, damit man sich, im Falle keine Beobachtungen gelängen, auch auf die Schiffsrechnung verlassen könnte. Aus diesem Grunde gingen wir unter den Wind gegen das Lappländische Ufer, in der Absicht bei der Nokuew Insel zu bleiben bei der wir einen guten Hafen zu finden hofften. Als wir uns aber um 5 Uhr dem Ufer bis auf ungefähr $1\frac{1}{2}$ Meilen genähert hatten, erhielten wir, nach einem fürchterlichen Schauer aus NW., einen äußerst heftigen und uns abermals durchaus widerwärtigen Wind aus demselben Striche. Möchte es auch sonderbar scheinen sein Vorhaben nach Maßgabe des Windes zu ändern, so beschloß ich doch nun wiederum diese Veränderung zu einer Überfahrt nach Kanin Nos zu benutzen und wollte um so weniger Zeit mit unnützem Lawiren verlieren, da die West-Winde hier weit seltener wehen als östliche. So gingen wir denn abermals unter den Wind nach O. und nahmen zum zweiten Male um 8 Uhr unsere Abfahrt vom Heiligen Kap.

Heftiger Westwind versprach uns eine schnelle Überfahrt. Das Wetter war ungewöhnlich heiter; um Mitternacht (Mittwoch. Juli 3.) schien die Sonne in völligem Glanze über dem Horizonte. Wir überzeugten uns bei dieser Gelegenheit von dem Ungrunde einer Behauptung von Martens, daß die Sonne im mitternächtlichen Meridiane, ihrem Lichte nach, dem Monde ähnlich sei.[1] Freilich scheint sie nicht so hell als an einem Mittage bei unbewölktem Himmel, doch geschieht dieses ja stets in Folge geringerer Höhe über dem Horizonte. Dieses durchaus nicht bjelomorische d. i. dem weißen Meere entsprechende Wetter, dauerte indessen nicht lange: in der 7ten Stunde umgab uns plötzlich ein dichter und nässender Nebel. Dessenungeachtet setzten wir unseren Weg fort und erblickten kurz vor Mittag durch den Nebel, das Kaninische Ufer mit Schnee bedeckt, und einige Minuten später zeigte sich wärend eines helleren Augenblicks, gerade gegen Norden ein Vorgebirge, welches wir für die Spitze von Kanin Vorgebirge zu erkennen glaubten.

Nach dem Masseyschen Log betrug unsere gerechnete Länge damals 3° 37′ vom Heiligen Kap; die Breite aber 68° 28′ 15″ völlig übereinstimmend mit dem Resultate einer Messung zweier Sonnenhöhen. Da nun noch außerdem um 8 Uhr Morgens eine Längenbestimmung durch die Kronometer sich der Angabe des Massey'schen Logs vollkommen anschloß, so durften wir auch die mittels desselben für den Mittag erhaltene Länge der Wahrheit sehr nahe erachten. Die Länge von Kanin Nos folgte also zu 3° 37′ vom Heiligen Kap. (swjatoi Nos) Dieses letztere liegt auf der Merkatorschen Karte unter 0° 20′ W. von Archangelsk. Aus dem oben angeführten Grunde konnten wir nun diese letztere Angabe nicht unmittelbar als gültig annehmen; fügten wir dazu aber den im vorigen Jahre für die Länge des Orlow Vorgebirges

[1] Adelungs Geschichte, Seite 346.

gefundenen Unterschied von 0° 28′, so folgte die Länge des Heiligen Kaps 0° 48′ W. und die des Kanin Vorgebirges 2° 49′ O. von Archangelsk d. h. mit nur 1 Minute Unterschied gegen die vorjährige Bestimmung.

Freilich könnte man zweifeln ob es wirklich die äußerste Endspitze von Kanin Vorgebirge war, die wir um Mittag erblickten, wenn sich aber dasselbe noch weiter gegen W. erstreckt, so wird der Fehler in der Angabe der Merkatorschen Karte dadurch nur noch vermehrt.

Obgleich wir uns nun auf diese Weise überzeügten, daß unsere vorjährige Bestimmung nicht beträchtlich fehlerhaft sei, so blieb doch der Wunsch, dasselbe durch direkte Beobachtungen zu bestätigen und wir versuchten daher noch einige Zeit in der Hoffnung auf helleres Wetter, in kurzen Schlägen zu lawiren. Anstatt der Erfüllung dieser Hoffnung wurde es aber gegen Abend nur noch trüber und der NWestwind erhob sich ziemlich stark, weshalb wir denn auch mit Steüerbordkurs gegen das Terische Ufer (Térskoi béreg) hielten.

(Donnerstag. Juli 4.) Ein sehr heftiger Wind, mit hohler See und trübem, unangenehmen Wetter dauerte wärend des folgenden Tages. Gegen 2 Uhr Nachmittags erblickten wir Land durch den Nebel, und peilten um 6 Uhr das Heilige Kap nach N. 60° W. in 20 Meilen Abstand. Nach der Schiffsrechnung befanden wir uns um 16 Meilen weiter gegen NO. und wahrscheinlich war dieser Unterschied durch den außerordentlich starken Seegang bewirkt worden, welcher sich wärend der letzten Zeit stets aus diesem Rhumbe bewegte.

(Freitag. Juli 5.) Am 5ten blieben wir wegen immer noch wärenden Wellenschlages aus NO. und wegen Schwäche des Windes fast genau auf einerlei Stille.

(Sonnabend. Juli 6.) Seit Mitternacht des 6ten erhob sich aber NNOwind, mittels dessen wir unter vollen Segeln nach WNW. hielten und um 3½ Uhr am Heiligen Kap vorübergingen. Bald darauf zeigte sich nach WNW. ½ W. eine Insel die wir für die Nokúew Insel hielten. Bei fernerer Annäherung zeigte sich aber daß es nur eine Halbinsel war, welche durch eine niedrige und felsige Landenge mit dem festen Lande zusammenhing. Aus der Ferne ähnelte diese Landenge so sehr dem hier haüfigen Phänomene eines durch Refraktion erhobenen Horizontes, daß wir ohne jeden Zweifel fortfuhren gegen die vermeinte Straße zu laufen, bis daß wir endlich in einer Entfernung von nur ½ Werst unseren Irrthum gewahrten. Als wir nach Backbord gewendet hatten zeigte sich bald die wahre Nokúew Insel. Sie ragte hinter der Endspitze der dafür gehaltenen Halbinsel hervor und diese letztere wurde nun für das Schwarze Kap (Tschérnui nós) erkannt, dessen Name sich auf das dunkle Ansehen bezieht durch welches dasselbe vor allen Umgebungen hervorsticht. Dieses Vorgebirge ist ziemlich hoch, endet aber gegen N. mit einer, dem Heiligen Kap ähnlichen, Niederung.

Nach Umfahrung des schwarzen Kaps hielten wir über Steüerbord nach der hohen und hüglichen Nokúew Insel, die sich von allen umgebenden Ufern bedeütend unterscheidet. Unter dem Ostufer derselben hoffte ich einen guten Hafen zu finden, sowol nach der Aussage der Loparen als auch in Folge einer alten Holländischen Lootsanweisung. Ich besaß freilich auch eine Karte dieser Gegend welche die Offiziere der Brigg Nadéjda (Hoffnung) aufgenommen hatten, als dieselbe im Jahre 1802 hierher kam. Nach dieser Karte war jener Hafen nichts weniger als gefahrlos, sondern vielmehr den Meerwinden völlig geöffnet. Da ich aber bisher die Lootsanweisung sehr zuverlässig befunden hatte, so schien deren Angabe mindestens eine Prüfung zu verdienen und ich beschloß daher zu verweilen. Sobald wir der Mündung der Bucht gegenüber waren, schickte ich den Steüermann aus, mit dem Befehle dieselbe zu messen und wenn er einen ruhigen Ankerplatz fände, eine Flagge aufzuziehen und sich auf die alsdann von uns zu haltende Kurslinie zu legen. Unterdessen fuhren wir fort mit der Brigg vor der Mündung zu lawiren. Gegen 5½ Uhr sahen wir auf der Schaluppe eine Flagge erhoben, fuhren in die Bucht, und erwarteten mit Ungeduld wärend weiteren Vordringens sich jenen gefahrlosen Hafen öffnen zu sehen, befanden uns aber endlich nur am Ende einer geschlossenen Einfahrt welche von NO t N. bis NO t O. allen Wellen des Oceans offen stand. Mit Freuden wäre ich sogleich wieder in See gegangen; aber der widrige Wind, die Strömung und die Müdigkeit der Mannschaft zwangen uns bei 20 Sajenen Tiefe und über Thongrund mit Sand, den Anker zu werfen.

Um nun aber dennoch von unserem nicht ganz freiwilligen Einlaufen in diese Bucht einigen Nutzen zu ziehen, wurden die Ruderfahrzeüge zur Aufnahme derselben ausgesandt. Man fand die Lage derselben auf der oben erwähnten Karte fast überall richtig, nur einige unwichtige Fehler wurden bei dieser Gelegenheit verbessert und ein ferneres Verweilen an dieser Stelle schien daher völlig unnöthig.

(Sonntag. Juli 7.) Am folgenden Morgen sogleich nach Eintreten des Hochwassers, benutzten wir daher einen leichten N. Wind um uns unsrer unruhigen Lage zu entziehen. Nach mehrmaligem Wenden des Schiffes und nachdem wir vor einem an der Südseite der Mündung gelegenen Riff in Entfernung von einem Kabeltau vorüber gefahren waren, liefen wir endlich wiederum glücklich in die offne See.

Die Nokuew Insel führt diesen ihren Namen sowol bei den Bewohnern von Lappland als auch bei den Russischen Seefahrern welche das Ufer besuchen; auf früheren Karten findet man sie aber unter der Benennung Nagel oder Nagol. Sie liegt um 30 Meilen NWestlich von den Jukaner Inseln und ihre Nordspitze hat 68° 26′ 35″ Breite und eine Länge von 38° 35′ O. von Greenwich.[1] Sie ist felsig und hoch, namentlich aber ihre Nordspitze auf welcher sich ein steiler Hügel mit rundlich gewölbtem Gipfel auszeichnet, der sogar das Ufer des benachbarten Festlandes an Höhe übertrifft und vermöge dessen man diese Insel von allen Seiten sehr leicht erkennen kann. Ihre Südspitze hangt mit dem Festlande durch ein Felsenriff zusammen, welches wärend der Ebbe trocken wird.

Die Südostseite der eben erwähnten Insel bildet mit dem Festlande den sogenannten Nokuewer Busen (Nokuewskji Saliw) der von allen Seiten geschützt ist, jedoch mit Ausnahme der Rhumbe von NO t N. bis NO t O. Von NO. gegen SW. beträgt seine Länge $1\frac{3}{4}$ Meilen, seine Breite gegen $\frac{3}{4}$ Meilen. Die Tiefen wechseln in seiner Mitte von 15 bis 20 Sajenen und nehmen gegen die Ufer hin beständig ab. Den Boden bildet Thon mit Sand.

Die Einfahrt in diesen Busen ist bis auf $\frac{1}{2}$ Meile durch Riffe verengt welche sich zu beiden Seiten derselben befinden und von denen sich das westliche um 100 Sajenen gegen O. von einer kleinen Insel erstreckt die sich dicht an dem Nokuewer Ufer befindet, das östliche aber vom Festlande um 200 Sajenen gegen Norden liegt. Außer diesen übrigens sehr sichtbaren Gefahren giebt es keine andere Klippen: weder mit dem Ufer zusammenhangende noch getrennte. Bei NNW. und Ostwinden liegt man innerhalb dieses Meerbusens sehr bequem und sicher; bei NOstwinden aber befindet man sich daselbst in einer außerordentlich gefährlichen Lage, und zwar um so mehr als man mit diesen Winden durchaus nicht von dort auslaufen kann. Im äußersten Nothfalle findet man jedoch einigen Schutz innerhalb einer kleinen Bucht im SÖstlichen Winkel des Meerbusens. Diese Bucht ist etwa 300 Sajenen lang und in ihrer Mündung 220, weiterhin aber etwa 180 Sajenen breit. Die Tiefe beträgt 18 Sajenen in der Mündung und nimmt gegen das Ende allmählig ab, bis zu 4 Sajenen. Ein oder zwei Schiffe können daselbst sehr ruhig liegen, sowohl vor zwei Ankern (in Vertauung) als auch an Uferpfählen befestigt.

[1] Es muß hier noch ein Mal erwähnt werden, daß sowohl dieses als alle später anzuführenden Beobachtungsresultate diejenigen sind, welche durch Vergleichung der in den verschiedenen Jahren angestellten Messungen erhalten und von dem Kaiserl. Admiralitäts-Departement für richtig angenommen wurden. Worauf sich diese Resultate gründen soll in den Zusätzen gezeigt werden.

Die Einfahrt in den Nokuewer Busen ist sehr leicht: man muß sie nur zuerst nach SW. bringen und dann nach diesem Rhumb gerade gegen die Mitte zwischen beiden Ufern so weit steuern als man es für gut hält. Die Nokuew Insel selbst erkennt man, wie schon oben erwähnt, sehr leicht durch ihre auffallende Höhe und ihr ausgezeichnetes Ansehn; wenn man aber von SO. her und in der Nähe des Ufers fährt, so kann man befürchten das Schwarze Vorgebirge (tschérnui muis) mit derselben zu verwechseln. Dieses Vorgebirge liegt von der Nordspitze der Nokuew Insel nach OSO. $\frac{3}{4}$ O. in $4\frac{1}{4}$ Meilen Abstand und von der Einfahrt in die Nokuewer Bucht nach NO t O. $\frac{1}{2}$ O. in $3\frac{1}{4}$ Meilen Abstand. Es erstreckt sich um $\frac{1}{2}$ Meile gegen N. von dem Festlande mit dem es durch eine niedrige und felsige Landenge zusammenhangt, welche aus der Ferne theils gar nicht sichtbar theils einer durch Refraktion erhöhten Horizontlinie ähnlich ist. An der Westseite desselben stehen eine Menge Kreüze, welche man von der andern Seite nicht bemerkt.

Zwischen dem Schwarzen Kap und der Nokuewer Einfahrt, in $2\frac{1}{4}$ Meile nach SW. von dem ersteren, liegt die Schurizer Bucht (Schúrizkaja gubà) welche nur 1 Meile im Umfange mißt. Die Einfahrt in dieselbe wird durch eine Insel gedeckt und sie hangt durch einen engen Kanal mit einer 2ten noch kleineren Bucht zusammen.[1] Gegen ihr Ende hat eine jede dieser Buchten nahe 5 Sajenen Tiefe, aber in dem Kanale zwischen beiden nicht mehr als 1 Sajen.

Von der Nordspitze der Nokuew Insel um $3\frac{1}{2}$ Meile gegen WNW. erstreckt sich eine Bucht in das Ufer des Festlandes, welche von NO. her durch die Insel Kitai geschützt wird. Dieser gefahrlose Hafen, welchen die Jäger nach seiner Gestalt die runde Anfahrt (Krúgloe Stanówischtsche) benannt haben, hat etwa 1 Meile im Umfange. Die Einfahrt in denselben liegt zwischen der Südspitze der Insel Kitai und dem Festlande, ist gegen 100 Sajenen breit und hat daselbst eine Tiefe von 4 — 5 Sajenen; in der Mitte der Bucht beträgt dieselbe nur 3 Sajenen und nimmt gegen die Ufer stätig ab. An der Südseite der Einfahrt erstreckt sich ein Riff vom Ufer aus auf 50 Sajenen, weshalb man sich auch beim Einlaufen in dieselbe, näher an die Insel Kitai als an das andere Ufer halten muß. Zwischen der NWestspitze der letztgenannten Insel und dem Festlande befindet sich ein 50 Sajenen breiter Kanal mit nicht mehr als 6 Fuß Wasser. Unsere Jäger pflegen in dieser Bucht zu ankern, wenn sie „nach Rus" (Russland)

[1] Die Russischen Seefahrer nennen dergleichen geschlossene Buchten óserka d. i. kleine Seen.

d. h. nach dem weißen Meere gehen, sie bleiben hingegen in der Schürizer Bucht so oft sie sich „in die Niederungen" (w'Nisui) oder „in's Dänische" (w'datskoe) d. h. nach NW. begeben. Im allgemeinen unterscheiden sie alle ihre Anfahrtsplätze (Stanówitschsche) in zwei Klassen je nach den Wegen zu denselben, namentlich 1) solche aus denen man mit Aufgangs- oder Frühmettenwinden (Wstóki und objédniki, O. und SO.) auslaufen kann. Diese benutzen sie wenn sie ins Dänische fahren, 2) aber, die aus denen man bequem mit Nord- oder mit Uferwinden (Sjéver und pobéreschnik, N. und NW.) ausläuft und deren man sich auf dem Wege nach Rus bedient.

Die Westseite der Nokuew Insel bildet mit dem Festlande die lange und völlig offne Warsiner Bucht (Warsinskaja gubà) deren Name sich auf einen in dieselbe mündenden Flusse Warsina bezieht. Die Tiefe beträgt in derselben von 17 bis 25 Sajenen. Für den Fluß Warsina findet man auf einigen Karten den Namen Arsina und es ist wahrscheinlich derselbe in welchen Sir Hugue Willoughby umkam. Auch kommen wärend jeden Sommers zu demselben die Loparen der Semiostrower Ortschaft (d. h. des Dorfes zu den 7 Inseln) welche sich hier auf ähnliche Weise wie ihre übrigen Landsleute beschäftigen und nähren. Die Loparen welche uns bei den Jukaner Inseln besuchten kamen ebenfalls von diesen Stellen. Sie versprachen damals uns hier noch ein Mal zu besuchen; ungeachtet einiger Signalschüsse, zeigte sich aber niemand.

Bei der Nokuew Insel war die Kompasnadel ohne Abweichung.

Hochwasser ereignet sich hierselbst wärend der Syzygien gegen 8 Uhr. Der Ebbestrom läuft von der Nokuewer Bucht nach ONO. mit einer Geschwindigkeit von nicht mehr als ½ Knoten, dennoch aber war uns seine Wirkung sehr fühlbar als wir aus der Bucht hinaus lawirten. Man muß sich wärend des Ebbens näher an der Nordseite halten.

Bei schwachem aber widrigem Winde und widrigem Wellenschlage konnten wir nicht ein Mal die Strömungen verwinden, welche uns vielmehr wärend eines ganzen Tages bald vorwärts bald rückwärts führten. Indessen verschaffte uns dieser Aufenthalt wenigstens Gelegenheit zur Wiederholung der Beobachtungen über die geographische Lage der Nokuew Insel.

(Montag. Juli 8.) Am Morgen des 8ten erhob sich ein leiser Ostwind, wir hielten nun unter vollen Segeln auf die Sieben Inseln (sem ostrowi) und sahen bald die östlichste derselben, die sogenannte Lizer Insel. (Lizkji ostrow) Mit Hülfe eines nun endlich frischer gewordenen Windes gingen wir um 4 Uhr an denselben vorüber und ankerten um 6 Uhr zwischen der Charlowinsel und der Mündung des Flusses Chárlowka bei 7 Sajenen Tiefe über Sandgrund mit Steinen.

Loparen vom Flusse Chárlowka kamen sofort zum Besuch und kamen überein uns täglich mit frischen Fischen zu den Preisen von 4 Rubel 55 Kopeken für ein Pud Lachs, 1 Rubel 80 Kopeken für ein Pud Klippfisch und 1 Rubel 60 Kopeken für ein Pud Pikscha zu versorgen.

Ein ziemlich unangenehmer Zufall bezeichnete den Anfang unseres Aufenthaltes bei den 7 Inseln. Wärend wir vor Anker gingen floß der Fluthstrom mit großer Schnelligkeit aus NW. und der Wind wehte heftig aus ONO. Es wäre nicht rathsam gewesen sich unter solchen Umständen in Vertauung zu legen, und ich beschloß daher erst nach veränderter Strömungsrichtung dazu zu schreiten. Das Schiff wurde queer vor Wind und Strömung gelegt und durch deren gemeinschaftliche Wirkung vorwärts gedrängt. Da wir aber um ein Unklarwerden (Verwickelung) des Ankertaues zu vermeiden, nur 15 Sajenen desselben ausgelassen hatten, so ward der Anker driftig und ward bald in so große Tiefe gezogen, daß er im Wasser hing ohne den Grund zu berühren. Der wachthabende Offizier hatte ein anderes Geschäft vor und bemerkte dieses nicht; zum Glücke kam ich aber gerade in diesem Augenblicke aufs Verdeck und gewahrte sogleich, daß wir uns sehr schnell gegen N. bewegten. Wir fanden bereits 40 Sajenen Tiefe und Felsengrund. In eiliger Angst befahl ich den Ankertau weiter auszulassen und verdarb damit Alles. Der Anker faßte durchaus nicht und wir fuhren fort gegen die Insel Selénez (Grünland) zu treiben. Es war überraschend ein Schiff zu sehen welches bei heftigstem NOstwinde ohne Segel nach N. lief und dabei den Anker im Wasser hatte.

Wir begannen sogleich den Anker höher zu heben, und als es gelungen war das Schiff zu Backbordkurs zu wenden, setzten wir die Segel bei, um uns gegen S. zu begeben. Indessen nahm die Tiefe mit jedem Fortschritte ab, der Anker berührte von Neüem den Grund und hinderte das Schiff an Annahme schnellerer Fahrt. Die Strömung welche anfangs nach SO. lief, war nun bereits ein Rückstrom gegen W. geworden und als wir auf die Linie der Charlow und Grünlandinsel kamen, drückte sie uns sehr merklich gegen die erstere. Wir waren schon bis auf ein Kabeltau an derselben heran; die Beile waren fertig und nach wenigen Minuten hätten wir unausbleiblich das Ankertau kappen müssen. Aber die behende Eile und der Eifer unserer Leüte retteten uns von diesem Unglücke. Es gelang den Anker zu heben und wir gingen glücklich bis zu einem Ankerplatze, auf welchem wir indessen wärend der Fluth noch einige Male driftig wurden. Sobald aber die Strömung zur Ebbe ging, fingen wir an sehr ruhig zu liegen.

(Dienstag. Juli 9.) Am Morgen des 9ten legten wir uns in Vertauung mit dem Pflichtanker nach NO. und dem Daglist nach SW. Nach Tische fuhr ich mit einigen der Herrn Offiziere nach den Fluß Chárlowka zur Auswahl eines bequemen Beobachtungsplatzes. Unterwegs machten wir einen Besuch bei unseren neüen Loparischen Bekannten, deren Wjeji auf dem linken Ufer des Flusses und ungefähr 150 Sajenen von dessen Mündung abstehen. Wir wurden unter Schießen aus Büchsen empfangen und begleitet und nach jedem Schusse machte der Schütze eine tiefe Verbeügung.

Die Sommerniederlassung der 7 Inseln (Semiostrowskoi pogost) ist der Jukanischen durchaus ähnlich. Die Bewohner derselben verleben den Winter an demselben Flusse Charlowka um 150 Werst aufwärts von der Mündung. Sie beschäftigen und nähren sich eben so wie die Jukaner Loparen, mit dem einzigen Unterschiede, daß sie dem Fange der Seefische mehr als diese letzteren obliegen. Wärend unserer Anwesenheit gehörte der Fluß Chárlowka bis zu 7 Werst aufwärts von der Mündung, dem Archangeler Landmanne Kotschnew, auf dessen Veranlassung einige Männer daselbst lebten um Lachse zu sammeln und einzusalzen. Nur die höher hinaufsteigenden Fische wurden den Loparen zu Theil. Die Seefische und namentlich der Klippfisch, Paltus und Pikscha werden von den Loparen mittels Angeln gefangen, an welche sie anstatt Köder einen 2 bis 4 Werschok langen Fisch befestigen den sie Peschtschánka (Sandfisch) nennen. Sie fangen diesen letzteren im Sande auf folgende merkwürdige Weise. Einige Zeit vor der Ebbe fangen sie an mit einer Gabel den nassen Sand dicht oberhalb der Strandlinie aufzuwühlen, indem sie sich landwärts oder gegen das Meer bewegen, je nachdem das Wasser noch fällt oder schon wieder zur Fluth geht. Fast bei jedem Schritte graben sie nun einen jener Fische aus, dem sie dann nicht eine Sekunde Bedenkzeit lassen dürfen weil er sich sonst unfehlbar wiederum einwühlt und entflieht. Sobald sie ihn daher bemerken ergreifen sie ihn zugleich mit einer Hand voll Sand und werfen ihn gewaltsam auf den Boden. Die Fische werden dadurch betaübt und man sammelt sie dann in einem Kober oder Fasse. Es ist bemerkenswerth daß man diese Fische nur wärend der Ebbe findet welche sich am Tage ereignet, des Nachts sind sie niemals vorhanden. Dieses Alles wurde von den Loparen erzählt. Die Bewohner der Niederlassung zu den 7 Inseln (Semiostrowskie Lopari) hatten auch einige Paar Schaafe, die auf den angränzenden Wiesen ein reichliches Futter fanden von welchen sie uns aber unter keiner Bedingung und für keinen Preis eines ablassen wollten.

(Mittwoch. Juli 10.) Den 10ten Juli schritten wir zur Aufnahme. Herr Lieutenant Lawrow wurde gegen O. ausgesandt um das Ufer des Festlandes und die Inseln aufzunehmen, und der Steúermann Sophrónow zur Ausmessung der Reede. Ich maß auf dem linken Ufer der Chárlowka, auf sandiger Ebne, eine ziemlich beträchtliche Basis, auf welche sich unsere ganze Aufnahme gründen sollte; denn wegen Heftigkeit der hier herrschenden Strömungen, gab es kein anderes Mittel um die fraglichen Entfernungen der Gegenstände zuverlässig zu bestimmen. Die Anwendung dieses Mittels wurde um so nöthiger als wärend der Aufnahme an unserem Massey'schen Log diejenige Schraube sich ablöste und unterging welche die ganze Vorrichtung in Bewegung setzt. Die Mittagssonnenhöhe wurde beobachtet so wie auch nachmittägliche Stundenwinkel. Wärend ich diese Beobachtungen anstellte war ich von Loparen umringt, welche durchaus nicht einsahen was dieses alles zu bedeúten habe; sobald sie aber erfuhren daß sie mir durch Gehen hinderlich werden könnten, standen sie aúßerst ruhig wärend der ganzen Dauer der Beobachtungen und warteten geduldig bis zum Ende.

(Donnerstag. Juli 11.) Am folgenden Tage setzten unsere Aufnehmer ihre Arbeit fort und endeten sie beinahe. Ich maß Winkel von einigen Inseln aus, und beobachtete an der Ostspitze der Chárlowinsel die Mittagssonnenhöhe, nach welcher sich eine Breite ergab die nur um 4″ von dem gestern erhaltenen Resultate abwich.

(Freitag. Juli 12.) Am 12ten beendeten wir unsere Aufnahmen und nahmen aus dem Flusse Chárlowka Trinkwasser ein. Es muß befremden, ist aber dennoch nicht minder gegründet, daß man dieses Wasser nicht anders als wärend der Fluth schöpfen durfte, denn gegen Ende der Ebbe war es so brakisch, daß es durchaus nicht gebraucht werden konnte, wärend Hochwasser hingegen zeigte es sich nicht nur dem Geschmacke nach durchaus frisch, sondern es ließ sich auch mittels des Araeometer nicht die geringste Spur von Salzgehalt entdecken. Sollte man diese Erscheinung nicht dadurch erklären können, daß das Flußwasser wärend der Fluth nur an der Oberfläche des Meerbusens fließt und daher nichts von dem Gehalte der dichteren Lösung annimmt welche am Boden des Flusses in Löchern verbleibt, deren Inhalt sich dann nur wärend der Ebbe dem Flußwasser beimengt? — Unsere Mannschaft wusch heúte ihre Wäsche am Ufer.

(Sonnabend. Juli 13.) Am folgenden Morgen wärend der Fluth und als die Ankertaue klar geworden, lösten wir die Vertauung und um 4 Uhr Nachmittags mit eintretender Ebbe und leisem Nordwinde wurde der Anker gelichtet, in der Absicht mit Hülfe der Strömung durch die NWestdurchfahrt zwischen dem festen

Lande und der Chárlowinsel hinaus zu lawiren. Ein heftiger widriger Seegang hinderte aber unsere Fahrt und wir sahen uns daher genöthigt mehr unter den Wind nach SO. zu halten und zwischen den zwei Inseln Kuwschin und Wischnjak (d. i. Krug- und Kirscheninsel) auszulaufen. Um 7 Uhr nahmen wir unsere Abfahrt von der SOstspitze der letztgenannten.

Die Siebeninsel-Gruppe (Semiostrowskaja Gruppa) liegt um 27 Meilen gegen NW. von der Nokuewinsel. Ihre Inseln folgen von NW. gegen SO. in dieser Ordnung 1) die Insel Chárlow, mit hohen und steilen Ufern, von fast 2 Meilen Länge in der Richtung von WNW. ½ W. gegen OSO. ½ O., gegen 200 Sajenen Breite und um 750 bis 1350 Sajenen vom Ufer entfernt. Von ihrer Ostspitze um 1 Meile gegen SO. ½ O. liegen 2) und 3) das große und kleine Grünland (bolschoi i maloi Selénez) welche durch eine nur 60 Sajenen breite Durchfahrt getrennt sind und von denen die erste 500 Sajenen lang und 200 breit ist, die letzte aber 300 Sajenen in der Länge und 120 in der Breite mißt. Sie sind um 1200 Sajenen vom Ufer entfernt. Diese Inseln sind niedriger als die übrigen und haben allmählig ansteigende Ufer. 4) Um 350 Sajenen gegen SO. von dem kleinen Grünlande liegt die Insel Wischnjäk (Kirscheninsel) die wenigstens 2 Meilen Länge nach dem Rhumbe SO. und NW. einnimmt bei einer Breite von ungefähr 350 Sajenen. Ihr Abstand vom Ufer beträgt 1600 Sajenen. Die SOsthälfte dieser Insel ist hoch, die NWestliche niedrig und durch ihre Mitte erstreckt sich eine Senkung vermöge deren sie aus der Ferne das Ansehen von mehreren Inseln annimmt. 5) Die Kuwschin-(Krug)-insel ist kleiner als alle übrigen von kreisrunder Gestalt, mit hohen und völlig senkrechten Abhängen. Sie liegt von der SOstspitze der Insel Wischnjak nach S. ¼ W. in 1100 Sajenen Abstand, und um 300 Sajenen vom Ufer des Festlandes entfernt. Endlich 6 und 7) die große und kleine Lizer Insel (Bolschoi i maloi lizkji ostrow) welche ihren Namen von dem Lizaflusse erhalten der sich ihnen gegenüber ins Meer ergießt. Sie liegen von der Insel Kuwschin um 4 Meilen nach SO t O. und um 300 Sajenen vom Festlande. Beide sind niedrig. Die erste mißt 550 Sajenen, die andere 400 Sajenen nach dem Rhumbe NO t N. gegen SW t S. Ihre gegenseitige Entfernung beträgt gegen 75 Sajenen. Wegen ihrer vereinzelten Lage kann man diese Inseln kaum noch zur Semióstrower Gruppe rechnen und es wäre daher passender diese letztere die Pjatiostrower (5 Insel) Gruppe zu nennen.

Außer den genannten giebt es noch einige kleine, niedrige und felsige Inseln oder Klippen, wie z. B. die Klippe Sikowka welche von N. gegen S. 200 Sajenen Länge hat und um 600 Sajenen nach S. ½ O. von der Westspitze der Chárlow Insel, und um 275

Sajenen vom Festlande absteht, 4 kleine Klippen zwischen der Chärlowinsel und dem großen Grünlande die mit einem Felsenriffe umgeben sind, so wie endlich einige andere in der Nähe der Ufer. Diese Klippen werden übrigens unter den 7 Inseln nicht mit aufgeführt.

Der Westspitze der Charlowinsel gegenüber ragt vom Festlande aus, die sogenannte Tschegodáew Anfahrt hervor, d. i. ein sehr auffallendes, steiles und rund scheinendes Vorgebirge, welches mit der genannten Insel die Durchfahrt zur Siebeninsel-Reede bildet. Diese Straße ist gegen 100 Sajenen breit. $2\frac{1}{2}$ Meilen SOstlich von dem Vorgebirge Tschegodaew fließt der Fluß Charlowka dessen Mündung von der Ostspitze der Charlowinsel $1\frac{3}{4}$ Meilen gegen SW. absteht. Das linke Ufer dieses Flusses ist sandig und niedrig, das rechte aber hoch und endet gegen die Mündung des Flusses mit einem steilen und grünbewachsenen Abhang. Auf dem Gipfel dieses Vorgebirges liegt ein Loparischer Begräbnißplatz, auf welchem viele Kreüze als gutes Merkzeichen für diese Gegend dienen können. Von der linken Thalwand des Flusses erstreckt sich meerwärts und queer über die Mündung eine sandige Barre, welche bei der Ebbe zum Theil trocken gelegt wird und alsdann am rechten Ufer nur ein enges und nur $2\frac{1}{2}$ Fuß tiefes Fahrwasser zurück läßt. Im Flusse selbst beträgt die Tiefe ungefähr 6 Fuß. Weiter gegen SO. bildet das Ufer einige Buchten und Einbiegungen die zum Theil mit sandigen Ufern den Ruderfahrzeügen bequeme Landungsplätze darbieten. Neben zweien dieser Einbiegungen, welche durch Felseninseln geschützt sind, befinden sich zwei Anfahrtsplätze Russischer Fischer; der Semiostrower (zu den 7 Inseln, Semiostrowskoe stanówischtsche) und der Plechanower (Plechanowo Stanówischtsche) deren ersterer von der Insel Kuwschin (Kruginsel) nach SW t W. um $\frac{3}{4}$ Meilen, der letztere aber nach S t O. um $\frac{1}{2}$ Meile absteht. Innerhalb dieser zwei Anfahrten liegen die Fischerfahrzeüge wärend der ganzen Dauer ihrer Arbeiten auf dem Sande; und in der ersten dieser Niederlassungen befindet sich unter andern auch eine Kapelle. Zwischen denselben und dem Flusse Liza liegt noch eine ähnliche Bucht Namens Dwojátka, nach welcher die Loparen auf den Fang des Sandfisches gehen, wenn derselbe in ihrer Nachbarschaft nicht mehr gefunden wird. Zu demselben Ende besuchen sie bisweilen auch die Woljuticha Bucht (die auf älteren Karten den Namen Skipper führt). Diese liegt gegen SO. und in geringer Entfernung von dem Flusse Liza; sie ist geraümig aber von NO. her völlig offen und ohne Schutz.

Die Semiostrower Reede d. h. die Stelle an der man bei den 7 Inseln vor Anker gehen kann, macht nur den kleinsten Theil des Raumes aus den die 5 ersteren Inseln jener Gruppe einnehmen und welcher 6 Meilen in der Länge und $1\frac{1}{2}$ bis 2 Meilen in der Breite mißt. Jene Reede wird hingegen von dem Flusse Charlowka und von der Charlowinsel begränzt und erstreckt sich in der Länge 800 Sajenen weit von NW. gegen SO. und in der Breite 2 Werst weit von SW. nach NO. Auf dieser Strecke wechselt die Tiefe von 5 bis zu 8 Sajenen, nimmt aber gegen NO. und gegen SO. plötzlich bis zu 25 und 35 Sajenen zu, und wird noch näher an der Insel Kuwschin sogar von 70 bis 80 Sajenen.

Die beste Ankerstelle auf dieser gefährlichen und beunruhigenden Reede wird durch folgende Peilungen bezeichnet:

die östliche Thalwand des Flusses Charlowka	S. 67° W.
Nordspitze der kleinen Insel Sikowka . .	N. 61° W.
Ostspitze der Insel Charlow	N. 31° O.
Insel Kuwschin	S. $47\frac{1}{2}$° O.

Der Abstand vom Festlande beträgt ungefähr 1 Werst. Auf drei Viertel des Horizontes ist diese Stelle theils ganz offen, theils äußerst unvollkommen geschützt. Der Ankergrund ist unzuverlässig und für die Ankertaue äußerst nachtheilig. Sowohl aus diesen Gründen als auch wegen Heftigkeit veränderlicher Strömungen muß man sich daselbst nothwendig in Vertauung legen mit dem Pflichtanker nach NO. und dem Dagliks nach SW. Obgleich die Anker auf diese Weise queer gegen die gewöhnlichen Strömungen zu liegen kommen, so ist sie doch die vortheilhafteste weil der NOstwind hierselbst gerade gegen das Ufer weht und daher der gefährlichste ist. Die Semiostrower Reede hat jedoch den großen Vorzug, daß man sie bei jedwedem Winde sowohl erreichen als verlassen kann.

Wenn man von NW. nach derselben fährt, so muß man sich längs des Ufers und in nur $\frac{1}{2}$ Meile Entfernung von demselben halten, bis daß sich der Durchgang zwischen der Charlowinsel und dem Tschegodäew Vorgebirge als offen zu zeigen beginnt; alsdann muß man genau auf die Mitte dieses Durchganges halten. Ist man dann zwischen die Endspitze desselben gekommen, so muß man sich etwas links von der Insel Sikowka wenden und dieselbe um ungefähr ein Kabeltau zu seiner Rechten lassen. Der Kurs wird ungefähr SO. sein und die Tiefe anfangs von 20 bis 30 Sajenen, jedoch bald darauf und sehr schnell bis zu 7 und 6 Sajenen abnehmen. Sobald man in der genannten Entfernung bis auf die Höhe jener Bucht gekommen ist, halte man nach SO t S. und vermeide die 20 Fuß tiefe Bank, welche um 6 Kabeltaue gegen WSW. von der östlichen Endspitze der Insel Charlow und um 5 Kabeltau gegen N t O. $\frac{1}{2}$ O. von der Mündung des Flusses Charlowka liegt. Hat man dann diese Mündung in Süden, so halte man auf die westliche Endspitze der Kirscheninsel (Wischnjak, welche um ungefähr $\frac{1}{2}$ Rhumb mehr rechts liegen wird als die gegen NW. sichtbare Ostspitze derselben Insel) d. h. nach OSO. Wenn man mit diesem Kurse bis über die Verbindungslinie zwischen dem Ostende der Charlowinsel und der Mündung der Charlowka gelangt ist, so befindet man sich auf dem Ankerplatz. Schiffe welche eine 20 füßige Bank nicht zu befürchten haben, können von der genannten Höhe bis zum Ankerplatz gerade auf die Kruginsel (Ostrow Kuwschin) d. h. nach SO. $\frac{1}{2}$ O. halten. Jedenfalls muß man, wenn man sich derselben nähert, genau darauf achten, daß die Nspitze der Kuwschininsel mit der SWlichen der großen Lizerinsel stets zur Deckung bleiben, und sogleich nach rechts halten, sobald sie aufhören sollten sich zu decken. Man muß dies deßwegen thun weil man sonst zu nahe an den N.rand der Ankerbank gerathen würde, neben welcher die Tiefe so äußerst plötzlich wächst daß man beim geringsten Abtreiben gegen NO. von 15 Sajenen Tiefe sogleich zu einer Tiefe von 30 und mehr Sajenen gelangt. Ist die Lizerinsel in Nebel, so muß man darauf achten daß die Kuwschininsel SO. $\frac{1}{2}$ O. oder SO. $\frac{3}{4}$ O., nicht aber SO. zu liegen komme. Sollte aber auch diese letztere nicht sichtbar sein, so halte man sich an die früher gegebene Peilung der kleinen Insel Sikowka (N. 61° W.) und an die geschätzte Entfernung zum Ufer die nicht mehr als 1 Werst betragen muß. Der Grund wird sehr veränderlich und das Loth jedesmal etwas anderes zeigen, bald groben Sand, bald grobe Steine, bald auch Sand mit Steinen oder mit Korallen und oft findet man Sandgrund unterm Bak und nackte Steine unterm Schkafute. Doch muß man hierauf Nichts geben; denn im allgemeinen und überall in dieser Gegend ist der Grund sandig und mit groben Steinen übersäet und es ist daher völlig gleich wohin man sich legt, der Anker dringt immer bis zum Sandboden und sollte er auch einmal auf reinen Boden fallen, so finden sich doch sicher innerhalb des Raumes den das Ankertau einnimmt, sowohl Steine als auch jede andere Beschaffenheit außer Thon, welcher hier gänzlich mangelt. Dieser Umstand ist für die Ankertaue verderblich, aber in der hiesigen Gegend durchaus nicht zu vermeiden. Wärend der 5 Tage die wir bei den 7 Inseln zubrachten, litten unsere Ankertaue mehr als wärend der ganzen vorigen Kampagne und doch hatten wir die Vertauung so stramm als möglich angezogen.

Wenn man von N. oder NO. kommt, so kann man nach Guthalten irgend eine von den Durchfahrten zwischen den Inseln wählen außer der allzu engen Straße zwischen den zwei Grünlanden (Selenzi). Zwischen der Charlower Klippe und der Insel Großes Grünland (Bolschoi Selénez) muß man da wo die Straße 300 Sajenen breit ist nach S. halten; aber da wo zwischen denselben Klippen und derselben Insel die Breite nur 200 Sajenen beträgt, steure man W. und in beiden Fällen nähere man sich den Inseln mehr als den Klippen. Welche Durchfahrt man aber auch gewählt habe, so muß man doch, sobald man zwischen die Inseln gelangt ist, die NSpitze der Kruginsel mit der SWlichen der großen Lizerinsel zur Deckung bringen und dann auf die Westspitze der Charlowinsel halten mit dem Bemerken die genannte Deckung bis zum Ankerplatz selbst stets zu erhalten.

Kommt man aber endlich von SO. so muß man die Lizerinseln in beliebiger Entfernung zu seiner Linken lassen, und dann sobald man die Mitte zwischen der Kirschen und Kruginsel erreicht hat, so lange nach West halten bis das die oben genannte Deckung eintrete; alsdann halte man so wie früher gesagt nach NW t W. bis zum Ankerplatz selbst.

Man kann auch der Semiostrower Niederlassung gegenüber, bei 10 — 15 Sajenen Tiefe vor Anker gehen; da wo sich feiner Sandboden findet. Dieser Ort ist aber deßwegen unvortheilhaft weil man ihn bei N. oder NWwinden nicht verlassen kann.

Wasser kann man außer im Flusse Chárlowka auch in der Semiostrower Niederlassung einnehmen, denn in dieser hat man sehr schönes Trinkwasser.

Unsere Beobachtungen an der Mündung des Flusses Chárlowka gaben folgende Resultate:

Breite	68° 47′ 10″
Länge	37° 28′ O. von Greenwich.
Abweichung der Magnetnadel	0° 30′ W.
Hafenzeit	VIII^{h} 3′
Betrag der Fluthhöhe . .	12 Fuß.

Der Fluthstrom kommt von NW. und der Ebbestrom von SO. und beide erreichen in den Syzygien eine Geschwindigkeit von 2 Knoten. Zwischen den Inseln herrschen starke und einander widerstreitende Strömungen und diese verursachen aufgeregte Streifen die völlig wie Brandungen erscheinen. Der Fluthstrom geht zuerst um die Südseite der Chárlowinsel und von da gegen NO. zur Insel Bolschoi Selenez (großes Grünland), wärend ein anderer Streif dieselbe Insel und die ihr nahe gelegenen Klippen an ihren Nordseiten umzieht und sich dann nach S. an der Westspitze von Bolschoi Selenez vorüber wirft. Da wo diese zwei Streifen sich begegnen erzeugen sie eine Rückströmung (eddi Aide) gegen die SOseite der Charlowinsel. Aehnliche Erscheinungen zeigen sich auch zwischen den andern Inseln.

Wir waren kaum in See gegangen als sich ein sehr heftiger und uns völlig widriger NWwind erhob. Fürchterlicher Wellenschlag aus N. raubte uns dermaßen die Vortheile des Lawirens, daß wir uns (Sonntag Juli 14.) am Morgen bei den Lizerinseln

(Lizkie ostrowa) wiederfanden. So hatten wir uns also zurückgezogen anstatt zu gewinnen, waren aber doch äußerst froh die Semióstrower Reede verlassen zu haben auf der wir bei einem solchen Winde eine äußerst beunruhigende Lage gehabt hätten.

Wärend der 2 folgenden Tage gewannen wir nicht mehr als die Entfernung, welche die Sieben Inseln einnehmen (Dienstag. Juli 16.); denn am 16ten befanden wir uns nur erst der Westspitze der Charlowinsel gegenüber. Nach fast halbtägiger Windstille erhob sich endlich ein ziemlich heftiger SOwind. Wir hielten auf das Tschegodáewer Vorgebirge und blieben von dort aus in $\frac{1}{2}$ bis 1 Meile Entfernung vom Ufer. In der 9ten Stunde kamen wir auf die Höhe einer kleinen offnen Bucht, welche man wegen des rothen Sandes ihrer Ufer die goldene Bucht (solotaja Guba) genannt hat, und gelangten bald nach 9 Uhr zu der austrocknenden Bucht (obsuschnaja guba) [1] Baruischicha welche 13 Meilen vom Tschegodaewer Vorgebirge absteht. Es wohnen daselbst Loparen von der Semiostrower Niederlassung und u. a. auch deren Ältester (Stárosta). Diese Bucht ist durch zwei kleine Inseln geschützt; wir sahen in ihr zwei Lodjen. Ungefähr eine Meile weiter erreichten wir die geraümige Bucht Schúbina welche gegen SW. und W. in das Ufer eingreift. In der Mitte derselben ist die Tiefe auch für große Fahrzeuge hinreichend, aber nur innerhalb eines sehr kleinen Raumes. Vor der Mündung liegen mehrere Inseln nud auf einer derselben steht ein großes Kreuz. Der Eingang in diese Bucht ist sehr enge und führt zwischen Inseln hindurch. Es giebt daselbst eine große Niederlassung Russischer Fischer und wir sahen deren zahlreiche Hütten und mehr als 10 aufs Trockne gebrachte (na obsúschkje lejáschtschie) Lodjen. Um $10\frac{1}{2}$ Uhr und in zwei Meilen Entfernung von der Bucht Schúbina erreichten wir eine andere ziemlich große aber austrocknende Namens Rinda. Sie ist von niedrigen und sandigen Ufern umgeben und vom Meere her durch 4 kleine Inseln geschützt von denen sich die südlichste durch ein Kreuz unterscheidet. Der Eingang in die Bucht liegt zwischen dieser lezten Insel und dem Festlande auf welchem sich gleichfalls ein Kreuz gegen SSW $\frac{1}{2}$ W. von der Südspitze der Insel befindet. Beim Einlaufen in die Bucht muß man sich näher an dem Festlande halten um eine von Wasser bedeckte Felsklippe in der Mitte der Einfahrtsstraße, zu vermeiden. In den innern Winkel dieser Bucht ergießt sich der Rindafluß der sehr

[1] Austrocknende Buchten (obsuschnie gubi) heißen bei den Russischen Jagdreisenden diejenigen in denen ihre Schiffe zur Ebbezeit auf dem Sande bleiben und trocken gelegt werden und wohin sich daher größere Schiffe nicht anders als etwa nothgedrungen begeben sollen. Die hier angeführten Nachrichten über Gegenden welche wir selbst nicht besichtigten, habe ich von unsern Seefahrern gesammelt.

reich an Lachsen ist und welchen der Bauer Kotschnew, derselbe der auch den Fluß Charlowka besaß, für dieses Jahr gepachtet hatte. Wir sahen sein Schiff, welches in der Bucht vor Anker lag, so wie auch ein ihm gehöriges und sehr ansehnliches Wohnhaus. 8 Meilen jenseits Rinda gingen wir an der Trjastinabucht vorüber, welche 1 Meile tief gegen SW. einspringt und gegen 300 Sajenen Breite besitzt. Die Tiefen sind in derselben auch für große Schiffe hinreichend, aber der Ankergrund ist nicht sehr zuverlässig. Vom Meere aus ist sie durchaus nicht geschützt, aber bei W.- und Südwinden liegt man daselbst recht gut. Eine Fischer-Niederlassung befindet sich in ihr. Endlich erreichten wir 1 Meile jenseits Trjástina die austrocknende und gegen N. offne Bucht Scherbinicha, in welcher sich gleichfalls ein kleine Niederlassung befindet. Von dort sind nur 2 Meilen bis zur Rennthierinsel (olénji óstrow).

Als wir an der Rindabucht vorbeifuhren kamen einige Bauern auf einer Schnake aus derselben und fuhren eben so wie wir längs des Ufers. Wir riefen sie zu uns auf die Brigg und hörten daß sie Fischer seien, welche zu ihrer Lodja zurückkehrten die sie in der Bucht Portschnícha hinter der Rennthierinsel (olénji óstrow) gelassen hatten. Nachdem wir ihnen eine Schale Branntweins versprochen hatten übernahmen sie gern uns als Lootsen zu dienen und in ihrer Begleitung kamen wir kurz vor 1 Uhr Mittags hinter die Rennthierinsel, woselbst wir bei 13 Sajenen Tiefe über Sandgrund mit Muscheln vor Anker gingen. Unsere Lootsen waren uns sehr nützlich, denn Finsterniß und heftiger Regen verhüllten den ganzen Horizont. Kaum hätten wir es gewagt uns bei solchem Wetter in eine unbekannte Gegend zu begeben, sondern wären genöthigt gewesen im offnen Meere auf günstigere Umstände zu warten.

(Mittwoch. Juli 17.). Am folgenden Tage wurde die Aufnahme begonnen. Trübes Wetter hinderte aber die astronomischen Beobachtungen und wir beschäftigten uns daher zunächst mit dem geodätischen Theile der Arbeit. Wir maßen zuerst eine Basis von ungefähr 100 Sajenen am Ufer der Rennthierinsel, denn außerdem fand sich nirgend ein auch nur ebenso langes ebnes Terrain. Wärend unseres Aufenthaltes am Südufer des Festlandes beschäftigten wir uns eine Zeitlang mit einer äußerst seltsamen Jagd, denn ohne daß wir sahen woher, erschien plötzlich ein Hase mitten zwischen uns. Da Niemand mit einem Gewehre ja nicht einmal mit einem Stocke versehen war, so umringten wir ihn und suchten ihn unmittelbar mit den Händen zu greifen, natürlich aber entkam er uns ohne Mühe nnd wir gingen leer aus ohne doch, wie unser Sprichwort sagt, zwei Hasen zugleich gejagt zu haben.

(Donnerstag. Juli 18.). Dichter Nebel bedeckte alles bis zum Horizont und zwang uns wärend des ganzen Tages zu äußerst langweiliger Unthätigkeit. Es gelang uns nur die Mittagshöhe der Sonne zu nehmen. Gegen Abend senkte sich der Nebel und am folgenden Tage (Freitag. Juli 19.) hatten wir herrliches Wetter, welches zur Vollendung unserer Arbeit benuzt wurde. Herr Sophrónow besorgte die Aufnahme und Ausmessung des nördlichen und westlichen Theiles der Bucht; Herr Lawrow übernahm den östlichen und südlichen und noch außerdem alle erforderliche astronomische Beobachtungen zu deren Anstellung ich eine niedrige Felseninsel in der Mitte der Bucht gewählt hatte. Am Abend erhob sich ein fürchterlicher Schauer von S. welcher uns etwas driftig machte.

(Sonnabend. Juli 20.). Am Morgen des Eliastages hoben wir den Anker. Schwacher SOstwind hatte bis dahin angehalten, kaum waren wir aber fertig um unter Segel zu gehen als sich abermals ein uns durchaus widriger Nwind erhob. Dieses ungewöhnliche Mißlingen erzeügte unwillkührlich den Gedanken, daß ein feindseliges Geschick uns verfolgte. Denn schon zum drittenmale war uns der Wind günstig so lange wir vor Anker lagen, ward aber durchaus widrig sobald wir in See gelangten. Um 10 Uhr nahmen wir von neuem unsere Abfahrt von der SOspitze der Rennthierinsel und hielten uns hart an den Wind mit Backbordkurs.

Die Rennthierinsel (olénji óstrow), welche man auch die entfernte oder russische (dalnui ili russkji [1]) nennt, um sie von der zwischen Kildin und dem Teriberischen Vorgebirge gelegenen deutschen oder nahen Rennthierinsel zu unterscheiden, ist 27 Meilen von den 7 Inseln entfernt. Ihre Länge in der Richtung von NW t W. nach SO t O. beträgt nur wenig über 2 Meilen, die Breite gegen ½ Meile. Ihre Ufer sind hoch und steil mit Ausnahme der SOspitze, denn diese endet gegen das Meer mit einem scharfen und flach auslaufenden Kap, von welchem aus 200 Sajenen gegen O. zwei kleine und niedrige Inselchen liegen. Um etwa 400 Sajenen von diesem Vorgebirge greift von Norden her eine enge Bucht in das Ufer der Rennthierinsel. Sie heißt die betrügerische (obmánnaja) und endet mit einer Landzunge von kaum 30 Sajenen Breite und so geringer Höhe, daß sie bei hohen Fluthen jedesmal überschwemmt wird. Vermöge dieser abgesonderten Bildung ihrer SOspitze hat die Rennthierinsel von N., NO. und SO. her völlig das Ansehn von zwei getrennten Inseln.

*) Auf ausländischen Karten ist diese Insel unter den Namen dalina olinca verzeichnet. Wahrscheinlich entstellt aus dalnoi olenji, die entfernte Rennthierinsel. — E.

Das ihr zunächst gelegene Ufer des Festlandes, bildet mehrere Buchten in denen Schiffe jeden Ranges unter dem Schutze der Insel selbst, gute Ankerstellen finden. Dieses Ufer erstreckt sich von der Bucht Schtscherbinicha gegen NW $\frac{1}{2}$ W., wendet sich alsdann, nachdem es an der SOspitze der Rennthierinsel vorüber ist, in steilem Bogen gegen S., bildet das rechte Ufer der sogenannten südlichen Bucht (júnaja buchta), die sich fast eine Meile weit südwärts erstreckt und in ihrer Mündung zwischen dem östlichen und westlichen Vorgebirge 775 Sajenen mißt. Ersteres liegt von der SOspitze der Rennthierinsel 2 Werst weit gegen W t S. $\frac{1}{2}$ W. und von dem nächst gelegenen Ufer dieser letzteren um 350 Sajenen entfernt. Das westliche Vorgebirge liegt hingegen von der SWspitze der Insel, welche zugleich der nächste Punkt desselben ist, um 475 Sajenen gegen SSW. $\frac{1}{2}$ W. und von dem östlichen Vorgebirge gegen WNW. Mitten in der südlichen Bucht liegen 2 kleine Felseninseln, die völlig nackt und niedrig, bei hohen Fluthen beinahe gänzlich vom Wasser überspült, wärend der Ebben aber auf sehr bedeútende Entfernung trocken gelegt werden und alsdann das Ansehn mehrerer einzelnen Inseln annehmen. Die Nordspitze der einwärts gelegenen unter diesen beiden Inseln, liegt von dem Ostvorgebirge 275 Sajenen weit gegen W.

Von dem innersten Winkel der südlichen Bucht erstrecken sich landeinwärts gegen Süden Niederungen, welche durch ein erhöhtes Vorgebirge von einander getrennt bei hohem Wasserstande überschwemmt und bei Ebben trocken gelegt werden.

Das Westvorgebirge bildet zugleich das Ostende der leeren Bucht (pustája gúba) welche völlig offen ist und gegen $2\frac{1}{2}$ Werst im Umfang mißt. Hart an derselben gränzt die Bucht Portschnicha, welche Anfangs $\frac{3}{4}$ Meilen weit gegen NW. $\frac{1}{2}$ W. und nur 1 Meile weit gegen W t N. gerichtet ist, ihre Breite beträgt in der Mündung 500 Sajenen, nimmt aber landeinwärts beständig ab bis zu 175 Sajenen. Von ihr aus erstreckt sich sodann das Ufer gegen N., wendet sich demnächst plötzlich nach W. und bildet das weiße Kap (Bjelui Nos), welches durch seine weißen und steilen Felsenabhänge außerst ausgezeichnet ist. Dieses Kap bildet mit der um $\frac{1}{2}$ Meile gegen OSO. $\frac{1}{2}$ O. von ihm gelegenen NWspitze der Rennthierinsel, die nördliche Einfahrt zu dieser Insel.

Von der NWspitze derselben Insel erstreckt sich ein Felsenriff 100 Sajenen weit gegen NW., und auf diesem geht fast beständig eine hohe Brandung. Nahe an dem Ostvorgebirge liegen zwei Felsenbänke, die eine gegen N. 52° O. in 210 Sajenen von dem Vorgebirge und auf der Linie von der SWspitze der Insel zur Nspitze der Portschnichabucht. Die zweite Bank liegt von der eben erwähnten 125 Sajenen weit gegen S t W. und von dem Ostvorgebirge um 150 Sajenen gegen O. Der Abstand der ersteren von dem nächst gelegenen Punkte der Rennthierinsel beträgt 175 Sajenen, die Entfernung der letzteren von dem nächsten Punkte des Festlandes 60 Sajenen. Diese Banken sind übrigens sehr klein und sinken steil in die Tiefe. Wärend starker Ebben werden sie trocken gelegt. Die kleinen Inseln in der südlichen Bucht sind von einem Felsenriffe umgeben, welches je nach dem Wasserstande mehr oder weniger weit sichtbar wird. Mit Ausnahme dieser so eben genannten Fährlichkeiten sind die Ufer sehr steil abschüssig und rein.

Der beste Ankerplatz hinter der Rennthierinsel liegt bei 11 Sajenen Tiefe über Sandgrund und wird durch folgende Peilungen bestimmt:

Das SOstende der Rennthierinsel gegen	S.	88°	O.
Das Ostvorgebirge	S.	48	O.
Die Südspitze der niedrigen Insel. .	S.	12	W.
Das Westvorgebirge	N.	78	W.
Die SWestspitze der Rennthierinsel .	N.	27	W.

Die Entfernung desselben von der Rennthierinsel ist 300 Sajenen, von der niedrigen Insel wenig über 200 Sajenen. Näher an der Rennthierinsel ist die Tiefe beträchtlicher und der Grund wieder fest, und ebenso ist auch weiter westwärts die Tiefe beträchtlicher. Wenn NWestwinde auf diese Straße treffen so entsteht in derselben ein heftiger Wellenschlag. Stellt man sich aber weiter gegen O. oder gegen S. so nähert man sich ohne Nutzen im ersteren Falle den überschwemmten Felsklippen, welche in der Durchfahrt liegen, im anderen aber den gefährlichen niedrigen Inseln. Beim Ankern muß man sich in Vertauung legen, mit dem einen Anker nach OSO. und dem andern nach WNW., weil die Strömungen wärend der Syzygien sehr heftig nach diesen Rhumben wirken. Übrigens liegt man ruhig und gefahrlos an dieser Stelle, denn obgleich die OSOstwinde gerade in die Einfahrt hinein wehen und starken Wellenschlag erregen können, so findet man doch davor im Nothfalle stets eine Zuflucht in der Bucht Portschnicha, in deren Mitte und um 500 bis 600 Sajenen von der Mündung vortreffliche Ankerplätze mit 10 bis 1 Sajenen Tiefe liegen. Sie haben nur das üble, daß man bei Ostwinden schwer von dort auslaufen kann, wärend man den erstgenannten Ort bei jedwedem Winde verlassen kann.

Die Rennthierinsel zeigt sich von SO. aus bereits in einer Entfernung von 15 bis 17 Meilen, in Gestalt einer schwarzen hohen Bank, mit einer sehr ansehnlichen Erhebung in ihrer Mitte. Es ist diese die SOstspitze der Insel, welche aus dem oben genannten Grund getrennt erscheint. Wärend man sich der Insel nähert, zeigt sich allmählich auch etwas weiter zur Linken ihre Südspitze, von weißlicher Farbe und mit einem rundlichen Hügel gegen das Meer endend. Auf diese Spitze muß man halten um in die Straße einzufahren, die man anfangs nicht unterscheidet, weil die Insel mit dem dahinter gelegenen Ufer des Festlandes zusammen zu hangen scheint. Sobald man auf die Höhe der SOstspitze der Insel gekommen ist, erblickt man die früher erwähnte niedrige Landzunge, und wenn man sich derselben bis auf 100 Sajenen genähert hat, muß man nach W. und WNW. längs des Ufers der Insel halten und sich niemals um mehr als den genannten Abstand von derselben entfernen, damit man vor der Felsenbank sicher sei, welche sich in der Mitte der Durchfahrt befindet. Die Tiefe wird anfangs von 16 bis zu 10 Sajenen betragen. Eine halbe Werst nach der Wendung nimmt sie bis auf 9 und 8 Sajenen ab, wächst aber alsdann wieder bis zu 17 und 18 Sajenen. Der Grund ist Sand mit Steinen, Muscheln und Korallen. Sobald man das Ostkap, welches schon von der Niederung aus sehr gut zu erkennen ist, nach SSW. erblickt, so ist man über diese Bank hinweg und man kann dann nach magnetisch W. oder auf das Westvorgebirge halten. Man bringt die nördlichste der niedrigen Inseln nach S., hält grade auf dieselbe, so lange die Tiefe noch mehr als 13 Sajenen beträgt, und wirft den Anker, wenn man 13 — 11 Sajenen Tiefe erreicht hat.

Um gänzlich sicher vor der gefährlichen Felsenbank zu sein, muß man die Deckung der SWestspitze der Rennthierinsel mit dem Nordende der Portschnichabucht beachten. So lange letztere durch die erstere bedeckt scheint, wird man sich nördlich von der Bank befinden, welche genau auf der Verbindungslinie jener beiden Punkte liegt. Zwischen den Banken und dem Festlande darf man durchaus nicht gehen.

Wenn man die Rennthierinsel von NW. her umfährt, so darf man sich durchaus nicht um mehr als eine Meile vom Ufer entfernen. Sobald man auf die Höhe des weißen Kaps gelangt ist, zeigt sich zwischen ihm und der Rennthierinsel eine Straße, durch welche man mitten hindurch nach S. geht, jedoch stets mit vorsichtiger Beachtung des Riffes, welches sich von der NWestspitze meerwärts erstreckt und stets sichtbar ist. Die Tiefen betragen 45 — 30 Sajenen, der Grund ist Sand mit Muscheln und Korallen. Sobald man über die SWestspitze der Insel hinaus ist, muß man nach SO. oder SO t O. oder auf das Ostvorgebirge halten, bis daß sich die niedrige Insel gegen S. zeigt, und dann so wie oben erwähnt zum Ankerplatz gehen.

Will man aber von N. oder NO. um die Rennthierinsel fahren, so muß man sich hüten die wirkliche Einfahrt nicht mit der Trügerischen Bucht (obmánnaja buchta) zu verwechseln, denn ein solcher Irrthum würde mit Untergang bedrohen. Übrigens ist es nicht leicht ihn zu begehen, wenn man nur auf die unverkennbare SOstspitze der Insel achtet und wenn man zugleich seine Entfernung vom Ufer wenigstens auf eine angenäherte Weise kennt. Sobald man jene Spitze erkannt hat, muß man, wie oben erwähnt, die eine oder andre der zwei Straßen wählen.

Um in die Bucht Portschnicha zu gelangen bedarf es keiner besonderen Anweisung. Sie ist durchaus frei von Gefahren, wenn man nur lothet und auf der Mittellinie der Bucht so weit fort fährt als man es wünscht.

Hinter der Rennthierinsel kann man auch Wasser einnehmen, obgleich freilich mit einiger Mühe, aus dem See, welcher sich auf einem Berge hinter dem Loparischen Wohnplatze befindet, so wie auch aus dem Bache, welcher westlich von den austrocknenden Buchten an einem Berge entspringt. Nördlich von der Ortschaft findet man am Ufer eine Menge runder Steine, welche als Ballast dienen können. Auch kann man Wasser aus dem Olenka Flusse nehmen, der sich bei der SOstspitze der Insel ins Meer ergießt. An diesem Flusse leben einige Loparische Familien die sich vom Lachsfange nähren.

Unsere Beobachtungen bei der Rennthierinsel ergeben folgende Resultate:

Breite	69° 3′ 15″
Länge	36° 22′
Magnetische Abweichung . .	1° 22′ W.
Magnetische Neigung . . .	76° 29′
Hafenzeit	7^h 30′
Fluthhöhe	12 Fuß.

Die Fluth strömt von WNW. und die Ebbe von OSO. mit einer Geschwindigkeit von 3 Knoten wärend der Syzygien.

Im Sommer wird die Rennthierinsel sowol von Loparen als von Russischen Unternehmern besucht. Die ersteren haben einige Wjejen am Westufer der westlichsten unter den austrocknenden Buchten. Ihre Rennthiere weiden auf der Rennthierinsel. Schon lange hatte ich wenn auch nur eines dieser Thiere kaufen wollen um der Mannschaft einige Mahlzeiten von frischem Fleische zu verschaffen, aber die hiesigen Loparen versagten es lange unter allerlei Vorwänden und wurden endlich mit großer Mühe dahin gebracht ein Rennthier für 30 Rubel zu verkaufen. Diese Weigerung erklärt sich weil sie aus den Moorgegenden (tundri) nur ihre eingefahrnen Rennthiere hierher bringen, auf welche sie großen Werth legen. Der Aufenthaltsort der Russischen Fischhändler liegt an dem nördlichen Ufer der Portschnichabucht, nicht weit von deren

Mündung. Wärend der Fangzeit legen sie ihre Lodjen in dem innersten Winkel dieser Bucht, hinter zweien kleinen Inseln.

Bald nach unserer Abfahrt von der Rennthierinsel hüllten sich die Ufer in dichten Nebel, der Wind wurde sehr schwach und gegen die Nacht ward es völlig still.

(Sonntag. Juli 21.) Wärend dieser Windstille wurden wir mit einer Schnelligkeit von $\frac{1}{2}$ und von 1 Knoten gegen S. und dann gegen SO. geführt. Doch kümmerte uns dieses wenig, denn nach Schiffsrechnung hatten wir uns bereits bis auf 12 Meilen gegen N. von der Rennthierinsel entfernt und wärend der ganzen Nacht betrug die Tiefe niemals weniger als 110 Sajenen. Gegen 5 Uhr Morgens zeigte sich im SWestviertel des Horizontes durch dichten Nebel ein Ufer in geringer Entfernung; nach einigen Minuten war Alles wiederum in Dunkel gehüllt. Wir benutzten nun das äußerst schwache Wehen zwischen N. und W., um gegen NO. zu wenden, aber der Wellenschlag der aus diesem Strich kam verhinderte jeden Gang und wir wurden so wie früher nach S. und SO. geführt. Die Tiefe nahm sehr schnell bis zu 70 und 60 Sajenen ab und um $6\frac{1}{2}$ Uhr betrug sie nur noch 50 Sajenen. Dieses deutete schon auf Nähe des Ufers und in der 8ten Stunde erhielten wir davon einen noch deutlicheren Beweis durch dumpfes Heulen einer Brandung in SW. Augenblicklich wurden die Ruderfahrzeüge ausgesetzt und wir begonnen uns gegen ONO. zu bugsiren, indessen dienten alle Anstrengungen nur allein um die Schnelligkeit unserer Annäherung an das Ufer in etwas zu vermindern. Gegen 8 Uhr zeigte sich dasselbe auf einige Augenblicke, die fürchterlichsten Brandungen bespülten es und wir hatten uns bereits bis auf zwei Kabeltaue genähert. Endlich in dem Augenblicke der Entscheidung als die Tiefe nur noch 20 Sajenen betrug und unsere einzige Hoffnung auf die Anker gesetzt blieb, erhob sich ein äußerst leiser Wind aus NW. und rettete uns aus der äußerst bedenklichen Lage.

Gegen 2 Uhr ward es ein wenig heller und in 3 — 4 Meilen Entfernung hinter unserm Spiegel sahen wir nun das Ufer gegen welches wir am Morgen geführt worden waren. Es war die Rennthierinsel, wir befanden uns also nach Schiffsrechnung um 10 Meilen nördlicher und um etwas westlicher als in der Wahrheit. Auch früher schon hatten wir einige male ähnliche Abweichungen unserer Rechnung bemerkt. Wärend des Lawirens bei den Sieben Inseln und bei der Nokuew Insel waren wir sehr merklich gegen SO. geführt worden und man hat daher anzunehmen, daß das Meer hier außer seinen periodischen Bewegungen auch noch eine allgemeine und constante gegen S. oder SO. besitzt.

Um 4 Uhr Nachmittags hielten wir mit gleichförmigen NW.-winden nach WNW. längs des Ufers, bemerkten aber bald, daß wir wieder gegen dasselbe gedrückt wurden und mußten daher ganz gegen den beabsichtigten Kurs, nach ONO. wenden.

(Montag. Juli 22.) Erst um 2 Uhr nach Mitternacht in einiger Entfernung vom Ufer, ging der Wind in das NOstviertel über und erlaubte uns wiederum nach NW. zu wenden. Ich beabsichtigte wärend dieser Fahrt zwischen der Rennthier- und Kildininsel gelegenen Ufern eine eben so ausführliche Aufnahme zu erhalten, wie wir sie nunmehr von den 7 Inseln bis zur Rennthierinsel besaßen. Aber dichter Nebel störte dieses Vorhaben. Wir bestimmten nur einzelne Hauptpunkte und auch diese nicht einmal alle mit gleicher Genauigkeit. Ich bemühte mich so viel als möglich diesen Mangel durch Einsammlung von Nachrichten über diese Gegenden bei unsern Jägern und Fischern zu ersetzen, welche durch ihre haüfigen Reisen sehr vertraut mit denselben geworden sind. [1]

Um 4 Uhr begegneten wir Fischern, welche auf einer Schnake zum Fange gefahren waren; sie kamen von dem Flusse Teriberka. Gegen 12 Uhr passirten wir das Teriberische Vorgebirge, welches sich gegen O. in Gestalt einer Insel zeigt. Als wir an diesem Punkte vorüber waren, zeigte sich die hohe Insel Kildin und wir richteten uns nun gegen die Straße, welche dieselbe von dem Festlande scheidet. Dieses letztere ist von hier aus sehr deutlich sichtbar. Gegen 5 Uhr passirten wir die Ostspitze der Insel und warfen den Anker neben den ehemaligen Solowjezer Wohnplatz, bei 16 Sajenen Tiefe über feinem Sandgrunde.

(Dienstag. Juli 23.). Gleich am folgenden Morgen begannen wir die Aufnahme dieser Gegend. Auf dem Ufer von Kildin wurde eine große Basis gemessen und alle umgebende Punkte durch Winkel mit derselben in Verbindung gebracht. Überall wurden ausführliche Lothungen hinzugefügt und alle erforderlichen Beobachtungen so angestellt wie deren unten anzuführende Resultate zeigen. Diese manchfaltigen Geschäfte wurden in 3 Tagen beendet, so daß wir uns am 26sten des Morgens wiederum auf den Weg begeben konnten.

Die Insel Kildin und nicht Kilduin wie wir sie früher nach dem Beispiele der Holländer nannten, liegt 11 Meilen östlich von der Mündnng der Kolaerbucht. Ihre Länge beträgt 9 Meilen in der Richtung von O t S. nach W t N. ihre Breite $1\frac{1}{2}$ bis

[1] Alle Nachrichten welche ich auf diesem Wege erhielt hatte ich in meinem Tagebuche über das Jahr 1822 niedergelegt, da wir aber im folgenden Jahre eine genaue Aufnahme jener Gegenden erhielten, so wäre es überflüssig dieselben hier aufzunehmen.

3½ Meile. Sie hat gegen N. ein hohes und steilgehendes Ufer; gegen W. eine völlig senkrecht abgeschnittene Endspitze, in SO. aber einen niedrigen und sanften Abhang. Ihre Südseite gewährt einen Anblick mit dem wir sowol im weißen Meere als auch in den bisher befahrnen Theilen des nördlichen Oceans nichts anderes zu vergleichen wüßten. Das Ufer erhält sich anfangs niedrig bis auf einigen Abstand von der Strandlinie, erhebt sich dann allmählig in Gestalt eines Amphitheater mit vier sehr regelmäßigen Stufen und endet endlich in einer Höhe von etwa 500 Fuß mit einer platten und einem Tische ähnlichen Endfläche. Äußerst schönes und saftiges Grün bekleidet diesen Theil der Gegend, so weit das Auge reicht, und bildet den auffallendsten Contrast zu den entblößten Granitfelsen des Festlandes. Die Insel Kildin besteht aus Urgebirgsschiefern und unterscheidet sich dadurch sowol von den Inseln als auch von dem Festlande gegen SO.; denn auf diesen letzteren fanden wir überall nur Granit.

Die Straße zwischen der Insel Kildin und dem Festlande hat in ihrer östlichen Mündung eine Breite von 2 bis 3 Werst, in der Mitte verengt sie sich bis zu 450 und 390 Sajenen weil zwei niedrige Vorgebirge (Korówji und Prigónnui muis, das Kuh- und das Heerdenvorgebirge) sich von der Insel aus meerwärts erstrecken. Weiter gegen Westen wächst ihre Breite wiederum bis auf 2 Werst. Dem Vorgebirge Prigónnui gegenüber liegt nahe an dem Festlande die nackt felsige Bäreninsel (medwjéjji óstrow) welche die Straße bis auf 300 Sajenen verengt. In eine hinter dieser Insel gelegene Bucht ergießt sich das Gänseflüßchen (gúsinaja rjétschka). In der Mitte der Straße beträgt die Tiefe überall 40 — 60 Sajenen, und Tiefen von 15 Sajenen und weniger findet man niemals außerhalb einer um 2 Kabeltaue vom Ufer entfernten Linie.

Man kann an verschiedenen Punkten dieser Straße vor Anker gehen, aber die beste oder richtiger die einzige gute Reede liegt hinter der SOstspitze der Insel in einer gegen N. gerichteten Bucht, an deren Ufer ehemals eine große Fischerniederlassung lag, welche zum Solowjézer Kloster gehörte.[1] Diese geschützte Reede mißt von O. gegen W. fast 1 Meile und in der Breite 250 — 300 Sajenen, ihre Tiefe beträgt 9 bis 13 Sajenen und der Grund besteht aus feinem Sande welcher auf Thonboden ruht.

[1] Wärend des letzten Zwiespalts mit England wurde diese Niederlassung durch ein englisches Schiff dem Erdboden gleich gemacht. Diese gehässige That glaubte ich Anfangs irgend einen Schmuggler zuschreiben zu müssen dem seine Unternehmungen mißglückt waren; in der Folge erfuhr ich aber mit Bestimmtheit, daß sie einem Kriegsschiffe zu schulden komme.

Man kann auch an einer etwas östlicher gelegenen Stelle, bei dem Grabvorgebirge (mogilnui muis) vor Anker gehen in 75 Sajenen Entfernung vom Ufer, indessen nur bei Winden zwischen NO. und NW., denn von SO. her ist dieser Punkt völlig ungeschützt.

Derselben Stelle gegenüber bildet das Ufer des Vestlandes einen Busen, in welchen sich das Flüßchen Sarubicha ergießt; am linken Ufer dieses Flüßchen liegt eine kleine Niederlassung der Loparen des Kolaer Bezirkes und am rechten das Haus der berittenen Zollbedienten. Um ½ Werst gegen W. von diesem Punkte einem sehr auffallenden Sandhügel gegenüber und in 50 Sajenen vom Ufer, gehen die Fahrzeüge unserer Jagdreisenden (promuischleniki) vor Anker; für Seeschiffe ist aber diese Reede keineswegs passend.

Zwischen dem Kuh- und Treibevorgebirge (muis korowji und m. prigónnui) liegt eine Einbucht und in dieser, näher am letzteren als am ersteren Vorgebirge bei 12 Sajenen Tiefe, ein Ankerplatz. Derselbe ist ziemlich geschützt, aber unbequem sowol wegen Engigkeit und eines nicht sehr zuverlässigen Grundes, als auch deßhalb weil sich die Strömungen in diesem schmalsten Theile der Einbucht mit großer Schnelligkeit nach beiden Seiten verbreiten. An der Ostseite des Kuhvorgebirges liegt noch ein eben solcher Ankerplatz wie an der Ostseite des Grabvorgebirges und beide haben einerlei Nachtheil.

Wenn man von O. bei der Insel Kildin ankommt, so muß man sich nach der Mitte der Straße wenden, welche sich so wie früher erwähnt auf der Höhe des Teribnischen Vorgebirges öffnet; in 10 Meilen Entfernung von der Insel unterscheidet man ein langes und niedriges Vorgebirge, welches sich von derselben Südwärts erstreckt, und sobald man noch näher kommt, zeigen sich zur Rechten einige große Steine, welche hart an der Wasserlinie liegen. Diese Steine welche man die Koffer (Srunduki) nennt, haben aus der Ferne völlig das Ansehen alter Hütten. Ein Felsenriff erstreckt sich um 100 Sajenen meerwärts von denselben. Bei der Einfahrt in die Straße muß man sich um nicht mehr als ½ Werst vom Ufer entfernt halten und bei Nordwinden sogar noch näher. Sobald man dann auf die Höhe des erwähnten niedrigen Vorgebirges gelangt ist, zeigt sich in N. ein anderes und ihm ähnliches auf welchem sich ein hohes Kreuz befindet, es ist dieses das Grabvorgebirge. Sobald man an demselben vorüber ist, öffnet sich zur Rechten eine Bucht innerhalb welcher man, je nach der Richtung des Windes nach NNW. oder nach NW. halten muß. Auf der Höhe des Vorgebirges beträgt die Tiefe 10 — 12 Sajenen, wächst dann allmählich bis 16 und 17 Sajenen und nimmt wiederum bis zu 10 und 9 Sajenen ab, wärend man sich dem Ufer nähert. Sobald diese letzte Tiefe erreicht ist, muß man den Anker werfen. Der beste Punkt zum Ankern ist nach folgenden Beobachtungen erkennbar:

Das Grabvorgebirge	S. 66° O.
Die Mündung des Flüßchen Sarúbicha .	S. 25° W.
Das Kuhvorgebirge	S. 73° W.

Die Tiefe beträgt 9 Sajenen, der Grund besteht aus feinem Sande und unter demselben aus Thon. Der Abstand vom nächst gelegenen Ufer der Insel Kildin beträgt ungefähr ein Kabeltau. Diese Stelle ist von allen Seiten durch Vorgebirge geschützt welche von der Insel gegen das Westland vorspringen. Kein Wind vermag daselbst zu beunruhigen oder dann Schiffe gefährlich zu werden, wenn man nur zuverlässige Ankertaue besitzt. Ebenso ist auch die Strömung fast ganz unbemerklich. Man muß sich aber in Vertauung legen, indem man den einen Anker gegen S. auswirft wo wegen der Nähe des Ufers die Tiefe nur 13 — 14 Sajenen beträgt. Sich näher an die Mitte zu legen ist durchaus unmöglich, denn von 15 — 16 Sajenen an ist der Meeresboden so stark geneigt, daß die Tiefe beim Spiegel um 4 — 5 Sajenen größer ist als am Bogspriet, so daß man sich troß des schönen Grundes doch keineswegs auf den Anker verlassen darf. Von 16 Sajenen Tiefe wo wir lagen fingen wir an triftig zu werden, ohne jeden Wind und wärend das Ankertau noch auf der Spille war. Nachdem wir auf diese Weise um ½ Kabeltau getrieben worden waren, befanden wir uns plötzlich bei 40 bis 50 Sajenen Tiefe. Außerdem aber wirkte auch die Strömung um so heftiger je weiter man vom Ufer entfernt ist.

Ebenso kann man auch zu den übrigen Ankerplätzen gelangen, wenn man sich stets um weniger als 100 Sajenen vom Ufer entfernt hält.

Geht man von Norden her um die Ostspitze der Insel Kildin, so hat man sich namentlich bei Ostwinden vor dem oben erwähnten Riffe zu hüten, welches von dieser Spitze hervorragt. Zu dem Ende darf man sich dem Ufer um nicht mehr als eine Meile nähern, bis daß man auf die Höhe dieses Riffes gelangt ist. Ist man aber über dasselbe hinaus so gelten für die Einfahrt in die Straße wiederum die obigen Vorschriften.

Um endlich die Insel Kildin von der Ostspitze zu umfahren, bedarf es durchaus keiner besondern Anweisungen. Man halte nur die Mitte der Straße, sogar ohne zu große Besorgniß wegen Annäherung an die Ufer, welche dort beiderseitig rein und steil abschüssig sind. Wenn man das Kuhvorgebirge passirt hat, so muß man nach ONO. wenden, bis zur Ankunft an dem Ankerplatze.

Folgende sind die Resultate und Beobachtungen, welche wir um 250 Sajenen gegen NO. von dem Grabvorgebirge anstellten.

Breite	69° 19′ 35″
Länge, O. von Greenwich	34 31 O.
Magnetische Abweichung	1 2 W.
— — Neigung	76 49
Zeit des Hochwassers um die Syzygien	VI^h 45.

Es fehlte uns an Zeit um vollständige Beobachtungen über die Hafenzeit zu erlangen. — Der Fluthstrom kommt von W. und der Ebbestrom von O. In der Mitte der Straße sind diese Strömungen wärend der Syzygien sehr heftig, namentlich zwischen dem Kuh- und dem Treibevorgebirge wo sich auch sehr starke Wirbel erzeügen.

Auf dieser Insel weiden Rennthiere, welche dem Kolaër Kaufmann Popow gehören, ohne jede Aufsicht. Er führte sie vor 25 Jahren daselbst ein und von dieser Zeit an hat sich ihre Anzahl von 2 bis 3 Paaren schön bis zu mehreren Hunderten vermehrt. Herr Popow erlaubte den Loparen sich diese Rennthiere zu Nutzen zu machen, unter der Bedingung, daß sie ihm die Haut eines jeden getödteten überliefern und außerdem noch für das Fleisch ein Pud Schnäpel (Salmo Lavaretus) oder eines andern der Fische geben, welche sie wärend des Winters in Seen fangen. Man könnte sich vorstellen, daß die Loparen sich nicht immer streng an diesem Abkommen hielten und daß sie vielmehr der Versuchung ein Rennthier gratis zu erhalten bisweilen unterliegen, indessen hält sie sowol ihre angeborne Ehrlichkeit davon zurück, als auch die äußerste Mäßigkeit der von Herrn Popow gesetzten Preise; nicht minder wirkt vielleicht auch Herrn Popows Erklärung, gleich bei der ersten Nachricht von böslicher Entwendung eines einzigen Rennthieres werde er sie alle einfangen und erschießen lassen. Auf Kildin wachsen auch sehr schmackhafte Pilze in großer Menge: man nennt dieselben hier mochowiki (Moospilze) und sie ähneln den bei uns sogenannten weißen Pilzen (bjeluie gribui).

(Freitag. Juli 26.). Am Morgen des 26sten Juli hoben wir die Anker, wir fuhren sodann mit äußerst schwachem Ostwinde sehr langsam längs der Straße und erreichten erst am Mittag die westliche Mündung derselben. Die sehr hohe und fast perpendikulare Westspitze der Insel gewährt einen großartigen und sehr reizenden Anblick. Eine der Felsmassen ähnelt völlig einem gothischen Kirchthurme. Ein kleinerer Steinblock auf dem äußerst spitzen Gipfel desselben gleicht einem Kreuze oder einem Thürmchen und vollendet dadurch die Taüschung. Wahrscheinlich ist dieses derselbe Felsen, dem man den Namen Nojowka gegeben hat.[1]

Um $3\frac{1}{2}$ Uhr befanden wir uns der Mündung der Kolaer Bucht gegenüber und halten in derselben gegen S. Es war äußerst schwer unter einer großen Menge von Einfahrten gerade diejenige zu erkennen in welcher der Jekatarinen Hafen gelegen ist, um somehr als die Karte, welche wir von dieser Gegend besaßen ziemlich fehlerhaft befunden wurde. Um nicht wieder Erwarten irgendwo einen Irrthum zu begehen, schickten wir unser Boot nach einer Lodja, welche zufällig eben damals gegen N. lawirte, Der Kormschtschik derselben kam nun zu uns am Bord und gab alle erforderlichen Aufschlüsse, so daß wir nun gerade auf die Mündung zum Hafen hinhielten und daselbst um 6 Uhr den Anker warfen. Die Tiefe betrug an dieser Stelle 10 Sajenen, der Grund war Thon. — Wir legten uns sodann in Vertauung, so daß unsere Ankertaue nach der Länge des Hafens gerichtet waren.

Die oben erwähnte Ungenauigkeit in der Karte des Kolaer Meerbusens machte es uns unerläßlich einige der Hauptpunkte der Bucht mit dem Jekatarinen Hafen zu verbinden, anstatt uns wie früher beschlossen worden mit der Aufnahme des Hafens allein zu begnügen. Zu diesem Ende mußte irgendwo außerhalb des Hafens ein Punkt gesucht werden, von welchem sich Winkel nach allen jenen zu bestimmenden Punkten nehmen ließen: alsdann aber eine genugsam lange Basis gemessen werden.

(Sonnabend. Juli 27.). Am 27sten Morgens suchten wir lange an dem steilen und unebnen Ufer nach einem hierzu passenden Orte, und fanden endlich nicht ohne Mühe einen solchen auf der Nordspitze der Jekatarinen Insel. Wir verwendeten den ganzen Tag zur Ausstellung der erforderlichen Signalzeichen und zur Messung der Winkel.

(Sonntag. Juli 28.). Am folgenden Tage wurde der Steuermann Sophrónow, nach der Mündung der Bucht geschickt, um an verschiedenen Punkten Winkel zu nehmen. Das Wetter war ruhig und heiter, und erlaubte uns daher eine Menge von Beobachtungen anzustellen.

(Montag. Juli 29.). Am 29sten beschäftigten wir uns mit Aufnahme des Hafens, obgleich ein heftiger Regen sehr hinderlich wirkte. Nach Mittag kehrte Herr Sophrónow zurück, nachdem er

[1] Siehe Herrn Oserezkowski's Beschreibung von Kola und Astrachan S. 57. Opisanie Kolui i Astrachani Oserezkowskago S. 57.

das Westufer der Insel Toros so wie auch einen Theil von deren östlichem Ufer aufgenommen hatte.

Wärend dieser ganzen Zeit suchten wir vergebens durch irgend eine Gelegenheit Verbindung mit Kola zu erhalten: um wie wir es wünschten daselbst Nachricht von unser Ankunft und unsern Bedürfnissen zu geben, so wie unsere Raporte, Briefe u. s. w. abzufertigen. Wir sahen mehrere Fischerböte, welche sowol in der einen als in der andern Richtung längs des Ostufers der Inseln fuhren: aber keines derselben begab sich nach dem Hafen. Ich wollte aber nicht eigens zu diesem Zweck ein Fahrzeüg nach der Stadt schicken: denn wegen der mancherlei begonnenen Arbeiten und der beschränkten Zahl unserer Leüte war dieses nicht ohne Unbequemlichkeiten möglich: dennoch mußte ich mich endlich dazu entschließen als ich mich überzeügt hatte daß die Kolaer nicht geneigt seien ihren Gästen einen Besuch abzustatten.

(Montag. Juli 30.). Ich wünschte nun aus dieser Nothwendigkeit selbst einigen Nutzen zu ziehen und bestimmte den 30sten Juli als Tag der Abreise. An diesem Tage übergab ich das Kommando an Herrn Lieutenant Lawrow, machte alle nöthigen Anordnungen zur Vollendung unserer begonnenen Arbeiten, und begann meine Reise um 10 Uhr Morgens mit den Herrn Litke, Prokóphiew und Smirnow. Wir fuhren zuerst 10 Werst weit gegen S. bis zu der kleinen und nackten sogenannten Talginsel (Sálnoi óstrow), welche mitten in der Bucht gelegen ihren Namen wegen der Seehunde erhielt welche früher in großer Menge daselbst ans Land kamen, jetzt aber schon seit mehr als einem halben Jahrhundert nicht mehr gefangen werden. In Bezug auf diese Insel herrscht eine seltsame Sage unter den Bewohnern von Kola. Sie erzählen daß gegen Ende des vorigen Jahrhunderts eine Wahrsagerinn in ihrer Stadt gewohnt und die Gabe besessen habe das Geschlecht und das Schicksal der Kinder noch vor ihrer Geburt zu wissen. Wärend der Schwangerschaft der Zarin Natálja Kirillowna im Jahre 1672 sei sie nach Moskau berufen worden und habe ausgesagt sie werde einen Knaben gebären, dessen hohe Fähigkeiten, zum Ruhme Russlands beitragen würden. Zum Lohne für ihre gute Nachricht erbat und erhielt sie die Talginsel, welche damals eine bedeütende Einnahme lieferte.

Von der Talginsel an hat die Straße 10 Werst weit eine SWestliche Richtung. Der Wind und die Strömung waren uns nicht sehr günstig, so daß wir diesen Theil des Weges erst um 3 Uhr Nachmittags zurücklegten, sodann aber unsre Ruderer am Großen Felsenvorgebirge (welikokámennui muis) ausruhen ließen. Unsre Leüte nahmen eine dort stehende leere Fischerhütte ein und wir lagerten uns neben ihnen in einem Zelte. Der Name dieses

Vorgebirges bezieht sich wahrscheinlich auf ein großes würfelförmiges Granitstück von nahe 2 Sajenen Seite, welches völlig abgesondert auf dem thonigen Ufer ruht. Um 7 Uhr machten wir uns wieder auf den Weg und erblickten gegen Mitternacht im Halbdunkel die vielthürmige Kathedrale von Kola; dennoch veranlaßte die Müdigkeit unsrer Ruderer noch einmal ein Nachtlager zu wählen; wir blieben 7 Werst von der Stadt bei den Abrahams Bergen ebenfalls am Westufer der Straße und fanden dort wiederum eine Fischerhütte die unseren ermüdeten Leüten eine gute Zuflucht gewährte.

(Mittwoch. Juli 31.). Um 9 Uhr Morgens setzten wir die Reise fort. Die Kathedrale zeigte sich über dem niedrigen Vorgebirge Claw, so daß auch die Stadt bald sichtbar werden mußte: wirklich erblickten wir dieselbe nach kurzer Zeit und erreichten gegen 10½ Uhr die berühmte Hauptstadt von Lappland.

An der Anfahrt empfing uns der städtische Älteste (eigentlich Stadt-Haupt, gradskji glawa) im Namen des Stadthauptmann (gorodnitschei) und mit der Anzeige, daß bereits eine Wohnung für uns angewiesen sei. Um aber keine Zeit zu verlieren, da wir im Ganzen nicht länger als einen Tag in Kola verweilen konnten, besuchten wir sogleich den Stadthauptmann Herrn Golubew und den Landrath (Ispraweik) Herrn Posnikow, und nahmen alle erforderliche Rücksprache mit denselben. Unsere Hauptabsicht bei der Fahrt nach Kola, bestand in dem Einkaufe frischer Lebensmittel. Herr Golubew zeigte sich, war außerordentlich bereitwillig uns in dieser Beziehung zu unterstützen, sagte indeß im Voraus, daß wir Nichts anderes als Schaaffleisch und Beeren von rubus chamaemorus (maróschka; Multebaer der Norweger E.) erhalten würden. Wir waren auch damit zufrieden und entsagten dem früheren Wunsche, mancherlei Gemüse zu erhalten; weil in Kola noch keines dergleichen gereift war.

Unter Spaziergängen in der Stadt und deren Umgebung verging der Tag sehr schnell und angenehm, denn warmes und heiteres Wetter begünstigte uns. Den Herrn Golubew und Posnikow gaben wir ein Mittagsmahl, waren am Abend in dem Hause des Ersteren und trafen daselbst unter andern auch Herrn Kaufmann Popow den Besitzer der Kildinschen Rennthiere. Alle unsere Geschäfte waren unterdeß beendet und wir bereiteten uns zur Abfahrt, konnten aber wegen unvorhergesehener Hindernisse dieselbe nicht früher als (Donnerstag. August 1.) um 2 Uhr nach Mitternacht ausführen. Der Bürger und Besitzer des Hauses, in welchem man uns eine Wohnung angewiesen hatte, wollte ein so erfreüliches Ereigniß auf eine würdige Weise verherrlichen, und beschloß daher sowol sich selbst als auch unsere Leüte bis zum

Umfallen zu berauschen. Das erstere Vorhaben gelang ihm so vollständig, daß wir den Urheber nachher gar nicht mehr wiedersahen; das leztere zwar nur theilweise, aber dennoch so daß wir erst nach und nach unsere Ruderer an allen Enden der Stadt zusammen suchen und eine geraume Zeit warten mußten, bevor sie wiederum im Stande waren die Ruder zu regieren. Unsere gutmüthigen und gastfreien Kolaer Bekannten benutzten dieses Ereigniß um uns zum Aufschub der Abfahrt bis zum nächsten Tage aufzufordern; aber das Herannahen des Augusts erlaubte durchaus kein längeres Verweilen und troz ungeheucheltem Mißfallens unserer Freunde beharrte ich bei der beschlossenen Abreise.

Die Kreisstadt Kola liegt an dem äußersten Winkel der Kolaer Bucht, auf einen nach NW. vorragenden Vorgebirge, welches die Flüsse Tuloma und Kola begränzen. Der erstere fließt von S. nach W. und bespült die Westseite des Vorgebirges, der letztere von SO. nach NW. längs der NOstseite desselben. Nach den Bestimmungen von Herrn Rasumowski, welcher im vorigen Jahrhundert den Durchgang der Venus vor der Sonne an diesem Punkte beobachtete,[1] beträgt die Breite der Stadt 68° 52′ die Länge 33° 1′ O. von Greenwich. — Über den Ursprung von Kola habe ich nirgends hinreichenden Aufschluß gefunden; es scheint aber als sei diese Stadt bei weitem vor dem Jahre 1533 gegründet worden,[2] weil Englische und andere Seefahrer schon gegen die Mitte des 16ten Jahrhunderts nach Kola als nach einem längst bekannten Orte reisten. Es war anfangs nur ein Bezirksort (wólost), wurde unter Peter dem Großen zu einem befestigten Platz (ostrog, d. i. pallisadirter Ort E.) und seit Gründung der Stadthalterschaft zu einer Kreisstadt. Die jetzige Ausdehnung des Ortes beträgt 450 Sajenen längs des Flusses Kola und 150 Sajenen längs der Tuloma. Außer einer steinernen Kirche giebt es nur hölzerne Gebaüde. Die Straßen sind mit Brettern gepflastert. Am Ufer der Kola nahe am Mittelpunkte der Stadt liegt eine hölzerne Vestung, in Gestalt eines Vierecks mit 5 Thürmen. Seit der Entzweiung mit England im Jahre 1800 wurden die Kanonen nach dem Solowezer Kloster geführt, um dasselbe in Vertheidigungszustand zu setzen und seit dieser Zeit dienen die Vestungsmauern nur als Einzaünung für die Kathedrale und die Thürme sind in Magazine verwandelt. Die Zahl der Inwohner beiderlei Geschlechts belaüft sich auf 800 mit Einschluß der Beamten, der Bürger und Handwerker.

[1] Herrn Rasumowskj's Observatorium lag auf dem hohen Berge Solowárka (Salzsiede Berg) ungefähr ½ Werst SOeßlich von der Stadt.

[2] Beschreibung von Kola und Astrachan S. 2.

So wie oft die berühmten Namen London, Paris u. a., unwillkürlich die Vorstellung unvergleichbarer Pracht, unablässigen Vergnügens und beständigen Glücks erwecken, so denkt man stets unter dem Namen Kola einen schrecklich trübseligen Ort, einen Sitz der äußersten Armuth, welcher gänzlich getrennt von der gebildeten Welt und in ewige Nacht gehüllt nicht von Menschen, sondern nur von Bären bewohnt sei. Aber die menschliche Phantasie kennt keine Gränzen und weiß niemals die richtige Mitte zu halten und so sind denn auch die letzteren Vorstellungen durchaus ebenso unrichtig als jene ersteren. Die Beamten und die Kaufmannschaft von Kola leben mit einander auf eine von den Sitten der Hauptstadt nur wenig verschiedene Weise; auch hier versammelt man sich des Abends zum Boston oder Whistspiel und ist besorgt über die Angelegenheiten von Griechenland und von Amerika, von denen man nur um 3 Wochen später als zu Petersburg Nachricht erhält.[1] Auch fehlt es keineswegs an der üblichen Würze politischer Unterhaltungen; denn die Getränke und Colonialwaaren, welche man hier theils von Archangelsk, theils aus Norwegischen Hafen erhält, sind nur um wenige Prozente theurer als an diesen Ausfuhrorten. An äußerer Zierlichkeit ist Kola kaum im Nachtheile gegen Cholmogorui, Lodeinoe Pole und viele andere Städte; die Straßen sind reinlich, die Haüser zierlich und zum Theil mit zwei Stockwerken. Von der NOWestseite ist die Ansicht der Stadt ausgezeichnet schön; sie steht auf einem hohen und steil abgeschnittenem Ufer, an welches sich eine weite und von 3 Seiten mit hohen Bergen umringte Ebene anschließt; zur Rechten fließt die Tuloma mit reißender und majestätischer Strömung.

Den bedeütendsten Erwerbzweig der Kolaer bilden die Fische, namentlich aber der Klippfisch (Treska) und der Paltus. Den Fang derselben betreibt man fast gar nicht, sondern erhält sie durch Eintausch, theils von den Russischen Unternehmern (Promuischlenniki) welche die Lappländischen Küsten befahren, theils und vorzüglich in den Norwegischen Häfen Wadsö, Wardhous, Hammerfest und sogar in Tromsöe, wohin den Kolaern jährlich gegen 2000 Tschetwert Roggenmehl auszuführen erlaubt ist. Diese Freiheit wurde für Kola und für die Städte Kemji und Suma allergnädigst bewilligt, nachdem ihr Handel wärend des letzten Bruches mit England bedeütend gelitten hatten. Der Ertrag der 2000 Tschetwert wird an die einzelnen Bürger nach Maaßgabe ihrer

[1] An politische Besorgnisse sind sie durch die Engländer gewöhnt worden, welche im Jahre 1809 im Jekatariner Hafen einliefen und Kola auf zwei bewaffneten Booten besuchten, ohne direkte Angriffe auf die Stadt und die Personen der Bewohner, verbrannten sie dennoch mehrere Lodjen. Im folgenden Jahre bereiteten sich die Kolaer zu kräftigem Widerstand, aber die Engländer kamen nicht wieder.

Vermögensumstände vertheilt, und es sind gleichzeitig von der Regierung alle nöthigen Maaßregeln genommen um eine anderweitige Ausfuhr sowol aus anderen Häfen als auch von diesen bevorrechtigten Städten zu verhindern. Jedes Fahrzeüg welches bei Archangelsk Mehl verladet, erhält von einer eigenen Abtheilung der Archangeler Civil-Verwaltung eine Bescheinigung, in welcher angegeben wird ob dasselbe die in Tschetwert benannte Quantität Mehl ins Ausland führe oder nur nach dem Russisch Murmanischen Küsten. Im erstern Falle begiebt sich das Fahrzeüg nach eigner Wahl nach irgend einen der Norwegischen Märkte, im letzteren aber muß es seine Bescheinigung einem der Archangeler oder Kolaer Zollschiffe vorzeigen, von denen eines den ganzen Sommer über bei den 3 Inseln steht, wärend drei bis vier andere die Meerbusen zwischen dem Heiligen Kap und der Kolaer Bucht befahren, um die Schiffe, welche nur für das Russische Lappland mit Mehl befrachtet sind, zu beaufsichtigen. Sie untersuchen ob dieselben wirklich ihre gesammte Ladung an diesen Küsten lassen, so wie ob Alles in Archangelsk aufgenommene noch vorhanden ist, und fügen dann ihre Zeügnisse den früher erhaltenen Bescheinigungen hinzu.

Die Kolaer fahren mit ihren beladenen Lodjen nach Archangelsk, tauschen daselbst für die eingeführten Fische allerlei ihnen nöthige Waare ein und kehren dann noch in demselben Jahre nach Kola zurück. Sie wagen es sogar noch im Oktober von Archangelsk auszulaufen. Manche die keine Lodjen besitzen, gehen sogar auf offnen Schnaken in See, fahren längs der Küste des Oceans und des weißen Meeres, tauschen Lachse bei den Anwohnern ein, führen dieselben nach Archangelsk und kehren endlich auf demselben Wege nach Kola zurück.

Wärend die Männer von Kola diesen Geschäften obliegen, bleiben auch ihre Frauen und Töchter nicht müßig. Sie fahren auf Schnaken nach den Inseln um Moroschka (Beeren von rubus chamaemorus) zu sammeln. Gewöhnlich befindet sich auf jeder Schnake nur ein junger und rüstiger Mann und 12 bis 20 Weiber. Unter den nahe an der Kolaer Bucht gelegenen Inseln sind die Koréliner (Korélinskie ostrowa) wegen des Ertrages an Moroschka am meisten berühmt; sie liegen 5 Meilen westlich von der Mündung der Bucht; indessen fahren die Kolaerinnen auch noch weiter in den Motower Meerbusen und sogar nach den Ainower Inseln, welche an der Westseite der Fischer Halbinsel (ruibätschji poluostrow) liegen; die dort wachsende Maroschka soll an Wohlgeschmack und Größe alle andern übertreffen. Diese Ainower Beeren werden größtentheils für den Kaiserlichen Hof gesammelt, man legt sie in kleine Fässer und übergießt sie mit möglichst kaltem Wasser zu welchem ein oder zwei Gläser Kornbranntwein hinzugefügt werden, oft begnügt man sich auch nur den Grund der Fässer mit Branntwein zu benetzen. Franzbranntwein oder Rum zeigen sich hierzu viel nie tauglicher als der gewöhnliche Kornbranntwein. Noch wohlschmeckender nnd leichter zu bewahren wird indessen die Maroschka, wenn man sie mit einer Abkochung aus völlig gereiften Beeren übergießt; diese letztern selbst sind natürlich zur Aufbewahrung und Ausführung untauglich.

Dicht bei der Stadt ist die Kolaer Bucht so seicht, daß selbst die kleinsten Schiffe nur bei Hochwasser daselbst hindurch kommen, wärend der Ebbe aber trocken gelegt werden. Eine halbe Werst von der Stadt beträgt die Tiefe nicht mehr als eine Sajene. Der Fluß Kola hat an seiner Mündung eine Breite von 70 Sajenen, am oberen Ende der Stadt aber nur von 40 und seine Strömung geschieht daselbst schon in Wasserfällen. Dahingegen bleibt die Tuloma 70 Werst weit schiffbar d. h. bis zu ihrem Ursprung aus dem See. Sie hat eine Breite von 100 Sajenen und ihre Tiefe beträgt bei der Mündung 5 Sajenen. Etwas abwärts von der Mündung sind die Ufer dieses Flusses mit vortrefflichen Tannen dicht bedeckt. Aus alle diesem folgt, daß die Tuloma weit mehr Aufmerksamkeit verdient als die Kola, und daß es angemessener wäre die Stadt und den Meerbusen nach dem ersteren anstatt nach dem letztem dieser beiden Flüsse zu benennen. Nach den Beobachtungen des Kapitain Babajew im Jahre 1766 betrug die Hafenzeit in der Tuloma 6 Stunden und das Wasser stieg daselbst um mehr als 1 Sajene.

Unsere Rückreise von Kola begann ziemlich ungünstig; es entstand ein dichter Nebel, und, immer noch in Folge der erwähnten gastfreien Bewirthung, konnten sich unsere Leüte sowohl an den Rudern als am Steüer des Schlafes nicht erwähren; wir fuhren mehrmals auf den Sand und mußten uns mehrmals zum Ausruhen festlegen, so daß wir um 7 Uhr Morgens mit Hülfe des Ebbestroms kaum 12 Werst von der Stadt entfernt waren. Wir ließen uns dann am rechten Ufer nieder, der Mündung des Flusses Lawna gegenüber, damit unsere Leüte wieder zu Kräften kämen. Der dichte Nebel welcher uns einhüllte, veranlaßte zweimal sehr auffallende optische Taüschungen. Zuerst sahen wir auf einer Felsklippe einen ungeheüern schwarzen Vogel der eine Arschin hoch zu sein schien. Wir setzten unsere Flinten in Stand und ruderten mit möglichster Vorsicht nach diesem anscheinend so seltenen Thiere, aber dicht vor der Spitze des Bootes sahen wir nun den Vogel auffliegen und erkannten ihn nun erst für einen ganz gewöhnlichen und kleinen Taucher. Ein anderes Mal erschreckte uns eine große Klippe, welche mit Kraut bedeckt, etwa 50 Sajenen vor der Spitze unserer Fahrzeüge aus dem Wasser hervorzuragen schien. Wir hatten noch nicht einmal Zeit gehabt, das Steuerruder an Bord zu drücken, als wir den vermeinten Stein schon unter dem Vorstewen des Bootes bemerkten: es war ein Bündel Seegras; welches anstatt 50 Sajenen nur eine Sajene von uns abstand.

Der Nebel senkte sich gegen Morgen und das Wetter ward außerordentlich schön. Unsere Leute schliefen auf dem Moose zwischen Steinen wie Todte. Plötzlich hörten wir weibliche Stimmen und gleich darauf legte ein von Mädchen eingenommenes Boot neben uns an. Es waren Kolaer Beerensammlerinnen, welche mit äußerst schlechtem Erfolge nach Hause zurückkehrten, denn wärend einer ganzen Woche hatten sie nicht mehr als 3 Fäßchen gefüllt. Sie lagerten sich nun dicht neben uns und fingen an zu singen und zu tanzen. Unsere Matrosen vergaßen darüber Müdigkeit und Schlaf und beide Theile vereinigten sich zum Zeckspiel.

Nach Eintritt günstiger Strömung traten wir um 2 Uhr unsere Reise wiederum an, und kamen um 10 Uhr Abends glücklich zur Brigg, wo unterdessen alle begonnenen Arbeiten beendet worden waren.

(Freitag. August 2.). Am 2ten August trafen wir alle nöthige Vorbereitungen um in See zu gehen und am folgenden Tage (Sonnabend. August 3.) hoben wir die Anker bei schwachem Wehen zwischen S. und O. Kaum waren wir aber auf die Höhe der Mündung des Hafens gelangt, als sich ein widriger NOwind erhob und uns zur Rückkehr nach unseren ersteren Ankerplatz nöthigte. Für diesen Aufenthalt wurden wir indessen durch den Besuch des Herrn Pósnikow entschädigt der damals nach dem Mótower Meerbusen reiste, um einige Streitigkeiten zu schlichten, welche sich zwischen den dortigen Lappländern und den Bewohnern von Finnmarken deshalb erhoben hatten, weil die letzteren ihre Heerden zu weit in die Besitzungen der ersteren trieben. Herr Pósnikow reiste nach Lappländischer Sitte in einer offnen Schnake die er jedoch auf eine ihm eigenthümliche Weise ausgebaut hatte. Am Hintertheil war eine Bedachung aus Faßbänden und Segeltuch angebracht, unter welcher man sitzen und, vor dem Regen geschützt, ungestört liegen konnte. Nach einem Aufenthalt von einigen Stunden verließ uns Herr Posnikow wieder um seine Reise weiter fortzusetzen und um 5 Uhr lichteten auch wir den Anker mit frischem Winde aus SO. Um 7 Uhr waren wir schon außerhalb der Bucht. Um 8 Uhr nahmen wir unseren Abfahrtspunkt in 69° 22′ Breite und 0° 11′ Länge O. vom Jekatariner Hafen, und hielten unter vollen Segeln nach NO t O.

Die Kolaer Einfahrt welche von Einigen sehr fälschlich ein Fluß genannt wird, gehört zu derjenigen Art von Buchten, welche die Engländer durch Inlet oder Frith bezeichnen. Als nördliche Gränze desselben kann man eine Linie von dem Ausgangskap (Wúichodnui muis) an der Ostseite der Mündung, zu der Insel Torós an deren Westseite, betrachten. Von dort an erstreckt sich die Straße 7 Meilen weit gegen S. bis zur Talginsel (Sálnui óstrow), dann 5½ Meile weit gegen SW. bis zum Großen Felsenvorgebirge (welikokámenui muis) und 4 Meilen weit gegen WSW ½ W. bis zum Vorgebirge Mischukow, welches gleichfalls mit dem Westufer zusammenhangt, und endlich 9½ Meile weit gegen S. bis zur Stadt Kola. Die Breite der Straße erhält sich von der Mündung aus bis zur Hälfte der ganzen Länge beständig auf 1 Meile und nimmt dann allmählig bis zu ½ Meile ab. Sie ist von hohen und steilen Felsen umgeben, welche vom Strande bis zu 20 Meilen landeinwärts noch mit Moos, einigem wenigem Grase und Gesträuchen bedeckt sind; erst weiter aufwärts findet man Birken- und Tannengehölze.

In ihrer Mitte hat die Kolaer Bucht eine Tiefe von 80 bis 100 Sajenen über Thongrund; hart an den Ufern aber 15 bis 20 Sajenen. Fünf Meilen von der Mündung nimmt die Tiefe in der Mitte bis zu 40 Sajenen ab, und bleibt so bis zum Großen-Felsen-Vorgebirge; von diesem Punkte bis zum Vorgebirge Mischukow wechselt sie zwischen 40 und 20 Sajenen. Auf dieser ganzen Strecke fallen die Ufer steil ab und sind gänzlich frei von Riffen. Vom Vorgebirge Mischukow vier Meilen weit bis zu den hohen Abrahamsbergen (Abrámowuie górui) die sich am Westufer hart an der Strandlinie erheben, findet man in der Mitte Tiefen von 13 — 10 Sajenen und am Westufer eine weit vorspringende sandige Untiefe. Den Abrahamsbergen gegenüber und 70 Sajenen vom Ufer liegt ein Felsenriff dessen Länge ungefähr einen Kabeltau beträgt und welches unter dem Namen Abramowaja Kosa bekannt ist. An derselben Stelle erstreckt sich von dem Chaldéjew Vorgebirge, welches den Abrahamsbergen gegenüber am Ostufer liegt, eine Sandbank auf 1½ Kabeltau gegen die Mitte des Wassers und nähert sich dem Riffe Abramowaja Kosa bis auf 100 Sajenen. An beiden Seiten dieses letzteren Riffes können Fahrzeuge vorübergehen. Das westliche Fahrwasser ist zwar enger, jedoch gefahrloser als das östliche, weil man sich in dem ersteren hart am Ufer halten und daher dem Riffe leichter entgehen kann. Bis auf 3 Meilen von diesem Riffe hält sich die Tiefe zwischen 10 und 4 Sajenen und das Fahrwasser ist durch Sandbänke, welche von beiden Ufern ausgehen bis auf 300 Sajenen verengert. Weiter abwärts in einer Meile Entfernung vom Vorgebirge Elaw, welches mit dem Westufer zusammenhangt und durch ein dort aufgepflanztes großes Kreuz sehr leicht erkannt wird, beträgt die Tiefe nur

4 bis 2 Sajenen und bei diesem Vorgebirge ist man von der Stadt Kola um weniges mehr als eine Werst entfernt.

Von den Gewässern welche sich außer der oben erwähnten Flüsse Kola und Tuloma in den Kolaer Meerbusen ergießen, verdient nur die Lawna den Namen eines Flusses. Sie entspringt am Westufer an einem um 6 Meilen von der Stadt Kola entfernten Punkte. An ihrer Mündung bildet sie eine seichte Bucht. von ungefähr $1\frac{1}{2}$ Meilen im Umfange.

Beide Ufer des Kolaer Meerbusens bilden mehrere Buchten, welche von N. gegen S. in folgender Ordnung auf einander folgen: am Westufer, Guba kislaja (die saure), guba Saidowa, guba olenja (die Rennthierbucht), (das Vorgebirge welches sich zwischen den beiden letztgenannten Buchten befindet heißt Tschewrai; es liegt um 3 Meilen gegen S. 43° W. von dem vorspringenden Vorgebirge) die Bucht Pala, der Jekatarinen Hafen, die Pischkower Bucht und einige andere unbedeûtende. Am Ostufer die große Woloker (bolschaja wolokowaja), die Tjuwsker (Tjúwskaja), die Antonjewer (Antónjewskaja), die mittlere Bucht (srednaja guba), die Talgbucht (Saljnaja), die Wajnsker, die Warlamower, die kothige Bucht (grjásnaja), die Tschernopúsker, die Rosljákower u. v. a. Von allen diesen Buchten, welche größtentheils sehr schöne Häfen und Raum für die größesten Schiffe besitzen, kennen wir nur den Jekatarinen Hafen vollständig genug. Die übrigen wurden vor 80 Jahren aufgenommen, jedoch so oberflächlich, daß sogar die Beschaffenheit des Grundes für keine derselben angegeben ist. Wir waren nicht im Stande, diesen Mangel zu ergänzen, denn unsere Fahrt zu den Nowasemler Küsten mußten wir nun um so mehr beschleûnigen, als wir uns auch jetzt schon weit über unsere Absicht an den Lappländischen Küsten verweilt hatten. Es blieb indeß zu hoffen, daß man später oder früher für die Ausführung einer so wichtigen Arbeit sorgen würde.[1]

Der Jekatarinen Hafen, welchen man auch Korabélnaja Gáwan oder Korabelnoe urótschischtsche (den Schiffsdistrikt) nennt, liegt 3 Meilen von der Mündung des Kolaer Meerbusens und 26 Meilen von der Stadt Kola. Er wird einerseits von dem Ufer des Festlandes und andrerseits von der längs desselben gelegenen Jekatarineninsel gebildet, deren Spitze mit dem Festlande mittels eines Riffes zusammenhangt, welches wärend der Ebbe abtrocknet. Von NW. gegen SO. haben sowol der Hafen als die Insel eine Länge von $1\frac{2}{3}$ Meilen. Die Breite des Hafens beträgt 200 bis

[1] Im Jahre 1826 wurde der Lieutenant von der Flotte Herr Reinike nach Kola gesandt, um sowol die Kolaer Bucht, als auch alle gegen O. und W. von derselben gelegenen Punkte, welche die Brigg Nowaja Semlja nicht gesehen hatte, aufzunehmen.

350 Sajenen, die Tiefe in der Mündung 28 Sajenen, der Grund ist Sand mit Steinen; weiter gegen den Hafen vermindert sich die Tiefe bis auf 16 Sajenen, der Grund ist Sand der bisweilen mit Korallen und mit Steinen bedeckt ist, auf der Mitte der Länge, von der Mündung aus, findet man 9 Sajenen über Thongrund und weiterhin wächst die Tiefe wiederum bis 25 und 27 Sajenen. Gegen die Ufer wird das Wasser stets flacher, doch sind dieselben rein und steil abfallend. Am äußeren oder NOufer der Jekatarineninsel, in 100 bis 375 Sajenen von derselben, liegen die drei nackten und felsigen Rennthierinseln (olenji ostrowa). Die NWlichste derselben heißt die große Rennthierinsel und hat ungefähr 2 Meilen im Umfange; die SÖlich von dieser gelegne kleine und mittlere Rennthierinsel haben 250 unb 350 Sajenen Umfang. Zwischen ihnen und der Jekatarineninsel beträgt die Tiefe nur 9 Fuß.

Der Jekatarinenhafen ist, wie man es schon aus dem gesagten ersieht, nur von einer Seite offen und namentlich von der NWlichen. Aber auch von dieser Seite empfängt er Schutz von dem Ufer, welches sich gegen NO. von der Rennthierbucht erstreckt und von der Mündung des Hafens 600 Sajenen absteht. Man kann sich keinen gefahrloseren und ruhigeren Ankerplatz vorstellen, als diesen Jekatarinen Hafen. Sobald man so weit eingedrungen ist, daß man eine Tiefe von 15 — 10 Sajenen findet, kann man sich durchaus nach Belieben an jeder Stelle festlegen; sei es in der Mitte in Vertauung, oder am Ufer durch Befestigung auf dem Lande. Für Fahrzeuge welche auf kurze Zeit einlaufen ist es am vortheilhaftesten in der Mitte des Meerbusens bei 9 oder 10 Sajenen Tiefe vor Anker zu gehen, obgleich diese Gegend enger ist als die übrigen. Die Nähe des Ufers ist hier nicht gefährlich, denn auf einem ähnlichen Grund kann man niemals driftig werden; man hat aber hier auch den Vortheil die Anker ohne Springtau lichten zu können, welches bei großer Tiefe an einer engern Stelle unmöglich ist. Man kann übrigens die Anker nach Belieben auslegen, obgleich es am vortheilhaftesten ist, sie in die Richtung der Strömungen zu bringen, welche nach der Länge des Hafens wirken.

Geht man vom Meere und von Norden her nach dem Jekatarinen Hafen, so muß man das Ausgangsvorgebirge (Muis wüichodnui), welches die Ostenden des Eingangs in den Meerbusen bilden, nach S. bringen und dann gerade auf dasselbe hinsteüern. Dann, wenn man zur Höhe der Nspitze der Insel Toros gelangt ist, zwischen SSO. und SO. oder auf die kleine und fast mit dem Wasser gleiche Insel Woronucha halten, welche nach N t O. $\frac{3}{4}$ Meilen vom Vorgebirge Tschewrai absteht, und von ferne einem Kahne ähnlich ist. Ist man endlich an dem Ausgangsvorgebirge und an dem damit zusammenhangenden Riffe, welches ungefähr eine Meile zur Linken der Schiffenden bleibt, so halte man nach S. genau gegen die Mitte des Meerbusens. Zur Rechten zeigt sich die kleine Siedlowater-Insel (ostrow siedlowatskoi) in der Entfernung eines Kabeltaues gegen O. von dem Vorgebirge Tschewrai und vor allen übrigen Ufern ausgezeichnet durch ihre weißliche Farbe und durch ein Kreuz, welches sich in der Mitte derselben und auf ihrem höchsten Gipfel erhebt. Etwas mehr zur Linken sieht man die Rennthierinseln welche scheinbar in Eins verschmolzen die Jekatarineninsel verdecken, und noch weiter zur Linken in größerer Entfernung als alle bisher genannten Ufer, die hohe und steil abgeschnittene Insel Brandwachta. Zwischen der Rennthier- und der Siedlowaterinsel bemerkt man eine Straße, welche in den Jekatarinen Hafen führt. Um sie noch sicherer zu erkennen, muß man die Mündung der großen Wolokowerbucht peilen. Sobald diese nach SO. kommt wird die Mitte jener Straße nach SO. sein. Wenn die SOspitze der Siedlowaterinsel nach S. 30° W. kommt, so zeigt sich zur Deckung mit derselben, als eine kleine aber sehr kenntliche Öffnung, die Mündung der Bucht Pola. Auf diese Mündung muß man halten, sobald man an der Siedlowaterinsel vorbei ist, jedoch so daß man gleich weit vom rechten und linken Ufer bleibe, wärend man sich zwischen der Rennthier- und Siedlowaterinsel befindet. Wenn die große Rennthierinsel in das SOviertel übertritt, so zeigt sich bald die enge und seichte Straße, welche dieselbe von der Jekatarineninsel trennt; dann zwei kleine Einbuchten in die letztere und endlich die Mündung des Jekatarinen Hafens die weit breiter ist als alle so eben genannten und welche man daher durchaus mit Nichts anderm verwechseln kann. Sobald man auf die Mittellinie der Insel gekommen ist, steüre man grade in den Hafen gegen SO. und lege sich vor Anker an irgend einer nach Gutdünken zu wählenden Stelle desselben.

Geht man von O. her in den Kolaer Meerbusen, so muß man sich längs des Ufers und in einer Meile Entfernung von demselben halten. Ist man dann am Ausgangsvorgebirge (muis wúichodnui) vorüber, so steüre man zwischen SSO. und SO. nach den oben gegebenen Vorschriften.

Man kann übrigens in den Jekatarinen Hafen nicht anders als mit günstigen und außerdem gehörig zuverlässigem Winde einlaufen; denn die Enge desselben verhindert das Lawiren, und auch vor Anker gehen kann man nicht wegen zu großer Tiefe, welche namentlich zwischen den Rennthierinseln und der Siedlowater bis gegen 70 Sajenen und der Mündung des Hafens gegenüber mehr als 30 Sajenen beträgt. Hierin besteht auch die einzige Unbequemlichkeit dieses Ortes.

Zum Einnehmen von Trinkwasser hat man sehr bequeme Gelegenheit innerhalb einer Bucht im SWlichen Winkel des Hafens, in welchen sich aus einem See ein Strom vortrefflichen Wassers ergießt. Wenn man bei Fluthzeit mit der Barkasse ans Ufer fährt, so kann man unmittelbar einen Schlauch aus diesem Strome bis in die Fässer führen. Auch kann man daselbst sehr saftreiches Gras für das Vieh, und Multebeeren (rubus chamaemorus, maróschka) erhalten, welche überall in der Umgegend äußerst haüfig sind eben so wie auch Blaubeeren u. a. Wenn man Holz bedarf, so muß man 20 Werst weit aufwärts längs des Meerbusens schicken, woselbst es gute Gehölze giebt; wärend in der Nähe des Jekatarinen Hafens kein taugliches Brennholz gefunden wird.

Unsere Beobachtungen innerhalb des Jekatarinen Hafens ergaben:

Breite der NWspitze der Jekatarineninsel . .	69°	13′	28″
Östliche Länge von Greenwich	33	34	0
Westabweichung des Kompasses	1	31	
Magnetische Neigung	76	24	
Hafenzeit	VI^h	23	
Fluthhöhe	10	Fuß.	

Der Fluthstrom kommt von 2 Seiten in den Hafen; in die Nordhälfte desselben von NW. und in die Südhälfte von O. und SO. Die Ursache dieser Erscheinung liegt am Tage. Wenn die Fluth in die Mündung des Kolaer Meerbusens eindringt, so biegt sie sich um beide Endspitzen der Jekatarineninsel; das Wasser steigt gleich stark und zu gleicher Zeit im Hafen selbst und an der Oseite des Riffes, welches die genannte Insel mit dem Ufer vereinigt. So lange dieses Riff nicht vom Wasser überspült wird, giebt es fast gar keine Strömung im innern Winkel des Hafens oder doch nur eine äußerst schwache von NW. Sobald aber dasselbe bedeckt ist, so dringt der Fluthstreifen, welcher sich um das S-ende der Insel gebogen hat, in den Hafen und erzeügt eine starke NWströmung. Jene zwei entgegengesetzten Fluthströme, welche sich noch an der Mitte des Hafens begegnen, haben höchst wahrscheinlich die geringe Tiefe dieser Stelle hervorgebracht und auch das Riff, welches die Südseite des Hafens abschließt, verdankt wahrscheinlich ihnen seine Entstehung. Dieses Riff, auf welchem sich bei Syzygienfluthen 8 bis 9 Fuß Wasser befinden, giebt große Bequemlichkeit zur Besichtigung von Beschädigungen der unter Wasser gelegenen Theile des Schiffes. Man erzählt daß ein Englischer Kauffahrer der nach Archangelsk ging, und auf der Höhe der Kolaerbucht ein starkes Leck erhielt, gerade nach dieser Stelle einlief, sich bei Hochwasser auf das Riff legte, seinen Schaden wärend der Ebbe ausbesserte und mit dem nächsten Hochwasser seinen Weg fortsetzte. Wir bemerken im Vorübergehen bei dieser Gelegenheit wie genau die geschickten Englischen Seefahrer nicht nur die Örtlichkeit ihrer eigenen Häfen, sondern auch die von fremden kennen.

Sowol die Jekatarineninsel als auch das angränzende Festland, haben felsige Ufer aus grobkörnigem Granite, der meist hohe und steile Wände gegen die Meerseite bildet. An einzelnen Stellen sieht man indeß auch Niederungen wie z. B. das Ostufer und die NWspitze der Jekatarineninsel. Die letztere bildet bei Hochwasser eine getrennte kleine Insel, deren ebne Stellen mit Moosen und Grasflächen bedeckt sind, wärend sich auf den hochgelegenen ziemlich dichtes Birken- und Weidengesträuch findet.

Fast im innersten Winkel des Hafens liegen auf dem Ufer der Jekatarineninsel einige Gebaüde, welche im Jahre 1741 gegründet wurden, als eine Eskadre von drei Linienschiffen und einer Fregatte daselbst überwinterte, von dieser Zeit an heißen diese Haüser noch bis auf den heutigen Tag, die Kasernen; obgleich sie späterhin der Bjelomorischen Compagnie geschenkt und von dieser erweitert und wieder in Stand gesetzt wurden. Damals wurden daraus eine Menge von Magazinen, Packhaüsern und Kellern, so wie auch ein sehr schönes Haus für den Oberaufseher eingerichtet.

Das Ufer hatte man terrassirt und darauf gute Anfahrten und einen Kai eingerichtet. Die Schiffe der erwähnten Compagnie überwinterten gewöhnlich und hatten ihre Waarenniederlagen daselbst. Nach Aufhebung des Institutes, verfielen alle jene Gebaüde und Einrichtungen wiederum an die Krone, und wurden den Schiffern zur Benutzung anheim gestellt, welche den Jekatarinen Hafen besuchten. Wir fanden noch alle Mauern dieser Gebaüde in gutem Zustande, aber die Dächer, Fußböden und Fenstern waren meistens zerstört; auch die Anfahrt gerieth schon in Verfall. Bedenkt man aber daß sich daselbst durchaus kein Wächter befindet, so dürfte man sich nicht sowol über diesen Verfall als vielmehr darüber verwundern, daß noch nicht alles zerstört war.

Aus den oben angeführten Gründen wissen wir über die übrigen Buchten, welche längs des Kolazr Meerbusens liegen, Nichts zu sagen und haben nur noch zu erwähnen, daß sich an der Südseite der Insel Toros ein bei W. und SWwinden sehr bequemer Ankerplatz befindet.

Der günstige Wind begleitete uns auch noch, nachdem wir wieder in die offne See gelangt waren und da wir durch Winde und andre Umstände bis zum August an den Lappländischen Küsten aufgehalten worden waren, so hatten wir uns nun mit möglichster Eile nach Nowaja Semlja zu begeben. Diese Nothwendigkeit veranlaßte mich daher auch abzustehen von dem früheren Plane, nach welchem zwei bis drei Tage zur Besichtigung der Ufer verwendet werden sollten, die gegen W. an den Kolaer Meerbusen angränzen und welche, wie ich mich aus vielfachen Gründen überzeugt hatte, auf sämmtlichen Karten sehr ungenau angegeben waren. Aus demselben Grunde mußte ich auch die auf die Witsen-Insel bezüglichen Punkte der Instruktion des Kaiserlichen Admiralitäts-Departements unerfüllt lassen. Es schien mir unzuläßig auf die Aufsuchung einer Insel Zeit zu verwenden von deren Nichtexistenz ich mich überzeugt hielt.

Ich hatte damals das Werk des Burgemeister Witsen noch nicht gelesen und kannte daher noch nicht die wahre Entstehung der Insel welche seinen Namen führt,[1] denn in keiner andern Geschichte der Nordischen Reisen hatte ich irgend eine Kunde von derselben gefunden und dieses Schweigen der Geschichtschreiber begründete meine damaligen Zweifel. In meinem Journale schrieb ich darüber Folgendes: „nur auf einer einzigen Karte, welche zur „Beschreibung des Nordischen Fischfanges gehört,[2] fand ich die „Bemerkung, daß diese Insel im Jahre 1688 entdeckt worden sei, „aber in dem Texte wird dieselbe nicht ein einziges Mal erwähnt. „In der durch ihr Alter ehrwürdigen Holländischen Seefackel sieht „man an der Stelle der Witseninsel die Abbildung eines Schiffes „und eines Bootes, welches neben demselben einen Wallfisch jagt. „Es wird demnach wahrscheinlich, daß einer der Wallfischfänger, „welche sich um das Jahr 1688 noch nicht mit Befahrung von „Spitzbergen und Bafinsbay begnügten, sondern sehr oft ungleich weiter „gegen O. vordrangen, Nebel für Land gehalten habe wie es bekanntlich in hoher Breite so haüfig geschieht. Er mochte dann nach „der Rückkehr, seinen Landsleüten davon erzählt und die vermeinte „Entdeckung, vielleicht zu Ehren des damals lebenden Burgemeisters, Witseninsel genannt haben." Und so war denn meine Ansicht über den Ursprung der Sage von dieser Insel ziemlich richtig. Noch sicherer hielt ich mich aber vor der Nichtexistenz derselben deßwegen überzeügt, weil unsere Jagdunternehmer (promúischleniki) nichts davon wissen, wärend sie doch immer bei den Fahrten nach Nowaja Semlja, von den 7 Inseln aus, fast genau über die Stelle gehen wo diese Insel angegeben

[1] Siehe oben.

[2] Histoire des peches, des découvertes, des établissements des Hollandais dans le mers des Nord. Traduit du Hollandais par le C. Bernard de Rest. Paris an IX. de la ruble.

wurde. Auch hatten sowol Lieutenant Lasarew im Jahre 1819 als auch wir, im Jahre 1821, weder Land noch Anzeichen desselben gesehen, als wir uns einige Male sehr nahe an jenem Punkte befanden.

Vier Tage lang hatten wir eine sehr schnelle Fahrt, ohne daß uns irgend etwas bemerkenswerthes begegnete. Mehrmals sahen wir einige Haufen Seegras und einige Möven. Das Wetter war uns wärend dieser ganzen Zeit nicht sehr günstig, aber am Abend des 6ten August wurde es noch weit schlechter; dichter und nässender Nebel umgab uns. Am 7ten gleich nach Mittag trat Stille ein. Unsere Entfernung von Nowaja Semlja war schon nicht mehr beträchtlich, und wir würden dasselbe wohl schon gesehen haben, wenn der dichte Nebel nicht gehindert hätte. Gegen Begegnungen mit Treibeise beobachteten wir die gewöhnliche Vorsicht, obgleich noch nichts auf dessen Nähe deûtete. In dieser Beziehung näherten wir uns den Küsten von Nowaja Semlja mit ziemlicher Zuversicht; denn wärend des ungewöhnlich stürmischen und warmen Winters der im letzten Jahre in der ganzen Nordhalbkugel geherrscht hatte,[1] konnte sich nicht viel Eis an den Küsten gebildet haben und der unerwartet schnelle Eintritt des Frühjahrs mußte auch dieses wenige zerstört haben.

(Dienstag. August 8.). Gegen Mitternacht erhob sich wiederum Swind und in der 1sten Stunde erreichten wir schon Tiefen von nur 30 Sajenen. Dieses bewieß die Nähe des Ufers, aber der dichte Nebel, welcher unsern Horizont auf eine Entfernung von nur ½ Meile beschränkte, ließ dasselbe nicht sehen, und zwang uns beizulegen. In der 5 Stunde blickte ein Theil des Ufers durch den Nebel. Wir hielten sogleich nach O. und waren schon bereit wiederum meerwärts zu wenden, weil der Nebel uns noch immer einhüllte, als es sich plötzlich aufklärte und das Ufer von Nowaja Semlja sich bald völlig deûtlich zeigte. Der auffallende Berg unter 73° Breite, welchen wir im vorigen Jahre zuerst gesehen hatten,[2] zeigte sich auch dieses mal wieder früher als alle übrigen Punkte, und erhielt deshalb den Namen: des erstgesehenen (perwousmótrennaja). Eine Bucht die an der Südseite desselben in die Küste eindringt und genau vor deren Mündung wir uns nun befanden, wurde von Smirennikow (welcher

[1] Der Kolaer Meerbusen, der sich gewöhnlich bis auf 20 und 25 Werst von Kola mit Eis bedeckt, gefror in diesem Jahre nicht einmal hart an der Stadt. An den Küsten des weißen Meeres war der Fischfang außerordentlich unergiebig, denn es fehlte durchaus an Eis auf welchem die Meeres Anwohner (Pómorzui) die sogenannten Sjerki (junge Seehunde von 3 bis 4 Monaten) und andere Seethiere fangen.

[2] Siehe oben.

wieder auf unserer Brigg diente) sogleich erkannt. Ohne sich zu besinnnen sagte er uns, es sei die namenlose Bucht (guba besiménnaja) in welcher er zu wiederholten Malen gewesen sei. Nur wegen allzu großer Entfernung habe er sie im vorigen Jahre nicht erkannt. Auf meiner Karte führte sie bereits den richtigen Namen und beim Errathen desselben war ich durch die Karte und Ansichten des Steüermann Pospjelow geleitet worden. In der Mündung der namenlosen Bucht liegt eine Insel, hinter welcher bisweilen die Jagdreisenden (promúischlenniki), im Falle widrigen Windes einlaufen, obgleich es daselbst keine eigentliche Anfahrt (stanówischtsche) giebt. Nachdem wir uns dem Ufer bis auf ungefähr 3 Meilen genähert hatten, gingen wir längs desselben gegen N. und erreichten bald darauf eine andere Bucht an der Nordseite des erstgesehenen Berges, welche demnächst für die Pilzbucht (gribowája gubà) zu halten war. Auch Smirennikow erkannte sie dafür, da sie aber ihrer Lage nach einige Ähnlichkeit mit der Mátotschkin Straße (Mát. Schàr) hatte und da außerdem unsere Breite nicht zuverlässig war, weil wir schon seit mehreren Tagen keine Beobachtungen gehabt hatten, so wurde der Steüermann abgesandt um dieselbe zu untersuchen, damit über diesen Punkt durchaus kein Zweifel bliebe. Bald nach Mittag kehrte er zurück und bestätigte, daß es wirklich die Pilzbucht sei. In der Mündung derselben betrug die Tiefe 5 — 6 Sajenen und der Grund bestand aus Schiefer; weiter meerwärts fand er 15 bis 20 Sajenen Tiefe über feinen Steinen, und bei 30 bis 35 Sajenen, wo die Brigg unterdessen lawirte, hatten wir flüssigen Thon.

Von hier aus verfolgten wir unsere Reise nach Mátotschkin Schár auf dessen Auffindung wir jetzt mit Zuversicht rechneten. Um Mittag beobachteten wir 73° 6′ Breite und die Länge 19°37′ O. vom Jekatarinenhafen. Wir erhielten keine zuverlässige Vergleichung dieser Länge mit derjenigen, welche aus Peilungen folgte, denn unsere Karte war auf die Länge von Archangelsk gegründet, die wir aus bereits erwähnten Ursachen bis jetzt noch nicht mit der Länge des Jekatarinenhafen hatten vergleichrn können. Wärend der folgenden Fahrt längs des Ufers sahen wir mit Freüden, daß unsere Karte in den Hauptsachen richtig war, obgleich die vorjährige Aufnahme nicht sehr durch die Umstände begünstigt wurde. Wir behielten stets die Fernröhre auf die Küste gerichtet und warteten mit Ungeduld auf den Anblick von Matotschkin Schar, dessen Mangel im vorigen Jahre unsere Expedition als unvollendet betrachten ließ. Endlich gegen 4 Uhr zeigte sich die kleine niedrige und weißliche Panjkow Insel, welche hart am Ufer liegt. Smirennikow, der einen ganzen Sommer auf derselben zugebracht hatte, freüte sich außerordentlich über diese alte Bekanntschaft.

Etwas links von der Panjkowinsel zeigte sich das Saülenvorgebirge (muis stolbowui) und darauf endlich die große aber nicht hohe Mitjuschewinsel. Mit Hülfe dieser Vorzeichen war Matotschkin Schar unverkennbar. Um 8 Uhr befanden wir uns schon in der eigentlichen Mündung derselben. Die Silberinsel (ostrow serébrjanui) war aüßerst deütlich sichtbar und wir hofften bald in der Straße zu ankern, aber der Wind legte sich völlig und war bald darauf widrig. Ich wollte ein Boot absenden um eine genauere Untersuchung zu erhalten, wurde aber zum Aufschub dieses Vorhabens veranlaßt, weil sich die Ufer in dichten Nebel zu hüllen begannen. Unterdessen ließ aüßerst schnelles Fallen des Barometers einen Sturm oder ein Unwetter vorhersehen und machte unsere Lage zwischen Ufern sehr gefährlich. Ich beschloß deshalb die Untersuchung von Matotschkin Schar auf spätere Zeiten zu verschieben und jetzt die Reise zur Nordspitze von Nowaja Semlja fortzusetzen.

Nun zeigte sich sehr deütlich weshalb wir Matotschkin Schar im vorigen Jahre verkannt hatten. Die Berge die bis dicht an dessen Ufer vorspringen, so wie auch das schwarze und das Widder Vorgebirge (muisui tschernui i baránji) welche die eigentliche Einfahrt in die Straße begränzen, verdecken dasselbe so vollkommen, daß man sogar am Saülenvorgebirge durchaus nicht glauben kann, eine 100 Werst lange Straße vor sich zu haben. Ohne Ansichten zu besitzen kann man dieselbe nur allein durch die Panjkowinsel erkennen, und diese Insel konnten wir damals wegen zu großer Entfernung vom Ufer nicht sehen. Übrigens giebt auch das Saülenvorgebirge ein sehr schönes Zeichen zum Einlaufen in die Straße, zwei Hügel von ausgezeichneter Gestalt liegen auf diesem Vorgebirge, und auf dem südlichsten derselben befindet sich ein kleiner Steinhaufen. An der Endspitze des Vorgebirges selbst sieht man einige abgelöste und saülenförmige Steinmassen, von denen sich wahrscheinlich der übliche Name herschreibt. Die Mitjuschewinsel liegt dicht am Ufer, und aus großer Entfernung und namentlich bei neblichem Wetter ist sie schwer zu erkennen. In Rosmuislows Bestimmung der Breite von Matotschkin Schar zeigte sich ein erheblicher Fehler; die Mündung liegt in 73° 20′, anstatt in 73° 40′. Auf die Karte welche ich im vorigen Jahre anfertigte, hatte ich sie ebenfalls nicht richtig aufgetragen. Die Bucht welche ich damals für deren Mündung gehalten hatte, zeigte sich nun als die Mitjuschewbucht, wärend ich die etwas südlicher gelegene wahre Mündung für eine gewöhnliche Bucht gehalten hatte.

Der große Meerbusen zwischen dem Scheermesser- und dem trocknen Vorgebirge (muis britwinui und muis suchui) welche die Buchten: Besimennaja, Gribowaja, Mitjuschewa, Woltschicha und

Serebrjanka, so wie auch die Mündung der Matotschkin Straße enthält, nannte ich Meerbusen des Marquis de Traversé, zu Ehren Sr. Exellenz unsers Herrn Seeminister.

Mit sehr schwachem Winde bewegten wir uns langsam vorwärts und waren (Mittwoch. August 9.) erst um 5 Uhr Morgens am Trocknen Vorgebirge (muis suchoi) vorüber, auf welchem wir im vorigen Jahre eine Hütte gesehen hatten. Das Wetter wurde aüßerst ungestüm, grade so wie wir es erwartet hatten, und bald ward auch der Wind sehr heftig, wehte aber zum Glück vom Ufer. Um 8 Uhr gingen wir am Lawkow Vorgebirge vorüber. Einen offnen Meerbusen zwischen diesem Vorgebirge und dem Trocknen benannte ich nach unseren ältesten Steüermann Herrn Sophrónow und die nördliche niedrige Endspitze der Flachen Bucht (guba mjélkaja) nach dem 2ten Offizier Herrn Midschipman Litke II. Um 11 Uhr befanden wir uns der Kreüzbucht gegenüber. Das südliche Vorgebirge derselben, welches sich durch eine Felsenwand auszeichnet und mit einigen stufenförmigen Absätzen versehen ist, erhielt den Namen des Herrn Stabarztes Smirnów und das nördliche niedrige und weiter unterwärts vorspringende Vorgebirge derselben Bucht den des 2ten Steüermann Herrn Prokóphjew. Nach den Aussagen der Jagdunternehmer ist diese Bucht ziemlich weit und hat schöne Ankerplätze. Vor ihrer Mündung liegt eine Insel von mittlerer Größe die ich Wrangelsinsel benannte, zu Ehren meines Freündes des Kapitain Lieutenants Baron Wrangel, welcher grade damals an den Nordostufern von Sibirien beschäftigt war. Nach allen diesen Kennzeichen sowol als auch nach der Breite des Ortes, muß diese Bucht dieselbe sein, welche Barenz: Lomsbay genannt hatte.

Um Mittag erhob sich aüßerst heftiger Wind vom Ufer in fürchterlichen Stößen, so daß wir kaum noch die gerefften Marssegeln am Eselshaupte tragen konnten. Dafür hatten wir aber eine sehr schnelle Fahrt. In der 5ten Stunde passirten wir die 2 Buchten, welche im vorigen Jahre die nördlichste Gränze unserer Reise ausmachten. Die nördlichste derselben heißt bei unseren Jägern die Maschiginbucht, und die südliche nannte ich Suljaménewbucht zu Ehren des ehrwürdigen und verdienstvollen Seekapitains dieses Namens. Zwischen diesen beiden Buchten ist das Ufer niedrig, und aus der Ferne gesehen einer Insel ähnlich so daß wir es früher auch für eine solche hielten; jetzt erkannten wir aber unseren Irrthum.

Um 6 Uhr erreichten wir den aüßersten der im vorigen Jahre gesehenen Punkte (G). Es war eine lange niedrige Insel die sich durch ihr Ansehn bedeütend von den Nowasemler Küsten unterschied. Sie hatte durchaus keinen Schnee, sondern schien mit

Moos bedeckt; wårend das Ufer von Nowaja Semlja nichts als nackte Felsen und vielen Schnee auf denselben zeigte. An der Nordspitze der Insel stand eine Stange und etwas weiter rechts etwas einer Hütte åhnliches. Um diese Gegenstånde genauer zu untersuchen gingen wir in geringer Entfernung vom Ufer, als plötzlich unter Verånderung der Farbe des Wassers dessen Tiefe bis auf 10 Sajenen abnahm. Wir hielten sofort nach NW., aber auch bei diesem Kurse nahm sie bis 7 Sajenen ab, und erst als wir nach WSW. gehalten und uns um 5 Meilen vom Ufer entfernt hatten wurde wieder eine Zunahme bemerkbar.

Diese Insel ist dieselbe welche Barenz die Admiralitåtsinsel genannt hat. Die Übereinstimmung der Breiten, die Untiefen welche sie umgeben und deren auch Barenz erwåhnt, so wie endlich der Umstand, daß südlich von derselben långs des ganzen Ufers keine andre åhnliche Insel sich findet, lassen durchaus keinen Zweifel über diese Identitåt. Mir scheint es auch als sei diese Gegend dieselbe in welcher Kapitain Wood Schiffbruch litt. Südlich von hier ist das Ufer von Nowaja Semlja steil abschüssig und hat keine überschwemmte Riffe wie die an der Admiralitåtsinsel, auch entsprechen die Ufer dieser letzteren mehr als alle anderen der Woodschen Beschreibung des Landes auf welchem er sich rettete; es sei „eine niedrige Gegend, ohne Schnee, und überwachsen mit Moos zwischen welchem blaue und gelbe Blumen stehen.“ Freilich sagt Wood nicht, daß er auf einer Insel gescheitert sei, indessen konnte die schmale Straße, welche die Admiralitåtsinsel von Nowaja Semlja trennt damals durch Eis verschlossen und einem schneebedeckten Ufer åhnlich sein. Wood's Breitenangabe weicht um $\frac{1}{4}°$ ab, doch hat man sich darüber durchaus nicht zu wundern, denn er hatte keine Beobachtungen am Orte selbst. Da oft auch wahrscheinliche Hypothesen, in Ermangelung schlagender Beweißgründe einigen Werth haben, so habe ich die Benennung Vorgebirge Spidwell auf unsere Karte der Spitze der Admiralitåtsinsel beigelegt.

Heute sahen wir kein einziges Seethier und nur sehr wenige Vögel.

An der Admiralitåtsinsel wendet sich das Ufer gegen O. Die Berge werden niedriger, aber auch steiler und fast gånzlich mit Schnee bedeckt. Das Ufer hatte ein sehr einförmiges Ansehen. Es zeichnete sich nur durch einige Eismassen aus und durch einen sehr auffallenden Berg der einem Zelte åhnlich und unter 74° 30′ Breite gelegen ist. Ich nannte ihn Krusensternberg nach einem Namen, welcher eben so berühmt in der gelehrten Welt als unvergeßlich für einen Jeden ist, der den Verein hoher Verdienste mit wahrem Edelmuthe zu schåtzen weiß.

(Donnerstag. August 10.). Um Mittag des 10ten August befanden wir uns nach Beobachtung unter 75° 49′ Breite und 24° 36′ O. Länge vom Jekatarinenhafen. Zu dieser Zeit hatten wir zwei ebne und nicht sehr hohe Inseln auf der Traverse unseres Kurses, von denen die eine die Wilhelmsinsel sein mußte, deren Breite Barenz gleich 75° 55′ fand. Diese Inseln sind durch eine schmale Straße getrennt und erschienen wahrscheinlich jenem Seefahrer vereinigt, denn er erwähnt nur einer einzigen. Die südliche beider ist unter dem Namen der Wilhelmsinsel auf unsre Karte aufgetragen, die nördliche aber Berg's Insel benannt zu Ehren des Verfassers der Chronologischen Geschichte der Reisen in die Polar Gegenden.[1] Nahe dieser Insel zeigt sich eine Bucht; wahrscheinlich die Archangeler Bucht unserer Jäger, vor welcher auch auf ihren Karten zwei Inseln liegen. Vielleicht ist sie aber auch Barenzens Beerenfort. Um 6 Uhr näherten wir uns einer Gruppe aus 4 Inseln, von denen die 2 weiter meerwärts gelegenen, völlig kahl und so niedrig sind daß wir sie nicht früher als aus einer Entfernung von 6 Meilen erblickten. Die zwei andern näher am Ufer gelegnen sind ziemlich hoch und wie es scheint, mit Moos bedeckt. Auf der nordwestlichsten dieser Inseln, welche etwa 8 Meilen vom Ufer abstand, befanden sich zwei Kreüze, deren eines ziemlich senkrecht, das andre gegen die Erde geneigt war. Vom Ufer aus erstrecken sich Riffe bis auf weite Entfernungen nach allen Seiten. Ich wünschte sehr ein Boot auszusenden um die erwähnten Kreüze zu besichtigen, aber heftiger Seegang von W. hinderte diese Absicht, indem er an den Uferu fürchterliche Brandungen erzeügte. Diese Insel entspricht nach Größe, Lage, Ansehn und Entfernung vom Ufer, ebenso wie durch die Riffe welche sie umgeben und sogar durch die darauf befindlichen Kreüze, durchaus der von Barenz benannten Kreüzinsel und wurde daher auch auf unserer Karte unter diesem Namen angeführt. Die 3 übrigen Inseln, welche Barenz wahrscheinlich nicht bemerkte, nannte ich die Pankratjews Inseln. Wärend einiger Zeit zeigte sich durchaus kein Land hinter diesen Inseln, so daß wir nahe daran waren sie für die Oranjeninseln zu halten, um so mehr da auch ihre gegenseitige Lage einige Ähnlichkeit mit dieser Gruppe bewirkte; indessen widerlegten wir bald den Irrthum, der blos daher entstand daß die Küste von Nowaja Semlja von dort an eine noch östlichere Richtung nimmt. Auch sahen wir die NÖliche Verlängerung der Küste bis zu den Gränzen unseres Horizontes, sobald wir an den oben erwähnten Inseln vorüber waren.

[1] In Russischer Sprache. — E.

Am heütigen Tage sahen wir vom frühen Morgen an, eine Menge von Eisbergen nach verschiedenen Richtungen, und gingen um 4 Uhr an einem ungeheüer großen vorüber, der wenigstens 40 Fuß Höhe und gegen 100 Sajenen Umfang hatte. Wir hatten den ganzen Tag über schönes Wetter und eine angenehme Fahrt; indessen fiel das Barometer und ließ uns eine unwillkommene Veränderung erwarten.

Bei jedem neüen Vorgebirge welches sich nach dem erwähnten zeigte, erwarteten wir die nördliche Spitze von Nowaja Semlja zu sehen, denn nach den Karten zu urtheilen, konnte diese Spitze nicht mehr entfernt von uns sein.[1] Endlich um 7 Uhr Morgens (Freitag. August 11.) erblickten wir ein steiles und völlig schneebedecktes Vorgebirge, von welchem aus, das Ufer sich nicht mehr weiter gegen Norden fortzusetzen schien; denn als wir uns um 8½ Uhr gegen N. 87° W. von demselben befanden, konnten wir vom Mastkorb Nichts weiter jenseits desselben erblicken, obgleich der Horizont nach jener Seite sehr rein war. Wir mußten daher schließen daß sich die Küste jenseits dieses Vorgebirges bereits nach S. oder SO. richtet und daß dieses folglich derjenige Punkt ist, welcher auf den Karten den Namen des Begehrten Vorgebirges führt. Wir wurden in dieser Meinung noch mehr bestätigt durch 3 Inseln, die in einer Bucht an der Westseite dieses Vorgebirges lagen und den Oranjen Inseln zu entsprechen schienen. Solch ein Erfolg übertraf unsre Erwartungen und erregte die höchste Freüde. Auch sahen wir rings um uns nur Massen verstreüter Eisberge und schmeichelten uns daher bereits mit der Hoffnung noch am heütigen Tage Nowaja Semlja von Norden her zu umschiffen und in das Karische Meer einzulaufen. Indessen zeigten sich bald darauf auch ebne Eisflächen; schon um 8 Uhr ließen wir zu unserer Linken ein Feld, dessen westliches Ende nicht zu sehen war, und mehrere ähnliche Felder lagen nördlich von diesem. Gegen NO. hatten wir noch reines Meer und fuhren daher weiter nach dieser Seite, obgleich sich bald nach 9 Uhr dichter Nebel erhob und die ganze Küste einhüllte. Indessen zwang uns Geraüsch von Eis, welches sich gegen Mittag aus O., N. und W. hören ließ, näher an den Wind zu halten. Gleichzeitig waren wir ringsum von kleinen Eisbruchstücken und von einer großen Menge schwimmender Schollen umgeben, zwischen denen ganze Stämme sehr

[1] Ich muß bemerken daß ich damals weder die Karte noch auch die ausführliche Beschreibung der Holländischen Reisen kannte, die ich späterhin in Blaeus Werke (grooten Atlas door J. Blaeu) fand, und daß ich mich daher nur auf die Karte des Admiralitäts-Departements und auf die unvollständigen Beschreibungen beziehen konnte, die sich in Forsters, Barrows u. v. a. Werken befinden.

dicker Baüme lagen. Dieses Holz konnte von nirgends anders als aus den Sibirischen Flüssen hierher gelangt sein, und schien uns untrüglicher Weise auf die Nähe des Sibirischen Oceans zu deüten und die Identität des zuletzt gesehenen Vorgebirges mit dem Begehrten zu bestätigen.

Den ganzen Tag über fuhren wir fort in kurzen Schlägen zu lawiren, und von undurchdringlichem Dunkel umgeben wendeten wir jedesmal wenn das Geraüsch vom Eise sehr hörbar oder die Tiefe sehr gering wurde. Nach der letzteren zu urtheilen waren wir vom Ufer nicht sehr entfernt, aber der dichte Nebel hinderte jede Aussicht. (Sonnabend. August 12.). Endlich gegen 3 Uhr Morgens erhob sich derselbe ein wenig und wir sahen uns der oben erwähnten Bucht an der Westseite des Begehrten Vorgebirges gegenüber. Das Eis bildete von W. gegen O. eine dichte Mauer und vereinigte sich mit der Küste, die sich nach der letzteren Richtung zeigte. So entschwand der angenehme Traum von der Erreichung des Karischen Meeres, und es blieb uns nur übrig den Rückweg nach Matótschkin Schar anzutreten.

Das Begehrte Vorgebirge fanden wir in 76° 34′ Breite und 29° 23′ Länge O. vom Jekatarinenhafen. Die Beobachtungen auf welche sich diese Angaben gründen, wurden indessen nicht an jenem Tage selbst, sondern am vorhergehenden angestellt. Übrigens konnte unsere Schiffsrechnung damals keinen bedeütenden Fehler haben, denn wärend der ersten Tage der Windstille bemerkten wir durchaus keine Strömung. Auf den älteren Karten war dieser Punkt sehr verschiedentlich angegeben. Auf einigen in 76° 30′ auf anderen in 77° und auf noch anderen endlich unter 78° Breite. Barenz war bis dahin der einzige Seefahrer gewesen, der ihn wirklich gesehen hatte, und um so wunderbarer schien jene Verschiedenheit. Eben so schwierig war es auch unter diesen mancherlei Angaben, Barenz's eigne zu errathen, denn in keiner mir damals bekannten Beschreibung seiner Reise ist davon die Rede. Man findet darin nur die Breite des Eiskaps (Yshock) zu 77° und es scheint als läge das Begehrte Vorgebirge auf einerlei Parallel mit diesem letzteren. Eine Differenz von ungefähr ½° welche alsdann zwischen Barenz's Bestimmung und der unsrigen statt fände, würde sich genugsam aus der Unvollkommenheit der damaligen nautischen Astronomie erklären.

Am 12ten August hatten wir wärend des ganzen Tages theils schwachen widrigen Wind, theils Stille mit dichtem Nebel. Ohne irgend etwas zu sehen, lawirten wir daher in kurzen Schlägen und wurden von der einen Seite durch das Loth, von der andern durch das Geraüsch der durch Wellen aneinander geschlagenen Eisschollen gewarnt. Bei der Annäherung an das Ufer, mußte man aüßerst vorsichtig sein und fast beständig loothen, weil die Tiefe äußerst schnell abnahm; bei 7 Meilen Entfernung vom Ufer betrug dieselbe 80 — 70 Sajenen und sank dann plötzlich bis auf 25 bis 20 Sajenen nach einer Annäherung von nur ½ Meile.

Um 6 Uhr Abends verschwand der Nebel wiederum auf kurze Zeit. Wir befanden uns damals genau in der Mündung der erwähnten Bucht, ungefähr 6 Meilen gegen NW. von der mittleren der Oranjeninseln. Die Endspitzen der Bucht lagen nach entgegengesetzten Rhumben gegen uns; das Begehrte Vorgebirge nach O., und das andre, vielleicht Barenz's Eiskap, nach W. An dieser Stelle ist das Ufer ungleich niedriger als dessen südliche Verlängerung. Spitze Berggipfel sieht man gar nicht. Alles ist einförmig mit Schnee bedeckt. Nur die Oranjeninseln schienen davon etwas freier und an einigen Stellen glaubten wir Moorwiesen zu sehen. Etwas südlich vom Begehrten Vorgebirge lag am Ufer eine ungeheüre Eismasse. Das dichte Eis war an seiner früheren Stelle geblieben, indessen schien es mir fast, als ob sich das Ganze gegen das Ufer zu drehte, denn die Westspitze desselben lag uns jetzt näher als früher.

Die Oede welche rings um uns herrschte überstieg alle Begriffe; weder ein Vogel noch irgend ein anderes Thier unterbrach die Todtenstille und in aller Wahrheit konnte man hier die Worte unseres Dichters anwenden:

Das Leben schien an jenem Ort
Von Anbeginn erloschen.

Eine außerordentliche Feuchtigkeit und Kälte entsprachen völlig einer so abgestorbenen Natur. Das Thermometer stand unter dem Nullpunkte; der nasse Nebel schien bis auf die Knochen durchzudringen und Alles dieses zusammen machte einen ungewöhnlich widerwärtigen Eindruck auf Körper und Geist. Wir waren nur erst einige Tage hinter einander in einer solchen Lage geblieben und fingen doch schon an uns auf immer für getrennt von der ganzen bewohnten Welt zu halten; dessen ungeachtet waren alle unsere Leüte Gott sei Dank völlig gesund, und mit der nur Seeleüten eignen Sorglosigkeit, sangen sie und trieben ihre gewohnten Belustigungen so viel es die Umstände nur irgend erlaubten.

(Sonntag. August 13.). Am 13ten lagen wir wieder wie zuvor unter Windstille zwischen Eis und Ufer bei unangenehmstem Wetter. Die ausgezeichnete Klarheit des Wassers durch welches man jedes Fleckchen am untergetauchten Theile des Schiffes deütlich erkennen konnte, veranlaßte mich zu einen absichtlichen Versuch über diesen Gegenstand. Eine runde weiße Scheibe welche man an das Loth befestigt hatte blieb in einer Tiefe von 12 Sajenen noch sichtbar, aber bei 13 Sajenen verschwand sie. Ganz sicher war das Wasser damals so durchsichtig als es jemals in dieser Gegend zu werden vermag und die Behauptung des Captain Wood, daß man bei Nowaja Semlja auf 80 Sajenen Tiefe nicht nur den Meeresboden sehen könne, sondern auch die auf ihm liegenden Muscheln, wird daher höchst zweifelhaft. In einer Entfernung von 80 Sajenen kann man mit unbewaffnetem Auge eine Muschel kaum erkennen wenn sie in der Luft aufgehängt ist, und doch ist diese unvergleichlich durchsichtiger als das Nowa Semler Meerwasser.

(Dienstag. August 15.). Bis zum Morgen des 15ten August bewegten wir uns sehr langsam vorwärts, wegen veränderlicher und stets widriger Winde und eines fürchterlichen Seegangs aus W. Dann erhob sich ein frischer NWwind der unsre Fahrt beschleünigte. Wärend der ganzen Dauer desselben verbarg uns ein dichter Nebel die Ufer.

(Mittwoch. August 16.). Bald nach Mittag des 16ten sahen wir das Trockne Vorgebirge (Suchoi nos) und befanden uns um 2 Uhr um 11 Meilen gegen NW t N. von demselben. Wir umschifften dasselbe und hielten dann auf die Mitjuschewinsel. Die Trübung verschwand auf einige Zeit und sowol diese Insel als auch die Mündung von Matotschkin Schar zeigten sich sehr bestimmt; aber um 6 Uhr wurde wiederum Alles in Nebel gehüllt und obgleich wir jetzt günstigen Wind hatten, konnten wir denselben nicht benutzen, sondern lawirten in kurzen Schlägen um bessre Umstände abzuwarten.

(Donnerstag. August 17.). Am 17ten bei Tagesanbruch war es etwas heller, und wir liefen sogleich in die Matotschkin Straße, nach Anleitung der Karte von Rosmuislow die wir indessen nicht ganz richtig befanden. Dahingegen war die gegenseitige Lage der Hauptpunkte auf unserer eignen Karte unerwartet genau, denn wir hatten dieselbe nur im Vorübergehen entworfen. Um 7 Uhr kamen wir auf die Höhe des Saülenvorgebirges, bis zu welchem die Tiefe sich auf 23 Sajenen erhielt. Von dort an nahm sie aber beständig ab bis zu 15 und 10 Sajenen. Als Ankerplatz dachte ich an die Altglaübigen Anfahrt (Starowjérskoe stanowischtsche), hinter dem Matotschkin Vorgebirge, in welcher der Steüermann Pospjelow lag; in sofern sich nämlich dieselbe bequem und günstig zeigen würde. Als wir aber vor dieselbe gelangt waren, zeigte sich eine sehr kleine und offne Einbucht die etwa nur für kleine Jägerfahrzeüge nutzbar sein konnte. Wir fuhren daher sofort weiter gegen das Widder Vorgebirge. Um 8 Uhr trat aber völlige Stille ein und zwang uns zu ankern; bei 13

Sajenen Tiefe über Thongrund und vom Widder Vorgebirge gegen S. 59° W. in 2 Meilen Abstand.

Es war mir vorgeschrieben in Matotschkin Schar zu verweilen um dessen geographische Lage zu bestimmen, und unter dessen wenn nicht wichtige Hindernisse wären, zwei Andere Boote durch diese Straße zu schicken um dieselbe so genau als die Zeit es erlaubte zu besichtigen. Die durch mancherlei Hindernisse herbeigeführten Verspätungen erlaubten uns nun durchaus nicht mehr als 10 Tage auf diesen Punkt unserer Instruktion zu verwenden. Zog man nun von diesen Tagen die zur Hin- und Rückfahrt durch die Straße nöthigen ab, so blieben noch 4 oder 5 und wärend dieser schien es bei günstigsten Umständen noch allenfalls möglich, das Ostufer 30 Meilen weit zu beiden Seiten von Matotschkin Schar zu besichtigen, d. h. gegen N. nur so weit als sich schon des Steüermanns Rosmuislows Untersuchungen erstreckten und gegen S. um 10 bis 15 Meilen weiter. So überzeügte man sich daß eine solche Aufnahme auf die wir alle uns noch übrige Zeit verwendet hätten, unsere eigentliche Kunde von jenem Ufer fast durchaus nicht erweitert hätte, und daß man jene Zeit mit ungleich mehr Vortheil auf Besichtigung der Süduser von Nowaja Semlja und der Insel Waigatsch verwenden konnte, welche ebenfalls noch fast gänzlich unbekannt waren. Ich erwägte ferner, daß eine Fahrt auf Ruderböten in einem solchen Klima und fast im Herbste nicht nur sehr angreifend für die Leüte, sondern auch mit großen Gefahren für dieselben verbunden war; so namentlich bei O.winden, welche hier haüfiger und heftiger wehen als anderswo; deshalb beschloß ich endlich dieses mal nur Alles dasjenige auszuführen, was sich auf die Matotschkin Straße selbst bezog, dann aber unverzüglich nach der Stelle zu gehen an welcher unsere vorjährige Aufnahme endete und von dort an sie so weit nach S. fortzusetzen als es Zeit und Umstände erlauben würden.

Noch an demselben Tage fuhr ich mit den Herrn Sophronow, Smirnow und Litke nach der Altglaübigen Anfahrt ans Land. Die Ansicht welche wir beim Vorübergehen über diese Gegend gewonnen hatten, zeigte sich jetzt richtig. Kleine Schiffe welche noch am Ufer bei 2½ bis 3 Sajenen Tiefe liegen können, finden hier guten Schutz; ein großes Schiff würde aber schlechter liegen, als selbst in der Mündung der Straße. An den Ufern gingen heftige Brandungen und wir konnten nur mit Mühe anlegen. In den innern Winkel dieser Bucht ergießt sich das Flüßchen Matotschka, welches gekrümmten Laufes eine ziemlich weite thonige und von dreien Seiten mit hohen und steilen Bergen umgebne Ebne durchschneidet. Am rechten Ufer dieses Flusses stand eine große Wohnhütte, die fast gänzlich zerfallen, aus dreien Abtheilungen bestanden hatte; in der Mitte lag der Flurraum von welchem ein Eingang in den Wohnraum führte, wärend sich am andern Ende die Badstube mit demselben in Verbindung befand. Das Wohnzimmer hatte ungefähr 2 Sajenen im Quadrate und 4 Arschinen Höhe. Die Decke, Fußboden und Ofen des Gebaûdes waren verfallen und nur die Mauern standen noch. In der Hütte und um dieselbe lagen einige Kufen, Schaufeln, Scherben, Rennthierhörner und ähnliches zerstreût. Am Ufer fanden wir zwei oder drei ausgespannte Hausennetze und 5 umgekehrte Karbasen, so wie sie die Jäger gewöhnlich an ihren Arbeitsstellen zu hinterlassen pflegen, um ihr Hauptfahrzeûg nicht zu beschweren, wenn sie mit voller Ladung heimkehren. Nicht weit von dieser Hütte standen 3 Kreûze, von denen das neûste vom Steûermann Pospjelow herstammte. Alles zusammen gewährte das Bild einer traurigen Verödung.

Unsere Schützen betraten das Land mit Hoffnung auf reiche Beûte, aber wärend unseres ganzen Aufenthaltes im Innern, sahen wir weder ein Saûgethier noch einen Vogel noch auch irgend ein anderes lebendes Wesen; mit Ausnahme einer Heerde von Zuggänsen, welche wir in dem Augenblick des Anlegens vom Ufer aufjagten. Dieß schien uns um so sonderbarer als sich hier nach einer mehrjährigen Ruhe, eine jede Thierart noch stärker hätte vermehren sollen. Probestücke von Gesteinen und einige Pflanzen waren die einzige Beûte, die wir auf unser Schiff zurückbrachten.[1]

(Freitag. August 18.). Am folgenden Tage blickte die Sonne einigemale durch Wolken hindurch, so daß wir alle nöthigen Beobachtungen anstellen konnten und daraus die folgenden Resultate erhielten:

Des Ankerplatzes Breite . . . . 73° 17′
— — — Länge von Jekatarinenhafen gegen O. . . . . 20° 43′
Ost-Abweichung des Kompasses . . . . 11° 41′

Einige der Herrn Offiziere fuhren nach dem Norduser der Straße und fanden dort dieselbe völlige Öde die am Südlichen herrschte. Nach der Sitte der Seefahrer welche diese Gegenden befahren, setzten auch wir auf dem N.ufer ungefähr um eine Werst gegen NW. von dem Widdervorgebirge, ein Kreûz mit einer passenden Inschrift, zum Andenken unseres Aufenthaltes in Matotschkin Schar.

[1] Das Verzeichniß der Steine und Pflanzen die wir auf Nowaja Semlja sammelten befindet sich im Anhange.

Die Karte des Steüermann Rosmuislow giebt von dieser Straße einen genauern Begriff, als jede Beschreibung. Auf Landaufnahmen gegründet ist sie sogar treüer als es für diese Gegend nöthig gewesen wäre, in der wohl unser Schiff das erste war, welches nach der Karte einlief. Die Lage der Ufer welche sich im S. und im N. an die Matotschkin Straße anschließen, ist indessen minder richtig angegeben, denn die ersteren wurden von Rosmuislow nur nach der Ansicht beim Vorüberfahren aufgetragen und den letzteren näherte er sich nicht einmal genugsam um sie zu sehen; indessen liegt sein größter Irrthum in der Breite welche er um 20′ größer maß als die wahre. Dieser Fehler veranlaßte auf seiner Karte eine andere scheinbare Abweichung von der ich mir anfangs durchaus keine Rechenschaft zu geben wußte. Ich setzte seine Breite von Matotschkin Schar nahe richtig voraus und da sich nun 72° 50′ für die des Vorgebirges Britwin fand, so begriff ich nicht wie sich Rosmuislow bei Bestimmung der gegenseitigen Lage dieser 2 Punkte so sehr irren konnte, daß er das letzte in 73° 12′ versetzte. Anstatt dessen ist aber nun mehr seine Bestimmung jenes Abstandes sehr nahe richtig, denn setzt man Matotschkin Schar in die wahre Breite, so kommt nun auch das Scheermesser Kap (Britwin Muis) in 72° 52′ d. h. nur um 2 Meilen nördlicher als nach unserer Bestimmung.

Der Ursprung des Namen Matotschkin Schar ist unbekannt. Unter Schar versteht man in allen Gegenden, welche Nowasemler Seefahrer besuchen, eine Straße welche queer durch irgend eine Insel oder ein Land setzt und durch welche zwei verschiedene Meere zusammenfließen. Für Straßen die hier zu einerlei Meere gehören und z. B. eine Insel vom Festlande trennen, hat man die eigenthümlichen Namen Salma. Deshalb führen Matotschkin Schar, Jugorskji Schar u. a. ihren Namen mit Recht, aber Kostin Schar wird, wie mir ein Promuischlenik sagte, „nur aus Thorheit Schar genannt und müßte eigentlich Kostin Salma heißen.“ Die Etymologie des Wortes Schar habe ich trotz aller Bemühungen nicht ergründen können. Ich hielt es anfangs für Samojedisch, aber der Steüermann Iwanow, welcher sich in meinem Auftrage da nach erkundigte, erfuhr, daß es auch dort für ein Fremdwort gilt. Einige glauben es komme vom Finnischen Worte Schar oder Skar. Matotschka nennt man aber im Archangelschen Gouvernement die kleinen hölzernen Kompasse deren sich Fischer, Holzfäller u. a. bedienen.[1] Vielleicht sind daher die Benennungen Matotschkin Straße, Matotschka Fluß u. a. entnommen.

[1] Vielleicht für Májetotschka von majatj und machatj schwingen, wovon majetnik das Pendel. — E.

In früheren Zeiten wurde Matotschkin Schar sehr haüfig von den Jagdreisenden besucht, welche ihre Lodjen in einer der südlichsten Anfahrten hinterließen z. B. in der Britwiner, Karmakuler, Gusiner (d. i. Gänseanfahrt) u. a., dann auf Karbasen sich hierher begaben und nach vollendeter Unternehmung zu ihren Hauptfahrzeügen zurückkehrten. Zum Überwintern blieben sie nicht gern in Matotschkin Schar und immer nur in Folge irgend eines besondern Umstandes, denn es giebt in dieser Straße keine bequeme Häfen für den Winter, vielmehr herrschen in allen wärend dieser Jahreszeit die fürchterlichsten Winde. Wenn es daher Jemandem vorkam in dieser Gegend liegen bleiben zu müssen, so begann man schon im Herbst das Schiff völlig zu entladen, legte es um und füllte es mit Wasser damit es nicht hinweggeführt würde. Dieses Mittel zur Rettung der Schiffe könnte auf dem ersten Anblick sehr unglaublich erscheinen, dennoch zweifle ich keinen Augenblick an der Wahrheit desselben, denn alle Kormschtschiki' und Promuischleniki (Steüerer und Jagdreisende) welche ich deßhalb befragte, versicherten einstimmig es verhalte sich so.

Schiffe die nur für eine kürzere Zeit in Matotschkin Schar einlaufen, können in der Mündung bleiben oder auch hinter dem Widdervorgebirge; dort überall ist die Tiefe mäßig und der Grund besteht aus Thon. Weiter aufwärts in der Straße ist Felsenboden unter tieferem Wasser. Beim Einlaufen muß man sich näher an das Süduser halten, weil sich vom nördlichen Steinbänke fast bis auf die Mitte der Straße erstrecken. Mit Hülfe der von uns aufgenommenen Ansichten, kann man übrigens Matotschkin Schar sehr sicher erkennen: namentlich durch das Saülenvorgebirge neben welchem mehrere Saülen ähnliche Klippen unter Wasser liegen. Das Ufer welches von diesem Vorgebirge nach S. laüft und dem man passender Weise den Namen die Borsten (Schtschetina) gegeben hat, zeichnet sich gleichfalls durch zwei aüßerst spitz zulaufende Hügel aus.

Wärend unseres Aufenthaltes vor Anker, lief die Strömung unablässig von O. gegen W. und nur wärend der Ebbe besänftigte sie sich ein wenig und war sogar völlig unterbrochen; da hingegen lief sie bei Fluthzeit mit größter Geschwindigkeit und namentlich bis zu $1\frac{1}{2}$ Knoten. Nach dem Wechsel der Stromrichtung zu ertheilen ist die Hafenzeit ungefähr $10^h 15'$ und das Anwachsen des Wassers gegen 4 Fuß.

Nachdem wir nun die Lage von Matotschkin Schar bestimmt hatten, blieb uns daselbst Nichts weiter zu thun, und wir liefen ohne Aufenthalt wiederum in See; aber durch völlige Stille bei dichtem Nebel wurden wir veranlaßt, zwei Tage lang in langweiligster Unthätigkeit auf demselben Fleck zu bleiben.

(Montag. August 26.). Am 21sten des Morgens erhob sich ein leichter Wind aus O. mit welchem wir sofort unter Segel gingen; jedoch waren wir noch nicht einmal am Matotschkin Vorgebirge vorüber, als eine Windstille zu neüem Aufenthalte zwang. Bald darauf waren wir auch von dichtem Nebel umgeben. Um 4 Uhr Nachmittags als sich der Nebel einigermaßen gelegt hatte, begannen wir uns weiter meerwärts zu werpen um bei etwanigem widrigem Winde mit einigem Vortheil lawiren zu können. Diese Arbeit wurde auf einige Zeit unterbrochen, weil ein Wallroß dicht vor der Spitze des Schiffes auftauchte. Durch einen gelungenen Büchsenschuß wurde es in das Auge verwundet, da wir aber nicht sogleich Harpunen und Spieße bei der Hand hatten, so gewann es Zeit vom ersten Schrecke sich zu erholen und zu verstecken. Wir hielten das Wallroß und die Ladung für verloren. Aber nach einer Viertelstunde zeigte es sich wieder in einem anscheinend sehr leidenden Zustande; es tauchte beständig mit dem Kopfe und warf dann Wasser durch die Naslöcher. Sogleich wurde ein Boot ausgesetzt um es zu jagen und Smirennikow demselben als Chief Harpooner beigegeben. Zwei Wurfspieße hafteten nun sogleich in dem Thiere, aber man arbeitete mehr als eine halbe Stunde lang ehe man es mit Handspießen erlegte. Nach den Stoßzähnen zu urtheilen welche nicht über $\frac{1}{4}$ Arschin (7 Zoll Englisch) maßen, war es noch ein junges Wallroß; dennoch hatte es $3\frac{1}{2}$ Arschin Länge und mehr als 20 Pud an Gewicht. Es lieferte gegen 6 Pud Talg.

(Dienstag. August 22.). Am andern Morgen lichteten wir die Anker mit ziemlich gleichmäßigem SOwinde. Die Hoffnung auf ein endliches Bestehen desselben taüschte uns aber von Neüem, denn wir blieben darauf den ganzen Tag über bei Windstille in nur 8 Meilen Entfernung von Matotschkin Schar. Seit 6 Uhr Abends erhob sich ein außerst leiser Owind, auf welchen jedoch gegen Morgen (Mittwoch. August 23.) wiederum Windstille folgte. Wärend dieser ganzen Zeit herrschte heftiger Wellenschlag aus SW. und hinderte uns die leichten Windstillen zu benutzen, welche von Zeit zu Zeit aus verschiedenen Strichen bliesen.

(Donnerstag. August 24.). Endlich um Mitternacht den 24sten endete ein frischer Wind aus dem SOviertel, die Stille welche nun schon gegen eine Woche beständig anhielt. Dieser Zustand schien uns in der hiesigen Gegend sehr auffallend und wir hätten ihn für einen Vorboten stürmischen Wetters gehalten, wenn nicht der stets sehr hohe Barometerstand (zwischen 30",22 und 30",36 Engl.) dem widersprochen hätte. Auf diese Weise verloren wir ohne jeden Nutzen die uns nur noch spärlich zugemessene Zeit und hatten daher sogar lieber einen oder den andren Sturm ertragen. Übrigens war auch der SOwind nicht sehr günstig, denn er entfernte uns weit von dem Ufer und zwang uns dasselbe erst durch Lawiren wiederum zu erreichen.

(Freitag. August 25.). In der Nacht zum 25sten August hatten wir äußerst heiteres Wetter, Mond und Sterne leuchteten hell und waren uns wie ein neües Schauspiel. Der Horizont war so rein, daß die Venus schon im Augenblick des Aufgehens sichtbar wurde, die Wachthabenden hielten sie für ein Feüer. Das Nordlicht brannte sehr hell. Es entstand gewöhnlich in W. in 10° bis 30° Höhe, warf seine Strahlen durch das Zenit auf die Ostseite und verlosch dann. Die ganze Erscheinung dauerte zwei bis drei Minuten und erneuerte sich nach eben solchen Intervallen. Gegen Morgen waren wir bei demselben Orte, wo wir am 27sten August des vorigen Jahres fast Schiffbruch gelitten hatten. Die Jagdreisenden nennen dieses Vorgebirge das Gänsevorgebirge (Gúsinui muis). Das niedrige gegen das Meer hin steile Ufer, welches sich von dort gegen Kostin Schar erstreckt, heißt Gänseufer oder Gänsekap und die Südspitze desselben, welche den Kostin Schar gegen N. begränzt, heißt ebenfalls Gänsekap (Gúsinui Nos). Zur Unterscheidung der 2 Gänsevorgebirge sind auf unsrer Karte das erstere unter dem Namen des Nördlichen und das zweite als Südliches Gänsekap (siéwernui i jújnui gúsinui nós) angedeütet. Die große Bucht zwischen dem nördlichen Gänse- und dem Scheermesserkap (britwinui nós) hatte bis dahin keinen eignen Namen und wurde von mir Mollers Meerbusen (Móllera saliw) genannt, zu Ehren des Herrn Chefs vom Marine Generalstabe Sr. Kaiserl. Majestät.

Um Mittag beobachteten wir 72° 3′ Breite und nach dem Chronometer 17° 50′ Länge O. vom Jekatarinenhafen. Die Hütte auf dem Gänsevorgebirge lag nach N. 87° O. in 8 Meilen Entfernung, so daß ihre Breite 72° 4′ beträgt und um 1 Minute kleiner wird, als die auf der vorjährigen Karte angegebene. Die Rechnung versetzte uns um 20 Meilen südlicher als die Beobachtung.

Wir hielten den ganzen Tag über nach S. und suchten dem Ufer so nahe als möglich zu bleiben, aber beständig anhaltender SOwind entfernte uns je mehr und mehr von demselben. Gegen Abend nahm der Wind merklich zu: schnelles Fallen des Barometers deütete auf Sturm, zu welchem wir uns durch Einreffen der Marssegel und Herablassen der Bramstange vorbereiteten. Indessen kam es nicht bis zum Sturm und am andern Morgen (Sonnabend. August 26.) konnten wir schon wieder die Bramsegel beisetzen. Um Mittag ergaben Beobachtungen die Breite 71° 41′ d. h. wieder um 13 Meilen nördlicher als die Rechnung. Eine solche widrige Strömung von ziemlicher Heftigkeit machte, daß wir uns sehr langsam vorwärts bewegten und bis zum folgenden Tage (Sonntag. August 27.) kaum erst das südliche Gänsevorgebirge erreichten, denn erst um 6 Uhr Abends in der Breite 71° 26′ peilten wir dieses letztere genau O. in 12 Meilen Abstand. Im vorigen Jahre sahen wir dieses Vorgebirge nicht, aber in der Voraussetzung, daß das am 10ten und 11ten August gesehene Land die NWspitze der Mejduscharischen Insel war, wurde dasselbe auf unsere Karte unter 71° 47′ Breite aufgetragen; seine Lage wurde also nun eine durchaus andere und in Folge davon gewann auch der ganze SOtheil von Nowaja Semlja ein durchaus neües Ansehen, um so eifriger wünschte ich unsre Aufnahme möglichst weit gegen SO. fortzusetzen, aber noch an demselben Tage wehte ein so heftiger Sturm gerade aus der genannten Gegend, daß wir gezwungen waren nur allein unter den Sturm Staksegeln zu verbleiben. Bisweilen fügten wir noch das völlig eingereffte Groot Marssegel am Eselshaupt hinzu und hielten so 3 Tage lang beigelegt. Unerachtet der späten Jahreszeit verzweifelte ich noch nicht an einigem neuen Erfolge und 2 bis 3 Tage guten Wetters hätten hingereicht um das ganze S.ufer von Nowaja Semlja aufzunehmen (Mittwoch. August 30.). Als ich indessen sah daß der Sturm durchaus nicht nachließ und daß Nichts auf eine baldige Verbesserung des Wetters deütete, glaubte ich mich zuletzt gezwungen, fernere Versuche aufzugeben und nach dem weißen Meere zu halten.

Es war mir ungemein betrübend (und aus Gerechtigkeit muß ich es sagen auch alle Herrn Offiziere theilten dieses Gefühl) zur Aufgebung unser noch unvollendeten Arbeiten gezwungen zu sein, um so mehr als wahrscheinlich ein so eisfreier Sommer wie der diesjährige nicht immer bei Nowaja Semlja gefunden wird; doch tröstete uns die Überzeügung, daß die Ursache unseres Entschlusses in natürlichen Hindernissen lag, welche nicht minder unbesiegbar sind als das Eis.

Auch bei unsrer Rückfahrt waren wir im Anfange nicht sehr begünstigt (Sonntag. September 3.). Wir sahen Kánin Nos nicht früher als am 3ten September. Wegen trüben Wetters konnten wir nicht genau auf der Höhe desselben Beobachtungen zu nochmaliger Untersuchung seiner Länge anstellen; aber andre welche wir am Abend erhielten, als wir schon ziemlich entfernt davon waren, zeigten die Richtigkeit unserer früheren Bestimmung.

(Montag. September 4.). Am Morgen des 4ten September als wir am Orlowsthurme vorüber gingen, traf uns ein heftiger Sturm aus NO. mit dichtem Nebel, welcher alle Ufer gänzlich einhüllte. Wir fuhren fort sehr schnell gegen SW. zu laufen und gingen an einigen Kauffahrteischiffen vorüber welche den Sturm unter den Stakségeln aushielten, so wie auch einige Fischerboote die den heftigen Wind benutzten um Archangelsk bis zum 8ten September dem Tage des allgemeinen Fischmarktes zu erreichen. Sie hielten sich alle näher ans Süduser. Um 5 Uhr Abends als wir nach Rechnung schon dem Pulverthurme gegenüber waren, erreichte der Sturm eine fürchterliche Heftigkeit und fing an nach N. überzugehen. Ich scheute mich über die Barre zu gehen mit einem Winde bei welchem sogar die Lootsen nicht auszulaufen wagten und legte mich daher an den Wind um eine günstige Veränderung abzuwarten. Wir wollten unter Marssegeln bleiben, als aber die Brigg an den Wind gekommen, war sie nahe daran mit dem Borte Wasser zu schöpfen und nöthigte uns das Vor-Marssegel einzunehmen.

Die Eigenthümlichkeit des Barometers in diesen Gegenden bei N. und Owinden hoch zu stehen, offenbarte sich auch bei dieser Gelegenheit. Ganz zu Anfang des Sturmes war er auf 30z,27 Engl. fiel dann bis Mitternacht um 0z,11 und stieg darauf wieder zu 30z,3 und noch höher.

(Dienstag. September 5.). Am folgenden Morgen legte sich der Sturm ein wenig, unter dem Winde klärte es sich auf und das Barometer stieg. Wir hielten nun sogleich nach SW. gingen um 3 Uhr Nachmittags an den Winterbergen (simnuia górui) vorüber, und warfen um 8 Uhr den Anker auf der Barre, um 2 Meilen gegen WSW. vom Lootsenthurm.

(Mittwoch. September 6). Bei Tagesanbruch des 6ten September lichteten wir wiederum die Anker und kamen zu Mittag nach Archangelsk, mit einem völlig wohl erhaltenen Schiffe und einer Mannschaft die schon seit drei Wochen keinen einzigen Kranken zählte.

Die Brigg Nowaja Semlja wurde so wie früher zur Überwinterung in den Lapominer Hafen befördert und nachdem meine Journale und Karten in die gehörige Ordnung gebracht waren, begab ich mich mit denselben nach Sankt Petersburg, um der hohen Behörde mündlichen Bericht über meine Erfolge abzustatten.

Des Kapitain-Lieutenants Litke

viermalige Reise ins nördliche Eismeer.

Zweiter Theil.

Viertes Kapitel.

Dritte Fahrt der Brigg Nówaja Sémlja im Jahre 1823.

Bestimmung der dritten Expedition. — Abreise von Archangelsk. — Aufnahme des lapländischen Ufers. — Ueberfahrt nach Nowaja Semlja. — Erfolglose Fahrt gegen Norden. — Aufnahme von Matotschkin Schar. — Aufnahme des Südufers von Nowaja Semlja. — Jammervolle Lage des Schiffes auf einer Felsenbank. — Rückweg. — Verlust des Ruders. — Ankunft in Archangelsk.

Bei der zweiten Expedition wurde ungleich mehr ausgeführt als bei der ersten. Die höchste Behörde zeigte sich mit unsern Bemühungen zufrieden, und durch ihre Vorstellungen wurde allen Mitgliedern der Reisegesellschaft, die Gnade des Monarchen zu Theil.[1] Bei alle dem blieb aber noch vieles unvollendet. Das Ufer von Lappland forderte eine neüe und vollständige Aufnahme, denn im Jahre 1822 hatten nur einige der hauptsächlichsten Ankerplätze und Häfen aufgenommen werden können; das dazwischen gelegene Ufer auf welchem man noch einige schöne Häfen finden konnte, war theils gar nicht theils nur oberflächlich untersucht worden. Der westlich vom Kolaer Meerbusen bis zur Gränze gelegne Theil des Ufers war noch gänzlich ununtersucht; man wußte von demselben nur, daß er auf allen Karten sehr falsch angegeben ist,

[1] Der Commandeur der Expedition erhielt den nächstfolgenden Rang; der Lieutenant Lawrow wurde Ritter des Heiligen Wladimir Ordens 1ster Klasse; der Midschipman Litke des Heiligen Annen Ordens 3ter Klasse. Von den übrigen Beamten und Dienenden erhielt ein Jeder den Werth seines Jahrgehaltes als besondere Belohnung.

daß das sogenannte Fischer Eilant (Ruibätschji Ostrow) nur eine Halbinsel sei, welche sich viel weiter und mit ganz anderer Gestaltung meerwärts erstreckt und auf der Seite von Nowaja Semlja blieben auch noch mehrere Punkte theils verdächtig, theils unbekannt. Durch Vergleichung unserer Karte mit der Darstellung der Holländischen Fahrten, welche sich in Bläns großen Atlas befindet, zeigte sich ein Unterschied von 15° in der Länge des Vorgebirges, welches wir für das ersehnte (muis jelánie, hoek van Begeerte) genommen hatten und der Länge desjenigen welchem Barenz diesen Namen beilegt. Ein solcher Irrthum in Barenz Bestimmung schien völlig unmöglich, um so mehr als nur geringe Unterschiede in der Lage der übrigen Punkte statt fanden. Es entstand daher der Verdacht, ob wir nicht irgend ein andres Vorgebirge z. B. das Nassauische für das Begehrte genommen hatten? Obgleich es keine besondere Ursache gab um auch die Richtigkeit der Aufnahmen des Steüermann Rosmuislow zu bezweifeln, so war es noch wünschenswerth durch eine neüe Ausmessung des Matotschkin Schar, diesen für die Geographie von Nowaja Semlja sehr wichtigen Punkt über allen Verdacht zu erheben. Das Südufer von Nowaja Semlja war noch durchaus unbekannt. Ebenso und noch mehr das Ostufer, für dessen Aufnahme auch jetzt wenig Hoffnung vorhanden war. Die Lage der Inseln Waigatsch und Kolguew war nicht bestimmt, und endlich forderte auch die Länge von Kanin Vorgebirge eine neüe Bestätigung. Es erfolgte der allerhöchste Befehl mich noch einmal auf der früher gebrauchten Brigg auszusenden, um alle diese Punkte zu erledigen. Zur näheren Anleitung sollte mir die nachfolgende Ordre des Kaiserlichen Admiralitäts-Departements dienen:

„Nach Bestätigung durch den Herrn Chef des Marinestabes, „wird Ihnen von dem Kaiserlichen Admiralitäts-Departement „vorgeschrieben, zur Ergänzung der vorjährigen Instruktion bei „Ihrer Fahrt zur Aufnahme von Nowaja Semlja, das Folgende „auszuführen:"

1) „Die Untersuchung des Längenunterschiedes für die „Vorgebirge zwischen Heiligen Kap (Swjatoi Nos) und Kandenoes zu wiederholen, so wie auch die Breite und Länge der Insel „Kolguew zu bestimmen.

2) „Die Aufnahme des Lappländischen Ufers, welche im „Jahre 1822 unvollendet blieb, bis zur Gränze zwischen Russland „und Schweden fortzusetzen. Ganz nach dem von Ihnen eingereichten Projekte."

3) „Sich auf möglichst zuverlässige Weise zu überzeugen, ob „das Begehrte Vorgebirge, welches Sie sahen und auf Ihrer

„Karte von Nowaja Semlja angaben, wirklich das wahre Be„gehrte Vorgebirge oder ob es nicht vielmehr identisch ist mit dem „Oranjen Vorgebirge. Ob sich nicht sodann das wahre Begehrte „Vorgebirge weiter gegen NO. befindet, so wie die alten Holländ„dischen Karten es angeben."

4) „Zu erfahren ob der Steuermann Rosmuislow die Aus„dehnung von Matotschkin Schar richtig bestimmt und auf seiner „Karte von welcher Sie eine Abschrift besitzen richtig angege„ben hat.

5) „Die Jugorische Straße (Jugorskji Schar) und den „Waigatscher Meerbusen zu untersuchen und die Insel Waigatsch „aufzunehmen; so wie auch, wenn Zeit und Umstände es erlauben, „das Begehrte Vorgebirge zu umfahren und durch Matotschkin „oder Jugorskji Schar hindurch, ins Karische Meer einzulaufen „und die Ostseite von Nowaja Semlja aufzunehmen."

„Alles dieses mögen Sie so ausführen, wie Sie es nach „eigner Ansicht der zeitlichen und örtlichen Umstände für möglich „erachten werden, indem Ihre Erfahrenheit und Tüchtigkeit „der Behörde bereits aus den Tagebüchern und Karten bekannt „sind, welche sie bei Ihren früheren Fahrten in denselben Gegen„den ausführten."

In Erinnerung der Beschwerden und sogar der Gefahren, welche wir im vorigen Jahre bei der Fahrt von Petersburg nach Archangelsk erduldet hatten, suchte ich in diesem Jahre so früh als irgend möglich aufzubrechen und beschloß deßhalb nur die Chronometer und ein Passageinstrument mit zunehmen, unter der Bedingung, daß man uns einige andre Instrumente, welche in der Kolpiner mechanischen Werkstatt für uns angefertigt wurden, durch die zur Expedition bestimmten Beamten des Steuermannscorps nachschicken sollte. Indessen konnte ich doch trotz aller Eile nicht vor dem 11ten März von Petersburg abgehen. Bis zur ersten Station fuhren wir äußerst bequem in Winterfuhrwerken auf der Newa, erhielten aber in Mursinka die traurige Nachricht daß auf der Poststraße gar kein Schnee sei und daß man auf der Newa nicht weiter fahren könne, weil unterhalb Pella das Eis schon breche. So mußten wir denn anstatt unsere Reise fortzusetzen, mit äußerstem Mißvergnügen noch an demselben Tage nach Petersburg zurückkehren, denn mit den Instrumenten auf Telegen zu fahren war unmöglich. Ich miethete darauf einen Federwagen bis Nowaja Ladoga und verließ mit demselben Petersburg zum zweiten Male am 13ten März. Noch vor dem Schlosse Pella, wendeten wir uns rechts auf einen Waldweg, denn auf der Poststraße war fast undurchdringlicher Koth. In dem Städtchen

Apraksin hielten wir an um die Pferde zu füttern; kamen bei Scheljdicha wiederum auf die Poststraße und erreichten endlich am 15ten März Ladoga. Hier gab es ein neües Hinderniß. Der Postmeister meldete mir, daß der Weg schon durchaus von Schnee entblößt sei und daß man, wenn ich auf Telegen nicht fahren wollte, wiederum sogenannte lange Schlitten (dolgie) miethen müßte, die mich über die Kanäle und Seen bis nach Lodeinoe Pole bringen könnten. Zum Glücke fanden wir bald Begleiter an einigen Bauern von Bjelosero, welche uns zu dem noch ziemlich mäßigen Preise von 70 Rubeln bis zum genannten Orte zu befördern übernahmen. Wir vertheilten uns auf 6 kleine Schlitten und begannen mit diesen die Reise noch an demselben Abend. Nach der Überfahrt über den Wolchow, kamen wir auf den Sjasker Kanal, der zu dem merkwürdigen theils natürlichen theils künstlichen Wassersystem gehört, welches das Kaspische Meer mit dem Baltischen verbindet. Auf diesem Kanale fuhren wir 11 Werst weit bis zum Dorfe Sjasi, bei welchem der Woroniner Kanal beginnt der sich 15 Werst weit fast gerade gegen N. bis zum Dorfe Woronow an dem Flusse Worona erstreckt. Wir blieben die Nacht über in demselben. Die Bauern dieses ziemlich großen Wohnorts leben vom Fischfang und vom Schleppen der Schiffe durch den Kanal bis nach Sjasi, eine Arbeit für die sie sich den ganzen Sommer über verdingen. Kornbau haben sie gar nicht, wegen sandigen Bodens, und sie sind deßhalb auch nicht sehr begütert.

Wir verließen Woronow um 2 Uhr Morgens und fuhren weiter auf dem Kanale der 20 Werst weit die frühere Richtung behält und sich dann gegen O. um das Dorf Sagubje biegt. An dieser Stelle hat der Ladoger See einen weiten aber flachen und mit Schilf bewachsnen Busen gebildet den man seiner Gestalt wegen Sagubje d. i. die Bucht nennt und in welcher sich der Fluß Swir ergießt. Von der Sagubje fuhren wir noch 2 Werst weit auf dem Kanale, wendeten uns aber dann über die Bucht nach links zur Mündung des Swir. Bei kalter Morgenluft und durchdringendem NWwinde der über die Eisfläche wehte, froren wir ziemlich empfindlicher Weise und waren deßhalb sehr froh als wir endlich auf den Swir gelangten, dessen Ufer zwar sehr niedrig sind, uns aber dennoch einigen Schutz gegen den Wind gewährten. Fünf Werst jenseits der Mündung ließen wir den Swir zu unser Linken und fuhren auf den Fluß Ojasch. Einige Minuten früher hatten wir, über dem niedrigen Lande, die Maste von Galioten gesehen die in dem großen Dorfe Sermaksa, am Ojaschflusse 3 Werst von dessen Mündung überwinterten. Auf diesem Flusse kamen wir an Lumen und Durchhauungen die von Fischern herrührten. Ich war eben eingeschlafen als man plötzlich von allen Seiten rief: „Lumen, Lumen, Öffnes, Öffnes!" und als ich aufsprang, sah ich rings um uns alles Eis in Bewegung. Mit großem Schrecken dachte ich an die Rettung der Instrumente und wunderte mich nur, daß mein Schlitten und alle übrigen noch unbeweglich standen ohne hindurch zu brechen. Ich brauchte mehr als eine Minute um ruhig zu überlegen: es war eine optische Taüschung die aus einem leichten Schwindel hervorging. Wenn man einige Stunden lang unablässig auf das Eis blickt welches schnell unter den Schlitten hindurchzulaufen scheint, so glaubt man es auch noch in Bewegung, wenn die Fuhrwerke plötzlich anhalten; ebenso wie die Wände eines Zimmers sich zu drehen scheinen, wenn man nach drehender Bewegung plötzlich still steht.

Gegen 9 Uhr hielten wir in Sermaksa. Dieses große Dorf liegt längs beider Ufer des schiffbaren Flusses Ojasch. Der auf dem linken Ufer gelegene Theil, heißt der Borowsker oder auch geradezu Bor. Die Bewohner desselben treiben Fischfang und Kornbau: viele haben Flußfahrzeüge und sind überhaupt sehr begütert. In Sermaksa schneidet sich die große Archangeler Landstraße und die Gränze zwischen dem Petersburger und Olonezer Gouvernement. Von hier bis zum Ladoger See giebt es keinen einzigen großen Wohnort, weder am Ojasch noch am Swir, und nur an einzelnen Stellen liegen Fischerhütten.

Gegen 2 Uhr Nachmittags machten wir uns von Sermaksa wiederum auf die Reise: wir folgten nun der großen Landstraße gelangten aber nicht mehr an demselben Tage bis nach Lodeinoe Pole, sondern mußten 16 Werst von dieser Stadt, in dem Dorfe Schamakscha übernachten und erreichten die Stadt erst am folgenden Morgen.

Ich hoffte daß in Lodeinoe Pole alle von Unwegsamkeit herrührende Beschwerden und Unannehmlichkeiten ein Ende haben würden, erhielt indessen die Nachricht, daß 70 Werst diesseits Wultegra der Schnee wiederum spurlos fehle. Diese Nachricht beunruhigte mich sehr; ich wußte fast nicht was zu thun sei, denn ich mußte nothwendig weiter reisen und durfte doch unter keiner Bedingung auf Telegen fahren. Endlich tröstete mich ein reisender aus jener Gegend durch die Versicherung, daß man von Oschta nach Wuitegra mit Miethspferden über den Onegasee fahren könne. In dieser Hoffnung kaufte ich sogleich ein Winterfuhrwerk und fuhr weiter. Hundert Werst weit d. h. bis zur Sukzower Station hatten wir gute Wege, die folgende 15 Werst bis nach Baranowa waren bei weitem schlechter, denn von Baranowa nach Oschta kam man kaum noch mit Schlitten weiter, und auf dem folgenden Wege war dieses gänzlich unmöglich. Auch früher schon hatte ich mehrmals bemerkt, daß in der Gegend von Oschta die

Schlittenbahn sehr schnell vergehe, und sogar frühzeitiger als in der Nähe von Petersburg. Dieses geschieht aber namentlich deßwegen, weil der Weg daselbst über hohe und waldlose Berge geht, von denen Nördliche und Nordwestliche Winde, die über den ganzen Onegasee wehen, den Schnee verjagen und, den ganzen Winter über, die Bildung einer festen Kruste verhindern. Sieben Werst diesseits Oschta [1], in dem Dorfe Werchnei Woserokfa, baten uns unsre Fuhrleute liegen zu bleiben, indem sie versicherten daß es ihnen durchaus unmöglich sei uns von hier aus weiter zu fahren und daß wir auch hier Miethspferde nach Wuitegra erhalten würden. Wir folgten ihnen um so lieber als es auch uns selbst schon höchst widerwärtig geworden war mit den Kibitken in einem völlig weichen Sumpfe fast zu schwimmen. Man führte uns zu einem bejahrten und ehrlichen Altglaübigen, der uns sehr schnell die nöthige Anzahl von Pferden verschaffte und wir fuhren darauf in einer Stunde von Werchnei Woserokfa links vom großen Wege über Felder, Wiesen und Dörfer zu dem Onegasee, welchen wir dann bei Nijnei Woserokfa wirklich betraten. Eine weite und völlig ebne Eisfläche lag nun vor uns, welche nach der Richtung unseres Weges unbegränzt schien. Um zehn Werst zu unsrer Linken zeigte sich die ebne Mündung des Swir, an welcher die bekannte Wosnesenskaja Pristan (Himmelfahrts Anfahrt) sich befindet. Wir fuhren einige Stunden lang ohne jedes Geleise nach NO. und nach O., und kamen erst um 7 Uhr auf den befahrnen Weg von Wosnesensk nach Wuitegra. Wir begegneten daselbst einer Waaren Karawane die nach ersterem Ort reiste und erhielten dadurch einige Nachrichten. Nach Zurücklegung einiger Werst wurde wiederum angehalten um die Pferde zu füttern. Man hieb sogleich einige Brunnen, und brach von den zur Bezeichnung des Weges aufgepflanzten Zweigen, um mittels derselben Feüer anzulegen. Darauf wurde der Theekessel aufgesetzt und wir lagerten uns im Kreise um das Kochfeüer. Unsre redseligen Fuhrleute unterhielten das Gespräch und eine Anekdote folgte auf die andre; Einige erzählten von den Gefahren die sie von Bären erlitten hatten, andre von ihren Irrfahrten bei Schneegestöber auf dem See. Es versteht sich, daß die unreinen Geister in jeder dieser Geschichten eine Hauptrolle spielten. Ein frischer SWwind blies in unser Feüer, die Flamme wirbelte gegen den Himmel und beleüchtete in der Mitte der beschneiten Ebne unsre seltsame Gruppe die einer Zigeünerbande sehr ähnlich sein mochte. Von beiden Seiten

[1] Oschta ist ein großes Dorf 64 Werst von Wuitegra, in welchem gegen die Zeit der Heilesverkündung (Blagowéschtschnie) ein Jahrmarkt gehalten wird, zu dem die Bewohner von Bjelosero, von Olonez und Kargopole mit ihren Erzeügnissen sich einfinden.

blickten Vorüberfahrende mit Verwunderung auf dieselbe und der helle Schein erschreckte die Bewohner beider Ufer. Die Bewohner von Wuitegra glaubten daß Wosnesenskaja Pristan brenne, wärend die Wosnesensker das vermeinte Unglück derer von Wuitegra beklagten. Nachdem wir 2 Stunden in dieser unterhaltenden Lage verbracht hatten, machten wir uns wieder auf den Weg. Wir fuhren noch 10 Werst weit auf dem See, erreichten das Ufer beim Dorfe Goljascha und dann über Seen und Inseln,[1] über einen Theil des Marjinsker Kanales und endlich auf dem Flusse Wuitegra auf den wir um 4 Uhr die Stadt gleiches Namens erreichten bei welcher unsre Qualen und die Unruhe wegen der Instrumente ein Ende hatten, denn es begann nun gute Schlittenbahn auf der wir am 2ten März glücklich die Stadt Archangelsk erreichten.

Drei Wochen später kamen auch unsre Steüerleüte an und brachten mir die noch fehlenden Instrumente, die sämmtlich durch die schlechten Wege mehr oder weniger gelitten hatten.

Die Zeit bis zum Eisbruche auf dem Flusse verging unter den gewöhnlichen Vorbereitungsarbeiten; mit Aussuchung der Mannschaft, mit astronomischen Beobachtungen u. a. Ich fing bei Zeiten an die nöthigen Kormschtschiki (Schiffsführer) sowol für Nowaja Semlja als für die Lapländischen Küsten zu verlangen, denn ich wußte nun aus Erfahrung, daß dergleichen Leüte in vielen Fällen äußerst nützlich sein können. Im vorigen Jahre war ich in dieser Beziehung nicht glücklich gewesen, dies mal aber kam der Mesener Bürger Paul Otkupschtschikow aus freiem Antriebe um mir seine Dienste anzubieten; es ist dieses der Sohn des Aleksei Optkupschtschikow mit dem Beinamen: Puich, eines der ersten unter den Nowasemler Seefahrern des vorigen Jahrhunderts, und eines der Wenigen die bei ihren Jagdfahrten bis zum Ankunftsvorgebirge (Dochódi) gingen d. i. zu der äußersten NOstlichen Endspitze von Nowaja Semlja, und von welchen auch Herr Krestinin einen Theil seiner Bemerkungen über diese Gegenden entnahm.[2] Ich fand Optkupschtschikow zwar nicht schulmäßig gebildet, aber mit sehr gesundem Urtheile begabt und brachte ihn daher in Vorschlag in der Kanzlei des Generalkommandeurs, von welcher er auch gegen 75 Rubel monatliche Besoldung und freien Unterhalte gemiethet wurde. Als Lootse für die Lapländische Küste miethete man den Kolaer Bürger Matwei Gerásimow welcher, bekannt wegen des Muthes den er im Jahre 1810 bewiesen hatte,[3] sich

[1] Inseln (ostrowa) nennt man in diesen Gegenden bemooste Hügel die sich in der Mitte der im Sommer unwegsamen Sümpfe erheben, durch welche man aber im Winter Verbindungswege zwischen den Dorfschaften legt.

[2] Siehe Neüe Monatsschriften T. XXXI. S. 50 (In Russi. Sprache).

[3] Gerasimows That kann man mit Recht heroisch nennen. Ich

nunmehr bei mir nur aus Verlangen Nowaja Semlja zu sehen, meldete. Er erhielt monatlich 175 Rubel. Mit diesen beiden Lootsen war ich sehr zufrieden, denn beide zeichneten sich sowol durch gute Führung aus, als auch durch herzliche Theilnahme an ihren Geschäften. Beide, vorzüglich aber der letztere, waren uns durch ihre Lokalverhältnisse äußerst nützlich und beförderten das Gelingen der Expedition auf beträchtliche Weise.

Am 27sten April brach das Eis auf der Dwina, es verschwand jedoch erst eine Woche später (Sonntag. Mai 6.). Am 6ten Mai wurde Lieutenant Lawrow nach der Brigg in den Lapominer Hafen ausgesandt und am 8ten (Dienstag. Mai 8.) brachte er dieselbe nach der Admiralität. Wir schritten nun sogleich zur Ausrüstung, welche mit Hülfe des guten Wetters und durch die Unermüdlichkeit unsrer Leute bereits am 31sten Mai vollendet war, so daß wir uns an diesem letzten Tage nach der Reede hinauswerpten. Die Ausrüstung war ganz so wie früher. Alle Beamte und Dienende die bei der 2ten Expedition gewesen, waren sehr bereit auch an der dritten Theil zu nehmen, mit Ausnahme der Herrn Sophrónow und Prokophjew, welche durch Krankheit verhindert waren und an deren Stelle nunmehr der Lieutenant Sawalischin und der Steuermann Jephremow auf die Brigg kamen. Zu unsren frühern Instrumenten war das Arnoldsche Chronometer Nro. 2112 wieder hinzugekommen, nachdem dessen Beschädigungen abgeholfen worden war. Die Ruderfahrzeüge waren dieses mal ein Gegenstand von äußerster Wichtigkeit, weil wir die Aufnahme des ganzen Lappländischen Ufers mittels ihrer ausführen mußten. Aus diesem Grunde wurden anstatt des 6 rudrigen und 4 rudrigen Bootes aus Lerchenholz die wir früher geführt hatten und welche sich sowol in ihrem Gange als auch beim Aufheben zu schwer gezeigt hatten, ähnliche Boote aus Tannenholz mit kupfernen Verbindungen für uns gebaut. Diese vortrefflichen Fahrzeüge entsprachen in jeder Beziehung unsren davon gehegten Erwartungen.

(Dienstag. Juni 5.). Am 5ten Juni waren wir völlig reisefertig, aber heftige N. und NWwinde hielten uns noch 6 Tage lang auf. — (Montag. Juni 11.) Am 11ten gegen Mittag ging der Wind nach SW. über, und wir begannen sogleich den Anker zu heben, hatten ihn aber noch nicht völlig gelichtet als sich ein fürchterlicher Schauer von WSW. erhob und uns mit dem Spiegel gegen das Ufer drückte. Der Wind legte sich erst um 8 Uhr, wir zogen uns sogleich in die Mitte des Fahrwassers, nahmen den Anker ein und begannen die Fahrt. Als wir an dem

hielt es daher für passend ihm einige Seiten dieses Buches zu widmen. S. d. Anhang.

Flusse Maimaksa vorüber waren, ward der Wind plötzlich still und änderte seine Richtung. Wir konnten nicht mehr wenden, sondern fuhren unter den Wind und wurden mit der Spitze gegen das Ufer der Balkeninsel (ostrow Brewennik) gedrückt, welche, wie früher erwähnt, so steil abfällt, daß die Brigg völlig frei blieb obgleich der Bugspriet auf dem Ufer lag. So geriethen wir also schon beim ersten Schritt zwei mal auf Untiefen; und es war dieses fast wie ein Vorzeichen von dem was uns später begegnete. Nachdem wir uns vom Ufer abgezogen hatten, gingen wir wieder unter Segel, liefen um 11 Uhr an der Festung vorbei von welcher die Flagge schon eingenommen war, kamen (Dienstag. Juni 12.) um 2 Uhr Morgens glücklich über die Barre und nahmen den Kurs NW t N. Um 1 Uhr Morgens, den Winterbergen gegenüber, traf uns ein fürchterlicher Schauer mit heftigem Regen von der Windseite her, er ging indessen bald vorüber. Der SW. wind wehte heftig, so wie bisher. Von Mittag an wurde es stiller und gegen 8 Uhr als wir dem Pulonger Thurme gegenüber waren, begann Stille die bis zum folgenden Mittage mit schwachen Winden wechselte.

(Mittwoch. Juni 13.). Am Morgen sahen wir den rothen Thurm der im vorigen Jahre auf der Fichteninsel (ostrow sosnówez) errichtet worden war und überzeügten uns recht innig von dem Vortheile den dieser den Seefahrern gewährt, denn wärend wir denselben sahen und peilten konnten wir oft von der Insel auf welcher er steht, durchaus nichts sehen. Eine halbe Stunde vor Mittag verloren wir den Pulonger Thurm aus den Augen als wir ungefähr 17 Meilen von demselben entfernt waren; um 9 Uhr verschwand der Sosnowezer, aber bald darauf erschien anstatt seiner der Orlower Thurm. Frischer SOwind beschleünigte unsre Fahrt so sehr, daß wir bereits (Donnerstag. Juni 14.) am folgenden Tage nach Mittag das Heilige Kap (swjatoi nos) sahen, um 6 Uhr dasselbe umfuhren und um 8 Uhr hinter den Jukaner Inseln fast auf unserer früheren Stelle den Anker warfen.

Zwei Gründe veranlaßten mich bei den Jukanerinseln zu verweilen, die Bestimmung ihres Längenunterschiedes mit Archangelsk die deßwegen wichtig und nöthig war weil sich die Längen aller übrigen Punkte des Lappländischen Ufers bei denen ich einige eingeschlichene Fehler vermuthete darauf gründeten. Die vollständige Aufnahme des Lappländischen Ufers mittels Ruderboote beschloß ich bei der Rennthierinsel zu beginnen und die zwischen den Jukanischen und den Sieben Inseln gelegene Strecke desselben nur von der Brigg aus zu besichtigen, weil es auf dieser Stelle wie ich bereits wußte nicht einen einzigen gefahrlosen Hafen giebt der einer genaueren Aufnahme werth gewesen wäre.

(Freitag. Juni 15.). Am 15ten Morgens verhinderte uns ein sehr frischer Ostwind unsre Arbeit zu beginnen. Gegen 8 Uhr ging er plötzlich nach WSW. über und blieſs so fürchterlich, daſs wir gerade gegen die Talginsel (Sálnui ostrow) gerissen wurden. Wir warfen einen zweiten Anker und hielten uns damit, jedoch nicht früher als bei einem Kabeltaue Abstande von der Insel, weshalb wir Stangen und Raen herablassen muſsten. Einen ganzen Tag lang blieben wir in dieser Lage, die um so unangenehmer erschien als wärend dieser ganzen Zeit das Wetter sehr heiter war und nun ungenutzt für uns verging. Am Abend wurde es still und wir zogen uns wiederum auf die Mitte der Reede.

(Sonnabend. Juni 16.). Am 16ten gingen wir an die Arbeit, Lieutenant Lawrow controlirte die Aufnahme des Osttheiles der Bucht, und ich machte mit den Steuerleuten die nöthigen Beobachtungen in der Observatoriumbucht (observatórnaja buchta). Am folgenden Tage beendeten wir Alles, aber (Sonntag. Juni 18.) am 18ten hielt der heftige Nordwind an, der uns jeden Ausgang ins Meer versperrte. Um nicht ganz unthätig zu sein, maſsen wir Winkel von einigen Punkten aus, und füllten Wasser in die bereits leer gewordnen Fässer. Gegen Abend fing der Wind an nach O. zu gehen und um 3 Uhr Morgens erlaubte er uns endlich den Anker zu lichten.[1]

Wir gingen durch die NWeinfahrt meerwärts, liefen längs des Ufers und hielten uns so nahe an demselben, als es ohne groſse Gefahr möglich war. Um 7 Uhr passirten wir das Vorgebirge Kljátnui (das Plotao der früheren Karten scheint dasselbe Vorgebirge zu sein) an dessen Nordseite man in der kleinen Bucht Sawicha vor deren Mündung eine kleine Insel liegt, bei Südwind bequem vor Anker gehen kann. 8 Meilen weiter springt das Vorgebirge Iwanowui Krestui (die Johannes Kreüze) hervor, welches auf unsrer vorjährigen Karte, nach dem Beispiele der alten, unter der Benennung Swane Krist aufgeblüht war. Die sonderbarste Entstellung der Namen ist eine Eigenheit dieser Karten welche sie ihren Vorbildern den alten Holländischen verdanken. Fast alle Benennungen dieser letzteren sind Russisch aber so ungeheüer entstellt, daſs man bei den meisten den Russischen Ursprung durchaus nicht erkennt. Wie konnte man z. B. errathen, daſs Swetennois, Kandenois, Lambaska, Panphalotski, Swane Krist, nichts anders sein sollen als die jetzigen Russischen Namen; Swjatoi Nos) Kanin Nos, Lúmbowka, Pamphilowka, Iwánowui

[1] Die Resultate der in diesem Jahre hier angestellten Beobachtungen sind mit denen der vorjährigen Aufnahme der Jukanischen vereinigt worden. Dasselbe ist auch von der Rennthierinsel zu bemerken.

Krestui u. a. Aus dem weißen Meere wurden diese Auswüchse bereits, durch die Karte des Generallieutenants Kutúsow verdrängt; uns blieb aber übrig das vom Oceane bespülte Ufer davon zu befreien.

Die Benennung Iwanowui Krestui bezieht sich auf die Kreuze, welche früher in großer Menge daselbst standen; jetzt sind davon keine Spuren mehr vorhanden.

Von hier bis zu den Nokuewsinseln so wie auch weiterhin bis zu den 7 Inseln giebt es keine einzige Einfahrt oder Straße.[1] Mit jeder Meile wird das Ufer höher, steiler und finsterer. Namentlich sind das Hof- und Schiffsvorgebirge (dworowui und Korabelnui Muis) durch diesen Charakter ausgezeichnet; so wie auch die Ostspitze der Bucht Poljuticha.

Mit Hülfe eines frischen Windes der in das SOviertel übergegangen war passirten wir in der 6ten Stunde die Sieben Inseln, deren gegenseitige Lage wir auf unserer Karte sehr richtig befanden, und kamen um 9½ Uhr hinter die Rennthierinsel wo wir den Anker warfen.

(Mittwoch. Juni 20.). Am Morgen als die Strömung zur Ebbe ging, legten wir uns in Vertauung indem 70 Sajenen von jedem Ankertaue ausgelassen wurden. Es schien nun als könne kein einziger Wind uns etwas anhaben, aber es gestaltete sich anders, der Wind begann aus OSO. heftig mit Schauern und in Stößen zu blasen von denen uns einer driftig machte und so lange fortriß bis die Brigg auf beide Anker kam und an beiden 100 Sajenen Ankertaue ausgelassen hatte. Überhaupt wurden wir öfter driftig als man erwarten konnte. Es scheint als seien unsre Anker gegen die Dicke der Taue zu leicht gewesen. Unser Pflichtanker (Plecht) wog 32 Pud; der Daglist (Dagliks) 29 Pud und beide hatten 12 zöllige Taue.

Auf diese Weise mußten wir auch ebenso wie bei den Jukanerinseln den ersten Tag unsers Verweilens, der recht absichtlich hell zu sein schien, verloren geben (Donnerstag. Juni 21.). Am folgenden Tage ward es stiller; ich benutzte diesen und fer-

[1] So schien es uns und so versicherte auch unser Lootse. In der Folge fand ich aber in dem Tagebuche des Steuermann Churlámow, der in den Jahren 1778 und 1779 das Terische Ufer aufnahm unter dem Befehle des Kapitain Domojirow, die folgende Nachricht welche er durch einen Bewohner von Kola erhielt: 6 Werst von der runden Anfahrt liegt die Hof-Anfahrt (dworowoe stanówischtsche) in der auch große Schiffe liegen können; sie hat 2 Werst im Umfange und bis zu 12 Sajenen Tiefe. Die Russischen Proviantschiffe, welche Proviant von Archangelsk nach Kola führen, gehen mit Nordwinden und andern Winden in diese Bucht. Frisches Wasser giebt es dort, es fehlt aber an Holz." Dieser Umstand verdient Untersuchung.

tigte Lieutenant Sawalischin auf dem großen Boote ab um das Ufer gegen Westen bis zum Rabenflusse (Woronja Rjeka) auf zu nehmen.

Wärend der folgenden 4 Tage herrschten wiederum starke Winde zwischen N. und W. bei feüchtem und regnerischem Wetter. Ich bereute die Absendung des Lieutenant Sawalischin und wünschte eifrig seine Rückkehr. Um so weniger durfte man daran denken von dort aus eine zweite Abtheilung gegen SO. auszusenden, wie ich es mir anfangs vorgenommen hatte (Montag. Juni 25.). Am 25sten brachte uns eine Schnjake, die von der Selenzer in die Trastiner Bucht ging, einen Kranken aus der Mannschaft von Lieutenant Sawalischin welcher auf den Selenzi eine Veränderung des schlechten Wetters abwarten mußte und noch an demselben Tage von daselbst auszulaufen gedachte. Gegen Abend wurde es ein wenig heller und ich begann zu hoffen, die Sonnenfinsterniß welche sich am folgenden Morgen ereignen mußte beobachten zu können. Bis dahin waren alle unsre Längenbestimmungen auf Mondsdistanzen begründet die zu Archangelsk wärend 3 Jahren beobachtet worden waren. Wärend dieser ganzen Zeit hatte ich vergeblich auf Gelegenheit zu einem genaueren Bestimmungsmittel gehofft; der Himmel der Polargegenden, der für die Physik so viele interessante Erscheinungen darbietet, ist für die Astronomie ungleich weniger günstig (Donnerstag. Juni 26.). Mit um so größerer Ungeduld erwartete ich daher den 26sten Juni; schon am frühen Morgen begab ich mich mit den Instrumenten ans Ufer, aber nicht nur daß die Beobachtung mißglückte, so habe ich sogar auch das verfinsterte Gestirn nicht ein einziges Mal gesehen. Nach Mittag wurde es heller, ich wollte den Steüermann nach SO. abschicken, aber um 4 Uhr entstand wiederum dichter Nebel der wärend des ganzen folgenden Tages anhielt.

(Mittwoch. Juni 27.). Am Abend des 27sten kam Lieutenant Sawalischin zurück, und hatte alle seine Aufträge pünktlich ausgeführt, troß tausend Hindernisse welche Winde und Unwetter ihm verursachten, er gab mir die folgende Beschreibung der von ihm untersuchten Orte:

Die Bucht Schéljpina. Diese Bucht liegt $3\frac{1}{2}$ Meile westlich von der Rennthierinsel, springt $\frac{3}{4}$ Meilen weit gegen SO t S. vor, hat an der Mündung zwischen dem Scheljpiner Kap in O. und dem Loschtschaner Kap im W., eine Breite von etwas mehr als 1 Werst. Drei Inseln welche in deren Mitte liegen und durch Riffe verbunden sind, so wie einige Östlich von diesen gelegne Inseln, schützen sie gegen alle Winde. Die Scheljpinsker Inseln sind niedrig und nackt; das Ostufer der Bucht steigt sanft an, das westliche und namentlich das Doschtschaner Vorgebirge ist steil und hoch. Am Ende der Bucht, an deren Ostufer liegt ein Anfahrtsplatz Russischer Fischer.

Die westliche Einfahrt in diese Bucht zwischen den Scheljpiner Inseln und den Festlande ist am Doschtschaner Vorgebirge 175 Sajenen breit; weiterhin verengert sie sich allmählig und hat endlich an der Spitze der südlichen Insel nur 45 Sajenen Breite. Die Tiefe nimmt in dieser Bucht beständig ab von 20 bis zu $3\frac{1}{2}$ und 4 Sajenen, der Grund besteht aus Muscheln, Korallen und Sand mit Muscheln. Die nördliche Einfahrt liegt zwischen den Scheljpiner Inseln, sie hat von 85 bis 100 Sajenen Breite, aber nicht mehr als 2 Sajenen Tiefe. Riffe und Untiefen giebt es nirgends. Der Ankerplatz liegt um 85 Sajenen gegen SO t S. von der südlichen Insel und nach beiden Seiten in derselben Entfernung von dem Vestlande. Die Tiefe beträgt $6\frac{1}{2}$ Sajene über Muschelboden.

Wegen der Niedrigkeit der Inseln kann man diese Bucht vom Meere aus nur schwer erkennen. Wenn man genöthigt ist in dieselbe einzulaufen, so muß man das hohe Doschtschaner Vorgebirge erst richtig erkennen und dann gerade auf die Mitte zwischen dem Vestlande und den Scheljpiner Inseln bis zum Ankerplatz halten. Man kann sich daselbst schwer umkehren und muß daher einen Werp oder Anker vom Spiegel auswerfen und sich darauf an Uferpfählen befestigen. Seeschiffe können in dieser Bucht nur von W. und nicht anders als mit günstigem Winde und unter kleinen Segeln einlaufen. Die nördliche Einfahrt kann nur für kleine Schiffe dienen.

Bei der Fischerinsel giebt es schönes Trinkwasser.

Die Selenezer Bucht. Um vier Meilen gegen NW. von der Scheljpiner Bucht, liegt die Selenezer, welche auch die entfernte Selenezer (dalnaja Selenézkaja, woraus auf alten Karten Dalina Solineß entstanden ist) genannt wird, um sie von der näheren Selenezer Bucht (blijnaja Selenézkaja guba) zu unterscheiden, die sich zwischen der Insel Kiljdin und der Kolischen Bucht befindet. Sie erstreckt sich eine Meile weit gegen S. und hat in ihrem innersten Winkel dieselbe Breite wie an der Mündung zwischen dem Selenezer Vorgebirge in O. und dem Dornen Vorgebirge (Dernistui Muis) in W. In ihrer Mitte liegen 5 Inseln welche man zusammengenommen die Selenezer Inseln oder auch Selenzi (die Grünländer) nennt. 1) Die Namenlose (besimennui) 200 Sajenen gegen SO. von dem Dornenvorgebirge; in einer Reihe mit derselben. 2) Die Insel der Kreuze (Krestow); weiter gegen SO. 3) die trockne Insel (ostr. suchoi) welche durch ein

Riff verbunden ist mit 4) der wohnlichen Insel (ji'oi ostrow) die um 100 Sajenen von dem Ostufer der Bucht absteht; endlich 5) die Deutsche Insel (ostr. Niemezkji), die größte von allen und SWlich von ihnen gelegen um 80 Sajenen vom Westufer und um 130 bis 80 Sajenen vom Süduser der Bucht. 30 Sajenen nördlich von der wohnlichen Insel liegen drei kleine Felsen unter dem Namen Tri Brata (die 3 Brüder).

Die Westdurchfahrt hinter diesen Inseln, welche von den Jagdreisenden die Schiffsdurchfahrt (Korabeljnui prochod) genannt wird, liegt zwischen der Namenlosen und Deutschen Insel in O. und dem Vestlande in W. Ihre Breite beträgt 120 bis 70 Sajenen die Tiefe 19 — 5 Sajenen und den Grund bilden kleine Steine und Sand mit kleinen Steinen. Zwischen dem Süduser der Bucht und den Inseln beträgt die Tiefe bei der Deutschen 7 bis 10 Sajenen über Sandboden; bei der bewohnten 3 — 4 Sajenen über Thonboden mit Steinen. Zwischen der Namenlosen, der Kretscheter, Trocknen und Wohnlichen Inseln in NO., und der Deutschen Insel in W. hat man 9 — 2 Sajenen Tiefe über Felsboden; Riffe und Untiefen sind nirgends.

Vor Anker gehen kann man an der Südseite der Deutschen und der Bewohnten Insel auf der Mitte zwischen ihnen und zwischen dem Festlande. Diese Stelle ist gegen alle Winde geschützt und für immer frei von Wellenschlag. Indessen wehen bisweilen die SWwinde wegen Niedrigkeit des dortigen Ufers des Vestlandes in heftigen Stößen, weshalb es denn zu größerer Gefahrlosigkeit besser ist, sich mittels Taue an das Ufer zu befestigen.

Die Selenezer Inseln sind vom Meere aus ziemlich kenntlich, weil sie höher sind als das sanft abfallende Süduser der Selenezer Bucht. Das hohe Dornenvorgebirge und in etwas geringerer Entfernung 7 Kreüze die auf der Mitte der bewohnten Insel stehen, dienen auch andern als gutes Wahrzeichen für diesen Ort. Sobald man ihn erkannt hat, kann man durch jedwede Einfahrt in die Bucht einlaufen ohne andrer Anweisungen zu bedürfen, als daß man die Mitte halte zwischen den Inseln und dem Vestlande und daß man auf die Höhe der Südspitze der Bewohnten oder der Deutschen Insel gelangt, gegen W. oder gegen O. zum Ankerplatz laufe. Obgleich aber beide Durchfahrten gleich frei sind so ist doch die westliche deßwegen vorzuziehen, weil in der andren bei starken NO.winden ein heftiger Seegang herrscht, und weil sich außerdem zur Fluthzeit die Strömung vom Vestlande gegen den Felsen Tri Brata (die drei Brüder) bricht.

Trinkwasser findet man sowol in einem See auf der Bewohnten Insel (Jiloi óstrow) als auch in einem Bache der sich in eine Bucht des SÖstlichen Winkels der Selenezer Bucht ergießt.

Die Hafenzeit beträgt $7^h 9'$, die Fluthhöhe 9 Fuß und der Fluthstrom kommt von NW. In der Bucht folgt die Strömung der Richtung der Straßen und ihre Geschwindigkeit wächst bis zu 1 Knoten.

Auf der Wohnlichen Insel leben im Sommer gegen 12 Mann Russische Jagdreisende, woher auch wahrscheinlich ihr Name genommen ist.

Die Bucht Járuischnaja (Abhangsbucht, von Jar ein steiles Felsenufer) liegt um $1\frac{1}{4}$ Meile Westlich von der Selenezer. Sie erstreckt sich 4 Meilen weit gegen SSO. und gegen S. Ihre Breite beträgt 450 Sajenen, und $\frac{1}{2}$ Meile von ihrem Ende verengert sie sich bis zu 85, erweitert sich jedoch später wieder bis auf 300 Sajenen. Die Tiefe beträgt anfangs 15 Sajenen und nimmt dann beständig ab. Im innersten Winkel ist sie von 2 Sajenen. Der Boden ist Sand, Sand mit Thon, und bisweilen darüber auch kleine Steine; von dem innern Winkel aus liegt 500 Sajenen weit längs des Westufers eine kleine Untiefe, übrigens sind alle Ufer steil abschüssig und rein.

An bequemen Ankerplätze fehlt es in dieser Bucht und ebenso auch an wohnlichen Plätzen und an Trinkwasser, dennoch aber können sich kleine Schiffe unter dringenden Umstände daselbst vor den Winden retten. Beim Einlaufen in die Mündung der Bucht muß man gerade in der Mitte zwischen beiden Ufern hindurchgehen, bis sie auf einerlei Linie mit dem Schiffe kommen; alsdann werfe man den Anker oder noch besser vertaue sich am Ufer.

Die Bucht Podpachta [1] $3\frac{1}{4}$ Meile NW. von der Bucht Wárischnaja. Sie erstreckt sich 500 Sajenen weit gegen S t O. ist an der Mündung 400 Sajenen breit, hat eine Tiefe von 12 bis 5 Sajenen und Sandgrund. Sie ist von NW. und N. völlig offen, denn die niedrigen Gawrilower Inseln welche $\frac{3}{4}$ Meilen Nördlich von derselben liegen schützen sie weder vor Winden noch vor dem Seegange. Dennoch blieben die Jäger bei SO. Winden in derselben. Wenn man von O. in diese Bucht einlauft, so bedarf es keiner besondren Vorsicht, kommt man aber von NW. so muß man sich nun nicht mehr als 100 Sajenen von der

[1] Die Russischen Fischfänger und die Loparen verstehen unter Pachta einen hohen und gegen das Meer steil abfallenden Berg. Ueber dem Ankerplatze ihrer Fahrzeuge in der genannten Bucht, liegt ein solcher Berg; sie liegen pod Pachtoi (unter der Pachta) woher auch die Benennung.

westlichsten der Gawrilowsinseln entfernen, um ein Felsenriff zu meiden, welches 300 Sajenen von der Mündung des Hafens liegt und sich auf 2 Kabeltaue gegen NO. von dem Westlande erstreckt.

Die Gawrilowsbucht welche auch der Hafen genannt wird, liegt von der Bucht Podpachta um 2 Meilen gegen NW. Sie erstreckt sich 600 Sajenen weit gegen S. und hat gegen 150 Sajenen Breite. Ihre Tiefe beträgt in der Mündung 1½ bis 1 Sajene und weiter gegen das Innere wird sie trocken gelegt. Aus diesem Grunde ist sie für Seeschiffe durchaus unbrauchbar. Aber die Fischfänger haben in dieser Bucht eine beträchtliche Niederlassung und stellen darin ihre Lodjen auf das Trockne.

Das Hochwasser ereignet sich hier um 1 bis 1½ Stunden früher ats an den nächstgelegenen Ufern. Bei diesen letzteren folgen nämlich die Meeresströmungen so wie überall, den Einbiegungen des Ufers, aber, einige Meilen weiter, hat die Fluth eine andre Richtung. Am 26sten Juni um 10 Uhr Morgens, als man der Jaruischner Bucht gegenüber den Dreк Anker geworfen hatte und nach dem Augenmaße um 1 Deutsche Meile vom Westlande entfernt war, wurde die Fluth von NNW. kommend mit einer bis zu 1 Knoten steigenden Schnelligkeit bemerkt; wärend man zwei Meilen von den Selenezer Inseln an demselben Tage um 1 Uhr Nachmittags den Ebbestrom gegen SO. mit ¾ Knoten Geschwindigkeit laufend, beobachtete.

Aus den oben angeführten Gründen war die vorgenommene Besichtigung des SOlich von der Rennthierinsel gelegnen Ufers mittels eines Ruderbootes, bis zur Rückkunft des ersten Detachements unserer Mannschaft, noch nicht ausgeführt, und ich beschloß daher nicht länger hierselbst zu verweilen, denn auf dem ganzen genannten Raume giebt es nur zwei Buchten, die Trjastin und Schubin Bucht, in welche Seeschiffe einlaufen können. Aber auch von diesen ist die erste gegen das Meer hin völlig offen und mit schlechtem Boden, wärend die zweite zwar gefahrlosen Ankergrund, aber einen sehr schmalen Eingang hat. Alle andere Anfahrten gehören zu den abtrocknenden (obsuschnia stanowischtscha S. oben) und da wir sowol die allgemeine Lage dieses ganzen Ufers als auch die gegenseitige aller seiner Hauptpunkte bereits mit Genauigkeit von der Schanze der Brigg sowol im vorigen als auch zum zweiten Male in diesem Jahre bestimmten, so glaubte ich von der allein übrigen Schubin Bucht, deren Aufnahme trotz ihrer Unwichtigkeit 6 bis 7 Tage gekostet hätte, daß sie eines solchen Opfers an kostbarer Zeit nicht werth sei. So beschloß ich denn auch sogleich nach der Teriberischen Bucht zu gehen, welche ich deßhalb zum Aufenthaltsorte wählte, weil man nach der Aussage unsrer Lootsen, durchaus ruhig und gefahrlos in derselben liegen konnte. Dieser Ort war bisher durchaus unbekannt geblieben. Es war auf keiner der mir bekannten Karten angegeben, und sogar nicht in der Seefakel die sich doch übrigens durch ihre Vollständigkeit auszeichnet.

(Donnerstag. Juni 28.). Am Morgen des 28sten, lösten wir die Vertauung und bereiteten uns auf die See, gingen um 6 Uhr Nachmittags mit leichtem Winde aus O., gegen die NW. durchfahrt unter Segel. Die Strömung lief mit so großer Schnelligkeit zur Fluth, daß wir dieselbe kaum überwanden. Gegen 8 Uhr traten wir ins Freie und hielten nun nach NW. Lange schon hatte sich Nebel an den Ufern gesammelt und nun bedeckte er dieselben vollständig. Um 9 Uhr nahmen wir unsern Kurs gegen WNW. ½ W. wodurch wir uns nach unsrer Karte parallel mit dem Ufer und in ungefähr 6 Werst Entfernung von demselben hielten. Gegen 11 Uhr wurde der Wellenschlag plötzlich kurz und stoßweise, und bald darauf hörte man auch Brandungen. Wir hatten uns kaum ein wenig näher an den Wind gelegt, als sich zur Linken in großer Nähe ein Felsen zeigte auf welchem es fürchterlich brandete. Es war dieser eine der Gawrilowsinseln auf deren Meridian wir uns damals auch nach der Schiffsrechnung befanden; wir glaubten uns aber ungleich entfernter von demselben. Diese unerwartete Begegnung wurde gleichzeitig durch Strömung und durch Unrichtigkeit unserer Karte bewirkte, denn im vorigen Jahre hatten wir diesen Ort durch dichten Nebel kaum sehen können.

Wir hielten nach N. und hatten in dieser Richtung eine freie Fahrt bis zum nördlichsten Felde (samoe sjewernoe pole). Kaum war ich aber unter Deck gegangen, als oben Unruhen hörbar wurden. Der Untersteüermann von der Wache kam außer Athem gelaufen um mir anzuzeigen, daß man eine Bake (wjecha) von der Spitze sehe. Es war ein hier sogenannter Kubas d. h. ein Schwimmer mit Reisig, welchen Promuischleniks an ihren Fischstellen gelassen hatten. Wer häufig im Finnischen Meerbusen fährt, kann sich mit Recht über eine solche Begegnung erschrecken, aber im nördlichen Oceane sind diese Baken nicht gefahrbringend, weil sie sehr oft über Tiefen von 100 und mehren Sajenen liegen.

(Freitag. Juni 29.). Um 1½ Uhr nach Mitternacht waren wir noch 8 Meilen weit von dem Teriberischen Vorgebirge. Der Wind ward frischer, und das Wetter wo möglich noch trüber. Dieses veranlaßte uns an den Wind zu gehen und unter Lawiren in kurzen Schlägen eine Veränderung abzuwarten. Die Schläge zum Ufer setzten wir gewöhnlich fort bis wir Brandung hörten oder bei 30 Sajenen Grund fanden. Aber der Nebel war so dicht daß wir auch in dieser geringen Entfernung theils gar kein Ufer sahen, theils nur einen Schimmer desselben durch den Nebel.

(Sonntag. Juli 1.). Am Morgen des 1sten Juli änderte sich endlich das Wetter. Das Ufer wurde reiner und um 6 Uhr zeigte sich das Teriberische Vorgebirge gegen SW. in einem Abstande von 10 Seemeilen. Schwache NO. und SO.winde brachten uns allmählig vorwärts. Um Mittag fuhren wir um das genannte Kap und hielten nach S. auf den Teriberischen Meerbusen, in welchem wir um 1½ Uhr in der Schiffsbucht (Korabélnaja buchta) bei 9 Sajenen Tiefe über Thongrund mit Sand, den Anker warfen und uns gleichzeitig in Vertauung legten.

(Montag. Juli 2.). Am folgenden Tage schritten wir zu den Beobachtungen und Aufnahmen. Es war ein herrlicher und warmer Tag. Gegen S. hörte man um 2 Uhr und um 5 Uhr Donner. Die Schläge waren hier, wo diese Erscheinung so außerst selten ist, wahrhaft erfreulich. Gegen Abend kam aber vom Meere her ein dichter Nebel, welcher uns wärend zwei Tage in fast völliger Unthätigkeit erhielt (Donnerstag. Juli 5.). Am 5ten begann aber wieder vortreffliches Wetter, mit dessen Hülfe wir in 3 Tage unsre Arbeiten vollendeten. In dieser Zeit nahm Lieutenant Lawrow das Westufer bis zur Insel Kildin auf. Der Steuermann Jephremow vom Teriberischen Vorgebirge gegen O. bis zum Gawrilower Hafen, an welchem die frühere Aufnahme des Lieutenant Sawalischin endete; Lieutenant Sawalischin die außere Teriberische Bucht und ich die innere. Auch mußten wir von unsern Wasserfässern die ganze oberste Lage neu füllen, weil sich das Dwina Wasser fast sämmtlich verdorben fand. Dieses Ereigniß kam wahrscheinlich nicht sowol vom Wasser selbst, welches fähig ist sich lange zu erhalten, als vielmehr von den Fässern, bei deren Füllung wohl irgend eine Unvorsichtigkeit begangen wurde.

(Sonntag. Juli 8.). Der 8te Juli wurde der Mannschaft geschenkt, weil sie wärend der letzten 7 oder 8 Tage sehr wenig Ruhe gehabt hatten. Sie brauchten ein Dampfbad in einem Zelte aus Segeln welches am Ufer errichtet worden, und wuschen ihr Weißzeug. Das Wetter war an diesem Tage höchst auffallend. Der Wind ruhte bald ganz, bald wehte er aus verschiedenen Rhumben, bis er endlich von 2 Uhr bis 5 Uhr in fürchterlichen Stößen von S. einbrach und eine solche Wärme herbeiführte daß sich das Thermometer im Schatten auf 23½° erhielt. Das Barometer stieg und fiel einigemal wärend dieser Zeit um 2 bis 5 Hunderttheile eines Zolles. Seine mittlere Höhe betrug 29,8 Zoll. Im W. hörte man Donner.

(Montag. Juli 9.). Am 9ten des Morgens lösten wir die Vertauung und gingen am Mittag mit leichten SSW.winde unter Segel und in See.

Von der Teriberischen Bucht kann man eine äußere und innere unterscheiden. Die erste liegt zwischen dem Teriberischen Vorgebirge und der innern Teriberischen Bucht, sie erstreckt sich $2\frac{1}{2}$ Meile weit OSO. wärts, ist völlig offen und hat überall äußerst große Tiefe; in der Mitte bis zu 75 Sajenen und längs der Ufern selbst an einzelnen Stellen bis zu 20 Sajenen. Der Boden ist Sand, Fels und Korallen. Sie ist von steilen und völlig nakten felsigen Bergen umgeben.

Im SO. Winkel dieser Bucht um $3\frac{1}{2}$ Meile gegen S. 30° O. vom Teriberischen Vorgebirge und um 2 Meilen von der Mündung der inneren Bucht liegt eine kleine Bucht die von N. gegen S. 300 Sajenen mißt und 150 bis 250 Sajenen breit ist. Ihre Tiefe beträgt in der Mitte 7 bis 12 Sajenen und nimmt gegen die Ufer allmählig ab. Der Boden ist Sand. Ein oder zwei Schiffe können in derselben ruhig liegen und sind vor allen Winden geschützt. Von ihrem südlichen Ufer fließen Bäche sehr schönen Wassers. Ich benannte diese Bucht nach unseren ersten Lieutenant: Sawalischin Bucht.

Der innere Teriberische Meerbusen liegt $4\frac{1}{4}$ Meile gegen S. von dem Vorgebirge gleiches Namens. Er hat die Gestalt eines großen Trinkgeschirres und einen Durchmesser von mehr als 3 Meilen. Sein S.ufer ist sandig und niedrig und gegen S. schließt sich an denselben und erstreckt sich bis auf einige Entfernung eine ebne und erhöhte Fläche, welche mit sandigem Riedgras und wenigem Gestrauche bedeckt ist. In der Ferne sieht man hohe felsige Berge, welche die ganze Bucht umgeben. Am Westufer derselben treten steile Abhänge bis dicht an das Wasser, aber längs des östlichen treten Niederungen an ihre Stelle.

In dem Teriberischen Meerbusen giebt es für Segelschiffe zwei Ankerplätze innerhalb der Buchten, welche in das östliche und in das westliche Ufer einbiegen, und von denen erstere die Schiffsbucht (Korabélnaja búchta) die andre die Lodeiner Bucht genannt wird. Beide Ankerplätze sind in gleichem Grade gefahrlos und ruhig, obgleich nicht sehr geraumig. Die Tiefe beträgt in beiden Buchten von 5 bis 16 Sajenen, und in der Schiffsbucht ist Thongrund mit Sand, in der Lodeinerbucht ein Gemenge aus gröberem und feinerem Sande. Zwischen beiden wächst die Tiefe äußerst schnell bis zu 20, 30 und 40 Sajenen. Diese selbe Tiefe findet man auch überall in der Mitte des Meerbusens, mit Ausnahme eines um 100 Sajenen vom Süduser gelegnes Riffes an dem man plötzlich nur 4 Sajenen Wasser bekommt. In der Schiffsbucht ist eine Klippe die bei tiefen Ebben bisweilen abtrocknet und auf der bei gewöhnlichem Abfließen des Wassers, stets Gras zu sehn ist. Sie liegt um 230 Sajenen vom nächstgelegenen Norduser der Bucht und um 650 Sajenen gegen N. 55° O. vom östlichen Ufer des Flusses Teriberka, so wie um 235 Sajenen nach N. 43° W. von einer kleinen niedrigen und kahlen Insel, die um 90 Sajenen vom SO.ufer des Meerbusens absteht. Diese ist übrigens die einzige gefahrbringende Stelle des ganzen Meerbusens.

Die Teriberische Bucht ist vom Meere aus in großer Entfernung sichtbar. Ihr sandiges S.ufer schneidet sich scharf ab von den steilen Felsen die sich zur Rechten und Linken zeigen. Um einzulaufen muß man diese sandige Niederung wohl erkennen, und dann gerade auf dieselbe steüern. Vom Teriberischen Vorgebirge welches man um 1 Werst östlich läßt, wird der Kurs S t O. Geht man dann 3 Meilen mit diesem neuen Kurs, so erreicht man das niedrige Wohnliche Vorgebirge (jiloi muis) welches in W. bleibt; von diesem bis zur Mündung des Meerbusens hat man ungefähr noch 1 Meile. Die Einfahrt selbst ist bei einer Breite von ungefähr 1 Werst und bei 50 Sajenen Tiefe durchaus gefahrlos. Will man in der Schiffsbucht vor Anker gehen, so muß man sich der Ostseite der Einfahrt bis auf 100 Sajenen nähern und in dieser Entfernung parallel mit dem Ufer fortschreiten. Da wo die Bucht sich öffnet, nimmt die Tiefe sehr plötzlich von 30 bis zu 12 und 9 Sajenen ab, und man kann daselbst vor Anker gehen wo man will. Die beste Stelle wird durch folgende Peilungen bestimmt:

Die Mitte der Insel	S. 13° O.
Die Mündung der Teriberer Bucht .	S. 55° W.
Das Nende der Lodeiner Bucht . .	N. 72°,5 W.
Die Ospitze der Einfahrt	N. 17° W.
Die Wspitze der Einfahrt	N. 26°,5 O.

Die Tiefe beträgt 6½ Sajene über Thongrund mit Sand, und der Abstand vom nächsten Ufer 100 Sajenen und von der erwähnten Klippe 190 Sajenen. Man kann auch noch um einen halben Kabeltau weiter in die Bucht einlaufen, so daß beide Ufer der Einfahrt zur Deckung kommen, doch ist dieses durchaus nicht nothwendig, denn auch an der bezeichneten Stelle kann kein hoher Seegang statt finden, sowol wegen der geringen Tiefe, als weil sich die Wellen an den äußeren Ufern brechen. Obgleich Strömungen an dieser Stelle fast gar nicht fühlbar sind, so muß man sich doch nothwendig in Vertauung legen, weil der Meeresboden stark geneigt ist: man lege dann die Anker nach O. und nach W.

Gegen die Klippen hat man nur die Vorsicht zu beobachten, daß man sich vom N.ufer um nicht mehr entferne als wir früher erwähnten; namentlich müssen große Schiffe hierauf achten, denn auch in den Gränzen des Ankerplatzes giebt es Stellen auf denen bei der Ebbe nicht mehr als 22 Fuß Wasser stehen. Übrigens gewahrt man die Annäherung an die Klippen stets dadurch, daß der mit Sand und Thon bedeckte Boden felsig wird.

Um in der Lodeiner Bucht vor Anker zu gehen muß man vom Wohnlichen Vorgebirge (jiloi muis) längs der Westseite der Einfahrt fahren und wiederum in nur 100 Sajenen Abstande vom Ufer. Nach etwas mehr als einer Meile Fortschritt gegen S., sieht man ein anfangs niedriges, sich allmählig erhebendes und mit Gesträuche bewachsenes Ufer, welches jene Bucht umgiebt. Bald darauf trennt sich davon ein ziemlich hohes und nach S. vorspringendes Vorgebirge, welches das N.ende der Bucht bildet. Zwischen SSO. und S t O. und in 110 bis 150 Sajenen Entfernung von diesem Vorgebirge liegt der Ankerplatz, auf dem sich 6 — 8 Sajenen Tiefe über feinem und groben Sandboden finden. An dieser Stelle ist man geschützter als an der Schiffsbucht, jedoch ist dafür der Boden minder sicher. Aus diesem Grunde muß man sich auch hier Vertauen, und die Anker nach den früher genannten Rhumben (O. und W.) auslegen.

Außer an diesen beiden Stellen kann man in dem Teriberischen Meerbusen nirgends vor Anker gehen. Am S.ufer sind Tiefe und Bodenbeschaffenheit nicht hinderlich, aber es giebt daselbst nicht den geringsten Schutz von der Meerseite.

Der Fluß Teriberka fällt in den SWwinkel des Teriberischen Meerbusens. Seine Mündung ist nach NO. geöffnet und die Hauptrichtung seines Bettes von SSO. nach NNW. Sein rechtes Ufer bildet mit dem Südufer der Meeresbucht die früher beschriebne sandige Ebne. Vom linken Ufer erheben sich dagegen hohe und steile, felsige Berge welche an einzelnen Punkten durch sandige Schluchten getrennt sind. Die Mündung des Flusses schließt eine Barre, auf welcher nur 9 Fuß Wasser sind, weiter gegen den Fluß hin wird es tiefer. An dem Nordufer in 2 Kabeltauen Abstand von der Mündung, giebt es eine Bucht in welcher die geringste Tiefe 22 Fuß beträgt über Sandgrund mit Thon. Um in den Fluß einzulaufen muß man sich hart an dem linken steil und tief abfallenden Ufer halten. Trinkwasser kann man dort sehr leicht einnehmen und namentlich wärend der Fluth aus einem Bache der am linken Ufer der Teriberka im Gebirge dem Landungsplatze gegenüber entspringt. Dieses Wasser ist rein, kalt und wohlschmeckend.

Unsre Beobachtungen wurden je nach den Umständen an verschiedenen Punkten der Bucht angestellt und sämmtlich auf die Ostseite der Mündung der Teriberka reduzirt geben sie folgende Resultate:

Breite	69° 10′ 45″
Länge	35° 6′
Neigung der Magnetnadel . . .	76° 37′
Hafenzeit	7^h 20′
Fluthhöhe wärend der Syzygien .	12 bis 13 Fuß.

In dem Flusse Teriberka sind die Strömungen nach beiden Seiten hin sehr heftig, in der Schiffs- und Lodeiner Bucht dagegen kaum zu bemerken; in der Einfahrt sind sie ziemlich fühlbar und folgen der Richtung derselben.

Die Abweichung der Magnetnadel fanden wir ungefähr $2\frac{1}{2}$° W. Ich sage ungefähr weil eine ungewöhnliche Verschiedenheit zwischen den einzelnen Resultaten statt fand. Wir bemerkten diese Verschiedenheit gleich anfangs und wiederholten deßhalb sogleich die Beobachtungen möglichst oft, ohne jedoch jemals zwei mal hinter einander einerlei Resultate zu erhalten; vielmehr varierten die berechneten Abweichungen von 1°,5 O. bis 3°,5 W. Vielleicht enthalten die Berge, welche die Teriberische Bucht umgeben, viel Eisen welches diese Unzuverlässigkeit der Angaben des Kompasses bewirkte, die ich auf andre Weise durchaus nicht erklären kann, weil alle Beobachtungen mit äußerster Sorgfalt angestellt wurden.

Hart an der Mündung der Teriberka, liegt auf dem rechten Ufer ein Fischer Lager, welches zu den größten an diesem Theile des Lappländischen Ufers gehört. Es versammeln sich daselbst gegen 80 Mann Promuischleniks, die meistens aus Suma kommen.

Die Pómorui (Küstenbewohner, unter diesen Namen versteht man im allgemeinen alle Anwohner des weißen Meeres) kommen von ihren Wohnorten auf Lodjen gewöhnlich gegen den Nikolas Tag, bisweilen aber auch etwas früher oder später je nach dem herrschenden Frühjahrswetter hierher. Sie legen ihre Abfahrt so daß sie auf dem Meere keine Eisschollen mehr begegnen, denn diese fürchten sie sehr. Auf jeder Lodja fahren 10 bis 20 Mann von denen je viere eine Schnjake mit sich führen.[1] Sie gehen stets nach

[1] Die Lodji sind dreimastige Schiffe welche von 25 bis zu 70 und 80 Tonnen laden. Sie haben Masten aus einem Stücke von denen die zwei vorderen ein Raasegel, der hinterste aber ein Gafelsegel tragen. Die Schnjaken sind offne Boote, von 20 bis 40 Fuß Länge und mit spitzem Vordertheile und Spiegel.

einerlei Lagerplätze, wenn nicht besonders wichtige Umstände daran hindern. An der Teriberka sprach ich einen Greis der schon seit mehr als 50 Jahren beständig nach dieser Stelle auf den Fischfang ging. Vor Alter und Krankheit war er nun schon seit zwei Jahren nicht mit auf den Schnjaken ins Meer gegangen; drei erwachsene Söhne arbeiteten für ihn, dennoch aber konnte er die Gewohnheit an diese jährlichen Reisen nicht aufgeben. „Ich „bin einmal, sagte er mir, einen Sommer über zu Hause geblie„ben aber fast gestorben vor Langeweile.“ Der Anblick dieses verständigen Greises erfüllte mich stets mit Ehrfurcht; er lebte unter den Anderen gleich einem Patriarchen und Alle gehorchten ihm und bezeugten ihm Achtung.

Nach der Ankunft an dem Lagerplatz bessern die Reisenden ihre Schnjaken aus, welche gewöhnlich den Winter über da bleiben, und beginnen dann ihren Fischfang der sich allein auf Seefische beschränkt; namentlich: Treska, Paltusina (oder Paltasina) und Pikschuja (oder Pikscha). Lachse fängt man dort nicht. Alle Flußfische werden den Loparen zu Theil. Der Fang wird auf folgende Weise angeordnet: man bindet dünne Seile die um weniges dicker sind als sogenannte Steckleinen an einander, bis zu einer Länge von 2000 Sajenen. Nach der ganzen Länge derselben werden dann von zwei zu drei Sajenen kurze Tau-Enden, deren Dicke etwas größer ist als die des langen Seiles, eingebunden, und an diese Enden Angelhaken befestigt. Eine solche Vorrichtung wird hier Jarus genannt. An jedem Ende desselben so wie auch an die Mitte bindet man kleine Anker oder Steine, und zwar an den Enden größere und in der Mitte kleinere, an welche dann vermittels Seilen die der Meerestiefe gleich kommen Schwimmer (Kubasui) mit Reisig (Mächawki d. i. Winkern) befestigt werden. Als Köder steckt man dann an jeden Haken einen ganzen Sandfisch (Peschtschanka) breitet den Jarus aus und läßt ihn auf den Meeresgrund hinab. Ist das Wetter gut, so bleibt man „wä„rend eines ganzen Wassers“ (d. i. 6 Stunden lang) bei den Schwimmern, hebt dann den Jarus, nimmt die gefangnen Fische ab, sezt neüe Köder an ihre Stelle und läßt die Angeln wieder hinab. Um auszuruhen fahren die Fischer nach ihren Lagerplatz lassen den Jarus im Meere und kehren nach einem Wasser zu ihm zurück, wobei sie Deckungen ausgezeichneter Gegenstände als Wahrzeichen zur Auffindung brauchen. Durch Gewöhnung sind sie hierin sehr geschickt geworden. Wenn der Kubas oder Schwimmer durch starke Strömungen überschwemmt ist, so finden Manche ohne zu fehlen die Stelle an welcher er bei ruhigem Wasser wiederum auftauchen muß, und warten dann daselbst sehr ruhig und mit größter Zuversicht. Um die Treska (Klippfisch) zu fangen, fahren sie 5 bis 6 Werst weit von dem Ufer, und nach dem Paltus, für welchen man auch dickere Angelvorrichtungen braucht, 20 bis 30 Werst weit, so daß das Ufer kaum sichtbar ist und auch da finden sie immer ihre Schwimmer ohne Schwierigkeit. Man kann sich vorstellen mit wie vielen Beschwerden und Gefahren diese Fangart verknüpft ist, da man sie auf offnen Böten in den rauhen Polarmeeren ausführt. Wenn sich bisweilen plötzlich ein heftiger Seewind erhebt, so müssen sie sich möglichst schnell nach ihren Anfahrtsstellen retten; bisweilen trifft sie aber auch ein Landwind. — Oft halten sie sich sehr lange an den Schwimmern, werden aber dann endlich losgerissen oder gezwungen die Schwimmer fahren zu lassen und wie sie sich ausdrücken, in Ree zu gehen, d. h. zu lawiren, und zwar nicht selten ohne Nahrung und ohne Trinkwasser. Unter diesen Umständen sind Unglücksfälle nicht selten. Im Jahre 1822 waren drei Söhne des oben erwähnten Nestor unter den Fischfängern, dem Untergange nahe, als sie von der Insel Kiljdin zur Teriberka fuhren. Ihre Schnjake wurde umgeworfen, und sie selbst stiegen auf den Kiel derselben, auf welchem sie sich eine Stunde lang hielten bis daß sie endlich bei der kleinen Rennthierinsel ans Ufer getrieben wurden. Ihr Arbeitsmann und sämmtliche Geräthe die gegen 2000 Rubel an Werth hatten, gingen unter. Auf wahrhaft rührende Weise antwortete der Greis, als wir seinen damaligen Verlust beklagten, denn mit thränenden Augen zum Himmel blickend, sagte er mir: „Gelobt sei Gott, daß meine Kinder gerettet sind; „die Geräthschaften mochten immerhin untergehen." Nur ein Seemann dem es selbst begegnet ist, sich durch die Güte der Vorsehung vom Untergange zu retten, kann wohl die ganze Kraft dieser einfachen Worte fühlen.

Die gefangnen Fische salzen sie je nach den Umständen entweder sogleich oder nach einigen Stunden. Wenn sie von einer schwierigen Fahrt zurückkehren so essen sie zuerst, gehen in die Badstube und legen sich schlafen, und lassen unterdessen die Fische den zerstörenden Wirkungen der Sonnenwärme und der feuchten Luft ausgesetzt, durch welche sie einen Anfang von Verderbniß annehmen den das nachherige Einsalzen nicht mehr aufheben kann. Daher kommt der unangenehme Geruch des gesalzenen Klippfisches, und die außerordentliche Verschiedenheit in der Güte der Fische welche zu einerlei Jahreszeit, ja sogar auf einerlei Schiffe nach Archangelsk gelangen. Die schneller gesalzenen sind weniger verdorben. Auch schadet ihnen die Unreinheit des Salzes welches die Fischer bisweilen anwenden, so wie die nachlässige Art der Einsalzung. Sie weiden die Fische aus, schneiden die Köpfe ab, und legen sie sodann geradezu reihenweise in den untern Raum ihres Fahrzeuges, bestreuen sie mit Salz und bedecken sie mit einer 2ten Schicht, bis daß der ganze Raum gefüllt ist. Auf diese

Weise gerathen schlechte und gute Fische untereinander und alle werden mit vielerlei Unreinlichkeiten gemengt die sich im Raume des Schiffes befinden. So ist es denn nicht zu verwundern daß man am 8ten September wenn sich alle diese Behälter der Fäulniß auf einmal aufthun in ganz Archangelsk kein Fenster öffnen darf, und daß alle kleinen Flußarme (in Solombala) einige Tage lang wie mit einer Abkochung von Klippfischen gefüllt sind, blos weil man dieselben in diesen Wassern abspült. Die Archangeler Wirthinnen wählen gewöhnlich die besten d. h. am wenigsten verderbten Fische, waschen sie aus und salzen sie von neuem, wodurch sie denn zwar nicht ganz ihren Geruch verlieren, dennoch aber sehr schmackhaft werden.

Alle inneren Theile der Fische erhalten den allgemeinen Namen Maksa. Man legt sie in Kufen wo sie gähren, sich zersetzen und das sogenannte Klippfischfett (treskowoe salo) erzeugen. Die Köpfe werden in der freien Luft aufgehängt, wo sie allmählig ausdörren und dann in Archangelsk sehr wohlfeil verkauft werden.

Die Pómorui (d. i. Küstenbewohner) kehren in ihre Heimathen zurück, sobald sie ihre Lodjen gehörig mit Fischen beladen haben; sie begeben sich dann nach der Stadt, wo sie sich bis zum 8ten September sämmtlich einfinden. Sie verkaufen daselbst ihre Fische, kaufen alle ihre Wirthschaftsbedürfnisse und kehren zum Winter nach Hause zurück um das nächste Frühjahr auf dieselbe Weise zu beginnen. Im Winter fangen die Bewohner der westlichsten Orte: Jema, Suma u. a., die Nawaga. Zu diesem Ende fahren sie einige Werst weit mit Hunden ins Meer, und bekommen eine Menge dieser Fische an Angeln welche sie in Lumen hinablassen. Eine ungemeine Gefräßigkeit der Nawaga soll ihnen hierbei zu Hülfe kommen. Man erzählt sogar (doch kann ich nicht für die Wahrheit einstehen) daß man bisweilen 3 oder 4 dieser Fische mit einem male hinausziehe, von denen je einer sich in den Schwanz des vorigen verbissen habe.

Den Köder für den Klippfisch, den sogenannten Sandfisch (Peschtschanka) fangen die Promuischleniks mit kleinen Netzen in der Mündung der Teriberka, bei stillem Wasser. Eine halbe Stunde vor der Fluth und vor der Ebbe erhebt sich ein fürchterliches Getümmel in dem Fischerlager. Alle besteigen die kleinen Boote und werfen Netze aus, die sie oft leer wieder hervorziehen, dann aber in größter Eile von neuem auswerfen und sich bemühen dieses möglichst oft zu wiederholen, bevor die Strömung stark wird, denn alsdann wird der Sandfisch nie mehr gefangen. Unter den ins Netz gegangenen werden die größeren ausgesucht weil nur diese zum Köder taugen.

Die Teriberer Niederlassung wurde ebenso wie viele andre im Jahre 1809 von den Engländern zerstört. Drei ihrer Kriegsschiffe von denen eines nach Gerásimows Erzählung 50 Kanonen hatte, lagen hinter der Insel Kildin vor Anker und sandten ihre Ruderboote nach allen Seiten um alles was sie nicht mit nehmen konnten zu verbrennen oder ins Meer zu versenken. Zwei große Boote waren in Kola wo sie unter andern eine Lodja zerstörten die an Gerasimow gehörte. Die Solowezer Niederlassung machten sie dem Erdboden gleich, und in Teriberka verbrannten sie außer mehreren Haüsern auch eine mit Fischen beladene Lodja. So ist es denn jetzt nicht mehr zu bezweifeln daß alle diese Ritterthaten durch Kriegsschiffe der ersten seefahrenden Nation verübt wurden, einer Nation welche vor allen andern wegen ihrer Bildung, Rechtlichkeit und Menschenfreundlichkeit gerühmt wird! Wer konnte so etwas voraussetzen? Nach dem herkömmlichen Völkerrechte ist es erlaubt sich der Habe der Feinde zu bemächtigen: überall wird diese für gute Prise erklärt und für ein unbezweifeltes Eigenthum des Eroberers; aber ohne Zweck und Vortheil das ärmliche Obdach friedliebender und waffenloser Fischer abzubrennen und zu zerstören, ist eine That deren sogar die Normannen des 9ten Jahrhunderts sich geschämt hätten. Was hätten z. B. die Herrn Publizisten in England gesagt, wenn ein Russisches Kriegschiff in Brassa Sound eingelaufen wäre und daselbst alles von Grund aus zerstört hätte?

Zwischen der Teriberer Bucht und der Insel Kildin, fand Lieutenant Lawrow keinen einzigen bequemen Ankerplatz. Die von ihm besichtigten Orte sind die folgenden: Die Lange Bucht (Guba dolgaja), $2\frac{3}{4}$ Meilen WNW. vom Wohnlichen Vorgebirge (Jiloi muis). Sie erstreckt sich 3 Meilen weit gegen SSW. ihre Breite beträgt an der Mündung 175 Sajenen und erweitert sich weiter hin bis zu einer halben Meile. Die Tiefe beträgt von 25 bis zu 50 Sajenen, und der Boden besteht aus Steinen und aus Sand mit Steinen. Vom Meere aus ist diese Bucht gänzlich offen. Ihr innerer Winkel ist mit niedrigen sandigen Ufern umgeben, ebenso wie der der Teriberischen Bucht, so daß man sich hüten muß, bei neblichem Wetter und von Westen kommend nicht beide zu verwechseln, was übrigens bei einigermaßen genügender Aufmerksamkeit nicht leicht geschehen kann.

Die kleine Rennthierinsel welche auch die Nahe oder Deutsche Rennthierinsel genannt wird (Malui, Blijnji oder Njemezkji Olenji ostrow) liegt von der langen Bucht (guba dolgaja) um $3\frac{1}{2}$ Meile gegen WNW. Ihre Länge beträgt 4 Meilen von O. gegen W. und ihre Breite $\frac{1}{2}$ Meile. Die Straße welche sie von dem Festlande trennt hat an der engsten Stelle nur 100 Sajenen Breite; die Tiefe beträgt daselbst 15 — 10 Sajenen und nimmt von dort nach beiden Seiten bis auf 40 und 50 Sajenen zu. Der Grund ist meistens Sand mit Steinen. Um 250 Sajenen östlich von dem Ost-Ende liegt eine überschwemmte Klippe. Obgleich eie Lodjen der Jäger bisweilen hinter dieser Insel vor Anker gehen, so darf man sie doch keineswegs für einen Ankerplatz halten. Sollte aber ein Seeschiff durch irgend einen Zufall genöthigt sein daselbst eine Zuflucht zu suchen, so muß es sich an die engste Stelle begeben und von dort sich an beiden Ufern mittels Taue befestigen. Wenn man von NW. her hinter die Rennthierinsel geht, so muß man sich vor dem Riffe hüten, welches vom Festlande aus eine Werst weit gegen W. von der Insel hervorragt, und man hat daselbst deren Westspitze nach S. zu bringen und dann gerade auf dieselbe zu halten. Läuft man aber von der Ostseite ein, so muß man die erwähnte überschwemmte Klippe vorsichtig meiden, indem man die Ostspitze in nicht weniger als ½ Werst Entfernung umfährt. Hat man dann diese letztere passirt, so kann man sich schon näher an das Ufer der Insel halten.

Die Bärenbucht (guba medwjejja) 2¼ Meile W t N. von der Rennthierinsel und nach S t O. von der Ostspitze der Insel Kildin, ist so ungeschützt daß sie gar keine Beobachtung verdient.

Eben so fand man auch zwischen dem Teriberischen Vorgebirge und dem Gawrilower Hafen durchaus keine Ankerplätze. Die Opasowerbucht (guba Opasowa) 4¼ Meile von ersteren und 9½ von letzteren, hat etwa 3½ Meile im Umfange und ist gegen das Meer hin völlig offen. Die Tiefe beträgt in derselben von 37 bis zu 16 Sajenen. Der Rabenfluß (Rjeka woronja) der sich 2 Meilen westlich vom Gawrilower Hafen ergießt ist an seiner Mündung so seicht, daß kaum Karbasen in denselben einlaufen können.

Als wir die Teriberische Bucht verlassen hatten, beschloß ich das Ufer aufzunehmen welches sich westlich von den Kolaer Meerbusen erstreckt, ohne mich in diesem letzteren aufzuhalten, obgleich ich es für unerläßlich hielt auch von diesem eine neue und vollständige Aufnahme zu veranstalten. Zu diesem Plane veranlaßte erstens die Überzeugung, daß die Besichtigung der gänzlich unbekannten Orte wie z. B. der Motower Straße und der sogenannten Fischerinsel (Ruibatschji ostrow) noch wichtiger sei: zur Ausführung dieses Vorhabens reichte aber die Zeit nicht hin; zweitens aber die Erfahrung, daß man von Kola aus zu jeder Jahreszeit und gegen geringr Unkosten auf dort gemiethete Schnjaken eine Aufnahme des Kolaer Meerbusens und der anliegenden Orte veranstalten könne.

Um aber die vorjährigen Beobachtungen an die dießjährigen zu knüpfen, wollte ich durch die Kildiner Durchfahrt schiffen, in derselben vor Anker gehen und ans Ufer fahreu um Stundenwinkel zu beobachten; aber eintretende Windstille verhinderten an der Ausführung dieses Planes. Drei Beobachtungsreihen welche wir in See gemacht und mittels Peilungen an die SOspitze der Insel Kildin geknüpft hatten, zeigten nur 2½ Minute unterschied zwischen den früheren und jetzigen Beobachtungen, eine Übereinstimmung welche für meine Zwecke genügte.

Wir nahmen unsern Kurs um das Norduser von Kildin, welches hoch, steil und an vielen Stellen mit Grün bedeckt sehr mahlerische Ansichten darbietet. Um Mitternacht gingen wir an dessen Westspitze vorüber. Der Wind wurde SWlich und zwang uns zu lawiren, um uns der Poganer Anfahrt (Pogán Nawolok) zu nähern von welcher ich die Aufnahme beginnen wollte.

(Dienstag. Juli 10.). Um 7 Uhr Morgens waren wir hart an diesem Vorgebirge und hielten darauf nach WNW. längs des Ufers.

An der Westseite der Poganer Anfahrt liegt die Korelsker Bucht (gubá Korelskaja) welche ungefähr 5 Meilen im Umfange hat und in ihrer Mündung näher an deren Westseite die zwei Korelinsker Inseln, hinter denen sich ein gehöriger Ankerplatz befindet. Diese Korelinsker Inseln sind wegen außerordentlich großer Multebeeren (maroschka, rubus chamaemorus) berühmt, zu deren Einsammlung die Kolaer Mädchen dahin zu fahren pflegen. Um 9 Uhr passirten wir die Bucht Ura die 3½ Meile von der Korelsker absteht. Sie erstreckt sich 4½ Meile weit gegen S., ist 2 bis 3 Meilen breit und überall sehr tief. Ihre Ostspitze zeichnet sich aus durch einen hohen und gegen das Meer steil abfallenden Berg welcher Worja Pachta genannt wird. In ihrer Mündung liegen die drei Inseln Eretiki, von denen die mittleren gegen 5 Meilen, die beiden äußeren aber bei weitem weniger, im Umfange messen. Zwischen der mittleren dieser Inseln und der östlichsten liegt ein Ankerplatz und ich gleube daß man in der Bucht selbst noch mehr dergleichen finden würde, obgleich unser Lootse das Gegentheil behauptete, er hatte indessen selbst keine genaue Kunde davon weil ihre Schiffe niemals in jene Bucht einlaufen. Der innerste Winkel der Bucht Ura tritt der Saidower Bucht ziemlich nahe. Um 3½ Meile gegen NW. von Ura liegt das nach Norden vorspringende Vorgebirge Wuijew Nawolok, bei welchem die Motower Einfahrt beginnt.

Um 11 Uhr gingen wir an der Bucht Ara vorbei und waren endlich am Mittwoch der Lizer Bucht und den Lizer Inseln gegenüber. Bei diesen wollte ich vorüber weil nach Gerásimows Aussage ein sehr guter Hafen in der Bucht sein sollte und noch mehr weil ihre Lage sehr günstig war um die Aufnahme der ganzen Motower Durchfahrt mit Ruderbooten auszuführen. Indessen erlaubte der herrschende SWwind nicht dahin zu gelangen, und zwang uns vielmehr bis zum innersten Winkel der Motower Einfahrt vorzudringen, in einen vom Meere getrennten kleinen See, den mir der Lootse von Anfang an gerühmt und welchem er als Ankerplatz den Vorzug vor der Lizer Bucht (Lizkaja guba) gegeben hatte. Ich wollte nicht so weit in eine Einfahrt vordringen in welcher uns dann widriger Wind sehr lange zurückhalten konnte; indessen zuletzt blieb nichts anders zu thun übrig, denn außer jenem kleinen See, lag uns kein einziger Hafen unter dem Winde. Sobald wir daher zu unserer Linken das Vorgebirge Pikschuew passirt hatten (dessen Name von der Menge von Pikschas entnommen ist welche man in der Umgegend fängt) so hielten wir nach dem Norduser auf das Vorgebirge Motka, hinter welchem sich das Ufer gegen N. der Einfahrt in dem See zuwendet. In der Mitte dieser Bucht begegneten uns zwei Loparische Lodjen, auf denen Gerasimow seinen Neffen und mehrere alte Bekannte fand, übrigens hatten wir bis jetzt an diesem Ufer noch keinen einzigen Menschen begegnet der nicht Gevatter, oder Vetter oder doch wenigstens ein alter Bekannte von Gerasimow gewesen wäre. — Beim Loten fanden wir hier mit 100 Sajenen noch keinen Grund.

Zwei Meilen hinter dem Vorgebirge Motka ließen wir zu unserer Rechten einen hohen Berg mit rundem Gipfel, der Roka Pachta genannt wird und auf welchem sich ein aufgethürmter Steinhaufen (gurei) befindet. Von hier aus unterschied sich die Mündung des kleinen Sees sehr scharf und wir hielten auch sogleich auf dieselbe. Lange Zeit hatten wir mit 30 und 40 Sajenen keinen Grund, fanden aber endlich 25 bis 20 Sajenen Tiefe als wir uns schon den niedrigen Vorgebirgen genähert hatten welche die Einfahrt in die Bucht bilden. Der Boden bestand daselbst aus Stein und Korallen und der Lootse versicherte in der Bucht würden wir Thongrund haben. Indessen fanden wir nach dem Einlaufen noch beständig Stein und Korallen; ebenso blieb es weiter einwärts bis der Lootse endlich anzeigte, nun sei es Zeit den Anker zu werfen, weil der Grund nicht mehr besser werde. Auf diese Weise sahen wir uns genöthigt bei 12 Sajenen Tiefe über Korallengrund zu bleiben. Freilich beabsichtigte der Lootse wohl nicht uns zu hintergehen, sondern es geschah dieses nur weil in der Seepraktik unserer Pomern (Pomorui) die Regel fehlt daß man loten müsse um den Grund zu untersuchen, vielmehr werfen sie den Anker und sehen dann ob er das Schiff halte oder nicht. Bleibt das Schiff fest, so sagen sie, „der Grund ist gut denn die Anker halten.“ Gerasimow war vor 15 Jahren hierselbst eingelaufen, seine Anker hatten gehalten und er durfte deshalb mit

Grund behaupten der Boden sei gut. Auch hatte er Recht denn bei genauer Untersuchung fanden wir daß tiefer wirklich weicher Thon liege auf dem der Anker durchaus nicht nachlassen könne, über welchen sich indessen die erwähnten Korallen befinden die für das Tau sehr gefährlich werden. Aus diesem Grunde sandten wir sogleich zwei Ruderböte aus, um die Bucht zu vermessen; nach langem Suchen traf das eine derselben auf reinen Thon in Entfernung von ungefähr einer Werst von dem nördlichen Ufer und ich beschloß sogleich mich dahin zu begeben.

(Mittwoch. Juli 11.). Am folgenden Morgen konnten wir aber diese Stelle durchaus nicht wieder finden, obgleich wir mehr als eine Stunde lang nach allen Richtungen gesucht hatten. Es folgt daraus daß dieser reine Fleck von sehr kleiner Ausdehnung ist und daß uns nur übrig blieb, so wie früher über Korallen zu liegen und alle mögliche Vorsichten gegen Verderbniß der Ankertaue zu beobachten.

An demselben Tage wurde Lieutenant Sawalischin mit dem großen Ruderboote zur Aufnahme der Motower Einfahrt abgesandt. Die auf der Brigg zurückgebliebenen Offiziere beschäftigten sich mit Aufnahme der nächstgelegenen Punkte mit astronomischen Beobachtungen u. a. m.

(Donnerstag. Juli 12.) Am 12ten des Abends besuchte uns der Kolaer Bürger Jargin der in der Titower Bucht (Titowskaja guba) den Sommer zugebracht hatte um Lachse zu fangen. Er sah unser großes Boot und als er hörte daß ich eine Gelegenheit suchte um meine Papiere über Kola nach Petersburg zu befördern, kam er deshalb zu uns, denn von seiner Niederlassung reißten Kildiner Loparen ab, welche unterwegs nach Kola angehen sollten. Dieses war nach seiner Aussage der Grund seines Besuches, doch dürfte die Hoffnung Branntwein und Salz zu erhalten dabei nicht unwirksam geblieben sein. Er irrte sich nicht bei dieser Erwartung, aber auch ich meinerseits war sehr erfreut über seine Aufmerksamkeit; meine Berichte wurden schleunigst abgefaßt und ihm eingehändigt, nachdem ich ihm noch das Versprechen abgenommen hatte uns ein Rennthier und frische Fische zuzuführen.

(Sonnabend. Juli 14.). Nach zwei Tagen kam er wieder jedoch ohne Rennthier. Die Loparen konnten kein einziges finden, obgleich sie, nach seiner Versicherung, nur allein zu diesem Zwecke nach einer 20 Werst weit entlegenen Moorgegend (Tundra) gegangen waren. Südwinde waren Schuld an dieser Erfolglosigkeit, weil sie ungeheure Mückenschwärme seewärts führen und dadurch die Rennthiere zwingen sich vom Ufer gegen das Innere des

Landes nach dem höher gelegenen Orte zurückzukehren, um sich so viel als möglich vor dem bösen Insekte zu retten. Nordwinde haben die entgegengesetzte Wirkung, bei diesen haben die Rennthiere auf den Mooren keine Ruhe vor den Mücken und begeben sich daher an die See. Jargin widerholte beim Abschiede das Versprechen uns ein Rennthier zu bringen, sobald es möglich sein würde. Wir konnten indessen seine Aufrichtigkeit nicht prüfen. Alle unsre Beobachtungen und Aufnahmen waren bereits geendet, und wir warteten nur noch auf Lieutenant Sawalischins Rückkehr um uns auf die Reise zu begeben. Er traf in der Nacht vom 15ten zum 16ten bei uns ein. (Montag. Juli 16.) Ohne den günstigen Wind vorübergehen zu lassen, ohne welchen man unmöglich von hier aus auslaufen kann, hoben wir am folgenden Morgen den Anker und hielten unter sämmtlichen Segeln auf die Motower Einfahrt.

Die Bucht in der wir gelegen hatten führt bei den Jagdreisenden den allgemeinen Namen der Kleine See (oserko), wir benannten sie aber nach unsrem Schiffe Nowasemler Hafen (gawan Nowoi Semli). Sie bespült das Süduser einer Landenge welche das feste Land mit einer Halbinsel vereinigt, die auf den alten Karten meist als eine Insel unter dem Namen Fischer Eilant verzeichnet ist. Diese Abweichung hat man indessen nicht einzig und allein auf Ungenauigkeit der alten Karten zu schieben, denn es ist nicht nur möglich, sondern auch sehr wahrscheinlich daß diese Halbinsel einst vom Vestlande getrennt war. Das Ansehen der Landenge welche sie jetzt mit dem Vestlande vereinigt, berechtigt sehr zu dieser Vorstellung. An ihrer Nordseite greift von dem Waranger Meerbusen aus in der Richtung von NWtN. nach SOtS. d. h. parallel mit dem Hafen, die Große Wolokower Bucht (guba bolschaja Wolokowaja) in sie hinein. An ihrem Ende theilt sich diese in zwei enge Buchten und nähert sich den Wassern des Hafens an der Ostseite auf 2 und an der Westseite bis auf ½ Werst. Ungefähr ½ Werst von dem Ende der ersten dieser kleineren Buchten steht auf der Landenge ein sehr ausgezeichneter und einem Dreieck ähnlicher Fels [1] dessen Westseite senkrecht überhangend die Spuren gewaltsamer Zerstörung an sich trägt. An einigen Stellen durchsetzen ihn Klüfte und Höhlen, an anderen sieht man spitze und isolirte Hervorragungen; der Fuß dieses Felsens ist mit einer großen Menge großer und kleiner Trümmer

[1] Von dem Gipfel dieser Felsmasse welche sich 3 Sajenen über dem Meere erhebt sieht man das gegenüberliegende Ufer von Finnmarken und zur Rechten den kleinen See Kji. Auf diesem Gipfel errichteten wir einen Steinhaufen welchen wir durch Dreiecke mit dem Ufer des Hafens verbanden. Dieser Fels sowohl als auch alle umgebende Höhen und Geröllhaufen bestehen aus Feldspath. (-gesteinen. — E.)

übersäet und überhaupt läßt das Ansehn des Ganzen keinen Zweifel daß nicht eine heftige Meeresbrandung sich wärend langer Jahren dagegen gebrochen habe. Von NW. und S. besteht diese Bergmasse aus kreisförmigen und fast conzentrischen Geröllhaufen dergleichen man gewöhnlich an den Meeresstranden findet; diese Gerölle erheben sich fast 25 Sajenen hoch über dem Wasserniveau. Betrachtet man sie namentlich von oben, so bleibt kein Zweifel daß sie dem Meere ihre Ablagerung verdanken, denn man kennt keine andre Naturkraft durch welche dergleichen Steinhaufen so regelmäßig geordnet werden könnten. Freilich fanden wir kein einziges Seeerzeugniß an ihrer Oberfläche, doch kann leicht das hohe Alter dieser Wasserbedeckung an solch einen Mangel schuld sein. In O. und SO. von diesen Felsen zwischen der östlichsten Bucht und dem Hafen liegen niedrige Stellen die mit Sümpfen und Seen bedeckt, dennoch frisches Wasser enthalten. Das Westufer der andern Bucht bildet von NNW. gegen SSO. einen senkrechten Abhang, welchem ein ganz ähnlicher entspricht der sich von dem Westufer des Hafens nach NNW. erstreckt und ein langes und enges Becken bildet welches bei Fluthzeit mit Wasser gefüllt wird. Diese Wände nähern sich einander bis auf ½ Werst. Die erhöhte Stelle welche sie trennt ist mit dichtem Birkengebüsch bedeckt. Gegen N. und S. von dieser Erhöhung erstreckt sich eine sumpfige Gegend welche mit Seen übersäet ist von denen die am weitesten meerwärts gelegenen brakisch sind.

Die Voraussetzung daß diese Landenge einstmals vom Meere bedeckt war, ist um so wahrscheinlicher, als die Erniedrigung der Wasser des Nordoceans schon seit lange von vielen bemerkt wurde jetzt aber kaum noch einem Zweifel unterliegt. Am Lappländischen Ufer fanden wir überall wo dasselbe nicht aus dichtem Granit besteht, den oben beschriebenen ähnliche Geröllhaufen von 6 bis 8 Sajenen Höhe über der Linie des Hochwassers, welche beweisen daß das Meer in früheren Zeiten eine solche Höhe erreicht hatte. Nach der Aussage der Lootsen bemerkt man auf der Insel Kolguew drei Strandlinien von denen jede die nächstfolgende um mehr als 1 Sajene überragt und auf Nowaja Semlja findet man alte verwitterte Aufschwemmungen in großer Entfernung vom Ufer. Auch die Jagdreisenden schlossen hieraus daß in früheren Zeiten entweder das Meer höher stand oder heftigere Winde wehten als jetzt.

Der Hafen von Nowaja Semlja mißt von NW t N. gegen SO t S. 2 Meilen. Seine Breite beträgt gegen 1 Meile und die Mündung ist verengert durch felsige Riffe welche sich von beiden Seiten bis auf ½ Werst gegen einander erstrecken. Die Tiefe beträgt in der Mündung von 3 bis 5 Sajenen und ist an der Westseite beträchtlicher als an der Östlichen. Im Hafen selbst beträgt sie von 5 bis 11 Sajenen, der Boden ist überall weicher grüner Thon der dicht mit Korallen und Steinen bedeckt ist. Von beiden Seiten erstrecken sich thonige und mit Steinen übersäte Bänke.

Von der Mündung des Hafens erstrecken sich die Ufer gegen S. und SSW. und bilden eine Einfahrt von 5 Meilen Länge und 1 bis 1½ Meilen Breite welche eine Art von Vorhof des Hafens abgiebt. In dieser Straße ist die Tiefe in der Mitte von 40 Sajenen und auch noch hart an deren beiden Ufern für jegliche Art von Schiffen hinreichend. Ihr Ostufer bei dem Vorgebirge Motka von welchem früher die Rede war, wendet sich steil gegen O. nnd bildet die Nordseite der Motower Einfahrt, Dieses Vorgebirge ist durch drei große weiße Steine ausgezeichnet welche dicht am Wasser und um 600 Sajenen NWlich vom Endpunkte des Vorgebirges liegen. Vermöge ihrer vom Ufer sehr abstechenden Farbe sieht man sie zu jeder Zeit; sie haben den Namen die drei Kühe (Tri Korowui) erhalten.

Ungeachtet der Steine und Korallen welche den Thonboden des Nowaja Semlja Hafens bedecken, ist doch der Aufenthalt in demselben ruhig und gefahrlos. Man hat nur die nöthigen Maßregeln zur Erhaltung der Ankertaue zu nehmen. Am besten ist es sich um 1½ Meilen NNW. von dem Vorgebirge zu legen welches die Westseite der Mündung ausmacht. Es ist nicht nöthig sich in Vertauung zu legen, weil die Strömungen in diesem Hafen fast unfühlbar sind. Die Einfahrt in demselben wird am besten durch eine beigelegte Karte erlaütert welche auch keiner weiteren Erlaüterungen bedarf, außer daß man sich in der Motower Straße näher an deren Nordufer und in der Mündung des Hafens selbst, näher an dem westlichen Vorgebirge namentlich aber in der Entfernung von ⅓ der gesammten Breite oder nicht mehr als 90 Sajenen, halten müsse.

An der Westseite des Noka Pachta giebt es ebenfalls einen guten Ankerplatz. Das Ufer bildet daselbst eine Bucht welche sich 1 Werst weit gegen SO. erstreckt. Dieselbe ist mit Steinen übersäet und bei niedrigem Wasser trocknet sie von ihrem Ende fast auf 350 Sajenen weit aus. Hingegen ist in ihrer Mündung um ½ Werst Nördlich von dem Vorgebirge welches sich von Noka Pachta nach NW. erstreckt, ein vortrefflicher Ankerplatz mit 8 Sajenen Tiefe und Thonboden. Die Entfernung von den seichten Stellen beträgt daselbst 150 Sajenen und kein Wind kann diese Stelle beunruhigen.

Die Ufer welche den Nowaja Semlja Hafen umgeben, sind thonig und mit einer Menge von Steinen übersäet. Weiter vom

Meere sind sie mit Mooren bedeckt und mit dichtem Grase; so wie mit einer Menge von Pflanzen und dichtem niedrigen Birkengehölze. Die auf den Höhen wachsenden Birken sind von NNW. nach SSO. gegen die Erde geneigt und beweisen daß daselbst in dieser Richtung die stärksten Winde wehen. Auf der Landenge, näher am Vestlande, wachsen sehr gerade und dicke Birken und im Nothfall kann man sich, wiewohl mit einigen Beschwerden, aus diesem Wäldchen mit Brennholz versehen. Von den Bergen rinnen an vielen Stellen Bäche sehr guten Wassers, welche zur Füllung bequem liegen. Nach der Mitte des Juli kann man sich auch mit Multebeeren (Rub. chamaemorus) versehen, denn diese wachsen sehr haüfig und von vorzüglicher Schönheit an den Ufern der Halbinsel. Außerdem erhält man von den Loparen, die im Sommer an den Ufern des Motower Meerbusen leben und zu Zeiten bis in den Hafen selbst kommen, sowol frische Fische als Rennthiere, zu sehr mäßigen Preisen, obgleich wir mit letzteren kein Glück hatten.

Ungeachtet aller dieser Vorzüge kann der Nowaja Semlja Hafen dennoch in keiner Beziehung als wichtig für die Schiffahrt betrachtet werden. Er ist so entfernt von der gewöhnlichen Straße der Seefahrer daß schwerlich jemals einer von ihnen nach unserem Vorgange einen Weg dahin suchen wird. Vier Seefahrzeugen und um somehr noch von Kriegsfahrzeugen, war die Brigg Nowaja Semlja nicht nur das erste, sondern wird auch das letzte bleiben, welches diesen Hafen besuchte. Für die dortigen Einwohner ist aber der Ort in andern Beziehungen wichtig, namentlich wegen der Wallfische welche alljährlich in größerer oder geringerer Zahl dahin getrieben werden. Bisweilen werden im Laufe des Sommers bis zu 10 Wallfischen ausgeworfen, gewöhnlich weniger, höchst selten aber fehlen sie gänzlich. Alle Ufer sind mit Knochen oder mit noch nicht völlig verwesten Überresten dieser Thiere bedeckt, die bis auf große Entfernung einen unerträglichen Geruch verbreiten und durch welche Bären und andere Raubthiere an den Strand gelockt werden. Die Loparen denen dieser Landstrich gehört, betrachten auch alles was das Meer auswirft als ihr Eigenthum, und es besteht darin eines ihrer unbestrittenen Standrechte. Die ausgeworfenen Wallfische verkaufen sie an die Pomorn, welche nach Fischen und Fett zu ihnen kommen. Diese gehen dann mit ihren Fahrzeugen bis dicht an das Thier, zerlegen es auf der Stelle und laden das Fett. Der gewöhnliche Preis eines Wallfisches ist 60 Rubel und derselbe ist höchst mäßig wenn man die Menge des von einem Wallfische zu erhaltenden Thranes beachtet. Wir sahen nicht ein einziges ganz erhaltenes Individuum an diesem Theile des Ufers, aber nach denjenigen zu urtheilen welche wir in Menge auf dem Motower Meerbusen begegneten, mögen wohl auch die hiesigen Wallfische Balaena Physalis sein. Alle von uns gesehene waren sehr lang und mit Rückenflossen versehen. Auch durch den niedrigen Preis der hiesigen Wallfische, so wie durch die Aussagen der Loparen über ihre Größe wird diese Ansicht bestätigt. Diese versichern nämlich daß sie bisweilen, mit Ausschluß des Schwanzes und Kopfes eine Länge von 15 Sajenen erreichen. Nimmt man an daß diese Angabe sich auf Sajenen von $2\frac{1}{2}$ Arschinen bezieht, so beträgt jene Länge $87\frac{1}{2}$ Engl. Fuß, und setzt man dazu noch ungefähr ein Viertel des Ganzen für Schwanze und Kopf, so ergiebt sich für den ganzen Körper des Thieres gegen 110 Fuß, eine Länge welche nur B. Physalis erreicht. Das Fett dieser Art ist von mittelmäßiger Güte und belaüft sich nur auf 10 Tonnen von einem Thiere, wodurch sich der niedrige Preis mit dem sich die Loparen begnügen genügend erklärt.

Die Wallfische zwischen dem Nowaja Semlja Hafen und der Wolokower Bucht (Wasserscheiden Bucht) wurde in früheren Zeiten von Loparen besucht, ist jetzt aber verlassen; sie haben sich jetzt nach einer anderen ähnlichen Gegend begeben welche die Titower Bucht von der NWseite der Kleinen Wolokower Bucht trennt. Diese Landenge ist zwar 7 Werst breit und also viel beträchtlicher als die früher erwähnte, wird aber dennoch jener vorgezogen, weil der Petschenga Fluß auf Seewege nur 12 Werst von derselben entfernt ist, wärend man von der ersten aus, das Semljanoi Muis (Erd Vorgebirge) umfahren muß, welches 14 Werst weit nach NW. vorspringt. Man giebt daher jetzt jener erst erwähnten Wasserscheide nur dann den Vorzug, wenn es sich um Fortschaffung größerer Lasten handelt.

Unsere Beobachtungen auf dem Westlichen Vorgebirge an der Mündung des Hafens gaben folgende Resultate:

Breite	69° 43′
Länge	32° 6′
Magnetische Abweichung	3° 30′ W.
— — Neigung	77° 24′
Hafenzeit	6^h 36′
Fluthhöhe	10 Fuß.

Strömungen giebt es fast gar nicht in diesen Hafen, außerhalb desselben werden sie aber fühlbarer und in dem Motower Meerbusen sind sie sehr beträchtlich. Es ist bemerkenswerth, daß wenn die Strömung am Norduser nach W. laüft, am Süduser ein Oststrom statt findet und umgekehrt, so daß derselbe die ganze Bucht zu umfließen scheint. Übrigens wiederhole ich hierin nur

Gerasimows und anderer Seefahrer Aussage, denn wir selbst hatten nicht Gelegenheit uns davon zu überzeugen. Auch muß erwähnt werden, daß an der Nordseite der Landenge die Fluth zu derselben Zeit eintrat, wie in dem Hafen, obgleich zwischen den Wassern dieser zwei Stellen keine direkte Verbindung statt findet.

Lieutenant Sawalischin machte die folgende Beschreibung des Motower Meerbusens.

Der Motower Meerbusen wird von S. und W. durch das feste Land, und von N. durch das Südufer der Fischer Halbinsel begränzt. Als östliche Gränze desselben kann man eine Linie annehmen die sich von dem Vorgebirge Wjew Nawolok gegen N. bis zum Ufer der Halbinsel erstreckt. In der Richtung von WNW. $\frac{1}{2}$ W. nach OSO. $\frac{1}{2}$ O. beträgt seine Länge 23 Meilen, und die Breite 2 bis $8\frac{1}{2}$ Meile. Seine beiden Ufer bilden viele Buchten, von denen fast keine einzige ein guter Hafen zu nennen ist, obgleich manche derselben im Nothfalle eine brauchbare Zuflucht darbieten könnte.

Am Südufer liegt von O. her zuerst die Bucht Ara, drei Meilen westlich von dem Wjew Nawolok. Sie erstreckt sich gegen 7 Meilen weit nach SW t S. und S., und hat gegen 1 bis $\frac{1}{2}$ Meile Breite. Ihr westliches Vorgebirge heißt Tolstik und ist ein ziemlich hoher und runder Felsen. Eine halbe Meile östlich von demselben, mitten in der Mündung der Bucht, liegt eine niedrige Felseninsel, und in deren Mitte eine tiefe Einsenkung von 2 Meilen im Umfange. Um eine halbe Meile SWlich von dieser Insel nnd nur um 50 Sajenen von dem Westufer der Bucht, liegt eine andere kleinere aber höhere Insel welche in der Ferne das Ansehen eines runden Hügels hat. Diese beiden Inseln heißen die Arsker (Arskie ostrowa).

Die Arsker Bucht ist von beträchtlicher Tiefe, namentlich 35 Sajenen zwischen den Inseln, und westlich von denselben. In der Mitte der Bucht findet man Sand- und Thonboden bei 40 — 45 Sajenen Tiefe. An der Südseite der kleinen Ankerinsel bildet das Westufer eine Bucht von etwa zwei Meilen im Umfange in welcher die Tiefe 10 bis 20 Sajenen beträgt. Ihr Grund besteht meistentheils aus Sand, stellenweise liegen aber auch Muscheln, Steine und Korallen über demselben.

Man kann ohne Gefahr in dieser Bucht vor Anker liegen und um in derselben einzulaufen, muß man zuerst auf das Vorgebirge Tolstik halten. Man läßt es um nur eine Kabeltaulänge westlich, und lauft dabei nach S. in die Straße zwischen den Arskischen Inseln, welche durchaus gefahrlos ist. Sobald man an der südlichsten derselben vorüber ist öffnet sich die gesuchte Bucht, auf welche man steuert, ohne sich der Insel mehr als auf 3 Kabeltaue zu nähern, weil sich ein Riff 50 Sajenen weit von deren SWspitze erstreckt. Nach Erreichung einer Tiefe von 15 Sajenen werfe man den Anker, wobei folgende Peilungen eintreffen müssen:

Das Östlichste Ende der Insel . . .	N. 65° O.
Das Westlichste Ende der Insel . . .	N. 36° O.
Das Süd Ende der Bucht	S. 30° O.

Vom Meere her ist die Arabucht leicht zu erkennen, durch die auffallende Unebenheit des ihr nahe gelegenen Vestlandes und durch das seltsame Ansehen der Arsker Inseln.

Um 4 Meilen westlich von der Arskerbucht, liegt die Witschaner Bucht (Witschanaja guba) von 4 Meilen Länge von N. gegen S. und von $\frac{3}{4}$ bis $\frac{1}{4}$ Meile Breite. An der Ostseite ihrer Mündung befinden sich die Witschaner Inseln von denen die 2 westlichsten eine Meile in der Länge und vier Meilen in der Breite messen, wärend die 3 östlichsten nur $\frac{1}{2}$ bis $\frac{3}{4}$ Meilen im Umfange haben. Eine der ersteren ist durch ein Riff mit dem Vestlande verbunden. Um 1 Meile nördlich von diesen Inseln liegt ein niedriges, flaches und kahles Inselchen von weißlicher Farbe, welches man nach seinem Ansehen sehr richtig Bljudzo (das Schüsselchen) genannt hat. In der Mündung der Witschaner Bucht steigt die Tiefe bis zu 80 Sajenen, nimmt aber weiter aufwärts beständig ab, und in $\frac{1}{4}$ Meile Abstand von der Mündung wird es bei Ebbezeit völlig trocken. Der Boden besteht aus Thon und feinem Sande. Wegen ihrer so beträchtlichen Tiefe und wegen völliger Ungeschütztheit von der Nordseite, ist diese Bucht zum Ankern nicht tauglich, wenn aber Noth oder Zufall ein Schiff in dieselbe führen sollten, so kann es an der Südseite der westlichsten von den Witschaner Inseln vor Anker gehen, gegenüber einem Vorgebirge, welches von dem Ostufer vorspringt.

Die Lizer Bucht (Guba Lizkaja) liegt zwei Meilen westlich von der eben genannten, und erstreckt sich mit vielfachen Krümmungen sechs Meilen weit gegen SW. In der Mündung beträgt ihre Breite eine Meile, und 2 Meilen von derselben nimmt sie bis auf $\frac{1}{4}$ Meile ab, wächst aber weiterhin wieder bis auf $\frac{1}{2}$ oder $\frac{3}{4}$ Meilen. Der Mitte der Mündung gerade gegenüber und $\frac{3}{4}$ Meilen von deren Ufern liegt die hohe und senkrecht abfallende Kuwschin- d. i. Krug-Insel, welche gegen $1\frac{1}{4}$ Meilen im Umfange mißt. Sie liegt auf einerlei Parallel mit der früher erwähnten Insel Bljudzo, und in 1 Meile Abstand von derselben. In der Mitte der Lizer Bucht in 5 Meilen von deren Mündung beträgt die Tiefe 35 — 70 Sajenen, und auch hart an den Ufern nicht weniger als 20 Sajenen über Sand-, Stein- und Thonboden, und in $\frac{1}{4}$ Meile von dem innersten Winkel der Bucht 13 Sajenen über Thon.

In diese Bucht ergießen sich 2 Flüsse unter dem Namen der Großen und Kleinen Liza. Der erstere fällt in den innersten Winkel der Bucht und der andre in deren Ostufer $1\frac{1}{4}$ Meile von der Mündung. Am rechten Ufer des letzteren Flusses liegt ein Wohnplatz der reisenden Fischer, welcher aus zweien Hütten besteht.

Gegen die innere Seite der Lizer Bucht in $\frac{1}{2}$ Meile Abstand von der Mündung der großen Liza kann man bei 15 — 20 Sajenen durchaus ohne Gefahr und Beunruhigung vor Anker liegen; jedoch hat diese Stelle die große Unbequemlichkeit, daß man zum Auslaufen nothwendig S. oder W.wind bedarf. Mit andern Winden auszulaufen, verhindern sowol die Engen und Krümmungen der Bucht als auch die Unmöglichkeit irgendwo unter Wegs vor Anker zu gehen. Dafür kann man aber daselbst höchst bequemer Weise schönes und frisches Trinkwasser aus Quellen einnehmen, welche sich am Ostufer des kleinen Lizaflusses um 100 Sajenen von der auf niedrigem Vorgebirge gelegenen Hütte befinden, so wie auch sich mit Holz aus den Birkengehölzen versehen, welche sowol an den Ufern des großen Lizaflusses als auch $\frac{1}{2}$ Meile weiter seewärts wachsen.

Wenn man nach der Lizabucht geht, so kann man sich von der Kruginsel (ostrow Kuwschin) auf beliebiger Seite und in beliebiger Entfernung halten; sobald man aber an derselben vorüber ist, muß man nach S. oder nach SW. auf die Mitte der Mündung der Bucht steuern. Sobald man in dieselbe einlaüft, gewahrt man zur Linken das Bette der kleinen Liza, und Hütten hinter einem niedrigen Vorgebirge, welches von dem Ostufer dieses Flusses hervorragt. Wenn man von diesem Vorgebirge noch um $\frac{1}{2}$ Werst entfernt ist, zeigt sich zur Rechten die Fortsetzung der Bucht, und nach dieser Seite muß man sich auch wenden, und in der Mitte zwischen beiden Ufern bleiben. Nachdem man $1\frac{1}{2}$ Meile weit nach W. fortgeschritten ist bis zu einer kleinen Insel am Westufer, und dann gegen 1 Meile weit nach SW. t S. (wobei man sich zu hüten hat, sich dem Westfer zu nähern, weil sich ein Felsenriff um $\frac{1}{2}$ Meile südlich von der genannten kleinen Insel befindet), so wie endlich $2\frac{1}{2}$ Meile weit nach SW. $\frac{1}{2}$ W., so wird man den innersten Winkel der Bucht erreichen, die von allen Seiten gegen Winde geschützt ist und in welcher man bei einer Tiefe von 15 bis 20 Sajenen über Thongrund den Anker werfen kann.

In dieser Bucht beträgt die Hafenzeit $5^h 58'$, die Fluthhöhe 9 Fuß 3 Zoll, und die Strömungen folgen der Richtung der Ufer. Die magnetische Abweichung ist 3° W.

Um $4\frac{1}{4}$ Meile von Lizkji Kuwschin (d. i. Lizer Krug), springt das niedrige Vorgebirge Pikschuew gegen NO. vor. Um $8\frac{1}{2}$ Meile gegen WNW. von denselben liegt die Titower Bucht (guba Titowskaja) welche 3 Meilen weit nach SW t S. einspringt und 1 bis $\frac{1}{2}$ Meile breit ist. Die Tiefe beträgt daselbst 17 bis 5 Sajenen und den Grund bildet feiner Sand. Die innere Seite derselben wird bei Ebbe auf 300 Sajenen weit trocken gelegt. In der Mündung der Bucht liegen unter deren Westufer die zwei Titower Inseln (ostrowa Titowskie), welche gegen $1\frac{1}{2}$ Meilen im Umfange haben. Gegen O. von denselben und um $\frac{1}{4}$ Meile nördlich von dem östlichen Ufer der Bucht, liegt die Begräbnißinsel (ostrow mogilnui), welche $\frac{1}{2}$ Meile in der Länge und $\frac{1}{4}$ Meile in der Breite mißt.

An der Südseite der nördlichsten unter den Titower Inseln, kann man vor Anker gehen und zwar bei 9 bis 12 Sajenen Tiefe und in 150 Sajenen Abstand, sowol von dem Ufer des Vestlandes als auch von dem der Insel. Dort stehen gewöhnlich die Lodjen der Russischen Fischfänger, auch leben daselbst einige Loparische Familien. Die nördliche Einfahrt zu diesem Orte, liegt zwischen der Insel und dem Vestlande und ist weniger als 1 Kabeltau breit, bei einer Tiefe von 19 bis 5 Sajenen; die östliche Einfahrt aber, d. i. diejenige welche zwischen beiden Inseln hindurchführt, hat gegen $1\frac{1}{2}$ Kabeltau in der Breite; Gefahren giebt es dort nirgends.

(Dienstag. Juli 17.). Am Morgen des 17ten war es windstill. Der Nebel zertheilte sich und das Wetter wurde ausgezeichnet schön. Wir befanden uns hart am Ufer der Halbinsel; Östlich von der SOspitze derselben. Alle Hauptpunkte des Südufers zeigten sich völlig deutlich, unsere Beobachtungen gelangen sehr gut und wir verbanden dieselben durch zuverlässige Peilungen und Winkelmessungen mit den Resultaten der Beobachtungen, welche theils wir am 10. Juli, theils Lieutenant Sawalischin späterhin anstellten. Die Insel Kildin war nicht sehr deutlich sichtbar, jedoch genugsam kenntlich um uns einen Fehler in der Lage ihrer NWspitze gegen die Motower Bucht erkennen zu lassen, welchen wir für jetzt nicht verbessern konnten. Um $7\frac{1}{2}$ Uhr erhob sich ein frischer Wind aus OSO. mit welchem wir endlich die Aufnahme des Ostufers der Halbinsel beginnen konnten.

Von der SOspitze derselben dem sogenannten Gordejewer Vorgebirge unter 69° 34′ Breite und 32° 47′ Östlich von Greenwich, erstreckt sich dieses Ufer hohe Abhänge bildend gegen NO. Schiefrige Textur zeigt sich deutlich an diesen Felsen. Sie sinken steil in die Tiefe und auf einer Strecke von 10 Meilen, findet man in ihnen keine einzige Bucht. Acht Meilen jenseits des

Gordejewer Vorgebirges trifft man das auffallende Vorgebirge Scharapow, auf dessen Endspitze sich ein großer und spitz zulaufender Steinhaufen befindet, welchen die Jagdreisenden (Promuischleniki) das Thürmchen (baschenka) nennen. Von O. her kann man dieses Thürmchen deßwegen nicht bemerken weil es mit dem Ufer verschmolzen scheint; sieht man aber von N. oder S. darauf hin, so trennt es sich vollkommen von demselben und macht daß man das Scharapower Vorgebirge von diesen beiden Seiten nicht verkennen kann. Von diesem Vorgebirge an laüft das Ufer gegen N. und wird immer niedriger. Um 3½ Meile jenseits desselben erstreckt sich NWwärts die Schiffsbucht (Korabelnaja guba), in welcher troß ihres Namens Seeschiffe durchaus keinen Schutz finden. Lodjen verweilen mitunter wegen ungünstigen Windes in derselben. Etwas nördlich von derselben liegt die kleine Anikiew Insel, die niedrig und mit angenehmem Grün bedeckt ist. Um zwei Meilen weiter findet man das östlichste Vorgebirge der Halbinsel Namens Zuip-Nawolok nach welchem einige Seefahrer auch die ganze Halbinsel das Zuip-Nowoloker Land genannt haben, aber diese Benennung ist nicht allgemein angenommen. Um 2 Meilen jenseits Zuip-Nawolok springt das Lawuischew Vorgebirge hervor; es ist das Nordöstlichste dieses Landes und der niedrigste Punkt des gesammten Ufers. Es ist dieses selbe Vorgebirge dem man auf alten Holländischen Karten den sonderbaren Namen Laus gegeben hatte. Wir befanden uns am Mittag genau auf dem Parallele dieses Vorgebirges und bestimmten mit Genauigkeit seine Breite zu 69° 45′ 30″ und seine Länge zu 33° 4′.

Längs des ganzen Ostufers sahen wir viele Steinhaufen von verschiedener Größe, welche nach Aussage unserer Lootsen, den früher sehr zahlreicheu Fischern als Wegweiser von einer Niederlassung zur andern gedient hatten.

Vom Lawuischew Vorgebirge erstreckt sich das Ufer nach WNW. wird wiederum hoher und steiler, ohne irgend eine Einbucht zu zeigen bis zur Subowbucht, welche klein und seicht ist und hinter zweien kleinen Inselchen einen Anfahrtsort für Lodjen nicht aber für Seefahrzeuge darbietet. Es muß hierbei bemerkt werden, daß man unter der Benennung Lodjenanfahrt (Lodeinoe stanowischtsche) nicht immer eine Stelle zu verstehen habe die sich irgend wie als Ankerplatz empfehle, vielmehr werfen die Lodjen ihre Anker überall wo sie eine Windstille oder widriger Wind betrifft, wo aber einmal eine Lodja einen Tag über glücklich gestanden hat, da ist, nach der Meinung ihrer Führer, eine Anfahrt.

Fünf Meilen hinter der Subowbucht erhebt sich hart am Ufer die steile Skarabejewa Pachta und 5½ Meile weiter das sehr ausgezeichnet hohe und schwarze Kekurer Vorgebirge [1] dessen ganzer Rücken aus großen Stufen besteht die sich von der Spitze bis zur Strandlinie fortsetzen. Es ist dieser der nördlichste Punkt der Halbinsel und er liegt im 69° 58′ Breite. Von dort aus wird das Ufer wiederum ziemlich schnell niedriger bis gegen die NWspitze der Halbinsel, dem sogenannten Deutschen Nawolok (Njemezkji Nawolok), an welchem sich eine gegen S. und SSO. nach der großen Wolokower Bucht gerichtete Einbiegung schließt. Als wir an diesem Vorgebirge vorbei gingen, zeigte sich die niedrige und mit einem Riffe umgebene Kjiinsel, dieselbe die wir von den Bergen der Landenge gesehen hatten, und bald darauf auch der Felsen auf dieser letztern auf dem wir einen Steinhaufen errichtet hatten. Auf diese Weise konnten wir durch Peilungen dieses genau bestimmten Punktes die Beobachtungen berichtigen auf denen sich die Aufnahme der Ostseite der Halbinsel gründete und fanden zu großer Freude fast gar keinen Unterschied zwischen beiden Bestimmungen.

Diese Halbinsel ist auf unserer Karte Fischer Halbinsel (Ruibatschui poluóstrow) genannt. Wir behielten den Namen deßwegen bei, weil die Seefahrer seit lange gewohnt sind ihn auf den Karten zu sehen, so daß eine Veränderung nur unnütze Verlegenheiten herbeiführen konnte.

Nach Umschiffung des Deutschen Nawolok hielten wir nach SW t W. auf die Ainower Inseln, die in der SOhälfte des großen Meerbusens liegen, welcher das NWliche Ufer des Russischen Laplands und das Ostufer von Finnmarken bespült. Dieser weite Meerbusen führte auf allen alten sowol Russischen als Ausländischen Karten den Namen Waranger Fiord (Warangskji Saliw) es scheint aber als gehöre diese Benennung eigentlich nicht dem ganzen Meerbusen, sondern nur der langen und schmalen Bucht welche sich gegen W. von demselben abzweigt, so wie es auch auf einigen der Ausländischen Karten und auf allen unsren Feldmesser Plänen angegeben ist. Die dortigen Bewohner bekräftigen diese Ansicht, indem sie jene Bucht die Waranger nennen. Um aber unnütze Namen-Veränderungen zu vermeiden bezeichneten wir dennoch den ganzen Meerbusen als den Waranger.

In der 8ten Stunde waren wir den Ainower Inseln gegenüber, welche NWlich vom Endvorgebirge liegen; die sogenannte Kleine um 2 und die Große um $3\frac{1}{2}$ Meile von demselben.

[1] Ohne Zweifel ist es dieses Vorgebirge welches auf den Karten und in den Beschreibungen der alten Holländischen Seefahrer den Namen Kegor führt. Was sie aber unter Kegor Hafen verstanden, ist schwer zu entscheiden: vielleicht die Subow Bucht. In Auswahl ihrer Hafen waren sie eben so leicht zu befriedigen wie unsere Seeschiffer.

An der Südseite der letzteren ist mäßige Tiefe und schöner Sandgrund, so daß man bei Nwinden vor Anker gehen kann. Diese Inseln sind berühmt wegen ihrer Multebeeren (Maroschka), welche an Größe und Wohlgeschmack alle an andern Orten gesammelten übertreffen. Eine beträchtliche Menge dieser Früchte wird für den Kaiserlichen Hofhalt geliefert. Mehrere Bewohner von Kola haben kein anderes Gewerbe als die Einsammlung der Ainower Multebeeren, und finden dabei in guten Jahren reichliches Einkommen. Beide Inseln waren als wir vorübergingen mit Beerensammlern bedeckt.

Von den Ainower Inseln fuhren wir fort mit dem früheren Kurse auf das Südufer des Waranger Meerbusens zu halten, und um 9 Uhr als wir uns auf 3 Meilen genähert hatten, hielten wir längs desselben nach WNW. Die Mündung des Petschenga-Flusses blieb uns um 8 Meilen gegen SSO. Sie ist berühmt, weil an ihren Ufern der Heilige Triphon der Wunderthäter (T. Tschudotworez) wohnte, der die Loparen zum Christenthum bekehrte. Die Wohnung dieses Heiligen besteht noch jetzt an der Mündung des Triphonow Flusses in die Petschenga, 15 Werst von der Mündung der letztern. Im 16ten Jahrhundert lag daselbst das Kloster der Lebensbringenden Dreieinigkeit, welchem im Jahre 1556 das ganze Lapländische Ufer westlich von dem Kolaer Meerbusen mit allen Inwohnern vom Zare Joan Wasilewitsch als Kirch-Sprengel untergeben wurde. In dem Verleihungsbriefe werden die Motower, Lizer, Urer, Pasrezer und Njawdener Buchten erwähnt, so wie auch „das was das Meer auswirft, als da sind: Wallfische, Wallrosse oder ähnliche Thiere." Im Jahre 1589 ward dieses Kloster von den Schweden zerstört und hernach nach Kola verlegt, sodann aber gänzlich aufgehoben und mit dem Archangeler Kloster vereint. An der Petschenga blieb nur die Kirche welche, wie man uns sagte, mit reichen Heiligenbildern geschmückt ist. Sie hat keinen eigenen Geistlichen, es kommt aber jährlich einer von Kola dahin. Petschenga ist das Mekka der dortigen Gegend, denn jeder wohlgesittete Lopare hält es für Pflicht wenigstens einmal im Leben die Reliquien der gottgefälligen Heiligen anzubeten; in gefährlichen Lagen geloben sie zum Gebet nach Petschenga zu gehen. Viele thun das auch um von Krankheiten zu genesen.

Die Mündung der Petschenga liegt um 4 Meilen westlich von der kleinen Wolokower. Nach Aussage unseres Lootsen ist die Tiefe derselben auch für große Schiffe hinreichend, doch habe sie nirgends Schutz von der Meerseite. Letzteres halte ich jedoch für unwahrscheinlich.

Wir fuhren bis um Mitternacht längs des Ufers. Alle Buchten innerhalb der aufgenommenen Strecke sind auf unserer Karte verzeichnet; keine derselben hat einen Ankerplatz für Seefahrzeuge.

Um Mitternacht waren wir dem Wilemer Vorgebirge gegenüber, welches die Ospitze der weiten Pasrezer Bucht ausmacht. In diese ergießen sich die Flüsse Pas, Utenga und Njawdena und in ihrer Mündung liegt die große Insel Schalim nebst mehreren kleineren Inseln. Wahrscheinlich giebt es einen guten Ankerplatz in dieser Bucht, jedoch vielleicht in einigem Abstande von der Mündung. Ich hatte nicht Gelegenheit mich hiervon zu vergewissern, denn in der Nähe gab es keinen Ankerplatz, von welchem aus man die Ruderboote zur Besichtigung der Bucht hätte absenden können. Ich beabsichtigte unsere Aufnahme Westwärts von dem Weres Nawolok fortzusetzen der vom Wilemer Vorgebirge um 12 Meilen gegen NW t W. liegt und die Gränze der Russischen Besitzungen an diesem Ufer bildet.[1] Der Wind ward aber östlich und so frisch, daß die Ausführung unterbleiben mußte. Unsere Rückfahrt von jenem Punkte wäre gerade gegen den Wind gerichtet gewesen; in jener engen Gegend bei frischem Winde, welcher beträchtlichen Seegang erregte, erschien das Lawiren bedenklich, und Ankerplätze unter dem Winde gab es nicht, ausgenommen einen sehr schlechten hinter der Insel Wadsö. Jenseits des Weres Nawolok wären wir demnach in sehr unbequeme Lage und bei etwa zunehmendem Winde in beträchtliche Gefahr gerathen. Diese Umstände hätten mich freilich nicht abgehalten wenn das Unternehmen einige Wichtigkeit gehabt hätte, aber die Bestimmung eines Punktes der von keinem andern Seeschiffe gesehen werden kann, als von den Fischerbarken die nach Wadsö gehen, schien mir zu keinem Wagniß zu berechtigen. Ich beschloß daher vom Wilemer Vorgebirge meerwärts zu halten und unterwegs so viel als möglich das Westufer des Waranger Meerbusens zu besichtigen.

Der Wind wehte sehr frisch, und um nicht unter den Wind zu fallen, trugen wir alle Segel die ohne Gefahr für die Stangen stehen konnten. Trotz dem konnten wir aber die Westspitze des Meerbusens nicht umfahren und mußten zu dem Ende mehrmals wenden. Endlich gegen 3 Uhr Nachmittags gelangten wir glücklich in den Ocean.

Die Bestimmung des eigentlichen Namens dieser Endspitze

[1] Bis zu diesen Punkt erstrecken unsre Loparrn ihre Ansprüche, aber die nomadisirenden Finnmarkener (oder wie man sie dort nennt Filmanen) setzen ihrerseits die Gränzen viel weiter östlich und sogar bis zur Fischerhalbinsel. Es entstanden daraus große Streitigkeiten zwischen denselben, zu deren Schlichtung Gränzbeamte beider Mächte mehrmals zusammen kamen. Zuletzt wurde im vorigen Jahre (1821) der Obristlieutenant vom Quartiermeisterstabe Herr Galjamin und einige Schwedische Beamte zur endlichen Festlegnng der Gränze abgesandt. Ihre Uebereinkunft ist bis jetzt noch nicht ratifizirt.

brachte mich in einige Verlegenheit. Fast auf jeder Karte heißt es anders: Kibornes, Bironnes, Kiberg u. s. w. Die Englischen Karten stimmen am meisten untereinander, weshalb ich auch nach diesen das Vorgebirge unter dem Namen Kiberg auf meiner Karte aufnahm. Seine Lage bestimmten wir mit Genauigkeit.

Die Verbindung der Insel Wardhous mit unserer Aufnahme hielt ich für nöthig. Ihre Lage ist durch gute Astronomische Beobachtungen bestimmt, wäre daher trübes Wetter eingetreten, so konnte ich hinter dieser Insel verweilen um günstige Umstände für die Beobachtungen abzuwarten. Aber helles Wetter und sehr reiner Horizont ersparten uns diesen Aufenthalt. Gelungene Beobachtungen, welche wir fast auf dem Meridiane von Wardhous anstellten ergeben die Länge derselben (wenn man die von Archangel nach unserer vorjährigen Beobachtung 40° 33′ 45″ annahm) zu 31° 5′ 35″ von Greenwich. Sie ist nur um 1′ von derjenigen verschieden, welche sich in Nory's requisite tables befindet und um 25″ kleiner als die Angaben der Mendoza'schen Tafeln. Eine so nahe Übereinstimmung bewieß gleichzeitig die Richtigkeit der Länge von Archangelsk und die Zuverlässigkeit unserer Chronometer. [1]

Diese Bestimmung beschloß die Aufnahme des Lapländer Ufers und wir nahmen um 5 Uhr Nachmittags unsre Abfahrt nach Nowaja Semlja. Es freute mich daß ein Zusammenfluß günstiger Umstände uns dießmal erlaubte den ersten Theil unseres Auftrages so früh zu beenden, daß für den zweiten und umfassen- Theil noch mehr als 1½ Monate übrig blieben. Die Entfernung von Nowaja Semlja war beträchtlich, auf beständige Begünstigung durch die Winde durften wir nicht hoffen und wir mußten daher eine jede Minute hoch anschlagen. (Donnerstag. Juli 19.) Am folgenden Tage ward es still und dieser Zustand währte zwei Tage lang, nur von schwachen Wehen unterbrochen. (Sonnabend. Juli 21.) Am 21sten erhob sich ein völlig widriger ONOwind, der sich indeß gegen Morgen weiter nach N. wendete und erlaubte fast auf dem Parallele zu fahren. (Dienstag. Juli 24.) Bis zum 24sten zeigte sich die Sonne durchaus nicht, an diesem Tage ergaben aber Beobachtungen, daß wir wärend der letzten 6 Tage durch Strömungen um 45 Meilen nach S. und um einiges gegen O. geführt worden waren. Die Breite betrug 70° 44′ 26″ die Länge 46° 25′ O. von Greenwich. Diese Strömung wirkte noch mehr als der Wind um uns vom geraden Wege abzulenken. Nachdem hielten uns widrige Winde und Stillen noch 2 Tage lang fast auf derselben Stelle. (Donnerstag. Juli 26.) Endlich

[1] Wenn nicht 2 entgegengesetzte Fehler sich aufhoben, welches, falls mehrere Chronometer übereinstimmten, nicht wahrscheinlich ist. — E.

am 26sten gegen Abend erhob sich ein frischer Owind mit dem wir gerade auf das Nördliche Gänse Kap hielten. (Freitag. Juli 27.) Dieses Vorgebirge zeigte sich fast gerade um Mittag des 27sten Juli. Unsere Lootsen bezeugten gespannte Erwartung auf das Ende unserer 9 tägigen Fahrt, wärend welcher wir beständig widrige Winde hatten, nnd ohne Ufer zu sehen von einer Seite zur andern und wie sie glaubten dem Zufalle überlassen uns bewegten. Sie unterhielten sich oft mit einander über diese Umstände und lächelten dabei zweifelnd. Als ich endlich an Otkupschtschikow sagte, daß wir nun bald das Gänse Kap sehen würden und dieses wirklich geschah, da erkannten sie den Vorzug unserer Schiffahrtsmittel vor den ihrigen. Sie waren erkenntlicher als Fleurieu's Steuerleute, welche nicht glauben wollten daß er mit seinen Chronometern die Länge bestimmen könne; und nachdem sie sich davon überzeugt hatten, betrügerisch verfuhren um ihre Rechnung mit seinen Beobachtungen in Übereinstimmung zu bringen.

Ich erhielt fast genau auf dem Meridiane des Gänse Kaps Sonnenhöhen zur Bestimmung des Stundenwinkels und nach diesen ergab sich die Länge desselben von Archangelsk nur um 1 Minute von der vorjährigen Bestimmung verschieden. Wir hielten darauf queer über den Mollerschen Meerbusen auf das Vorgebirge Britwin. Die Seichtheit dieser Gegend war uns bekannt und wir steuerten daher in nicht weniger als 4 Meilen Abstand von demselben; dennoch aber verminderte sich die Tiefe um 10 Uhr Abends plötzlich bis zu 9 Sajenen, gerade als wir an diesem Vorgebirge vorüber gingen, so daß wir 2 Mal weiter unter den Wind gehen mußten.

Ich wollte unsere dießjährige Arbeit bei Nowaja Semlja mit einer Aufnahme von Matotschkin Schar beginnen, und nahm daher nach Umfahrung des Britwin Kaps, den Kurs gerade auf die Mündung dieser Straße. (Sonnabend. Juli 28.) SOwind in Verbindung mit heftigen Schauern, welche ihn gewöhnlich in dieser Gegend begleiten, brachte uns gegen 3 Uhr Morgens bis zum langen Vorgebirge (dolgoi muis). Durch Bugsiren und durch schwache Winde aus verschiedenen Rhumben, gelangten wir gegen Mittag auf die Höhe des Säulen Vorgebirges (Stolbowoi muis). Ich hoffte durch diese Mittel auch in den Schar einzulaufen, aber um Mittag erhob sich Owind, der in kurzer Zeit sich so sehr verstärkte, daß wir genöthigt waren die Marssegel gänzlich zu reffen. Wir fingen an zu lawiren in der Hoffnung es sei nur ein vorübergehender Schauer, gewannen aber Nichts weil keine gehörige Segel stehen konnten. Im Gegentheile brachte uns eine heftige Strömung aus der Straße nur noch weiter meerwärts und da der Wind sich auch am Abend nicht legte, so beschloß ich uns nicht länger mit unnützem Lawiren aufzuhalten, sondern unter den Wind nach N. zu gehen zur Ausführung des 3ten Punktes der Instruktion des Admiralitäts-Departements: der Entscheidung des Zweifels über die Spitze die wir, auf unserer vorjährigen Karte, das begehrte Vorgebirge genannt hatten.

In der 8ten Stunde nach Umfahrung des Trocknen Kaps (suchoi nos) hielten wir gerade auf die Admiralitäts Insel, ohne den Einbiegungen des Ufers zu folgen, sowol um die Fahrt abzukürzen als auch um den heftigen Windstößen und Schauern zu entgehen welche wir schon mehrmals vom Ufer her erfahren hatten. Außerdem war die Annäherung an dieses Ufer deßhalb nicht nöthig, weil wir es in den vorigen Jahren (1821 und 1822) genügend untersucht hatten.

Die Buchten auf dieser Strecke erklärte der Kormschtschik Otkupschtschikow genau so wie sie auf unserer Karte angegeben sind, nur mit dem Unterschiede, daß sie die seichte Bucht (g. mjélkaja) bisweilen auch die sandige (peschtschánaja) nennen. Übrigens ist die erstere Benennung sehr passend, denn sie ist in der That so seicht, daß Fahrzeuge nicht einlaufen können. In die Krestower Bucht ergießt sich ein Bach in welchen früher Schiffe eingehen konnten, seit einiger Zeit ist aber seine Mündung versandet. Die Suljmenjew Bucht hatte bei ihnen gar keinen Namen.

(Sonntag. Juli 29.). Der heftige Wind der uns von Matotschkin Schar zurückdrängte brachte uns am Morgen des 29sten zur Admiralitäts Insel. Unsere Reisende (Promuischleniki) nennen dieselbe Glasow und Podschiwalow Insel. Otkupschtschikow beschrieb sie genau so wie wir sie im vorigen Jahre fanden, d. h. auf große Entfernung mit Untiefen umgeben. In der Durchfahrt zwischen ihr und dem Vestlande ist es so seicht, daß keine Art von Fahrzeug hindurch kann. Hinter ihrer NSpitze ist eine Einbucht, welche die Glasow Bucht heißt.

An dieser Stelle legte sich der günstige Wind und wir blieben den ganzen Tag über unter Windstille, im Angesicht der Admiralitäts Insel. Gegen 10 Uhr Abends erhob sich NOwind, der uns zwang über Backbord nach WNW. zu halten. Dieser Kurs entfernte uns so sehr vom Ufer, daß es kaum noch sichtbar blieb. (Montag. Julj 30.) Aber am Morgen des 30sten wurde der Wind Nördlicher, und wir wendeten zu Steuerbord Kurs und hielten nach Rechnung fast auf die SWspitze der Wilhelms Insel.

Um Mittag beobachteten wir die Breite zu 76° 4′,5 d. h. um 45 Meilen größer als nach Rechnung. Die Chronometerlänge 55° 50′ stimmte fast mit der Rechnung. In den letzten 2 Tagen hatte uns die Strömung bedeutend geholfen, denn wir hätten lange lawiren müssen um 45 Meilen nordwärts zu gehen. Nun führte unser Kurs nicht mehr auf die Wilhelms Insel, sondern noch nördlich von der Krestower. Das Wetter ward unterdes feucht und neblich, so daß die Ufer bisweilen gänzlich verschwanden; dennoch gelang es die Krestower Insel zu unterscheiden, die wir um 10 Uhr Abends nach SO t O. in 12 Meilen Entfernung peilten. Die Inseln Wilhelm und Berch schienen vereinigt und unterschieden sich kaum vom Ufer, deßhalb auch konnten wir nicht entscheiden, welche dieser Inseln von den Promuischleniks die Bucklichen genannt werden. Die Bucklichen Inseln (Gorbowuie ostrowa) waren unserm Lootsen sehr wohl bekannt, er konnte sie aber nicht unterscheiden, weil seine Augen schon schwach und an den Gebrauch von Fernröhren nicht gewohnt waren. Nach seiner Beschreibung dieser Inseln konnte man aber mit Sicherheit behaupten, daß ihnen die Wilhelms- und die Berch Inseln entsprechen.

Der Nebel ward dichter und endlich völlig undurchsichtig. (Dienstag. Juli 31.) Um 5 Uhr Morgens als er sich auf einige Minuten zertheilte, sahen wir unter dem Winde ein um 5 Meilen entferntes Ufer. Nach Rechnung hätte es weiter von uns liegen sollen, indessen waren wir, wie nachherige Beobachtungen zeigten, wärend der Nacht durch Strömung um einige Meilen Swärts geführt worden. Wir wendeten hart an den Wind nach NNO. Dieser Kurs entfernte uns von dem Ufer, weshalb wir auch denselben befolgten, obgleich sich die Küste abermals in Nebel verbarg. Um Mittag richtete uns aber der Wind nach ONO., auch bemerkten wir bald eine Veränderung in der Farbe des Wassers und fanden durch Lotung nur 35 Sajenen Tiefe. Wir wendeten deshalb fort vom Ufer und lawirten wärend des noch übrigen Tages und wärend der Nacht zum 1sten August, gegen NO. bei sehr schwachen widrigen Winden, die oftmals durch Stillen unterbrochen wurden. Das Ufer zeigte sich selten.

Dieses Mal fanden wir nicht mehr in dieser Gegend die erschreckende Öde die im vorigen Jahre bemerkt wurde. Rings um uns sahen wir in großer Menge fliegende Möven, Taucher, Aptinodytae (gagari), Seepapageien u. a., welche sich mit ungeheurem Geschrei auf die von uns ausgehängten Angeln warfen und nicht selten ihre Gefräßigkeit mit dem Leben bezahlten. Der Grund dieses Unterschiedes lag wahrscheinlich in der früheren Jahreszeit. Bei Nowaja Semlja sind alle diese Vögel nur eingewandert und im Anfang des August fangen sie an die Ufer der Insel zu verlassen. Zuerst veröden die Nordküsten, später auch die südlichen und gegen Ende des Monats, findet man schon keinen einzigen dieser Vögel im ganzen Lande.

Wir hatten nun 76°,5 Breite erreicht, ohne irgend welche Spuren von Eis zu bemerken und da das Glück den Menschen sehr leicht verwöhnt, so fühlten wir uns durch diese gänzlich ungehinderte Fahrt in so hohen Breiten gar bald veranlaßt die Erreichung der Nordöstlichsten Spitze von Nowaja Semlja nicht nur für ein ausführbares und mögliches Unternehmen, sondern auch für eines von ganz unbezweifelbarem Erfolge zu halten. (Mittwoch. August 1.) Der Morgen des 1sten August erinnerte uns indeß daß wir dennoch auf diesem Wege noch Hindernisse finden könnten, welche denen des vorigen Sommers ähnlich wären. Wir gingen mit Backbordkurs nach N., als sich um 8 Uhr einige einzelne Eisberge und bald darauf als der Nebel sich für einige Zeit zerstreute in NW. nud WNW. niedrige und dicht gedrängte Eismassen zeigten. Durch eine Wendung nach SO. verloren wir sie bald aus den Augen. Um 6 Uhr Abends hielten wir wiederum nach N. mit frischem Owinde. Eine sehr plötzlich fühlbare Erniedrigung der Lufttemperatur, die bisweilen entstandenen Nebel von ungewöhnlicher Dichtigkeit und eine seltene Stille des Meeres, bei ziemlich heftigem Winde, waren unzweideutige Kennzeichen von der Nähe des Eises. Ohne aber an diese Vorbedeutungen zu glauben, setzten wir unseren Weg fort, kamen kurz vor Mitternacht an einigen einzelnen Eisinseln vorüber und liefen sodann auf ein ununterbrochenes Feld von Schollen, welches sich von NNW. gegen SSO. bis zu den Gränzen des übersehbaren Raumes erstreckte. Wegen neblicher Luft konnte man dessen Anschließung an das Ufer nicht sehen, indes blieb kein Zweifel daß sich dieses Eis entweder wirklich bis dahin erstreckt oder doch nur einen engen Kanal offen ließ, der durch den nächsten Ostwind im Verlaufe einer Stunde geschlossen werden konnte. Die Eismassen, welche aus dem Sibirischen Oceane wie aus einer unversiegbaren Quelle hervorgehen, verlassen das Nordufer von Nowaja Semlja niemals und wenn sie auch der Südwind bisweilen ins Meer hinausführt, so werden sie doch durch den nächstfolgenden Seewind wiederum gegen die Küste gedrückt, so daß hierdurch die Schifffahrt längs dieser Ufer entweder völlig unmöglich oder doch mit endlosen Beschwerden und Gefahren verbunden wird. Als durch diese Umstände jede Hoffnung auf Erreichung der NOspitze von Nowaja Semlja verschwunden war, fand ich mich genöthigt nach Matotschkin Schar zurückzukehren.

Es ist bemerkenswerth daß das Eis welches uns diesmal aufhielt sich fast genau an derselben Stelle und in derselben Lage befand in der wir es im vorigen Jahre trafen. Es ist bekannt, daß man an einigen Stellen der Polargegenden die Eismassen zu einerlei Jahreszeit stets auf gleiche Weise antrifft. Diejenigen, welche Grönlands Ostküste umgeben, behaupten fast beständig einerlei Form. Die Südgränze des Winter-Eises, welches das Meer zwischen Spitzbergen und Grönland bedeckt, behält stets einerlei Ansehen, und bildet z. B. an dem Südende von Spizbergen eine tiefe Einsenkung die man die Buchten der Wallfischfänger nennt, weil diese Seefahrer sich derselben bedienen um weiter gegen Norden vorzudringen.[1] Bei Nowaja Semlja hatte man aber bisher Nichts ähnliches bemerkt. Wenn unsere Wahrnehmung nicht auf einem Zufall beruht und wenn das Eis in dieser Gegend wirklich stets einerlei Lage behauptet, so kann man die Strömungen als Ursache betrachten, welche an den Küsten von Nowaja Semlja herrschen. Wärend unserer dreijährigen Seefahrten überzeugten wir uns, daß am Westufer die Strömung meistens von S. nach N. läuft. Auch bemerken die reisenden Jäger (Promuischleniki), daß von den Pforten (Worotui) bis zu den Bucklichen Inseln (gorbowie ostrowa) das Wasser beständig nach unten (w'nisui, d. h. nach Norden) laufe. Die Gränze dieser Strömung fanden wir auf dem Parallele von 76°,5. Jenseits desselben fanden wir theils ruhiges Wasser, theils einen schwachen Strom aus N. Längs der nördlichen Küste von Nowaja Semlja folgt das Meer der allgemeinen Bewegung von O. gegen W. Wir bemerkten diese Strömung durch eine Menge von Treibholz der wir im vorigen Jahre unter 76°,5 Breite begegneten und welche nur aus den Sibirischen Flüssen dahin gelangt sein konnten. Diese zwei Strömungen begegnen einander am Nassauer Vorgebirge, und müssen eine Furche von SO. gegen NW. erzeugen, deren Richtung dann auch die aus dem Sibirischen Oceane und aus dem Karischen Meere gekommenen Eismassen folgen. Die vom Westufer abgerissenen Schollen, werden in Folge der Nördlichen Strömung mit jenen ersteren vereinigt. Es versteht sich übrigens von selbst, da dieses Eis zwar dichtes aber nicht stehendes ist, daß mancherlei Nebenumstände, als heftige N. oder Swinde, seine Lage auf kurze Zeit erheblich verändern können.

Als wir uns um etwas von dem Eise entfernt hatten, erhielten wir sogleich heiteres Wetter, so daß wir noch, obgleich in großer Entfernung, das Vorgebirge sehen konnten welches ich fälschlich für das erwünschte (muis jelania) gehalten hatte. Seine Breite stimmte vollständig mit der Angabe unserer Karte; über seine Länge konnte man nicht entscheidend urtheilen, weil wir uns fast genau auf einerlei Parallele mit diesem fraglichen Punkte befanden, indessen war zum Zweifel an der Richtigkeit derselben durchaus kein Grund vorhanden.

Da wir diesen Punkt verlassen, so muß nun auch über den Grund unserer Annäherung an denselben: die Frage ob das Kap welchem ich den Namen des Begehrten beilegte, dasselbe ist wie das von Barenz ebenso benannte, etwas beigebracht werden. Es

[1] Scoresby Account of the arctic regions. Vol. I. p. 264 — 267.

schien daß man, um desfallsige Zweifel zu heben, nothwendig so lange långs des Ufers gegen Osten fahren müsse, bis sich dasselbe nach S. wendet, um auf diese Weise die Lage des NÖstlichsten Vorgebirges von Nowaja Semlja zu bestimmen. Aber in der That bedurfte es zur bloßen Entscheidung dieser Frage nicht einer so weit ausgedehnten Untersuchungsreise; es genügte vielmehr eine Vergleichung von Barenz's Karte mit der unsrigen. Bei oberflächlichem Zusammenhalten beider Karten, zeigte sich schon eine große Übereinstimmung sowol in den allgemeinen Umrissen der Ufer als auch in der geographischen Lage einiger Hauptpunkte. Den kleinsten Unterschied fanden wir zunächst bei dem Trocknen Kap (Suchoi Nos), welches Barenz Langeneß nennt und dann bei dem jetzt in Rede stehenden Vorgebirge welche Barenz's Hoeck van Nassouw entspricht. Langeneß ist genau in diejenige Breite gesetzt, welche wir für das Trockne Kap bestimmten, nur liegt es um 20′ östlicher. Das Hoeck van Nassouw liegt genau in einerlei Långe mit unserm Begehrten Vorgebirge und nur um 5′ südlicher als dasselbe. Diese ausgesprochene Übereinstimmung zwischen Barenz's Resultaten und den unsrigen liefert den besten Beweiß für die Geschicklichkeit dieses berühmten und unglücklichen Seefahrers. In unserer Zeit ist es fast ganz ohne Schwierigkeit die Långe eines Ortes genau zu bestimmen. Die Bemühungen der ausgezeichneten Månner aller Vôlker, welche in weniger als einem halben Jahrhundert die Schifffahrtskunst bis zu dem Grade von Vollkommenheit erhoben den sie jetzt besitzt, haben uns auch zur Långenbestimmung eben so leichte als zuverlåssige Hülfsmittel verschafft; jetzt kommt es nur darauf an diese Hülfsmittel gehôrig zu benutzen. Damals aber wo man um die Hôhe eines Gestirnes zu messen, kein anderes Instrument als den astronomischen Ring besaß, wo nur allein die Schiffsrechnung zur Långenbestimmung dienen konnte, bedurfte es freilich einer ungewôhnlichen Kunstfertigkeit, großer Erfahrenheit und ausgezeichneter Gewandheit um genaue Orts-Bestimmungen zu machen.

Die angedeutete Übereinstimmung in der Breite sowol als vorzüglich in der Långe ließ keinen Zweifel, daß das Vorgebirge, welches wir im vorigen Jahre für das begehrte gehalten hatten, in der That das Nassauer war und daß folglich das erstere um ungefåhr 15° weiter gegen O. liegt. Die Richtigkeit des westlichen Ufers von Nowaja Semlja auf Barenz's Karte kann gewissermaßen auch als Bestätigung für seine Bestimmung des Nordufers betrachtet werden, und deshalb übertragen wir dieses letztere von Barenz's Karte auf unsre eigne. Den kleinen Inseln an der Westseite des Nassauer Vorgebirges, die wir früher für die Oranien Inseln gehalten hatten, gaben wir jetzt den Namen Barenz Inseln, welcher bisher noch nicht die Karten von Nowaja Semlja geziert hatte.

Nach allem Gesagten könnte es aber als ein allzu großer Irrthum erscheinen, daß wir Barenz's Nassauer Vorgebirge mit dem von ihm sogenannten begehrten Vorgebirge verwechselten, weshalb ich für nöthig halte mich über die Veranlassung dieser Verwechselung zu erklären. Barenz's Karte auf die ich mich jetzt beziehe und welche sich in dem oftmals erwähnten Grooten Atlas von Blaeu befindet, kannte ich im vorigen Jahre noch nicht. Auch befand sich bei keiner der mir vorliegenden Beschreibungen von Barenz's Reise, eine einigermaßen beachtungswerthe Karte, vielmehr waren alle in sehr kleinem Maaßstabe, von einander sehr abweichend und augenscheinlich ungenau. Ich konnte daher nur auf einer manuscripten Karte, die mir aus der Plankammer des Admiralitäts-Departements geliefert worden war, unsre Fahrt auffinden und Vergleichungspunkte für unsre Aufnahmen des Ufers erhalten. Auf dieser Karte war das NÖstlichste Vorgebirge von Nowaja Semlja in einer um 2°,5 größeren Länge gelegt als wir für unser vermeintes Begehrtes Vorgebirge (muis Jelania) gefunden hatten. Da ich nicht ahnden konnte, daß Barenz dieses Vorgebirge noch um 12° weiter gegen O. versetzt, sondern vielmehr die Angabe der manuscripten Karte für seine Bestimmung hielt, so schien mir der Unterschied von 2°,5 eine der immer vorkommenden Abweichungen der Fahrtrechnung und nicht einmal von den beträchtlichen, da in der Breite wo wir uns befanden der Grad des Parallels weniger als 14 Italiänische Meilen enthält. Außerdem lief auf der erwähnten Karte das Ufer bis zur äußersten Nordspitze nach NO. und wendete sich nur erst an dieser Spitze plötzlich nach S. da ich also das fragliche Vorgebirge in OSO. gegenüber hatte und bei sehr reinem Horizonte durchaus kein Ufer jenseits desselben sah, so mußte ich nothwendig in der Meinung bestätigt werden, daß wir wirklich das auf der Karte unter dem Namen des Begehrten aufgeführte Vorgebirge vor uns hatten. Diese Voraussetzung wurde auch durch andere Umstände bestätigt; durch die Begegnung dichten Eises, und einer Menge Treibholzes die ich für unbezweifelbare Beweise der Nähe des Sibirischen Oceanes hielt. Endlich muß ich auch noch einer Karte der Promuischlenik's (Jagdreisenden) erwähnen, von welcher ich dem Admiralitäts-Departement eine Abzeichnung überreicht hatte, denn obgleich ich derselben nicht den Rang einer wahren Seekarte beilege, so bekräftigte doch auch sie unsre irrthümliche Ansicht dadurch, daß sie gleichfalls das Ufer bis zur äußersten Nspitze nach NO. fortlaufen läßt.

So veranlaßte also die Unbekanntschaft mit Barenz's Karte und die Ungenauigkeit der übrigen einen anscheinend sehr groben

Irrthum. Ich kann bei dieser Gelegenheit nicht unerwähnt lassen, wie ungründlich und gefährlich es ist die Karten der Seefahrer ohne sehr starke und hinreichende Beweggründe zu ändern. Der ungeschickteste Seemann hat wärend ihm ein aufzunehmendes Ufer vor Augen liegt ungleich mehr Mittel und Möglichkeiten zu richtiger Darstellung desselben, als der geschickteste und gelehrteste Geograph, der in einem Labyrinthe von weit öfter lügenhaften als zuverlässigen Aussagen umher irrt. Jede nicht an Ort und Stelle gemachte Veränderung einer Originalkarte, ist eine Entstellung, welche die folgenden Seefahrer; nicht selten zu den verzweifelsten Irrthümern verleiten kann.

(Donnerstag. August 2.). Am 2ten August herrschte klares und angenehmes Wetter bei schwachen Winden aus S. und SO. Indeß fiel das Barometer und gegen Abend überzog sich der Himmel mit schweren Wolken. Von S. her erhob sich Seegang der bis um 5 Uhr Morgens sehr stark zunahm. Dieses Alles schien uns heftigen Wind zu verkünden, aber dennoch wehte es immer nur sehr mäßig und unbeständig zwischen SW. und O., bei feuchtem und unangenehmem Wetter. Unser Lawiren brachte wenig Vortheil. (Sonnabend. August 4.) Am Morgen des 4ten wurde der Wind gänzlich still. Nach Rechnung waren wir um 55 Meilen vom nächsten Punkte des Ufers; dennoch betrug die Tiefe nur 55 — 60 Sajenen. Im vorigen Jahre hatten wir in dieser Gegend weit näher am Ufer 80 — 90 Sajenen gefunden, es war aber fast unmöglich vorauszusetzen, daß wir uns dem Lande genähert hatten, eher hätte man glauben können, daß uns die Strömung nach NW. geführt hätte d. h. gerade fort vom Ufer, die geringe Tiefe blieb mir daher räthselhaft. Sie veranlaßte aber zur Vorsicht; am Abend als sich frischer Nwind erhob und die Brigg einen starken Gang annahm, legten wir nach je zwei Stunden bei und loteten. Die Tiefe wuchs beständig und endlich erreichte das Lot mit 80 — 90 Sajenen keinen Grund mehr, obgleich die Entfernung vom Ufer von Stunde zu Stunde abnahm.

(Sonntag. August 5.). Am folgenden Tage erhob sich starker Reff-Marssegelwind, von undurchdringlichem Dunkel umgeben liefen wir gegen S. mit einer Geschwindigkeit von 8 Knoten. Um Mittag bestimmten wir unsre Breite trotz bedeutender Hindernisse und sahen bald darauf das sehr kenntliche Lawrow Vorgebirge so wie endlich auch die vor dem Trocknen Kap (suchoi Nos) gelegene Niederung. Nach Umfahrung des letzteren Vorgebirges um 4 Uhr Nachmittags hielten wir auf die Mündung von Matotschkin Schar. Der Wind blieb so heftig wie bisher, da aber die Dunkelheit abnahm, so fuhren wir weiter in der Hoffnung daß, sobald wir von den Ufern gedeckt wären, auch der Wind sich legen werde. Um 6 Uhr ward aber der Nebel noch ungleich dichter und zwang uns an den Wind zu gehen.

(Montag. August 6.). Wir lawirten in kurzen Schlägen und trugen nicht ohne Beschwerden die dreimal gerefften Marssegel bis um 10 Uhr Morgens. Um diese Zeit ward das Wetter heller und wir gingen aufs Neue gegen Matotschkin Schar. Um 6 Uhr als wir in seine Mündung einliefen, hielten wir auf das Widder Vorgebirge, und ankerten an demselben um 9 Uhr bei 10 Sajenen Tiefe über Thonboden mit kleinen Steinen.

(Dienstag. August 7.). Am folgenden Tage sandte ich Lieutenant Lawrow mit dem großen Boote aus, um die Straße aufzunehmen. Ich trug ihm auf sich an dem nördlichen Ufer zu halten und es an das südliche durch Peilungen und Winkel anzuschließen, weil das letztere bereits durch den Steuermann Rosmuislow verzeichnet worden war, das nördliche aber nicht. Nach Erreichung der östlichen Mündung sollte er von den Bergen aus das Karische Meer so weit als möglich übersehen. Dem Steuermann Jephremow wurde gleichzeitig die Aufnahme der westlichen Mündung übertragen. Die auf der Brigg Zurückgebliebenen beschäftigten sich unterdessen mit astronomischen und anderweitigen Beobachtungen zu denen wir eine Stelle des Nordufers der Straße gewählt hatten.

Dieses Ufer ist an der Strandlinie niedrig und eben; einige Sajenen von derselben erhebt sich aber eine gegen 10 Sajenen hohe Felswand, dann folgt eine gleichförmige Ebne, die mit nassem Moore bedeckt, sich ungefähr eine halbe Werst weit bis zum Fuße steiler und spitz gestalteter Berge von 700 bis 800 Fuß Höhe, erstreckt. An mehreren Stellen sind Schluchten und Einschnitte, in denen Bäche mit Wasserfällen strömen. Diese sind oft mit Bogen aus Schnee überwölbt, welche sich von beiden Seiten auf Felsen stützen. Um große Umwege zu vermeiden, gingen wir oft über diese Wölbungen hinweg, trotz der Gefahr mit ihnen in den Abgrund zu stürzen. Die Berge bestehen hier aus Schiefern die meistens talkig sind mit mächtigen Quarzadern, in denen sich viel Schwefelkies und noch mehr Eisen befindet. Diese Substanz fand man überall und konnte keinen Stein aufheben ohne Spuren davon an ihm zu entdecken. Unter dem Schutte fand man oft auch reinen Ocher; man muß daraus schließen, daß es (brauchbares) Eisenerz in dieser Gegend giebt. Das Ufer selbst besteht theils aus Schiefertrümmern, theils aus Thon der durch Verwitterung aus dem Schiefer entstand. An den Trümmern in den Flußbetten konnte man alle Abstufungen dieses Überganges beobachten von reinem und dichtem Thone bis zu reinem Schiefer.

Wir warfen einige mal in der Nähe des Ufers Netze aus, fingen aber keinen einzigen Fisch. An dem Flusse Tschirakin am

Süduser wollten wir ebenfalls unser Glück versuchen, konnten uns aber wegen Seichtheit seiner Mündung nicht nähern. Unsre Schützen waren nicht glücklicher als die Fischer. Sie schossen einen Habicht an, nach dem sie lange vergeblich einige schneeweiße Eulen verfolgt hatten, auf deren Erlegung wir um so begieriger waren, als sie unter den Vögeln die einzigen wahren Bewohner von Nowaja Semlja sind, denn sie bleiben auch im Winter daselbst, wärend alle anderen Vögel ohne Ausnahme hinweg ziehen. Wir erfuhren übrigens, daß diese Eulen auch am hellsten Tage sehr gut sehen, denn keine ließ unsre Schützen bis auf Schußweite heran kommen.

An dem folgenden Tage setzten wir unsere früheren Beschäftigungen fort, spannten außerdem die Takelage und füllten die geleerten Wasserfässer. In der Nacht vom 9ten zum 10ten August erschienen 3 Rennthiere auf dem Norduser. Dieß bewog mich eine Abtheilung Schützen nach jener Seite zu schicken. Sie kehrten jedoch nach tagelangem Verweilen zurück ohne etwas anderes als einige Enten geschossen zu haben. Einer andern Abtheilung gelang es endlich eine Eule anzuschießen die ganz weiß war ohne das geringste Abzeichen, so wie auch zwei Schwäne Nach den Abendbeobachtungen fuhr ich nach dem sogenannten Schwarzen Inselchen (tschernui ostrowok). Dieses besteht aus Gneus der mit dicken Quarzschichten durchsetzt ist, in welchen wir viele sehr reine und regelmäßige Quarzkrystalle fanden. Auf den Kluftflächen der Quarzschichten war eine Menge von Chlorit, der bisweilen auch derb und hart vorkam. Der Gipfel dieser kleinen Insel ist mit Gras und Blumen bedeckt.

(Sonnabend. August 11.). Die merkwürdige Stille und Einöde der umgebenden Gegend unterbrachen nur die Wallrosse, welche von Zeit zu Zeit an uns vorüber gegen Westen schwammen. Ich schloß daraus daß sich diese Thiere irgend wo näher an der Mitte der Straße versammeln und schickte deshalb unsre Schützen auf einem Ruderboote dahin; aber einige Strandläufer waren die ganze Beute ihrer tagelangen Jagd, wärend welcher sie sogar durchaus kein anderes Wild erblickten.

An demselben Tage kehrte auch unser thätiger Lieutenant Lawrow zurück, der seinen Auftrag äußerst pünktlich ausgeführt hatte. Er mußte beide Wege durch die Straße durch Rudern zurücklegen, weil der Wind ihm beide male entgegen wehte. Wärend der Fahrt gegen O. war ihm die Strömung sehr hinderlich, welche an manchen Stellen nur mit großer Mühe überwunden wurde. Hinter der Delphin- oder Hausenbucht (Bjelujji saliw) wo vor 55 Jahren der Steuermann Rosmuislow überwintert hatte, traf er auf Eisschollen und kam endlich als er sich durch diese hindurchgearbeitet hatte, nach dem Ausgangs Vorgebirge (muis Wuichodnui) wo er sich mit dem Dreganker festlegte. Das Ufer war so unersteiglich, daß er nicht landete um den Osthorizont von einem hohen Punkte zu übersehen; so viel man indessen vom Boote aus sehen konnte, war ringsum Alles mit Eis bedeckt, welches sich in N. und S. an das Ufer anlegte. Auf dem Rückwege fing er einen weißen Bären, dessen Fell wir für das Museum des Kaiserlichen Admiralitäts-Departements bewahrten. Wallrosse traf er in ganzen Heerden, in der Osthälfte der Straße. Eine Menge von Treibholz lag überall an den Ufern und machte ihm die Nachtruhen recht bequem, trotz des kalten Wetters.

Nach Lieutenant Lawrows Messung ist Matótschkin Schar von dem Widder Vorgebirge (Baranji muis) bis zum Ausgangs Vorgebirge (Wuichodnui muis) 47 Italiänische Meilen lang d. h. nur um drei Meilen länger als nach des Steuermann Rosmuislows Angabe. Die Lage der verschiedenen Punkte seiner Karte fand Lieutenant Lawrow ziemlich richtig, aber viele darauf angegebene Flüsse zeigten sich jetzt nur als Bäche die von den Bergen hinabflossen und aus denen man oft kaum mit einem Eimer schöpfen konnte, von solchen aber, in welchen nach Rosmuislows Ausdruck: „Jagdfahrzeuge (promuischlenie suda) wenn sie entladen „worden bequem einlaufen könnten,“ fand sich kein einziger. Es wird dadurch die in meinen vorjährigen Bemerkungen enthaltene Nachricht von der Art, wie die Jagdfahrzeuge in Matotschkin Schar überwintern bestätigt. Lieutenant Lawrow fand indessen gegen die Mitte der Straße eine Bucht in der man nach seiner Meinung wirklich zur Überwinterung einlaufen könnte. Die Hütten, welche sich an mehreren Punkten des Ufers befinden, sind meist sehr verfallen, mit Ausnahme der einen auf dem Holz Vorgebirge (Drowjánoi muis), welche durch kleine Ausbesserungen wiederum wohnlich gemacht werden könnte. Treibholz war überall auf den Niederungen in solcher Menge, daß man in kurzer Zeit den Holzvorrath für einen ganzen Winter sammeln könnte. Die Berge an beiden Seiten der Straße bis zur Mitte derselben behalten fast stets einerlei Höhe, von 150 bis 200 Sajenen, daß aber ihre Gipfel über die Straße überhingen und eine Art von kleinem Fenster bildeten,[1] hat Lieutenant Lawrow nirgends bemerkt.

[1] Man sehe Krestinins Nachrichten in Neue Monatschriften. Vol. XXXI. S. 23. (In Russi. Sprache) In Lieutenant Lawrows Journal finde ich auch nirgends, daß sein Kompaß bei der Mitte der Straße zu wirken aufhörte, wie es in der Nachricht über Nowaja Semlja in dem Journale: Nördliches Archiv für 1824 Nr. 13 und 14. Seite 33 gesagt ist: einen so wichtigen Umstand hätte Lieutenant Lawrow in seinem Tagebuche sicher erwähnt, wenn er wahr wäre. Auch erfuhr ich aus jenem Aufsatze zuerst, daß wärend wir in Matotschkin Schar lagen, „die Wachthabenden in einer Nacht ei-

Östlich von der Mitte der Straße werden die Ufer niedriger, und an der östlichen Mündung ist das Süduser schon völlig niedrig und das nördliche nur um weniges höher.

Zu unserer Karte von Matotschkin Schar habe ich einige Worte hinzuzufügen. Wenn man von Westen in diese Straße einläuft, so hat man sich vor einem Felsenriff zu hüten, welches das Norduser sogar bis jenseits des Widder Vorgebirges einfaßt und sich fast bis zur Mitte der Mündung erstreckt. Man muß sich deshalb näher an das Säulen Vorgebirge (Muis stolbowoi) halten, welches ein sehr gutes Kennzeichen dieser Stelle abgiebt. Vom Säulen Vorgebirge zeigen sich zwei niedrige schwarze Klippen, welche südlich vom Widder Vorgebirge liegen und einen Theil des erwähnten Felsenriffes ausmachen. Auch findet man dort eine kleine Insel von grauer Farbe die daher sehr mit Unrecht die schwarze (tschernui) benannt ist, und welche kaum zu bemerken ist, so lange sie noch von Westen her mit dem Ufer vereint scheint. Vom Matotschkin Vorgebirge, bis zu welchem man sich an dem Süduser halten muß, muß man etwas rechts von der südlichsten der zwei Klippen steuern, so daß man zwischen derselben und dem schwarzen Inselchen hindurchfahre. Dieser ist der nächste Weg, indessen kann man auch zwischen der kleinen Insel und dem Westlande hindurchgehen wo die Straße gegen 1 Meile breit und 5 bis 7 Sajenen tief ist. Wenn man vor dem Inselchen und vor der Klippe vorüber ist, so halte man nach NO. und bleibe in der Mitte zwischen beiden Ufern, und wenn das Widdervorgebirge mit dem Säulenvorgebirge in Eins erscheint, werfe man den Anker. Die Tiefe wird 12, 11 und 10 Sajenen betragen und der Grund anfangs aus Thon hernach aus Thon mit kleinen Steinchen bestehen. Man liegt daselbst äußerst ruhig und gefahrlos. Nur muß man sich nicht von der Mitte entfernen, weil nach beiden Ufern zu, die Tiefen sehr schnell abnehmen; indeß ist wiederum auch diese sanfte Neigung des Bodens von Vortheil, denn sie macht es fast unmöglich daß die Anker driftig werden. Auch kann man an dieser Stelle mit großer Bequemlichkeit ein vortreffliches Trinkwasser aus den Bächen erhalten, welche sich an mehreren Stellen von den Bergen ergießen; sollte man aber Holz bedürfen, so muß man sich weiter hinein in die Straße begeben woselbst sich, wie früher gesagt, ein Überfluß an Treibholz findet.

„nen Schwefelgeruch bemerkten, der vom Ufer herangewehet wurde." Es ist sehr Schade daß die Herrn Wachthabenden mich nicht bei Zeiten von einem so wichtigen Umstand benachrichtigten, der so sehr der ferneren Untersuchung werth gewesen wäre. Eben so unwahr ist es, daß wir im Jahre 1821 eine Menge von Nordlichten sahen, vielmehr war dieses Phänomen in jenem Jahre eben so selten wie in allen folgenden.

Unsere Beobachtungen in Matotschkin Schar ergeben folgende Resultate:

Breite des Beobachtungsortes	73° 19′ 33″
Östliche Länge von Greenwich	54 20 6
Magnetische Abweichung	10 30 O.
Magnetische Neigung	78 47
Hafenzeit	10^h 1′
Fluthhöhe	2 Fuß.

Diese Höhe wurde bei Vollmond beobachtet.

Sowol in den Eintrittszeiten des Hochwassers als auch in der Strömung, welche beständig von O. gegen W. läuft, jedoch mit wechselnder Geschwindigkeit, fanden wir sehr bedeutende Unregelmäßigkeiten, welche am besten aus folgender Tafel ersehen werden:

Tafel über die Wasserbeobachtungen in Matotschkin Schar.

Monat und Datum.		Stunden			Wasserhöhe nach dem Fußstocke,		Strömungen in der Mitte der Straße.	Bemerkungen.
								Windstille, die bis
August	9.	7^h	0′	v. M.	3′	5″	$1\frac{3}{4}$	zum folgenden
—	—	8	0	— —	3	10	$1\frac{3}{4}$	Morgen anhielt.
—	—	9	4	— —	4	0,5	$1\frac{3}{4}$	Hochwasser. Ha-
—	—	1	0	n. M.	—	—	$1\frac{1}{2}$	fenzeit 9^h 24′
—	—	2	0	— —	2	9	$1\frac{3}{4}$	
—	—	3	0	— —	2	6	$2\frac{1}{4}$	
—	—	3	19	— —	2	4	$2\frac{1}{2}$	Ebbe.
—	—	4	0	— —	2	8	$2\frac{3}{4}$	
—	—	5	0	— —	—	—	$2\frac{1}{2}$	
—	—	6	0	— —	—	—	$2\frac{1}{4}$	
—	—	7	0	— —	3	10	2	
—	—	8	0	— —	3	11	$1\frac{7}{8}$	
—	—	8	45	— —	4	0,5	$1\frac{5}{8}$	Hochwasser Voll-
—	—	9	0	— —	4	0,25	$1\frac{1}{2}$	mond um 10^h 28′
—	—	10	0	— —	3	10	$1\frac{1}{4}$	v. M.
—	—	11	0	— —	—	—	1	Hafenzeit 8^h 47′
—	—	12	0	— —	—	—	$0\frac{3}{4}$	
August	10.	1	0	v. M.	—	—	$1\frac{1}{2}$	
—	—	2	0	— —	—	—	2	
—	—	3	0	— —	2	6	3	
—	—	4	0	— —	2	4	$2\frac{3}{4}$	Sehr schwacher
—	—	5	0	— —	2	3	$2\frac{1}{2}$	NOwind.
—	—	6	0	— —	2	$4\frac{1}{2}$	$2\frac{1}{4}$	Ebbe.
—	—	8	0	— —	3	$11\frac{1}{2}$	$1\frac{3}{4}$	
—	—	9	0	— —	4	1	$1\frac{1}{2}$	

Monat und Datum.		Stunden.				Wasserhöhe nach dem Fußstocke.		Strömungen in der Mitte der Straße.	
August	10.	10^h	0′	v.	M.	4′	$1\frac{1}{2}$″	$1\frac{1}{4}$	Hochwasser. Ha-
—	—	11	9	—	—	4	2	1	fenzeit 10^h 51
—	—	12	0	—	—	4	1	1	
—	—	1	0	n.	M.	—	—	$1\frac{1}{4}$	
—	—	3	0	—	—	—	—	$1\frac{3}{4}$	
—	—	4	0	—	—	2	6	$2\frac{1}{4}$	
—	—	5	0	—	—	2	$4\frac{3}{4}$	$2\frac{1}{4}$	Ebbe.
—	—	6	0	—	—	—	—	$1\frac{3}{4}$	Windstille.
—	—	7	0	—	—	—	—	$1\frac{1}{4}$	
—	—	8	0	—	—	—	—	1	
—	—	9	0	—	—	—	—	$1\frac{1}{4}$	
—	—	10	0	—	—	3	11	$1\frac{1}{2}$	
—	—	11	0	—	—	4	$\frac{1}{4}$	$2\frac{1}{4}$	Hochwasser. Ha-
—	—	11	40	—	—	4	$\frac{1}{4}$	1	fenzeit 11^h 21′
—	—	12	0	n.	M.	4	$\frac{1}{4}$	$1\frac{3}{4}$	
August	11.	1	0	v.	M.	2	11	$1\frac{1}{4}$	
—	—	2	0	—	—	—	—	1	Das Mittel aus
—	—	3	0	—	—	—	—	$1\frac{1}{4}$	den vier Resulta-
—	—	5	0	—	—	—	—	$2\frac{1}{4}$	ten für die Hafen-
—	—	6	0	—	—	—	—	2	zeit ist 10^h 1′[1]

Aus dieser Tafel ergiebt sich, daß die Augenblicke des Hochwassers sowol als die der größesten und kleinsten Geschwindigkeiten der Strömungen großen Unregelmäßigkeiten unterliegen; sei es daß man eine jede dieser zwei Arten von Beobachtungen nur unter sich oder auch mit der andern vergleicht. Man kann daher nicht mit Sicherheit ausmachen ob hier die Fluth von O. oder von W. sich einstellt, indessen halte ich das Leztere für wahrscheinlicher.

Es war mir aufgetragen mich zu bemühen durch Matotschkin Schar hindurch zu gehen und das Ostufer von Nowaja Semlja zu besichtigen und ohne Zweifel wäre dieses das direkteste Mittel gewesen um einige Kunde von dem Ufer zu erlangen, von welchem wir bis jezt nur wissen, daß es niedrig und seicht ist und nicht einen einzigen Ankerplaz darbietet. Ungeachtet der augenscheinlichen Gefahren des Segelns an diesem Ufer, an welchem bei jedem Ostwinde das Fahrzeug durch Eismassen ans Land gedrückt werden

[1] So steht im Originale, obgleich das Mittel aus den vier angegebenen Zahlen $10^h 5',75$ ist. Die Angaben in der 3ten Spalte bedeuten ohne Zweifel die Geschwindigkeiten der Strömung, und zwar namentlich die Anzahl der in 1 Stunde durchlaufenen Seemeilen. — E.

kann, ohne irgendwo Schutz zu finden, entschloß ich mich dieses Unternehmen zu versuchen, wenn nicht etwa das Eis schon den ersten Schritt zu demselben unmöglich machen sollte. Ich hoffte dabei daß $1\frac{1}{2}$ Tage guten Segelwindes, hinreichen würden um von der östlichen Mündung der Matotschkin Straße bis zur Südspitze von Nowaja Semlja zu gelangen.

Wir warteten deshalb sehr ungeduldig auf Lieutenant Lawrows Rückkehr, denn er sollte uns Nachrichten über den Zustand des Karischen Meeres bringen, welches er zu diesem Zwecke von den Bergen aus zu besichtigen hatte. Wir haben aber schon oben erwähnt daß er die östliche Mündung von Matotschkin Schar von einem Ufer bis zum andern mit Eis verschlossen fand; ich mußte deßhalb meinen Plan zur Aufnahme der Ostküste aufgeben und den westlichen Weg zu den Karischen Pforten (Karskie woroti) einschlagen.

(Sonntag. August 12.). Ohne Zeitverlust wurden am 12ten August um 4 Uhr Morgens die Anker gelichtet. Es hatte sich ein NOwind erhoben, wir waren aber kaum in See gegangen als uns ein widriger Südwind entgegen wehte, der sich um Mittag bis zum Riffmarssegelwind verstärkte und eine westliche Richtung annahm. Wir nahmen unseren Kurs vom Ufer abwärts, für den Fall daß der Wind noch stärker werden könnte wie es das beständige Sinken des Barometers erwarten ließ. Gegen Abend legte sich indeß die Heftigkeit des Windes sehr merklich: der Himmel ward völlig klar nnd das Barometer blieb wärend 4 Stunden unbeweglich: wir wendeten deshalb auf einige Stunden gegen das Ufer und um Mitternacht wiederum meerwärts.

(Montag. August 13.). Der Schlag gegen das Ufer zeigte sich bald als durchaus nachtheilig, denn nach Mitternacht ward der Wind wiederum stärker und ging weiter nach W. und um 4 Uhr Morgens hatten wir bereits völligen Sturm aus WSW. mit fürchterlichstem Wellenschlage. Wir ließen nur die völlig gerefften Marssegel auf dem Eselshaupte und die untern Stakfegel stehen; ließen die Bramrae und Bramstange hinab und brachten den rechten Bord unter den Wind. Fürchterliche Windstöße zwangen uns bisweilen das Vormarssegel einzunehmen, wir setzten es aber alsdann wieder bei um die Abtrift zu vermindern.

Nach Schiffsrechnung waren wir um nicht weniger als 30 Meilen vom nächsten Ufer entfernt und ein nördlicher Kurs führte uns ins offne Meer am Trocknen Vorgebirge (Suchoi Nos) vorüber. Da aber gegen 9 Uhr die Tiefe bis auf 35 Sajenen abnahm, fingen wir an eine größere Nähe des Ufers zu vermuthen und benutzten daher eine gleichzeitige Drehung des Windes nach

W., um den linken Bord unter den Wind zu bringen. Der Seegang der jetzt von vorne kam verhinderte den Gang des Schiffes und warf uns fast grade nach O. Um sehr üble Folgen dieses Umstandes zu verhindern lösten wir ein Riff an jedem der Marssegel und setzten auch das Fok und Grotsegel bei. Die Brigg litt viel, sie erhielt heftige Stöße welche ihren ganzen Rumpf und Bemastung zittern machten; dafür ward aber auch der Gang beträchtlicher, die Abtrift nahm ab und wir kamen bald zu größerer Tiefe.

Am Abend legte sich der Wind und in der Nacht ward es ganz still. (Dienstag. August 14.) Am Morgen als sich der Nebel zertheilt hatte, peilten wir das Säulenvorgebirge (muis stolbowoi) nach SO t O. ½ O. in 17 Meilen Entfernung nnd ersahen daraus, daß seit Mittag den 12ten August eine Strömung uns um 25 Meilen nach ONO. gebracht hatte; daß wir uns bei der letzten Wendung des Schiffes dem Trocknen Vorgebirge bereits bedeutend nahe befanden und in eine sehr bedenkliche Lage gerathen wären, wenn der Wind nicht erlaubt hätte mehr Segel beizusetzen.

Gegen 9 Uhr Morgens erhob sich Owind, welchen wir benutzten um unter vollen Segeln nach S. zu laufen; um 8 Uhr Abends gingen wir am Britwin Vorgebirge vorüber und (Mittwoch. August 15.) sahen um 8 Uhr Morgens das Nördliche Gänse Vorgebirge (sjewernui gusinui muis), hatten aber kaum durch Kreuzpeilungen dessen Lage bestimmt, als schon wieder sämmtliche Ufer in dichten Nebel gehüllt wurden. Nachdem wir mit Hülfe des Lotes dieses gefahrvolle Vorgebirge umgangen hatten, hielten wir wiederum nach S., kamen um Mittag auf die Höhe der Mitte des Gänseufers, und begannen von dort in kurzen Schlägen zu lawiren. Ein ungewöhnliches Fallen des Barometers (bis auf 29ᶻ,3 Engl.) dergleichen wir weder bei der diesmaligen noch bei der vorigen Reise erlebt hatten, ließ entweder heftigen Westwind oder anhaltendes Regenwetter erwarten, und veranlaßte mich in größerer Entfernung vom Ufer zu bleiben. Wärend dieses ganzen Tages dauerte heftiger NNOwind mit äußerst unangenehmem Wetter.

(Donnerstag. August 16.). Am folgenden Tage ward es etwas heller, so daß es uns gelang unsre Lage durch Beobachtungen zu bestimmen; wir befanden uns südlicher und westlicher als es die Schiffsrechnung angab. Vom frühen Morgen an hielten wir nun zum Ufer, aber die Schwäche des Windes und die Heftigkeit des Seegangs ließen uns dasselbe nicht vor 6 Uhr Abends erblicken. In der Dämmerung näherten wir uns demselben bis auf 4 Meilen, und von einem Vorgebirge welches für das südliche Gänsekap (jujnui gusinui muis) gehalten wurde, wendeten wir zur Nacht meerwärts, in der Absicht die Aufnahme des Ufers bei Tagesanbruch zu beginnen. (Freitag. August 17.) Indessen erhob sich noch vor dem Morgen ein Sturm aus NO., der demjenigen welchen wir am 13ten erlitten hatten an Heftigkeit durchaus Nichts nachgab. Wir behielten dennoch beide Marssegel an den Eselshäuptern. Eine stündlich bemerkbare Zunahme der Tiefe, bewieß daß wir mit äußerster Schnelligkeit vom Ufer geführt wurden, indeß war kein Mittel um diesem Übelstande abzuhelfen. Gegen Abend legte sich der Wind. Wir fuhren fort uns dem Ufer zu nähern, wärend der ganzen Nacht, erblickten aber dasselbe nicht früher als (Sonnabend. August 18.) um 8 Uhr Morgens, weil uns, wie spätere Beobachtungen zeigten, der vorige Wind um mehr als 25 Meilen nach W. und zugleich um 8 Meilen nach N. geführt hatte. Diese letztere Strömung hatte wahrscheinlich ihren Grund in einer durch NOwind veranlaßten heftigen Stauung der Wasser innerhalb des Karischen Meeres, von welchem sie dann durch die Karische Pforte parallel mit der Nowasemler Küste nach NW. abfließen mußten.

Nachdem wir uns beim Flusse Sawatschicha dem Ufer genähert hatten, liefen wir längs desselben nach SO. und nahmen es auf. Um Mittag kamen wir auf die Höhe des Südlichen Gänse-Vorgebirges, dessen Lage wir im vorigen Jahre zwar nur vorlaüfig aber dennoch mit genügendem Erfolge bestimmt hatten. Hinter demselben zeigte sich die Podrjesowinsel. Sie ist von dunkler Farbe, niedrig und völlig glatt als sei sie nach der Wasserwage geebnet worden. Sie liegt grade in der Mündung von Kostin Schar und kann den Schiffern als bestes Kennzeichen dieser Straße dienen, wenn sie von Norden kommen. Alsdann scheint dieselbe zuerst völlig getrennt im Meere zu liegen, weil das niedrige Ufer der Mejduscharischen Insel sich erst später zeigt. Von Süden aus scheint die Podrjesow Insel mit dem Ufer verbunden. Ohne Zweifel ist diese dieselbe, welche Barenz die Schwarze (Swarte Eilant) nannte, mit der sie sowol ihrer Lage als auch ihrer Größe und ihrem Ansehn nach übereinkommt.

In derselben Mündung der Kostin Straße liegt auch die Jarzowinsel, welche wir indeß wegen zu großer Entfernung nicht sahen. Diese ist von dem Nordufer der Mejduscharischen Insel durch eine Straße getrennt, welche die eiserne Pforte genannt wird. Es ist dieses auf Nowaja Semlja die einzige Straße dieses Namens, obgleich einige Schriftsteller ohne Grund auch die Straße zwischen Waigatsch und Nowaja Semlja, welche ich schon oben erwähnt habe, so nennen. Die Entstehung des Namens, eiserne Pforte erklärte unser Lootse dadurch, daß das Eis im Frühjahre an dieser Stelle sehr spät verbleibt und sie gleich wie mit eisernen Pforten verschließt. Mir scheint diese Erklärung ebenso natürlich als wahrscheinlich.

Um 3 bis 4 Meilen von der Jarzowinsel liegt die Insel Waljkow, hinter welcher sich die Waljkower Anfahrt, eine der besten in der Kostin Straße befindet. Weiter hinein in der Straße liegen noch viele Inseln, die sämmtlich auf unserer Karte nach Otkupschtschikows Angabe verzeichnet sind.

In der letzten Zeit war die Kostin Straße fast der einzige Ort den unsere Jagdreisenden besuchten. In frühern Zeiten, als noch jährlich mehr als 20 Schiffe aus dem Weißen Meere zu Nowosemler Jagdfahrten ausliefen, verbreiteten sich diese über die ganze Insel von einem Ende bis zum andern, so weit es das Eis nur erlaubte, als aber später dieser Erwerbzweig in Verfall kam und als nicht einmal in jedem Jahre mehr als ein oder zwei Schiffe abgesandt wurden, beschränkten sich diese auf die Kostin Straße, in welcher sie genügenden Jagdertrag und noch außerdem gute Ankerplätze, in den Flüssen und Seen eine Menge von Fischen und auf den Mooren viele Rennthiere fanden. Der letzte der auf Nowaja Semlja überwintert hatte war unser Otkupschtschikow, der erst im vorigen Jahre (1822) von dort zurückgekehrt war. Der Reeder des Schiffes auf welchen er ging, ein Mesener Bürger Namens Philatow, mußte seine Ladung beinahe für die Hälfte der früheren Preise absetzen und wollte deshalb keine ferneren Unternehmungen wagen. Der Archangeler Bürger Schelogin wollte in dem gegenwärtigen Jahre sein Glück auf Nowaja Semlja versuchen, fand aber keinen Kormschtschio, weil sich Otkupschtschikow bereits für unsere Expedition verpflichtet hatte, und mußte deshalb sein Vorhaben aufgeben, so daß Nowaja Semlja in diesem Jahre wie sich Otkupschtschikow ausdrückte rein blieb (ostalas tschista) jedoch mit Ausnahme der Samojeden und Pustoserer, welche noch jetzt die Küsten der Insel besuchen, indem sie sich von Waigatsch aus auf Karbasen dahin begeben.

Nachdem wir die nördliche Mündung der Kostin Straße passirt hatten, welche auch noch ins besondere Podrjesowskji Schar oder die Podrjesowstraße genannt wird, setzten wir unsre Fahrt längs des Westufers der Mejduscharischen Insel fort, welche sich in der Mitte etwas erhebt jedoch überall eben und nur gegen das Meer hin steil abschüssig und mit Schutt überdeckt ist. Man konnte seine schiefrige Beschaffenheit sehr deutlich erkennen; die Schichten liegen fast horizontal. Längs dieses ganzen Ufers giebt es keinen einzigen Ankerplatz. Um 7 Meilen von dem SOende der Insel dem sogenannten Bobruitschewer Vorgebirge, liegt eine Bucht welche Obmannnui Schar oder die trügerische Einfahrt heißt. Diese Bucht ist drei Meilen breit und erstreckt sich zwei Meilen weit landeinwärts. Sie ist von sehr engen, niedrigen und felsigen Dünen umgeben. Derselben entspricht eine ähnliche Bucht auf dem entgegengesetzte Ufer der Insel, welche gleichfalls mit einem ähnlichen und niedrigen Landstreifen eingefaßt ist. Den Raum zwischen beiden Erdwällen nimmt ein salziger See ein, so daß Schiffer, welche bei trübem Wetter in See gehen (namentlich bei heftigem Winde wenn alle niedrige Stellen mit Brandungen bedeckt sind,) diese Öffnung des Ufers leicht für eine Straße halten können. Viele Schiffe unterlagen bereits diesem Irrthume indem sie in der Meinung in Kostin Schar einzulaufen, in diese Bucht geriethen und daselbst scheiterten, weshalb dieselbe die trügerische genannt wurde. Wir sahen daselbst eine bereits fast gänzlich verfallene Hütte.

Vom Bobuitschewer Vorgebirge welches dem Barenzischen Sankt Lorenz Vorgebirge entspricht, wendet sich das Ufer der Mejduscharischen Insel nach O. gegen Kostin Kap, dessen Name auf die ganze Straße übertragen wurde. Auf diesen Vorgebirge stehen eine Menge von Kreuzen. Die Ankunft bei demselben macht die wichtigste Epoche in der Geschichte einer jeden Nowosemler Fahrt: wo auch ein Jagdreisender zu überwintern gedenkt, so bemüht er sich doch jedes Mal zuerst nach Kostin Schar zu gelangen. Er muß dann oft Wochen lang mit dem Eise kämpfen, und wird bisweilen durch Beschädigung seines Fahrzeuges gezwungen unverrichteter Sache heimzukehren. Mit der Ankunft in Kostin Schar sind aber auch die wichtigsten Hindernisse beseitigt und der erste Schritt zur Erreichung des eigentlichen Zieles ist geschehen. Jeder Promuischlenik feiert daher diesen Erfolg durch Hinzufügung eines neuen Kreuzes zu den früher errichteten und man sieht deshalb auf Kostin Kap mehr von diesen Denkmälern unserer Seefahrer als an irgend einem andern Punkte von Nowaja Semlja.

Zwischen dem Bobruitschewer- und Kostin Vorgebirge im Norden und dem Schwarzen Kap und Sawina Kowriga in Süden, liegt die Südliche Mündung von Kostin Schar. Sie heißt auch vorzugsweise Kostin Schar, und es entstand daraus der Name der Mejduscharischen (Zwischen-Straßen) Insel, weil derselbe zwischen zweien Straßen (schari); der Kostin und Podrjesower gelegen ist. Ich erwähnte bereits oben daß die strengen Etymologen unter den Jagdreisenden, dieser Straße den Namen Schar nicht gönnen, und sie lieber Salma genannt wissen wollen, weil dieselbe nur eine Insel vom Festlande trennt, nicht aber wie ein eigentlicher Schar von einem Meer in ein anderes fließt.

Die Berge welche sich von dem Nördlichen Gänsevorgebirge weit landeinwärts erstrecken, nähern sich bei Kostin Schar wiederum an zwei oder drei Stellen dem Ufer, und entfernen sich dann abermals gegen O. und NO., bis sie endlich gegen SO. gänzlich verschwinden.

Von 9 Uhr Abends und wärend der Nacht legten wir bei, unter dem Grot Marssegel, und befanden uns damals um 4 Meilen SWlich von Kostin Schar, bei 28 Sajenen Tiefe über Felsenboden. Obgleich wir schon längst die vortrefflichen Eigenschaften unserer Brigg erfahren hatten, so konnten wir doch deren ruhiges Verhalten nach dem Beilegen nicht ohne Bewunderung sehen. Ihr Abfallen und Annähern an den Wind betrug nicht mehr als ½ Rhumb und nach dem Zeugnisse des Lothes stand sie fast unbeweglich (Dienstag. August 19.) Bei Tagesanbruch befanden wir uns wie zu erwarten war beinahe völlig an der frühern Stelle. Unterdeß erhob sich ein äußerst heftiger NNWwind da aber kein Nebel auf dem Ufer lag so konnten wir so wie früher längs der Küste fahren und unsre Aufnahme fortsetzen.

Um 6 Uhe passirten wir Sáwina Kowriga, denselben Punkt an welchem Lieutenant Lasarew im Jahre 1819 vor Anker ging. Er heißt auf seiner Karte Majol Schar und ich habe schon oben über die Unstatthaftigkeit dieser Benennung berichtet.

Fünf Meilen von Sawina Kowriga liegt die Stroganower-Bucht (Strognowa g.) welche auch wohl bloß Strogonowschtschina genannt wird. Nach den Sagen welche noch heut in jener Gegend herrschen, wohnten ehemals an jenem Punkte Nowgoroder Ansiedler Namens Strogonow deren Namen auf die Bucht überging. Man war bisweilen geneigt diese ganze Ueberlieferung für eine Fabel zu halten, jedoch wie es mir scheint ohne Grund, denn wenn daselbst jemals Leute wohnten, wie doch die Überreste ihrer Wohnungen, Begräbnißplätze und ähnliche noch jetzt sichtbare Gegenstände bezeugen, so sehe ich nicht ein, weshalb sie nicht aus Nowgorod sein und Strogonow heißen konnten. Es ist wahr daß sich keine dahin gehörige Nachricht in den Chroniken findet, und daß auch die Sage nicht näher angiebt, wer dirse Strogonows waren und weshalb sie nach Nowaja Semlja auswanderten, doch schwächt dieses nicht die Wahrscheinlichkeit des Ereignisses; einzelne Umstände konnten durch das Alter der Begebenheit vergessen werden, denn nach verschiedenen Andeutuugen hat man jene Ansiedlung in das 16te Jahrhundert zu setzen. Im Jahre 1594 fand Barenz in der von ihm sogenannten St. Lorenz Bucht, welche genau unsrer Strogonower entspricht, eine Niederlassung die aus dreien Hütten bestand, deren Bewohner sich wie er voraussetzt geflissentlich vor ihm verbargen. Einige Gräber und Grabmähler bewiesen daß dieselbe schon ziemlich lange bestand. Setzt man die Entstehung derselben 20 bis 30 Jahr vor jene Zeit, so entspricht derselbe namentlich derjenigen Epoche in welcher die Nowgoroder den meisten Grund hatten, in weit von ihrem Vaterlande entfernte Gegenden auszuwandern d. h. der Regierung Johann des Schrecklichen (Joan Grosnui). Es ist sogar sehr möglich daß mehrere jener Ansiedler in jener Zeit nach Nowaja Semlja verbannt wurden. Was die unwahre Sage von gewissen Ungeheuern mit eisernen Nasen und Zähnen betrifft, welche die Strogonows besuchten,[1] so verdient sie etwa nur deshalb Erwähnung weil sie die Zweifel an einem an und für sich sehr wahrscheinlichen Ereignisse bedeutend vermehrte.

In dem NÖlichen Theile des Strogonower Meerbusens liegt eine geschützte Bucht unter dem Namen der Wasiljewer Anfahrt, von der eine von SO. nach NO. gerichtetete Tragstelle vier Werst weit in die Schuhbucht (baschmatschnaja guba) hinüberführt welche hinter dem Schwarzen Kap (Tschernui Nos) in Kostin Schar einspringt. Die Wasiljew-Anfahrt ist wahrscheinlich dieselbe, welche Barenz Mehlhafen nannte. Es ist bemerkenswerth daß unsre Promuischlenik's das Westliche Vorgebirge der Strogonower Bucht ebenfalls Mehlvorgebirge nennen. Es kann sein daß dieser Name seine Entstehung denselben 6 Mehlsäcken verdankt, welche Barenz daselbst sah. Die Überreste des Wohnorts der Strogonows liegen nahe beim Mehlvorgebirge.

20 Meilen von dort liegt die Schwarze Bucht die dadurch bekannt ist, daß in ihr um die Mitte des vorigen Jahrhunderts die altglaübige Familie der Paikatschewui (welche die Promuischleniks auch bloß die Paikatschi nennen) umkam. Diese Unglücklichen erlitten in ihrer Heimath (sie waren von Kema) unerträgliche Verfolgungen wegen ihres Glaubens und entschlossen sich auf Nowaja Semlja eine verborgene Zuflucht zu suchen, weil sie nirgends anders auf Ruhe hofften. Aus Mangel an allen Erfordernissen, waren sie indeß nicht einmal einen Nowasemler Winter zu ertragen im Stande. Der Promuischlenik Aphanasji Charnai aus Dolgotschelje (einem Dorfe am Flusse Kuloi) der im folgenden Frühjahr nach der Schwarzen Bucht kam, fand alle Paikatschi's tod und bestattete sie zur Erde. Unser Lootse hatte dieses von Charnai selbst gehört. An die Schwarze Bucht gränzt gegen West die Bucht Schirotschicha. Beide sind durch eine Landzunge getrennt die nur 100 Sajenen in der Breite mißt und über welche die Promuischleniks ihre Karbasen zu schleppen pflegen.

15 Meilen weiter trifft man die Bucht Sachanicha, die größte auf diesem Ganzen Ufer: sie erstreckt sich 15 Meilen weit gegen

[1] Krestinin's Nachrichten in Neue Monatsschriften tom. XXXI. pag. 17. (in Russischer Sprache).

N. und hat in ihrer Mündung eine eben so große Breite. Es giebt in derselben eine Menge von Inseln und einige gute Anfahrten. Von dieser Bucht liegen die zwei Sachaniner Inseln, ohne Zweifel dieselben bei denen Barenz im Jahr 1594 die undurchdringlichen Eismassen antraf, welche ihn nach SW. zu fahren zwangen. Aus diesem Grunde reichen die Karten der Holländer nur bis zu den St. Clara Inseln (so nannte Barenz die Sachaniner); keiner ihrer Seefahrer sah das Östliche von denselben gelegene Ufer.

Der anhaltende heftige Wind beschleunigte unsre Fahrt dermaßen, daß wir bald nach Mittag bereits an den Sachaniner Inseln vorübergingen. Als wir uns ihnen näherten, fanden wir eine fürchterliche Furchung (suloi) welche Brandungen so sehr glich, daß wir für nöthig hielten zu lothen; wir fanden indeß mit 30 Sajenen keinen Grund.

Gegen O. von der Sachaniner Bucht liegen viele Inseln; diese sind sämmtlich auf unserer Karte unter denselben Namen aufgeführt, unter welche sie die Promuischleniks kennen. Hinter einem kleinen Inselchen nahe am Ufer ist eine gute Anfahrtsstelle welche man die Hähne (pjetuchi) nennt. Die Durchfahrten zwischen den Inseln sind frei von Hindernissen, wenigstens nach Versicherung unsrer Lootsen der mir demgemäß vorschlug unsren Weg dadurch abzukürzen daß wir einige dieser Inseln zu unserer Rechten ließen, ich zog es jedoch vor meerwärts von sämmtlichen vorbei zu gehen weil sich an vielen Stellen Brandungen zeigten. Um 5 Uhr kamen wir auf die Höhe der größten und östlichsten Insel dieser Gruppe, nämlich der sogenannten großen Rennthierinsel, die vor der westlichen Mündung von Nikolskji Schar liegt. Diese Straße läuft zwischen dem Ufer von Nowaja Semlja und der großen Insel Kusowa semlja. Diese erstreckt sich 15 Meilen weit gegen NO., O. und SO. und mündet im Osten ins Karische Meer; sie hat überall gute Ankerplätze. Die Kusow Insel ist eben so wie dieses ganze Ufer von Nowaja Semlja von Kostin Schar an, niedrig, eben und steil abgeschnitten. Ihr südliches Vorgebirge welches gleichfalls Kusow Vorgebirge heißt, bildet die SOspitze von ganz Nowaja Semlja, denn von diesem an windet sich das Ufer steil und auf 5 Meilen weit gegen NO., und läuft dann nach N. Auf dem Kusower Vorgebirge stehen einige Kreuze. Nördlich von demselben liegen einige niedrige Inseln zwischen denen mehrere überschwemmte Klippen, die von fürchterliche Brandungen bedeckt werden.

Um $6\frac{1}{2}$ Uhr befanden wir uns 5 Meilen gegen S. t W. vom Kusow Vorgebirge. Es wurde schon finster, weshalb wir uns näher an den Wind legten und unter völlig gerefften Marssegeln fortschritten. Die Tiefe betrug 19 Sajenen und der Grund war felsig. Der Wind ward noch heftiger als zuvor und erregte heftigen Seegang.

Wir waren jetzt wie verirrte Wanderer, welche nicht wissen wohin ihre Schritte zu lenken. Als wir uns auf der Höhe von Kusow Nos befanden sahen wir die ganze Ausdehnung des Karischen Meeres bis zu den Gränzen des Gesichtskreises völlig eisfrei. Diese unerwartet günstige Beschaffenheit des Karischen Meeres schien eine vortreffliche Gelegenheit zur Besichtigung des Östlichen Ufers von Nowaja Semlja zu verleihen, welches bis jetzt Niemandem als einem Kormschtschik bekannt geworden war. Trotz des ununterbrochenen Glückes welches uns bis hierher begleitet hatte, entschlossen wir uns doch nicht auf diesen letztern Erfolg zu hoffen der alle unsre kühnsten Erwartungen sehr weit übertroffen hätte. Die Unternehmung schien äußerst lockend, dennoch aber wußte ich nicht ob es vernünftig sei, sich daran zu wagen. Man konnte fast nicht zweifeln daß die damalige Abwesenheit des Eises nur allein durch Wwinde veranlaßt war, die wärend einiger auf einander folgenden Tagen geweht hatten, und daß mit dem nächsten Winde von der entgegengesetzten Seite die Schollen zurückkehren würden. In diesem Falle hätten wir weder die Aufnahme des Ostufers von Nowaja Semlja vollenden, noch auch die Punkte unserer Instruktion erfüllen können, welche sich auf die Inseln Waigatsch und Kolguew und auf das Kanin Vorgebirge bezogen, ja bei der Nähe des Septembers hätte man sogar ein noch weit schlimmeres Ende erwarten können und zwar namentlich, daß wir von Eis umgeben worden und bis zur Zeit des bleibenden Frostes nicht mehr im Stande uns daraus zu befreien, zur Überwinterung im offnen Meere gezwungen worden wären. Diese und ähnliche Überlegungen und Vorstellungen wurden völlig überflüssig als ein erschreckliches und durchaus unerwartetes Ereigniß uns auf entscheidende Weise den nun einzuschlagenden Weg vorschrieb.

Schon seit einiger Zeit beunruhigte eine Veränderung in der Farbe des Wassers; es wurde grünlich und trübe. Ich machte unsren Lootsen darauf aufmerksam und befragte ihn sehr angelegentlich ob es nicht Untiefen in dieser Gegend gäbe? er versicherte aber sehr bestimmt, es sei dort überall freies Meer. Seine Aussage war wahrscheinlich, weil wir von dem Punkte, wo wir an den Wind gegangen waren stets wachsende Tiefen gefunden hatten. Zu größerer Vorsicht hielt ich beständig eine Wacht auf der Fok-Raa, jedoch ohne daß sie jemals etwas Gefahr drohendes gesehen hätte. Bei einem Gange von $1\frac{1}{2}$ Knoten loteten wir nach jeder Viertelstunde, so daß wir von 300 zu 300 Sajenen die Tiefe erfuhren. Um $7\frac{3}{4}$ Uhr wuchs dieselbe bis zu 35 Sajenen und ich war völlig beruhigt, als das Schiff plötzlich einen heftigen Stoß am Vordertheil und gleich darauf auch einen andern am Hintertheile erhielt. Die Tiefe fanden wir zu 3 und 2½ Sajenen. Die Stöße folgten sich nun mit äußerster Schnelligkeit, das Ruder war bald aus den Angeln gehoben, der obere Haken desselben abgehoben und das Ganze Hintertheil zerstoßen; rund um uns bedeckte sich das Meer mit Bruchstücken des Kieles, dabei behielten wir noch wärend einiger Minuten den früheren Gang bei, bis die Brigg endlich fest stand. Die erschreckende Heftigkeit der Stöße nahm noch zu, und ein fürchterliches Krachen aller Theile der Brigg, ließ uns in jedem Augenblick erwarten, daß sie in Trümmern gehen würde.[1] Ohne fernere Hoffnung auf die Erhaltung des Schiffes mußte ich nur noch an die Rettung der Mannschaft denken. Es war schon Befehl gegeben die Maste zu kappen, als derselbe Umstand der uns an den Rand des Verderbens geführt hatte, nun auch der Grund zu unserer Rettung wurde, ich meine den heftigen Wind und einen hohen Seegang: der letztere hob das Schiff von den Steinen, wärend der Wind es zwang sich vorwärts zu bewegen. Man hatte schon Beile herbei gebracht, als die Brigg von neuem Gang erhielt und schnell zu größerer Tiefe gelangte.

Dem augenblicklichen Untergange schienen wir nun entflohen aber unsre Lage blieb dennoch äußerst gefährlich. Der Wind blies mit seiner frühern Stärke, der Wellenschlag nahm durchaus nicht ab, die Nacht brach an und wir waren ohne Ruder. Unsre erste Sorge war natürlicherweise darauf gerichtet, diesen unerläßlichsten Theil des Fahrzeuges wiederum zu ersetzen und nach Möglichkeit zu befestigen. Wenn man das Mühselige dieser Arbeit sogar unter günstigen Umständen kennt, so wird man leicht einsehen was sie uns kostete wärend der fürchterlichen Wellen, die im Stande gewesen wären ein unversehrtes Ruder aus seiner Stelle zu heben. Nach anderthalbstündiger Arbeit, wärend welcher der Eifer unsrer Mannschaft die höchste Bewunderung verdiente, verkündete ein begeistertes und einstimmiges Hurrah! wohl das erste, welches jemals in jenen wüsten Gegenden erscholl, unsern glücklichen Erfolg. Die ausgezeichneten Eigenschaften unseres Schiffes diente uns damals zu nicht geringer Erleichterung und Beruhigung. Um seinen Gang zu vermindern durften wir nur das Fok- das Stagsegel und das Sturmbesamsegel stehen lassen, aber auch durch diese allein und ohne jede Steuerung, lief es sehr ruhig bei dem Wind mit 1½ Knoten und mit 3 Rhumben Abtrifft, eben so als hätte es der geschickteste Ruderer gelenkt. Sein Kurs und Gang wurde

[1] Die Stöße waren so heftig daß das Quecksilber in einem Barometer welches in der Kapitainskajüte hing sich an zweien Stellen trennte. Mehrere Bimse erhielten Längenspalten.

wärend dieser ganzen Zeit wie gewöhnlich beobachtet und aufgezeichnet, und völlig so als wäre die Brigg nicht eine Minute ohne Ruder gewesen.

Bei dieser Gelegenheit darf ich einen Umstand nicht übergehen welcher beweist wie schlimm es namentlich bei Schifffahrtsangelegenheiten sei, anscheinende Kleinigkeiten zu vernachlässigen und der Verschönerung auch nur die geringfügigste Zweckmäßigkeit zu opfern. Auf unseren Schiffen pflegt man die Haken zur Aufhängung der Ruderketten, unter den untersten Contrerels einzuschlagen, wahrscheinlich um nicht die Schönheit des Spiegels und der Muscheln durch darüber hinabhangende Ketten zu entstellen. Aus diesem Grunde kann man aber diese letzteren selbst bei stillem Wetter fast nicht anders als vom Boote aus, von ihren Haken abnehmen; bei Seegang aber, wenn es nicht möglich ist ein Boot hinabzulassen, giebt es fast kein Mittel sie frei zu machen. Der verstorbene Steuermann Fedorow, der im Jahre 1821 auf unserer Brigg diente, kannte diese Unbequemlichkeit aus Erfahrung und machte mich schon damals darauf merksam; ich weiß nicht weshalb nicht sogleich diesem Übel abgeholfen wurde, und als wir nachher zwei Campagnen glücklich vollendet hatten, bekümmerte man sich nicht mehr um diese Haken. Jetzt aber als wir Rudertaljen nöthig hatten, sah ich meinen Fehler ein. Denn ungeachtet aller Anstrengungen deren eine eifrige und gewandte Mannschaft nur irgend fähig ist, war es uns nicht möglich die Ketten von den Haken abzuheben und wir waren zuletzt genöthigt mit äußerster Mühe und mit nicht geringer Gefahr, Taue mit ihren Enden in die untersten Schaken der Ketten zu befestigen und mit diesen wie mit Rudertaljen zu wirken. Bei noch größerem Wellenschlage und auf einem weniger ruhigem Schiffe wäre auch dieser Nothbehelf unmöglich gewesen.

Für unseren Lootsen war die Begegnung dieser Bank ebenso unerwartet als für uns selbst; er hatte niemals gehört daß es irgend welche Gefahren in dieser Gegend gäbe; und das ist auch nicht auffallend, denn für ihre Fahrzeuge ist eine Tiefe von 2 Sajenen, bei der wir uns fest fuhren, noch ein gefahrloses Fahrwasser. Wärend der Fahrt zu lothen ist aber bei ihnen nicht üblich, und gewöhnlich erkennen sie das Vorhandensein einer Bank nicht eher als bis sie auf derselben sitzen. Geringe Tiefen erkennen sie noch außerdem durch sogenannte Stamuchi d. h. niedrige Eismassen welche an dergleichen Orten im Winter verbleiben und erst spät im Frühjahr hinweggeführt werden. An der in Rede stehenden Stelle konnten sie wahrscheinlich wegen der Heftigkeit der Strömungen die in den Karischen Pforten herrschen und wegen gänzlicher Offenheit des Ortes nicht verweilen.

Diese Bank welche ich nach unseren Steuermann Prokophiews Bank benannte, liegt vom Kusow Vorgebirge um 7 Meilen gegen S t W. Sie kann nicht mehr als 1 Meile im Umfange haben und außerordentlich schnelle Abnahme der rings umgebenden Tiefe macht sie äußerst gefährlich. An der Nordseite derselben hatten wir eine um mehr als 35 Sajenen geringere Tiefe als in dem Abstande einer halben Werst von dort, und an der Südseite dieselbe Tiefe in einem Abstande von $3\frac{1}{2}$ Meile. Es ist Nichts anders als die Spitze eines vom Boden des Meeres steil aufsteigenden Felsens. Eine Menge von Brandungen macht es wahrscheinlich daß es viele dergleichen Bänke in dieser Gegend giebt, und man muß sich daher dem Kusow Vorgebirge nicht ohne besonders dringende Nothwendigkeit auf weniger als 7 Meilen nähern.

Das Unglück welches uns betroffen hatte, veranlaßte mich den Plan unserer Unternehmungen völlig abzuändern. Wir waren jetzt durchaus nicht mehr im Stande an neue Untersuchungsfahrten zu denken. Ungeachtet aller zu Gebote stehenden Befestigungen, war unser Ruder in sehr unzuverlässigem Zustande, wir hatten Grund zu vermuthen daß einige der unteren Haken beschädigt oder wohl gar ebenso wie die oberen völlig abgebrochen waren. In diesem Falle konnte uns aber ein starker Gang oder heftiger Wellenschlag äußerst gefährlich werden. Außerdem machten jene Befestigungen selbst, alle durch das Ruder zu bewirkende Bewegungen sehr beschwerlich und langsam, so daß sogar eine Wendung vor dem Winde mühsam, eine Wendung über Stag aber ganz unmöglich oder doch höchstens nur bei ganz ruhiger See ausführbar war. Endlich war außer den lokalen Beschädigungen des Schiffes, die sehr bedeutend sein mußten, da wir ein Lecken von 5 — 6 Zoll Wasser in der Stunde beobachteten, auch sein ganzer Rumpf merklich geschwächt; ursprünglich waren seine Theile so fest mit einander verbunden, daß der kleinste Stoß an das Vordertheil wie z. B. die Begegnungen mit Schollen oder ein Wellenschlag, mit ungeschwächter Kraft in der Kajüte am Spiegel fühlbar wurden, jetzt aber bewirkten dergleichen Schläge nur noch Zitterungen wie die einer Stahlfeder, auch war bei starkem Rollen, eine Bewegung des Verdeckes sehr bemerklich. Eine so offenbare Schwächung der Verbindungen des Schiffes ließ erwarten daß das Leck mit jedem Tage zunehmen würde. Aus diesen Gründen hielt ich es für durchaus nothwendig vor Anbruch der Herbststürme, welche wir nicht mehr zu ertragen im Stande waren, nach Archangelsk zurückzukehren.

Nachdem wir die Brigg wie oben erwähnt wieder in Stand gesetzt hatten, fuhren wir fort bei dem Wind, unter heftigem Wehen aus Westen zu segeln. Da ich die wahre Lage der Insel Waigatsch nicht kannte, so befürchtete ich daß wir durch Fortdauer dieses Windes zuletzt auf dieselbe gerathen könnten. (Montag. August 20.) Am Morgen des 20sten wurde diese Besorgniß durch Abnahme der Tiefe verstärkt, jedoch bald wiederum völlig beseitigt, denn um Mittag befanden wir uns nach Beobachtungen in 69° 58′ 25″ Breite und 56° 3′ Länge d. h. um 47 Meilen SW-lich von dem gerechneten Punkte. Obgleich wir seit dem 18ten August keine Beobachtungen gehabt hatten, so konnte doch dieser beträchtliche Unterschied nicht anders als in den letzten 24 Stunden erfolgt sein, denn bis zum Morgen des 19ten hatten wir durchaus keine Beweise von Strömung. Sie schien vielmehr nicht eher auf uns gewirkt zu haben als bis wir an Sawina Kowriga vorbei gingen, und sie erklärte die starke Furchung (Suloi) die wir vor der Sachaniner Bucht bemerkten. Es ist bemerkenswerth daß diese äußerst heftige Strömung nach W., sich wärend starker Winde aus dem NW. Viertel äußerte, jedoch scheint es mir daß man auch diese durch Stauung des Wassers gegen das Karische Meer erklären könne, eben so wie die früher erwähnte ähnliche Erscheinung.

An diesem und am folgenden Tage lawirten wir gegen W., mit sehr geringem Gewinne. Wärend der Schläge die uns dem seichten Bolschesemeler Ufer näherten, fanden wir die Tiefe stets abnehmend und bei den entgegengesetzten schnell zunehmend, obgleich die Entfernung von Nowaja Semlja nur halb so groß war als die von dem Festlande. Einige Male trafen wir große Stücke Holz, welche ohne Zweifel aus der Petschora ins Meer geführt waren. Außer 2 oder 3 Möwen sahen wir kein einziges Thier. (Dienstag. August 21.) Am 21sten wo wir länger als gewöhnlich nach N. gehalten hatten, erblickten wir das Ufer von Nowaja Semlja in der Gegend des Kaban Vorgebirges, aber große Entfernung und späterhin der Anbruch der Nacht verhinderten uns dasselbe genauer zu betrachten. (Mittwoch. August 22.) Am Morgen des 22sten ward der Wind endlich still und fing an sich günstig für uns zu gestalten, indeß erhielten wir nicht eher als um Mittag einen genügenden Gang. Das Wetter war sehr schön und unsere Beobachtungen wichen äußerst wenig von der Rechnung ab, denn sie ergaben für den Mittag die Breite 70° 15′ 40″ und die Länge 54° 38′.

Da ich Grund hatte zu vermuthen der SOwind und das schöne Wetter werde einige Zeit anhalten, so entschloß ich mich noch ins Angesicht der Insel Kolguew zu gehen.

(Donnerstag. August 23.). Wir hofften sie am Morgen des 23sten August zu sehen, denn unser Lootse beschrieb ihr nördliches

Ufer als bergig; dennoch zeigte sich aber die Insel erst eine Stunde vor Mittag. Wir erblickten zuerst ihr sehr niedriges Ostufer, welches sich in der Richtung von SO. gegen NW. allmälig bis zu 15 und 20 Sajenen erhebt. Wir erwarteten noch in der Folge Berge zu sehen', taûschten uns aber hierin, denn Otkuptschikow hatte dieses selbe Ufer bergig genannt, weil er immer auf einem kleinen Fahrzeuge und hart am Lande vorüber gefahren war.

Das Norduser der Insel Kolguew ist fast überall von gleicher Höhe, fällt steil gegen das Meer ab und ist durchaus eben und so einförmigen Ansehns, daß wir nur mit Mühe einige genugsam ausgezeichnete Punkte zu Peilungen auffanden. Eine Ausnahme von dieser Beschaffenheit macht jedoch die NWspitze der Insel, jenseits deren sich das Ufer plötzlich gegen SW. wendet und welche man daher leicht unterscheidet wenn man von O. kommt. Wir hatten an diesem Tage sehr gute Beobachtungen gehabt und erhielten daher eine sehr zuverlässige Bestimmung des erwähnten Vorgebirges. Seine Breite beträgt 69° 29′ 30″ und seine Länge 48° 55′.

Bis zur Dunkelstunde fuhren wir längs der Ufer von Kolguew und machten eine Aufnahme derselben, dann richteten wir unseren Kurs auf das Kanin Vorgebirge, welches ich ebenfalls sehen wollte um den mir gegebenen Aufträgen zu genügen.

Die von uns gesehne Strecke der Insel Kolguew, macht fast deren ganze Ausdehnung nach dem Parallel aus. Es war uns unmöglich die Südspitze zu sehen, welche deren Erstreckung nach der Breite begränzt. Die Annäherung an dieselbe ist für ein Seegelschiff gefährlich selbst wenn es in gutem Stande ist, wegen einer Menge von Untiefen welche es umgeben. Diese sandigen und von Wasser bedeckten Untiefen sind unter dem Namen der Flachen oder der Östlichen Bänke (Ploskie ili Wostotschnie Koschki) bekannt. Sie umgeben die Spitze der Insel und bilden einen schmalen Streifen der sich 20 Werst weit gegen SO. erstreckt. An einigen Stellen haben sie Durchbrüche durch welche man mit Karbasen fahren kann, für Segelschiffe, selbst von kleinster Beschaffenheit, giebt es aber nirgends eine Durchfahrt. An der Nordseite dieser Bänke springt die Bucht Nemenka einwärts, in welcher sich die einzige Lodjen Anfahrt an diesem Ufer befindet. Die Flachen Bänke sind mit Treibholz besäet, welches sich an einigen Stellen in mächtigen Wällen abgelagert hat.

Um die gesammte Größe der Insel zu bestimmen haben wir bis jetzt keine andere Data als die Aussagen der Promuischleniki, [1]

[1] Im Sommer dieses Jahres wird die Insel Kolguew vollständig aufgenommen werden durch einen deshalb, nach der Petschora abgesandten Steuermann,

denn keiner der bekannten Seefahrer weder unter den Russischen noch von den Ausländern, hat dieselbe rund umfahren, sondern alle gingen nur an deren Südseite vorüber. Die Promuischleniks schätzen ihren Umfang auf 300 Werst, wahrscheinlich ist aber diese Angabe ebenso übertrieben wie alle ähnlichen aus derselben Quelle, aber das Ansehen und die Lage der Ufer dieser Insel sind dennoch sehr treu und genügend auf ihren Karten dargestellt. Der von uns untersuchte Theil stimmt nach seinen relativen Lagenverhältnissen fast durchaus mit jenen Karten, nur sind alle Flüsse in der Natur kleiner als auf diesen. Setzt man nun von den Endpunkten unserer Aufnahme beide Ufer unter Beibehaltung desselben Verhältnisses fort, so ergiebt sich für die Breite der Südspitze 68° 56′ und für den Umfang der Insel gegen 110 Meilen.

Die Insel Kólguew (und nicht Kolgúew wie man gewöhnlich schreibt und ausspricht) ist nicht so bewohnt wie man zu glauben geneigt ist. Außer den Jägern und Vogelfängern, welche sie vom Weißen Meere und von der Petschora aus besuchen, haben einige Samojedische Familien auch feste Niederlassungen auf derselben, und bewachen die Renthierheerden welche mehrere Mesener Kaufleute daselbst besitzen. Große Schwärme verschiedener Zugvögel, und vorzüglich Gänse und Schwäne, welche auf dieser Insel ihre Eier legen, und eine beträchtliche Menge von Fischen in den Flüssen und Seen (namentlich von den Arten der Kumji, Golzui, Omului und Sigi) liefern aber eine hinlängliche Nahrung, und durch die große Masse von Treibholz, welches an diesen Ufern ausgeworfen wird, sind sie vor Holzmangel geschützt, obgleich kein einziger Strauch auf der ganzen Insel wächst.

Diese einsame Insel diente einst den Sektirern, welche man wegen Kirchengebräuche verfolgte als Zuflucht. Gegen das Jahr 1767 ließen sich 70 derselben von beiderlei Geschlecht an der Gänsebucht (Gusinaja Guba) nieder. Ihr Glaubensgenosse der zu seiner Zeit sehr bekannte Archangler Kaufmann Barmin, ließ sie auf seinen Schiffen dahin übersetzen. Ungeachtet der günstigen Lage des Ortes verlebten sie daselbst nur 4 Jahre, nach denen ein großer Theil derselben starb, wärend die sehr geringe Zahl der Hinterbliebnen nach Archangelsk zurückkehrte. Nach der Aussage von Otkupschtschikow, der sich noch der Rückkehr dieser Unglücklichen erinnerte, enthielten sie sich jeder Fleischspeise, und nährten sich nur von Fischen und von Eiern, die sie noch nicht einmal als Vorrath auf zu bewahren verstanden. Diese Enthaltsamkeit ward aber Ursach ihres schnellen Unterganges. Einer von ihnen Namens Batarin lebt indeß noch bis heute mit seiner Mutter in dem Korotower Kloster am Flusse Laja, er ist jetzt etwa 60 Jahr alt.

(Freitag. August 24.). Am 24sten August gegen Mittag sahen wir das hohe aber ebne Nord-Ufer der Kaniner Halbinsel, und um 5 Uhr auch das Kanin-Vorgebirge selbst, auf dessen Meridian wir uns genau um 7 Uhr befanden als unsere Länge nach den Chronometern 43° 16′ 40″ war. Dieses Resultat für das Kanin-Vorgebirge, wich nur um 1′ 40″ von der im Mittel aus den vorjährigen Beobachtungen gefundnen Länge ab.

Wir hatten Ursache uns zu freuen, daß ungeachtet des Unglücks welches wir bei Nowaja Semlja erlebten, und troß des schlechten Zustandes unsrer Brigg der uns antrieb nach Archangelsk zu eilen, es uns dennoch gelang die zwei übrigen Punkte der Instruktion der Behörde zu erfüllen. Indessen kamen uns diese Erfolge und namentlich der letztere sehr theuer zu stehen. Der große Gang, dessen wir bedurften um noch bei Tage auf den Meridian des Kanin-Vorgebirges zu gelangen, war sehr angreifend sowohl für die Brigg selbst als auch in noch höherem Grade für deren Ruder. Der Zustand des letzteren machte mich weit besorgter als der des Schiffes selbst, obgleich wir fast ohne Unterlaß Wasser aus dem Raume auspumpen mußten, und ich wurde erst etwas ruhiger als wir Kanin Nos umfahren hatten, und nun mit gerefften Marssegeln weiter unter den Wind gingen.

Der Abend deutete auf eine unruhige Nacht: der ganze Himmel überzog sich mit dichten Regenwolken, denen die untergehende Sonne eine helle Purpurfarbe ertheilte; das Barometer fiel äußerst schnell zu 28,85 E. Zoll, und in der That erhob sich um Mitternacht ein Sturm aus Süd mit fürchterlichem Wellenschlage. (Sonnabend. August 25.). Unsere Brigg hielt sich wie gewöhnlich äußerst schön, aber um $2\frac{1}{2}$ Uhr schlug eine verhängnißvolle Welle auf deren schwach befestigtes Ruder, und machte uns im vollsten Sinne des Wortes zum Spielwerk der Wellen. Obgleich wir nur die hintersten Segel hatten stehen lassen, fiel das Schiff dennoch beständig unter den Wind, erlitt das heftigste unregelmäßige Rollen und fürchterliche Stöße, bald gegen den Spiegel bald gegen die Borde. Eine Welle ergoß sich vollständig über die Brigg, riß alles fort was sich auf dem Verdeck befand und beschädigte einen Matrosen der auf den Ruslinen arbeitete. Wir hatten kein Mittel dergleichen Unfällen vorzubeugen, sondern mußten so lange in dieser unangenehmen und gefährlichen Lage bleiben, bis es uns gelingen würde das Ruder wieder in Stand zu setzen, oder es auf irgend eine Weise zu ersetzen. Schon der erste Schritt zu diesem wichtigen und unerläßlichen Geschäfte war äußerst beschwerlich. Bei fürchterlichem Seegange konnte ein so großer Gegenstand nicht ohne bedeutende Gefahr auf das Schiff gehoben werden, und als es endlich gelungen war das Ruder auf das Verdeck zu legen, fanden wir keinen einzigen Haken mehr daran. Wir hatten dieses nicht anders erwartet, sahen aber nun noch zur größten Verwunderung, daß nur die schlechte Beschaffenheit des Metalls aus welchem sie bestanden diesen Verlust verursacht hatte. Die Bruchflächen waren voll Höhlungen, von denen einige so groß waren, daß man einen Finger hineinstecken konnte. Wir trauten kaum unsren Augen. Wenn die Künstler die sich mit Anfertigung solcher wichtigen Theile der Schiffausrüstung beschäftigen, stets bedächten daß von ihrer Arbeit das Loos von 20 bis 100 ihrer Mitbürger abhangt, so wie die Erhaltung bedeutender Summen für die Staatskasse nnd sogar einigermaßen der Ruhm ihres Vaterlands, so vermieden sie sicher einen gewissen Leichtsinn, der sich bisweilen in ihren Arbeiten zeigt und den man mit völligem Rechte zu den größten Vergehungen rechnen kann.

Wir dankten dem Schicksal daß wir noch ein Ruder besaßen obgleich es äußerst beschädigt war, und schritten sogleich zur Ausbesserung desselben. Unter allen Methoden deren ich mich zu diesem Zweck erinnerte schien mir diejenige vorzuziehen, die der Englische Kapitain Wagnold vorschlug, und welche Herr Glotow Ehrenmitglied des Kaiserl. Admiralitäts-Departements in seiner kleinen aber äußerst nützlichen Schrift über die Ruder, beschrieben hat, wodurch er die Dankbarkeit aller Seefahrer verdient.[1] Unsere Lage war indessen weit beschwerlicher als die des Englischen Kapitains, denn wir besaßen kein vorräthiges Eselshaupt, und hatten sämmtliche Haken verloren wärend an seinem Ruder der oberste Haken noch ganz geblieben war. Wir verfielen sogleich darauf das erstere durch die zwei Blöcke zu ersetzen, auf denen das große Ruderbot stand: wir verbanden sie durch Bolzen beschlugen sie mit Eisen und behauten sie wie es sich gehörte; um das Ruder aufzuhängen sah ich aber kein anderes Mittel als unter dem untersten Haken einen Reif zu befestigen und diesem auf einen in die oberste Oese eingesetzten Bolzen zu legen; indessen hatte der Rudergänger Philaret Abrosimow den weit glücklichern Gedanken ordentliche Haken aus vorhandenen Eisenstücken zu machen Unser Schmid erklärte dieses für möglich wenn man die Schmiede aufsetzen könnte. In einem Augenblick war alles gehörig aufgestellt und unser Volksraum hatte das Ansehn von Vulkans Werkstatt erhalten. Wir schmiedeten die zwei oberen Haken aus Eisen von $1\frac{1}{8}$ Zoll Dicke, den dritten machten wir gar nicht um nicht Zeit zu verlieren, denn diese war uns wichtiger als alles übrige. Der oberste Haken ward

[1] Alexander Jakowlewitsch Glotow Beamter der 6ten Klasse und Ritter beschloß sein thatenreiches Leben im vorigen Jahre (1825.)

durch das Ruder hindurch geschlagen und dann von hinten befestigt. Der zweite wurde nur eingelassen in das Holz, weil er im Innern des Ruders auf einen Bolzen gestoßen war, welcher nicht erlaubte Löcher hindurch zu bohren. Beide wurden dicht unter den Ueberbleibseln der zwei früheren Haken eingeschlagen, so daß das Ruder etwas niedriger lag als das vorige. Im übrigen wurde es genau so ausgerüstet und aufgehängt wie es in dem oben genannten Werke angeführt ist. Um 6 Uhr Abends war alles fertig. Wir verdankten diesen Erfolg dem ungewöhnlichen Eifer und dem Fleiße unserer Leute. Sogar als ihnen zum Mittagsessen eine halbe Stunde Urlaub gegeben wurde, begnügte sich jeder nur eine Schale Wein und einen Zwieback zu nehmen und kehrte dann sogleich zur Arbeit zurück, und so dachte keiner von ihnen an Ausruhen bevor nicht Alles beendet und in Ordnung war. Sie wurden übrigens aufgemuntert durch das Beispiel unserer Offiziere und ich ergreife mit Freuden diese Gelegenheit um gegen diese Herrn die Pflicht einer wohlverdienten Belobung zu erfüllen, denn die sorgsamen Anordnungen, die Aufmerksamkeit und Unermüdlichkeit, welche sie alle bewiesen, namentlich aber Lieutenant Lawrow unter dessen unmittelbarer Aufsicht die ganze Arbeit vor sich ging, erzeugten bei dem Geschäfte eine solche Ruhe und Ordnung, wie man sie nur in den wohl eingerichtesten Admiralitätswerkstätten erwartet, nicht aber auf einem Schiffe, welches sich in offner See nach erlittenen Unfällen ausbessert.

Aber alle unsere Bemühungen wären vergebens gewesen ohne die Segnungen der Vorsehung, welche uns geleiteten. Der Sturm der sich wärend der Nacht erhoben hatte legte sich gegen Morgen. Das Wetter wurde warm und heiter und mit einem Worte so, daß wir zu unserer schwierigen Arbeit kein günstigeres wünschen konnten. (Sonntag. August 26.) Kaum war aber diese vollendet, als sich NOwind erhob der am Morgen nach NW. überging. Er war sehr stark mit fürchterlichen Schauern, und bald mit Regen bald mit nässendem Nebel. Wir waren aber jetzt wieder im Stande diese Winde zu benutzen und segelten schnell unserem Ziele entgegen. Anfangs ließ sich die Brigg sehr schlecht lenken, weil das Ruder zu hoch hing und weil, wie es sich nachher zeigte, das Hintertheil seinen Kiel gänzlich verloren hatte. Sie warf sich alle Augenblicke so stark unter den Wind, daß man fast beständig genöthigt war das Ruder am Bord zu halten. Nachdem aber 200 Pud Ballast vom Vordertheil nach dem Spiegel getragen worden, war dieses Übel fast gänzlich gehoben. Gegen Mittag sahen wir das Tersker Ufer (Terskji Bereg) und befanden uns um 5 Uhr 6 Meilen östlich vom Gorodezer Vorgebirge. (Montag. August 27.) Am folgenden Tage gingen wir am Orlower Thurm vorüber, und bestimmten durch sehr genaue Beobachtungen die Länge dieses Punktes und des Flusses Panoi.

Die beschwerlichen Arbeiten der vorigen Tage wirkten nachtheilig auf die Gesundheit unserer Mannschaft; Ermattungen und Erkältungen vergrößerten auf einige Zeit die Zahl der Kranken bis zu 7 Mann, welches uns noch bei keiner der früheren Reisen begegnet war.

Schwache und veränderliche Winde machten unsere Fahrt ziemlich langsam. Wir erreichten die Winterberge (simnie gorui) erst am Abend des 29sten. (Donnerstag. August 30.) Am Morgen des 30sten August erhob sich endlich frischer NOwind, mit welchem wir noch an demselben Tage vor Anbruch der Nacht in die Dwina einliefen und noch vor Erreichung der Schwaneninsel (lebedinoi ostrow) vor Anker gingen. (Freitag. August 31.) Am Morgen des folgenden Tages liefen wir glücklich in den Archangeler Hafen.

Es wurde uns vorgeschrieben das Schiff sogleich zu entladen, abzutakeln und es noch im Verlaufe des Herbstes zu Kielholen um allen Beschädigungen abzuhelfen. Das Ruder mit allen dazu gehörigen Stücken fanden wir genau in dem Zustande in welchem wir es eingehängt hatten, und es schien als hätte es auf dieselbe Weise noch lange dienen können. Nachdem der Trum geräumt worden, fanden wir an mehreren Stellen die Kielbolzen um eine Hand breit nach oben hervorstehend.

(Freitag. September 14.). Am 14ten September führten wir das Schiff in die Solombalka, und am 20sten legten wir es endlich auf die Seite. Es fanden sich nun fürchterliche Beschädigungen. Der Grep war in Späne zerstückelt, welche sich wie ein Fächer nach unten und nach rückwärts gebogen hatten. An dieser Stelle waren alle eiserne Befestigungen zerfressen, und die kupfernen in Stücke zerbrochen. Am Spiegel selbst fehlte der Kiel gänzlich und der untere Theil des Starnpost lag entblößt. An vielen Stellen sowol am Spiegel als am Vordertheil, waren die Spanten sichtbar, so daß wir unsre Rettung nur allein der festern Dichtung des Schiffes verdankten, denn wären irgendwo offne Spazien entblößt worden, so hätten keine Pumpen zur Wältigung des Leckes hingereicht. Ich schauderte beim Anblick des Zustandes in welchem wir uns befunden hatten. Nur die allmächtige Vorsehung konnte uns auf diese Weise retten. Noch zwei oder drei ähnliche Stöße des Kiels, so hätten sich die Querbalken auseinander gegeben und unsre Landsleute wüßten wahrscheinlich noch in diesem Augenblick nicht, wo und auf welche Weise wir untergegangen wären! Durch einen sehr sonderbaren Zufall fanden wir den untersten Ruderhaken noch in seiner Angel hangend: wahrscheinlich war er beim 2ten Male abgebrochen, denn es ist nicht zu glauben, daß er sich erhielt, als das Ruder aus den Angeln gehoben ward.

Ich blieb bis zu Anfang des Winters in Archangelsk, wo ich meine Tagebücher ordnete und Karten zeichnete, und begab mich sodann mit sämmtlichen Dokumenten nach St. Petersburg.

Fünftes Kapitel.

Vierte Fahrt der Brigg Nówaja Sémlja im Jahre 1824.

Bestimmung dreier Nordexpeditionen. — Abfahrt der Brigg Nowaja Semlja von Archangelsk. — Fahrt im weißen Meere. — Fahrt gegen Nord und Begegnung mit dem Eise. — Stehendes Eis am Südufer von Nowaja Semlja. — Ein Sturm zerstreut dasselbe. — Begegnung mit dem Eise in den Karischen Pforten. — Abfahrt von den Küsten von Nowaja Semlja. — Kreutzung bei der Insel Kolguew. — Rückkehr nach Archangelsk.

Wärend der ersten drei Expeditionen schien Alles erreicht, was man an den Küsten von Nowaja Semlja vermöge eines Seefahrzeuges ausführen kann, welches nicht zur Überwinterung eingerichtet ist. Die West- und Südufer der Insel, so wie auch die Matotschkin Straße waren aufgenommen. Zweijährige Versuche zu dem Norduſer vorzudringen blieben erfolglos, wegen der dichten Eismassen in jener Gegend. Ebenso blieb auch nur wenig Hoffnung mit einem Seefahrzeuge das Ostufer zu untersuchen, weil auch dieses nach sämmtlichen Nachrichten fast niemals vom Eise verlassen wird. Indeß konnten weder diese Nachrichten, noch auch zweijährige Erfahrungen über diesen Punkt als genügende Beweise der physischen Unmöglichkeit einer periodischen Befreiung dieser Ufer vom Eise, betrachtet werden, um somehr als wir im vorigen Jahre wärend unseres Aufenthalts in den Karischen Pforten durchaus keine Anzeigen von der Nähe desselben bemerkt hatten. Deshalb schrieb uns auch die Behörde vor, noch einen Versuch zur Vollendung der angefangenen Aufnahme jener Gegend zu machen. Nach dem Willen Sr. Majestät des Kaisers wurde mir wiederum diese Expedition übertragen.

In derselben Zeit sollte auch der Steuermann von der 12ten Klasse Herr Iwanow, nach der Petschora abgesendet werden, sowol um die Aufnahme dieses Flusses zu vollenden, welche er in den Jahren 1821 und 1822 begonnen hatte, als auch um das gegen O. von demselben gelegene Ufer zu untersuchen; ferner sollte man bei Archangelsk eine Brigg ausrüsten und dieselbe unter dem Befehl des Lieutenant Demidow zur Ausmessung des weißen Meeres bestimmen. Die Anordnung dieser zwei Expeditionen wurde gleichfalls mir übertragen.

Vom Kaiserlichen Admiralitäts-Departement wurden mir folgende Vorschriften als Anleitung gegeben:

„Bei Gelegenheit der zum vierten Male erfolgenden Ausrü„stung einer unter ihrem Befehl stehenden Expedition in das Nörd„liche Eismeer, so wie der Absendung des gleichfalls ihnen unter„gebenen Steuermanns der 12ten Klasse Iwanow und seiner Ge„hülfen die zur Aufnahme der Petschora abgesandt werden und „endlich der Unternehmung eines andern Steuermanns der auf ei„nem Transportschiffe mit Messung der Tiefen des weißen Meeres „beauftragt ist, werden ihnen vom Kaiserlichen Admiralitäts-De„partement, mit Zustimmnng des Herrn Chef vom Marinestabe „Sr. Majestät des Kaisers, folgende Vorschriften zur Ausführung „gegeben:

1) „Noch einmal, wenn es die Umstände erlauben, die Um„schiffung des Nassauer Vorgebirges zu versuchen und die Lage der „Ufer zu bestimmen, welche sich von diesem Vorgebirge gegen NO. „bis zur Nordöstlichsten Spitze von Nowaja Semlja erstrecken „und wenn das Eis die Ausführung dieses Vorhabens nicht ver„hindert, zu versuchen, längs des Ostufers von Nowaja Semlja „bis zur Matotschkin und wo möglich zur Waigatschstraße vorzu„dringen. Sollte aber ebenso wie in den früheren Jahren das „Eis die Umfahrung des Nordendes von Nowaja Semlja verhin„dern, so haben sie sich nach S. zu wenden. Um das Ostufer „aufzunehmen empfehlen sich zwei Methoden 1) sich auf Ruderfahr„zeugen oder Baidaren von Matotschkin Schar zu der Zeit auf„zumachen, wenn heftige Westwinde das Eis von den Ufern ent„fernen, oder 2) durch die Waigatschstraße zu dringen und diese „Aufnahme von der Südseite zu beginuen. Auf diesem letztern „Wege kann man mehr Erfolg erwarten, denn das Karische Meer „ist bisweilen ganz frei von Eis wie es z. B. im Jahre 1734 „wärend der Fahrt der Lieutenante Murawjew und Pawlow, und „im Jahre 1823 bei ihrer Reise geschah, und das Departement „schreibt ihnen daher vor die Ausführung dieses zuletzt genannten „Mittels zuerst zu versuchen; sollte es aber mißlingen, so werden

„sie die erste der erwähnten Methoden im folgenden Jahre in An„wendung bringen. Wenn sie durch Mangel an Eis im Kari„schen Meere begünstigt werden, so haben sie sich zu bemühen „nicht nur die Ostseite von Nowaja Semlja aufzunehmen, son„dern auch die südlichen und östlichen Küsten des Meeres von „der weißen Insel (Bjelui ostrow) bis zur Obischen Bucht."

2) „Es wäre erwünscht wenn sie im Norden in der Mitte „zwischen Spitzbergen und Nowaja Semlja zu fahren versuchten „um auszumachen bis zu welcher Breite man in dieser Gegend „vordingen kann."

3) „Den Steuermann Jwanow haben sie mit ausführlicher „Anleitung zu seinen Unternehmungen zu versehen, welche in Vol„lendung der Aufnahme und Messung der Tiefen für die Mün„dung der Petschora und sodann in Aufnahme der gegen Osten „an sie gränzenden Ufer und der davor liegenden Inseln bestehen „sollen. Übrigens haben sie nach eignem Dafürhalten auch das „Recht, den Jwanow zu ihrer eignen Hülfe bei Aufnahme des „Ostufers von Nowaja Semlja anzuwenden."

4) „Auch werden sie die nöthigen Instruktionen für den „Steuermann geben, der zur Messung der Tiefen im Weißen „Meere abgesandt wird. Die Messungen sind zunächst an den „Stellen erforderlich, wo die Tiefenangaben auf den Karten feh„len, außerdem muß man sich aber auch bemühen die Lage der „langen Bänke zu bestimmen, welche vor den Vorgebirgen Tolstoi „und Gorodezkji liegen."

5) „Beide genannte Expeditionen sollen völlig abhängig von „ihnen sein. Die Ausrüstung derselben wird ihnen überlassen und „nach der Ausführung müssen die Tagebücher und Karten unter „ihrer Aufsicht geordnet und alle diese Dokumenze durch sie dem „Departement vorgelegt werden, ebenso wie diejenigen, welche „sich auf das ihnen persönlich übertragene Geschäft beziehen „werden."

6) „Den Unterschied von 1° 11′ 24″ um welchen die von „Ihnen bei mehrmaliger Fahrt nach Nowaja Semlja erhaltene „Bestimmung der Länge des Vorgebirges Kandenois, das Resultat „des Astronomen Abrosimow übertrifft, macht glauben daß ein „ähnlicher Fehler auch bei der Bestimmung des gesammten Ka„niner Landes statt gefunden habe. Deswegen müssen sie die „Längen einer möglichst großen Anzahl von Punkten an diesem „Ufer bestimmen; vorzüglich aber für die Insel Morjowez (Wall„rossinsel) und für die Vorgebirge Woronow und Kanutin, unter „zu Grundelegung der bekannten Länge von Orlow muis (Adler „Vorgebirge), um auf diese Weise die Breite des Eingangs ins „Weiße Meer genauer zu bestimmen."

7) „Wenn Wetter und Umstände es erlauben, so haben sie „den Längenunterschied zwischen Kandenois und dem Mikulskin „Vorgebirge zu bestimmen um dadurch die Ausdehnung der zwi„schen diesen beiden Vorgebirgen gelegenen Nordküste des Kaniner „Landes zu bestimmen. Ebenso sollen sie suchen die Südspitze „der Insel Kolguew und die des gegenüberliegenden Landes zu be„stimmen um sich von der angeblichen Bequemlichkeit der Schifffahrt „in dieser Straße zu überzeugen."

1824. (Sonnabend. März 15.) Ich verließ St. Petersburg am 15ten März, wärend die Schlittenbahn noch ziemlich gut war, und hoffte somit schnell und ohne Begebnisse zum Ziele zu gelangen, anstatt dessen hätte ich aber auf der Hälfte dieses Weges beinahe diese ganze Reise und zugleich auch meine gesammte irdische Laufbahn geendet. (Mittwoch. März 19.) In der Nacht vom 19ten zum 20sten Mai ereilte uns auf dem Tschernoslobo der Wolok d. h. zwischen der Burkower und Tschernosloboder Station ein fürchterliches Schneegestöber. Der Weg welcher dort von Berg zu Berg und zwischen hohen Abhängen geht, war gänzlich verschüttet. Beim Hinunterfahren von einem Berge wendeten sich die im Gänsemarsch angespanntən Pferde zur Seite, unsere Kibitke fiel in einen Abgrund mit den Läufen nach oben und vergrub sich im Schnee. Mein Bruder der Lieutenant Litke, der uns begleitende Matrose, der Fuhrmann und ich, befanden uns alle viere ganz plötzlich und unerwartet unter dem Schlitten und außer Stand uns zu rühren. Nur ein 8 bis 9 jähriger Vorreiter blieb frei, es fehlte ihm aber an Kräften uns zu helfen und er lief vielmehr mit Geheul um uns herum. Unsere Lage war äußerst hülflos, die einzige mögliche Rettung vom Untergange schien von zufällig Vorüberfahrenden zu hoffen, wie konnte man aber in dieser Finsterniß, bei Nacht und im Schneegestöber auf eine Begegnung hoffen? Ich befand mich sehr schlecht; ein schweres Felleisen lag mir auf dem Nacken und drückte mein Gesicht gegen meine Hand; zum Athmen blieb mir etwa ein Kubikfuß Luft und ich fing bald an Erstickung zu fühlen. Wärend dessen begann der Knabe der mit Wehklagen um den Schlitten lief, voll Verzweiflung an der Mattendecke zu reißen. Der Fuhrmann der dadurch einiges Licht erblickte, fing an aus allen Kräften dahin vorzudringen und preßte sich endlich nach oben. Er begann dann von außen in dem Schlitten zu wühlen bis er ein Bein meines Bruders fand und ihn an demselben endlich hervorzog. Beiden gelang es dann leichter mit vereinten Kräften den Schlitten aufzurichten. Als ich an die Luft kam fühlte ich fürchterlichen Kopfschmerz, und unerträgliche Bitterkeit im Munde, welche jedoch bald vergingen. Mit großer Unruhe vermißten wir unseren Paul und fanden ihn endlich ganz ohne Bewußtsein unter dem Schnee liegend. Er wurde sogleich entkleidet und man fing an ihn vor einem Feuer zu reiben, welches wir zu diesem Ende sogleich angelegt hatten; aber Alles war vergeblich denn es zeigten sich durchaus keine Spuren von Leben. Es war fürchterlich auf diese Weise einen Menschen zu verlieren, und dennoch konnten wir ihm durchaus keine Hülfe leisten. Unser Fuhrwerk lag in einem Abgrunde und bis zum nächsten Wohnorte waren nicht weniger als 12 Werst. Wir schickten sogleich nach Hülfe dahin, es vergingen aber einige Stunden ohne daß weder unser Bote noch die erwartete Hülfe sich einfanden. Endlich gelang es uns selbst, obgleich nur mit außerordentlicher Mühe, den Schlitten auf deu Weg zu ziehen; wir legten unseren unglücklichen Reisegefährten darauf und fuhren mit unseren müden Pferden langsamen Schritts weiter. Dicht vor der Station Tschernoslobođa begegneten uns Bauern die uns zu Hülfe fuhren und die sich nur deßwegen verspätet hatten, weil der Bauernälteste (Sotskji d. i. ein Beamter der über 100 Mann gesetzt ist) nicht anwesend war und sie ohne dessen Zustimmung nicht wagten das Dorf zu verlassen: Diese Verzögerung kostete unserem Matrosen das Leben, denn eine schnellere Hülfe hätte ihn vielleicht noch gerettet, wärend nun die Bemühungen eines Arztes, den wir zufällig auf der Station mit einer nach Archangelsk auswandernden Abtheilung Matrosen fanden, durchaus vergeblich waren. Es zeigten sich durchaus keine Spuren von Verletzung an der Leiche und es blieb durchaus kein Zweifel, daß der arme Krupenikow im Schnee erstickt war.

Die Unannehmlichkeiten dieser Fahrt sollten aber hiermit noch nicht enden. In einer gemeinschaftlichen Berathung des Ortsgeistlichen und der Bauern beschlossen sie mich so lange aufzuhalten, bis der Landrath (Jsprawnik) aus Wuischegra käme und die gesetzmäßige Besichtigung der Leiche anstellte. Weder durch Vorstellungen noch durch Drohung mich beim General-Gouverneur zu beschweren, konnte ich sie in diesem Entschlusse wankend machen. Zu meinem Glücke kam zufällig der Assessor vom Landgericht (Selskji sosiedatel) in das Dorf und dieser veranlaßte die Bauern uns ohne weitere Bedenklichkeiten Pferde zu geben und rettete mich aus der schrecklichen Lage, mehrere Tage verlieren zu müssen, wärend ich die dringendste Veranlassung hatte mich nach Möglichkeit zu beeilen. Wir setzten unsere Reise noch an demselben Tage fort (Dienstag. März 25.) und kamen am 25sten ohne weitere Abentheuer nach Archangelsk.

Meine erste Sorge war nun alle Angelegenheiten der Petschorischen Abtheilung so vorzubereiten, daß sich Herr Jwanow bei seiner Ankunft aus Petersburg, sogleich weiter auf den Weg machen könnte, denn er mußte nothwendig nach Pustosersk gelangen, bevor noch die Moore (Tundri) aufthauten und dadurch durchaus unwegsam würden. (Mittwoch. April 2.) Herr Iwanow traf um 4 Tage nach uns in Archangelsk ein und setzte schon am 2ten August seine Reise weiter fort. Ich schritt dann sogleich zur Vorbereitung unseres Schiffes sowol, als auch der Brigg Ketti die zur Bielomorischen Expedition bestimmt war, zu welcher der Befehlshaber nicht vor Ende Mai in Archangelsk ankam.

(Sonnabend. Juni 14.). Zu Anfang Junis würden beide Schiffe auf die Rhede gezogen und am 14ten desselben Monats waren sie zur Abfahrt völlig bereit. Unsere Ausrüstung war genau eben so beschaffen wie früher. Die Offiziere der Brigg Nowaja Semlja waren dieselben wie im Jahre 1823 und die Zahl der Diener eben so groß wie damals.

NWwind der bei Archangelsk fast 8 Monate lang mit äußerst seltenen Unterbrechungen geweht hatte, hielt uns noch einige Tage auf derselben Stelle zurück. (Donnerstag. Juni 17.) Am 17ten fing er an über N. nach NO. überzugehen. Am Abend desselben Tages versuchte die Brigg Ketti ihre Anker zu heben, sie lief aber nur eine Werst weit und mußte dann wiederum vor Anker gehen. (Mittwoch. Juni 18.) Am folgenden Morgen begannen wir beide zu fahren bei schwachem ONOwind, trafen aber bei der Mudjusker Insel wiederum NWwind, so daß wir uns genöthigt sahen die Anker zu werfen. Um 5 Uhr Nachmittags drehte sich der Wind nach O. wir gingen sogleich unter Segel und fuhren um 8 Uhr über die Barre. Die Brigg Ketti ging schlechter als die Brigg Nowaja Semlja, blieb daher hinter dieser zurück und verschwand ihr bald aus dem Gesichtskreise.

Wir hielten auf die Winterberge, bei denen ich eine Beobachtung zur Längenbestimmung machen wollte, aber nach 10tägiger und fast ununterbrochener Heiterkeit, ward es nun fast wie absichtlich gerade in diesem Augenblicke trübe. Als wir an den Winterbergen vorübergingen, wurde der schwache Owind wie gewöhnlich zu einen Riffmarssegelwind aus NO. und umhüllte uns mit nässendem Nebel. Wir waren gezwungen zu lawiren, trugen aber so viel Segel als irgend möglich, trotz heftigen und unregelmäßigen Rollens. (Donnerstag. Juni 20.) In Folge davon verloren wir am Abend des 20sten die Grot-Mars-Rae, welche in der Mitte durchbrach. Es zeigte sich nun übrigens sehr schwer von diesem Lawiren einigen Vortheil zu ziehen, und um die Mannschaft nicht ohne Zweck zu ermüden, beschloß ich hinter den Winterbergen anzugehen, woselbst wir außerdem auch unserer Beschädigung bequemer abhelfen konnten. Um 10 Uhr Abends ankerten wir um 2 Meilen gegen S. 16° W. von dem Kerezer Vorgebirge, bei $9\frac{1}{2}$ Sajenen Tiefe über zähem Thonboden mit Sand und Steinen. Wir fanden daselbst 7 Lodjen die vor Anker, auf Veränderung des Windes warteten.

(Sonnabend. Juni 21.). Am folgenden Tage blieb herrliches Wetter, welches wir benutzten um die Länge der Winterberge zu bestimmen, deren westlichstes Ende von uns nach N. 3° W. lag d. h. für unseren Zweck außerst günstig. Dreimalige Beobachtungen zu beiden Seiten des Meridians deren Resultate fast durchaus nicht von einander abwichen gaben für die Länge dieser Spitze 0° 43′ 45″ W. von Archangelsk. Im Laufe dieses Tages gingen mehrere nach Archangelsk bestimmte Fahrzeuge an uns vorüber und außerdem sah man auf der See 5 Schiffe unter gerefften Marssegeln, zum Beweise daß der frühere Wind daselbst anhielt; bei uns wehte er aber sehr mäßig und nur bisweilen brachen Windstöße aus den Schluchten des Ufers hervor.

Der Ankerplatz an der SWseite der Winterberge ist bei Winden zwischen NO. und SO. sehr ruhig und gefahrlos. Wie heftig auch ein meerwärts wehender Wind sein möge, so ist er doch hier unter dem Schutze des hohen Ufers völlig unbemerkbar. Man muß in der Nähe des Kerezer Vorgebirges vor Anker gehen und um nicht mehr als 1 oder 2 Meilen vom Ufer. Die Tiefe beträgt daselbst 8 bis 10 Sajenen und der Boden besteht meistentheils aus Thon. Weiter nordwärts ist die Tiefe größer und der Boden weniger rein.

(Sonntag. Juni 22.) Am Morgen des 22sten lichteten wir den Anker und liefen gegen N. mit schwachem Owinde. Dem sogenannten Steinigen Bache (Kámennui rutschei) gegenüber erhielten wir Nwind und etwas später wiederum NO. der mit voriger Heftigkeit wehte. Diese anfangs auffallende Beständigkeit des NOwindes ist jedoch nicht schwer zu erklären. Das weiße Meer gleicht in seinem Ansehen zweien Zimmern, die durch einen engen Gang-Flur oder Corridor verbunden sind und eben so wie in einem solchen aus augenfälligen Ursachen beständig Zugwind herrscht, so muß eine solche Erscheinung auch in dem Kanal statt finden, der beide Theile des weißen Meeres verbindet. In diesem Kanale, den man recht passend den Bjelomorischen Corridor nennen könnte, giebt es fast keine andere Winde als NO. und SW. Welcher Wind auch im Oceane wehen möge, so nimmt er doch an dem Heiligen Kap (Swjatoi nos) gewöhnlich eine Richtung zwischen NNW. und NNO. an und geht beim Fluß Panoi in ONO. und NO. über, wenn ihn nicht der aus der Dwiner Bucht wehende Wind überwältigt. In dieser letztern herrscht SW. oder WSW. von den Winterbergen bis zum Flusse Panoi. Auf dieser Strecke finden die Schiffe gewöhnlich entweder völlig günstigen oder durchaus widrigen Wind.

Vier Tage lang wehte ein fürchterlicher NOwind der bisweilen einem Sturme außerst ähnlich wurde. Wir gewannen fast

Nichts durch unser Lawiren, sowol wegen heftiger und unregelmäßiger Wellen, als auch wegen Strömung nach SW. Unter diesen Umständen war die Lage der Brigg sehr beunruhigend. Nach ihren Eigenschaften urtheilend, konnte man fast mit Bestimmtheit vorhersagen, daß sie in den westlichsten Theil des Meeres fortgerissen werden würde. (Donnerstag. Juni 26.) Am 26sten ward es etwas ruhiger. Am Abend näherten wir uns dem Nufer und peilten das Dorf Tschapoma nach N. 30° W. in 9 Meilen Abstand und hatten zu derselben Zeit sehr gute Beobachtungen zur Bestimmung des Stundenwinkels, nach denen sich die Länge des genannten Dorfes zu 1° 38′ 30″ W. von Archangelsk ergab. Dieser Punkt ist deshalb bemerkenswerth, weil das Ufer an demselben eine Biegung gegen die Kandalaker Bucht annimmt.

(Freitag. Juni 27.). Gegen Morgen wurde der Wind wiederum heftiger, legte sich aber sodann von neuem. (Sonnabend. Juni 28.)| Am 28sten wehte es mäßig und wir lawirten mit Vortheil. Gegen Morgen lagen wir vor dem Puloner Thurme und fanden nach gehörigen Beobachtungen dessen Länge 0° 33′ 37″ W. von Archangelsk. Nach diesen Beobachtungen folgt, 1° 5′ Längenunterschied zwischen dem Puloner Thurme und dem Dorfe Tschapoma d. h. nur um 1′ verschieden von den Karten, welche durch Detailaufnahme des Weißen Meeres entstanden. Im Verlauf der letzten Woche fanden wir beständig und ohne jede Ausnahme in der Nähe des Nordufers reinen Horizont und hellen Himmel, am Süduſer hingegen Nebel und Bewölkung. Dieser Gegensatz war in den 2 oder 3 letzten Tagen äußerst auffallend. In der Südhälfte des Meeres bildete der Nebel einen ziemlich scharf abgeschnittenen Streifen, bei welchem ein durchaus verschiedenes Klima begann. Wenn man sich diesem Streifen näherte fand man heftigern Wind und größerern Seegang. Die Temperatur ward niedriger und sogar im Barometerstande bemerkte man eine Abnahme. Der mittlere Barometerstand war wärend dieser ganzen Zeit zu 29,8 Zoll und die Temperatur wechselte von $+3°$ bis $+1°$.

(Sonntag. Juni 29.). Am Mittag des 29sten näherten wir uns der Insel Sosnowez (Tanneninsel), welche wir nur allein vermöge des darauf stehenden Thurmes erkennen konnten. Es gab aber kein Mittel denselben vom Ufer des Festlandes zu unterscheiden. Gegen Abend hielten wir uns näher an dem Süduſer und (Montag. Juni 30.) befanden uns am Morgen des 30sten beim Raben Vorgebirge (woronow muis). Das Wetter war hell aber der Horizont mit dicken Dünsten bedeckt, durch welche äußerst auffallende Refraktionen entstanden; es war unmöglich astronomische Beobachtungen zu machen. Gegen Mittag als wir uns auf dem

Parallel der Nordspitze der Wallrossinsel (ostrow Morjowez) befanden, ward der Horizont etwas reiner; dennoch hielt ich es für sicherer die Mittagshöhe der Sonne von einem Ruderboote zu beobachten. Dieses ist ein vortreffliches Mittel, so oft der Horizont durch Nebel oder Ufer abgeschnitten ist, denn bei großen Höhen erzeugt ein kleiner Fehler in der Annahme für den Abstand des sichtbaren Horizonts einen beträchtlichen Irrthum in der Neigung der Gesichtslinie zu demselben. Die Breite der Wallrossinsel, welche aus diesen Beobachtungen folgte, stimmte völlig mit der Angabe der Merkatorschen Karte des weißen Meeres. Nach Mittag kehrten wir zum Vorgebirge Woronow zurück und erhielten endlich um 3 Uhr, als wir uns auf dem Parallele desselben befanden, zuverlässige Beobachtungen zur Bestimmung seiner Länge, welche sich zu 1° 58′ O. von Archangelsk ergab. Obgleich unsre Lage gegen dieses Vorgebirge einer Bestimmung seiner Länge nicht sehr günstig war, so gewährt sie doch den Vortheil daß die Breite desselben genau bekannt und der Abstand von demselben höchstens noch auf ½ Meile zweifelhaft war; weshalb denn der angenommene Längenunterschied nicht beträchtlich von der Wahrheit verschieden sein kann. Bestimmungen welche zu verschiedenen Zeiten und von zwei verschiedenen Beobachtern erhalten werden, geben durchaus gleiche Resultate.

In der Instruktion des Kaiserlichen Admiralitäts-Departements war unter andern Punkten, deren Länge wir bestimmen sollten, auch die Wallrossinsel (O. Morjowez) erwähnt; mir schien es aber unnütz, mich wegen derselben hier zu verweilen, denn diese Insel, welche sich fast auf dem Meridiane des Woronow Vorgebirges befindet und von demselben sichtbar ist, wurde durch Peilungen mit ihm verbunden, so daß man keinen erheblichen Fehler bei seiner Länge voraussetzen kann. Ich beschloß vielmehr nun auf dem nächsten Wege nach dem Konuschin Vorgebirge zu gehen d. h. zwischen der Wallrossinsel und den Nördlichen Dünen (Sjewernuie Koschki) hindurch, mußte jedoch bald einen andern Weg wählen, indem ich mich überzeugte, daß das Lawiren zwischen Bänken bei heftigen und unbekannten Strömungen eben so gefährlich als unvortheilhaft sei, weil man in keinem Augenblick über den Ort des Schiffes sicher ist. Um 8 Uhr Abends als wir uns um 10 Meilen SWlich von der Nordspitze der Wallrossinsel setzten, zeigte sie sich uns plötzlich durch den Nebel hindurch um 15 Meilen gegen SO. Wir befanden uns daher zwischen den Bänken welche Kapitain Domogazkji im vorigen Jahre aufgefunden hatte, und wendeten nach S. in der Voraussetzung, daß wir uns durch diesen Kurs von ihnen entfernen würden, wurden aber anstatt dessen gegen O. geführt. Dieses bewog mich gegen das Tersker Ufer zu gehen, um dann nach N. und endlich von dort nach dem Kaniner Ufer nördlicher als sämmtliche Bänke zu halten. Wenn der Ostwind anhielt, so wollte ich zuerst nach den Jukaner Inseln gehen um die Chronometer zu prüfen. Dieses war deshalb nöthig, weil sich seit unserer Abfahrt von Archangelsk ein ziemlich bedeutender Unterschied zwischen ihren Angaben zu zeigen begann.

(Donnerstag. Juli 1.). Am Morgen des 1sten Juli befanden wir uns dem Orlower Thurme gegenüber. Das Wetter war heiter, der Horizont aber so entstellt durch Refraktion, daß unsere dortigen Beobachtungen gänzlich nutzlos wurden. Wir erfuhren dort merkwürdige örtliche Wechsel in dem Verhalten des Windes. Um 2 Uhr Nachmittags an einem um 12 Meilen vom Ufer entfernten Punkte betraf uns Windstille. Gleichzeitig bließ aber an einem nur um weniges östlichern Punkte ein frischer O. Wind: man konnte dieses durch sehr dunkle Furchen im Wasser bemerken. Diesen Wind benutzten 5 Kauffahrteischiffe die anfangs weit zurück geblieben waren, um uns zu vor zu kommen. Eines derselben hielt sich um nur 1 Werst von Nowaja Semlja entfernt. Bisweilen erhielten auch wir wärend einiger Minuten diesen Wind, aber er ward immer wieder still oder ging über in ein schwaches Wehen aus W. oder N. Wärend wir uns aus allen Kräften bemühten in jenen Windstreifen einzugehen, zeigte sich zu größtem Ärgerniß am Horizonte eine Lodja, die uns sehr bald einholte und zuvorkam, indem sie nur um 1 Kabeltau unter dem Winde vor uns vorüberging, wärend wir unter sämmtlichen Segeln einen Gang von kaum $2\frac{1}{2}$ Knoten hatten. Fünf Stunden lang blieben wir in dieser unangenehmen Lage bis endlich der Wind auch bis zu uns gelangte. Worin konnte der Grund einer so auffallenden Erscheinung liegen? kaum glaube ich daß das Ufer, welches um 12 Meilen unter dem Winde lag, dazu fähig war.

(Mittwoch. Juli 2.). Um 4 Uhr Morgens fuhren wir um das Heilige Kap (Swjatoi Nos) und warfen um 7 Uhr den Anker an unserer frühern Stelle hinter den Jukaner Inseln. Ich fuhr ohne Zeitverlust und noch in derselben Stunde nach der Observatoriumbucht und begann Beobachtungen zur Berichtigung der Chronometer. Dieses Geschäft welches uns einzig und allein veranlaßt hatte hierher zu gehen, war am 5ten Juli beendet. Beide Chronometer zeigten einige Veränderung ihres Ganges. Die Länge der Observatoriumbucht, welche sich aus dem neu bestimmten Gange der Chronometer ergab, wich nur um 6,5 Zeitsecunde von der vorjährigen Bestimmung ab.

Wärend unsers Verweilens auf der Jukaner Reede ereignete sich Nichts bemerkenswerthes außer einem heftigen Windstoße aus NW. der am Abend des 4ten Juli ein starkes Gewitter, reichlichen Regen und so großkörnigen Hagel herbeiführte daß ich niemals ähnlichen gesehen hatte; einige Körner hatten die Größe einer ausgewachsenen Haselnuß. Das Barometer welches wärend zwei Tagen beständig gestiegen war, fiel beim Herannahen dieses Unwetters um 0,02 Zolle, fuhr aber dann wiederum fort zu steigen. Das Sympiezometer fiel um 0,07 Zoll.

Nach gehöriger Vorbereitung auf die fernere Seefahrt d. h. als wir Wasser eingenommen, in einer Badstube aus Segeltuch Dampfbäder genommen und von den Jukaner Loparen frischen Lachs und Rennthierfleisch gekauft hatten (Sonntag. Juli 6.) gingen wir am 6ten des Morgens unter Segel. Nach Aufhebung des Ankers fanden wir an demselben eine sehr befremdende Beschädigung; eine seiner Schaufeln hatte zwei Spalten und war verbogen, jedoch nicht in der Ebne des Stockes, sondern seitwärts wie durch Windung. Man mußte glauben daß er auf dem Grunde zwischen zwei Steine fiel und sich auf diese Weise wärend der Wanderungen des Schiffes verbog. Aber welche erstaunliche Kraft war nicht dazu nöthig!

Es wehte schwacher SOwind, so daß wir um Mittag noch das Heilige Kap im Angesicht hatten; aber bald darauf verschwand es im Nebel. Am folgenden Morgen zeigten sich beide Ufer das Terische und das Kaniner, welches sich hier nicht eben oft ereignen mag, weil die geringste Entfernung zwischen beiden über 80 Meilen beträgt. Am Mittag sahen wir auch die äußerste Endspitze des Kanin Vorgebirges; die beobachtete Breite betrug 68° 33′18″ und stimmte vollkommen mit den Resultaten der Peilungen. Am Abend bestimmten wir die Länge des Kanin Vorgebirges. Drei Reihen von Beobachtungen welche ich zwischen 3 Uhr und 5 Uhr anstellte und deren äußerste Resultate nur um 2′45″ von einander abwichen, ergeben dessen Länge von der Observatoriumbucht 3° 42′30″. Die Beobachtungen des Lieutenant Sawalischin und der Steuerleute Jephremow und Charlow gaben genau dasselbe Resultat, weshalb man auch als wahre Länge von Kanin Nos (K. Vorgebirge) 43° 16′30″ O. von Greenwich setzen kann. Diese Bestimmung ist um 7′20″ kleiner als die der früheren Jahre, da aber keine von diesen letztern im Angesicht des Vorgebirges selbst erhalten worden war und daher immer die Schiffsrechnung einging bei Bestimmung der Länge, wärend die diesjärigen Beobachtungen unmittelbar durch Peilungen auf den fraglichen Punkt bezogen wurden, so verdienen sie auch ohne Zweifel den Vorzug vor jenen älteren.

Nachdem wir die Länge von Kanin Nos bestimmt hatten, hielten wir mit frischem und günstigem Winde nach S., in der Hoffnung am folgenden Tage auch das Vorgebirge Konuschin zu bestimmen. (Dienstag. Juli 8.) Aber um Mitternacht als wir uns nach Rechnung dem Flusse Torna gegenüber befanden, entstand ein dichter Nebel, durch den wir näher an den Wind zu gehen gezwungen wurden. Wir lawirten wärend zwei Tage in kurzen Schlägen und bemühten uns nur unseren Ort zu behaupten. Dieses Lawiren war sehr beschwerlich, denn das Ufer zeigte sich nur bisweilen durch den Nebel. Bei beiderlei Kursen zeigte sich bald Abnahme bald Zunahme der Tiefe, auf eine höchst unregelmäßige und beunruhigende Weise. Bisweilen glaubten wir uns durch Strömung gegen W. geführt und den am Terischen Ufer gelegenen Bänken genähert, und dann hatten wir wieder das Ostufer zu fürchten. (Donnerstag. Juli 10.) Am Morgen des 10ten Juli stieg das Barometer und versprach endlich eine günstige Änderung des Wetters. Wir gingen unter den Wind näher an das Kaniner Ufer. Es zeigte sich bald der am Flusse Torna gelegene Theil dieses Ufers, längs dessen wir nach S. segelten, wärend die Tiefe zwischen 9 und 7 Sajenen wechselte.

Der Fluß Torna trennt zwei Küstenstriche von durchaus verschiedenem Ansehen. Nördlich von demselben bis nach Kanin Nos, erstrecken sich Berge von 300 bis 400 Fuß Höhe. Sie haben ziemlich sanfte Abhänge, sind mit Mooren (Tundri) bedeckt und außer Schneeflecken in Schluchten, zeigen sie keine ausgezeichnete Punkte. Beim Flusse Torna verschwinden diese Berge plötzlich und sowohl die beiden Ufer des Flusses als auch die Meeresküste, welche sich von dort gegen S. erstreckt, sind niedrig, sandig, völlig kahl und gegen das Wasser steil abgeschnitten. Das Ufer zwischen den Mündungen der Flüsse Torna und Mjesna und zwischen dem Meerbusen Kambaliza unterscheidet sich durch einige unregelmäßige Hügel mit spitzen Gipfeln, welche durch dunkle Farbe von dem übrigen Ufer abstechen. Sie zeigen sich am Horizonte wie Heuschober die in einiger Entfernung von einander stehen. Mit Ausnahme dieser Hügel ist das Ufer von sehr einförmigem Ansehen, nur daß die Mündungen der Flüsse wegen Flachheit des umgebenden Landes auffallend erscheinen. Man hält sie anfangs für durchgehende Straßen und ihre Ufer scheinen sich nicht früher zu schließen, als bis man sich ihnen auf 4 bis 5 Meilen genähert hat.

Um 6 Uhr befanden wir uns dem Flusse Schoina gegenüber und peilten die Mündung des Kji Flusses nach S. 40° O. in 16 Meilen Entfernung. Sehr zuverlässige Beobachtungen welche wir um 4 Uhr und um 5 Uhr anstellten, ergeben unter einander übereinstimmend 44° 17′ für die Länge der Mündung des Flusses Torna 44° 13′ für die Mündung des Kji.

Um diese Zeit bildete sich dichter Nebel mit Regen und wir wurden gezwungen wiederum an den Wind zu gehen. Dieses neue Hinderniß brachte mich endlich zu dem Entschlusse das Weiße Meer zu verlassen. Freilich blieb die Länge des Konuschin-Vorgebirges noch unbestimmt, ich hielt sie aber für überflüssig weil dieses Vorgebirge fast auf dem Meridiane des Kjiflusses liegt und nur 25 Meilen von demselben absteht. Auf einer so kleinen Entfernung kann man keinen merklichen Fehler in einer durch Detailaufnahme erhaltenen Karte voraussetzen, und die Länge des Konuschin-Vorgebirges kann daher ohne unmittelbare Bestimmung mit hinreichender Sicherheit aus der Länge des Kjiflusses geschlossen werden. Es schien mir um so weniger erlaubt uns länger im Weißen Meerr zu verweilen, als das Herannahen der Mitte des Juli mich mahnte nach Norden zu gehen und die Ausführung des wichtigsten und ausgedehntesten Zieles unserer Expedition zu beginnen.

(Freitag. Juli 11.). Nachdem dieser Beschluß gefaßt worden, hielten wir nach NW. auf das Kanin-Vorgebirge, von welchem wir um 5 Uhr Morgens unsere Abfahrt nahmen. Ich wollte zuerst längs des Nordufers des Kaniner Landes bis zum Vorgebirge Mikulkin fahren, und wo möglich zwischen der Insel Kolguew und dem Kolokolkower Vorgebirge hindurch um mich sodann erst, unserer Instruktion gemäß, nach N. zu wenden; aber sehr heftiger ONOwind und nebliches Wetter zwang uns dieses Vorhaben einstweilen aufzugeben. Ich machte nun Anstalten um bis zu 74° oder 75° Breite direkt gegen N. zu gehen und dann erst den Kurs auf das Nassauer Vorgebirge zu nehmen, sowol um Eismassen zu entgehen, die man in der ersten Hälfte des Sommers sehr oft und in ungeheurer Menge an dem SWufer von Nowaja Semlja findet (wie wir es zuerst im Jahr 1821 erfuhren) als auch weil wir auf diese Weise einen noch sehr wenig befahrenen Meeresstrich durchschnitten. (Sonnabend. Juli 12.) Am 12ten um Mittag als wir uns in 69° 28′ Breite und 40° 55′ Länge befanden, sahen wir mit Verwunderung ein Schiff am Horizonte gegen NW. und hinter demselben noch zwei andere. Sie gingen sämmtlich bei dem Winde. Von dem einen dieser Schiffe (der Brigg Diana von London) kam der Kapitain (Namens Christers) zu uns an Bord gefahren. Er sagte daß anhaltende S.- und SOwinde und die Erwartung des hier gewöhnlich herrschenden NO., sie veranlaßt hatten, sich so weit von der gewöhnlichen Fahrt der nach Archangelsk gehenden Kauffahrteischiffe zu entfernen. Indeß rechneten sie sich auch um 3° westlicher als sie es waren. Kapitain Christers war schon im 2ten Monat zur See. Wir trennten uns, nachdem ich ihm Berichte und Briefe zur Beförderung nach Archangelsk eingehändigt hatte.

An demselben Tage fingen wir ein dreizölliges tonnenes Brett, welches dem Anscheine nach noch nicht gedient hatte und sich auch noch nicht lange im Wasser befand.

Mit verschiedenen Winden meistens zwischen NO. und O. bewegten wir uns langsam nach N. ohne etwas bemerkenswerthes zu treffen. Das Wetter war erträglich, wurde aber von Stunde zu Stunde schlechter (Freitag. Juli 18.) bis zuletzt am Morgen den 18ten Juli in 74° 10′ Breite und 43° ½ Länge, das Thermometer wärend mehrer Stunden auf dem Gefrierpunkte stand. Nach solch einer Kälte mußte man glauben daß das NO.-Meer beeist war, obgleich wir bis dahin noch gar keine Anzeigen von Schollen gehabt hatten. Wärend dieser ganzen Zeit umgab uns eine große Menge von Seevögeln, aber am Morgen des 14ten flog auch ein Schwarm von Landvögeln an uns vorüber. Wir waren damals in 72° 12′ Breite und 44° 40′ Länge.

(Sonnabend. Juli 19.). Am 19ten Juli bildete sich rings um uns dichter Nebel, ungeachtet des Ostwindes bei welchem das Barometer beständig höher als 30 Zoll Engl. stand: das Thermometer zeigte 1° unter Null. Die ganze Takelage überzog sich mit Eis, so daß wir sie beständig schlagen mußten um die Segel regieren zu können. Diese Umstände welche mitten im Sommer bei stillem Wetter durchaus ungewöhnlich sind, ließen uns zuversichtlich ein baldiges Erscheinen des Eises erwarten, (Sonntag. Juli 20.) als sich indessen am Morgen des 20sten der Horizont völlig aufklärte, zeigte sich von keiner Seite eine Spur davon. Um Mittag beobachteten wir 74° 55′ Breite und 46° 29′ Länge.

(Montag. Juli 21.). Nachdem wir bis zum Morgen nach N. gehalten hatten, wendeten wir nach O. und erblickten endlich um 7 Uhr die Eismassen, deren Nähe uns schon so früh fühlbar geworden war. Gegen N. und NO. bedeckten sie das Meer ganz dicht und noch jenseits der Gränzen unseres Gesichtskreises. In O. und SO. lagen sie ebenfalls sehr dicht, gestatteten jedoch einen Durchgang. Bis 3 Uhr Nachmittags wanden wir uns unter verschiedenen Kursen durch dieselben hindurch, bis daß eine dichte Bewölkung den ganzen Horizont zu bedecken anfing und uns kaum noch sehen ließ, daß das Eis auf unserem Kurse nun dichter zusammen gedrängt war. Wir hielten daher nach NW. näher an den Wind. In der Erwartung helleren Wetters blieben wir bei diesem Kurs unter wenigen Segeln bis zum Morgen, waren aber fast unablässig gezwungen, bald unter den Wind, bald näher an denselben zu gehen, und sodann auch beizulegen weil uns das Eis von allen Seiten umgab. Wir hatten sehr frischen Wind aus NO., jedoch war das Meer so ruhig wie ein Teich, ein sicheres Zeichen von dichten Eismassen unter dem Winde, worauf auch ein von NO. bis O. erstreckender hellweißer Schein (ice blink) deutete. (Dienstag. Juli 22.) Am Morgen des 22sten theilte sich der Nebel und wir gingen gegen SO. unter den Wind. Nachdem wir mit diesem Kurse 30 Meilen weit bald durch dichte bald durch getrennte Eismassen gefahren waren, erreichten wir ein ziemlich freies Meer und hielten zuerst nach O. und bald darauf nach NO. (Mittwoch. Juli 23.) Bis zum folgenden Morgen behielten wir diesen Kurs und begegneten nur getrennte schwimmende Schollen aber um 7 Uhr zeigten sich nach verschiedenen Richtungen geschlossene Eisfelder, deren Zahl von Stunde zu Stunde zunahm. Gegen 10 Uhr gingen wir zwischen zweien Feldern hindurch, welche um 100 Sajenen von einander abstanden und sahen in N. und S. dichtes Eis. In O. erschien das Meer durch den Nebel hindurch ziemlich rein, aber nach ½ Stunde zeigte sich auch in dieser Richtung dichtes Eis, welches sich an das vorher erwähnte anschloß. Wir mußten suchen aus diesem geschlossenen Becken durch dieselbe Öffnung auszulaufen, durch welche wir in dasselbe gelangt waren: sie verengten sich aber unterdessen immer mehr, und als wir uns ihr wiederum genähert hatten, war sie fast gänzlich geschlossen so daß uns kein anderes Mittel blieb als mit dem Schiffe durch das Eis hindurch zu brechen (to boring wie es die Engländer nennen) welches auch ohne die geringste Beschädigung der Brigg von statten ging. Nachdem wir etwa 10 Meilen weit nach S. gefahren waren, hielten wir nach SO. und darauf nach O. in der Absicht uns in geringerer Breite dem Ufer zu nähern. Um Mittag beobachteten wir 75° 5′ Breite und fanden uns um 20 Meilen südlicher als nach Rechnung. Dieser Unterschied hatte sich wärend 3 Tage eingestellt.

Das Wetter war unangenehm und kalt, und nässender Nebel setzte sich an das Tauwerk und gefror.

(Donnerstag. Juli 24.). Am folgenden Tage gegen 2 Uhr sahen wir auf kurze Zeit durch den Nebel das Ufer von Nowaja Semlja in einer Entfernung von 25 Meilen. Es war nach allen Seiten frei von Eis, (Freitag. Juli 25.) aber wegen NNO.-Windes konnten wir nicht eher als am Morgen den 25sten von der Offenheit des Meeres Nutzen ziehen. Da ging der Wind nach W. und erlaubte uns nach NO. längs des Ufers zu halten, welches in dichtem Nebel gehüllt war. Um 2 Uhr Nachmittags zertheilte sich derselbe etwas und wir peilten das Vorgebirge Speedwell nach S. 51° O. in Entfernung von 13 Meilen. Wir fanden uns dort nur um 20 Meilen südlicher als nach Rechnung. An dieser Stelle erblickten wir zuerst ziemlich vereinzelte schwimmende Eisberge (Paduni) zwischen denen wir unsere Fahrt sehr ruhig und schnell fortsetzten, jedoch ohne Erfolg, denn um 10 Uhr zeigte sich dichtes Eis rings um den Horizont von SW. bis NO. Nach der letzten Richtung lehnte es sich an das Ufer in ungefähr 76° Breite. Dieses unerwartete Hinderniß zwang uns nach SW. zurück zu fahren.

Wärend wir uns nun mitten unter unseren Kursen aus den Jahren 1822 und 1823 befanden, überzeugten wir uns daß dieser Sommer weit eisreicher war als die früheren. Damals sahen wir unter 75° ½ Breite noch keine einzige Scholle, wärend wir jetzt daselbst undurchdringliche Eismassen antrafen. Da wir nun demungeachtet in jenen Jahren vom Nassauer Vorgebirge zurückkehren mußten, so blieb dieses mal nicht die geringste Hoffnung, dasselbe auch nur zu erreichen, und um so weniger durften wir auf einigen Erfolg bei der Besichtigung der Nordküste von Nowaja Semlja hoffen. Ich beschloß deshalb dieses Vorhaben aufzugeben, um uns von dem Eise frei zu machen und dann nach W. zu halten, um unserer Vorschrift gemäß zu untersuchen bis zu welcher Breite man zwischen Spitzbergen und Nowaja Semlja d. h. unter ungefähr 43° O. Länge von Greenwich vordringen konnte.

Das Wetter war uns jetzt eben so ungünstig wie das Meer. Wir waren beständig im Dunkel gehüllt, welches bisweilen noch durch Schnee vermehrt wurde. Das Thermometer war meist auf 0 oder noch niedriger.

Wir waren von einer Seite zwischen dichtem Eise und von der andern zwischen dem Ufer eingeengt, mitten unter einer Menge von Eisbergen und noch außerdem von so dichtem Nebel umgeben daß unser Gesichtskreis sich nicht über 100 Sajenen erstreckte; das Lawiren hatte daher große Unbequemlichkeiten und half außerdem sehr wenig, weil der Wind sich oft sehr ungünstig gestaltete. (Sonntag. Juli 27.) Erst am Abend des 27sten Juli wurden wir frei. Um 9 Uhr lag Kap Speadwell um 17 Meilen nach S. ½ O. Die Nowasemler Küste zeigte sich zum ersten mal in diesem Jahre frei von Nebel. Wir waren jetzt näher an derselben als in den vorigen Jahren und konnten daher einige Unrichtigkeiten der Karten entdecken und verbessern.

Das feste Eis das uns aufgehalten hatte, bildete eine zusammenhangende Kette mit dem welches uns am 22sten und 23sten Juli umgab. Es erstreckte sich von dem Ufer von Nowaja Semlja zuerst nach W. und dann zwischen S. und W. parallel mit der Küste in einem Abstande von ungefähr 30 Meilen bis zur Breite von 75° und wendete sich endlich nach NW. Wir liefen längs desselben hart an seinem Rande und ließen die getrennten Eismassen in SW. und S., aber nirgends zeigte sich eine Öffnung durch die man hoffen konnte nach N. hindurchzudringen. Niedrige Schollen von verschiedener Größe schlossen sich dicht an einander, bedeckten das Meer bis zum sichtbaren Horizont und bildeten nur an einzelnen Stellen ziemlich breite Meerbusen. (Montag. Juli 28.) In einen dieser Meerbusen liefen wir am Abend des 28sten bei neblichem Wetter so weit ein, daß wir wärend einiger Stunden rückwärts nach SO. und S. halten mußten um wieder frei zu werden. Zum Glücke war der Wind dabei nicht hinderlich.

(Mittwoch. Juli 30.). Am Mittag des 30sten Juli beobachteten wir 76° 3′ Breite 43° 49′ Länge und 4° 16′ Ostabweichung. Das Eis welches sich bis dahin nach NW. erstreckte, nahm nun die Richtung zwischen S. und W. und wendete sich zuerst mit einer weiten Bucht nach N. Sein Ansehen war hier noch drohender als zuvor. Die Felder welche es bildeten, ragten um 7 bis 8 Fuß über dem Wasser, kehrten steil abgeschnittene Abhänge gegen dasselbe erstreckten sich sehr weit und waren fest mit einander verbunden. An mehreren Stellen zeigten sich durchsichtige Eisberge (Torosi) von mehr als 70 Fuß Höhe auf diesen Feldern, welche mit einem Worte dem Polar Eise zwischen Spitzbergen und Grönland durchaus ähnlich waren. Wir fuhren bis um 10 Uhr Abends gegen SW. längs dieses Eises und bis zu 76° 5′ Breite und 42° 5′ Länge. Jetzt waren wir schon um 50 Meilen näher an dem Ostufer von Spitzbergen (welches immer und auf große Entfernung mit stehendem Eise umgeben ist) als an dem Ufer von Nowaja Semlja, und dennoch dehnten sich die Eisfelder ohne Unterbrechung weiter gegen W. und wurden mit jeder Meile höher und dichter. Ich beschloß daher unser damaliges Vorhaben aufzugeben, welches wenigstens in diesem Jahre durchaus keinen Erfolg versprach und mich nach der Insel Waigatsch zu wenden um die mir in Bezug auf Nowaja Semlja gegebenen Vorschriften auszuführen.

Das Thermometer stieg heute nicht über 0; den ganzen Tag über, fiel unablässig sehr feiner Schnee. Wahrscheinlich entstand Beides durch den schwachen NOwind, der aus einer mit Eis bedeckten Meeresgegend wehte.

Es ist bemerkenswerth daß dieses Eis beinah dieselbe Lage hatte wie das eisige Vestland durch welches Kapitain Wood bis zur Küste von Nowaja Semlja geführt wurde. Wood traf das erste Eis in ungefähr 76° Breite und 40° Länge d. h. fast an demselben Punkte bis zu welchem wir nach NW. fuhren. Von dort an lief er längs des Eises nach SO. bis zum Nowasemler-Ufer an welchem er scheiterte. Die mittlere Richtung des von uns gesehenen Eises schneidet das Ufer von Nowaja Semlja bei der Admiralitätsinsel wo das Schiff Speadwell nach einer früheren Voraussetzung scheitern mußte. Diese zufällige Übereinstimmung beweist freilich noch nicht daß das Meer zwischen Nowaja Semlja und Spitzbergen durch unbewegliches Eis abgeschlossen ist, indessen sind doch die unübersteiglichen Hindernisse, auf welche Kapitain Wood, der Schiffer Van Horn und wir, oder mit einem Worte alle Seefahrer geriethen, welche in der Mitte zwischen beiden Ländern eine Durchfahrt nach Norden suchten, Beweißes genug daß diese Meeresstrecke nicht so selten durch Schollen verstopft wird als es Lomonosow, Engel, Barington und einige Andere behaupteten.

Um Mitternacht warfen wir eine dicht verstopfte nnd verpichte Flasche ins Meer, die einen Zettel enthielt auf welchem in vier Sprachen die Zeit des Auswerfens, die Länge und Breite des Ortes und die Bitte an den Finder des Geschriebnen es der Russischen Regierung zu schicken, ausgedrückt waren. Dieses ist das einfachste und zugleich auch sicherste Mittel zur Erkennung der in den großen Meeren herrschenden Strömungen. Die Kapitaine Roß und Parry hatten zu diesem Ende geeignete kupferne Gefäße die hermetisch verschlossen waren.

Nachdem wir einige Zeit lang gegen S. gefahren waren, richteten wir unsern Kurs auf das Kostin Kap. Ich wollte durch Ansicht desselben die Chronometer berichtigen, zwischen deren Angaben sich seit einiger Zeit wieder beträchtliche Unterschiede zeigten. Es herrschte bewölktes Wetter bei schwachen Winden aus dem SWviertel. Am 1sten August setzten wir einen neuen Grot Saling auf, weil der alte durch zu strammes Anspannen der Bramwanten gebrochen war. Dieser an sich geringfügige Umstand war mir dennoch äußerst unangenehm, in dem ich dadurch die Gelegenheit zur Beobachtung der Neigung der Magnetnadel verlor. Der alte Saling war zu diesem Ende mit Kupfer verfestigt, wärend der noch vorräthige den wir nun mehr aufsetzten eiserne Verbindungen hatte.

(Sonntag. August 3.). Am 3ten August um Mittag befanden wir uns nach Rechnung in 71° 42′ Breite und 49° 20′ Länge. Um 5 Uhr Nachmittags umgab uns plötzlich dichter Nebel und bald darauf fiel auch das Thermometer auf 0. Dieses veranlaßte mich zu glauben daß sich Eis in der Nähe befände, und diese Vermuthung ward bestätigt als wir um 7 Uhr eine dichte

Kette von Schollen trafen, welche sich gegen Osten bis zum äußersten Horizont erstreckten. Diese Schollen schienen stehend, denn man sah nirgends eine Trennung zwischen ihnen, sondern vielmehr an mehreren Stellen hohe Wälle von übereinandergehaüften Eismassen. Der nächste Punkt des Ufers der Fluß Siwutschicha lag 35 Meilen östlich von uns. Die Tiefe betrug 75 Sajenen.

Wir wendeten auf die linke Hals nach SW. und erhielten darauf Stille, (Montag. August 4.) so daß wir bis zum folgenden Mittag nur äußerst langsam fortschritten. Wärend dieser ganzen Zeit hörten wir Geraüsch von Eisschollen, welche in dichtem Nebel gehüllt waren. In der 2ten Stunde erhob sich NO.-Wind mit welchem wir 20 Meilen weit südwärts durch offnes Meer fuhren, alsdann gegen O. hielten, bis wir bald darauf wieder dichtes Eis trafen, welches von SO. bis N. den ganzen Horizont bildete. Wir erhielten somit den Beweiß daß der SÖstliche Theil von Nowaja Semlja, jetzt eben so wie im Jahre 1821 von Eis umgeben war, so daß dadurch unsere Absicht das Kostin Kap zu sehen unausführbar wurde, denn dasselbe lag um 50 Meilen gegen O t S. von unserem Schiffe.

(Donnerstag. August 5.). Zur Nacht ward der Wind stärker und am folgenden Tage ging er nach SO. und bald darauf nach SW. über. Wir fuhren fort nach SO. zu halten, gingen von Zeit zu Zeit an kleinen zerstreuten Schollen vorüber und sahen dichtes Eis in Norden so oft sich der Nebel etwas zertheilte. (Mittwoch. August 6.) Der 6te August war ein sehr heiterer und vergleichungsweise warmer Tag, denn zum ersten Mal seit 4 Wochen stieg das Thermometer bis auf + 5° ⅓ R. Der Wind kam aus S. und um Mittag war die Breite 70° 23′ die Länge nach Mondsbeobachtungen 53° 10′. Die Küste von Nowaja Semlja hatten wir im Angesicht, in 30 Meilen Entfernung. Das dichte Eis welches sich bisher in einer mit dem Ufer parallelen Richtung fortzog, wendete sich nun nach S. und zwang uns um 3½ Uhr auf die linke Hals zu wenden. Um diese Zeit bedeckte es den ganzen Horizont von S. über O. nach N. bis hart an das Ufer und war so dicht daß wir es für stehend halten mußten. Es ist bemerkenswerth daß sein allgemeiner Umriß jetzt fast genau eben so war wie im Jahre 1821, seine Dicke aber bei weitem beträchtlicher. Das Eis welches sich außerhalb des scheinbaren Horizontes befand, war durch Refraktion entstellt und zeigte sich in verschiedenen seltsamen Gestalten: bald als glänzende Saülen, bald als steiles Ufer mit Thürmen u. s. w.

Es zeigte sich nun unmöglich weder an dieser Stelle noch auch an einer Nördlichern, gegen O. vorzudringen und es blieben mir daher nur Versuche an südlichern Punkten. Nachdem wir 20 Meilen weit gegen SW. gefahren waren, wendeten wir daher nach O. und trafen um 7 Uhr Morgens wiederum auf dichte Schollen. (Donnerstag. August 7.) Zu derselben Zeit erhob sich Owind der uns einen dichten Nebel brachte, welcher schon lange am Östlichen Horizonte sichtbar gewesen war. Es war ziemlich beschwerlich aus allem Eise in eine freiere Gegend zu kommen und es gelang uns nicht ohne einige Stöße zu erleiden. (Freitag. August 8.) Der dichte Nebel wärte fast ohne Unterbrechung bis zum Abend des folgenden Tages, bei schwachen Winden aus dem SOviertel. Wärend dieser ganzen Zeit waren wir von Eis umgeben und fuhren unter schwachen Segeln mit Mühe und Gefahr gegen S. und O. Am 8ten August um 3 Uhr Morgens wurden der Horizont und der Himmel heiter, so daß wir unseren Ort durch Mondsabstände bestimmen konnten. Die Breite betrug 70° die Länge 53° 14'. Dichtes Eis zeigte sich von NO. bis S. und erstreckt sich bis jenseits des scheinbaren Horizontes. Wir mußten deshalb wiederum nach SW. wenden um in noch geringerer Breite einen Versuch zu machen, obgleich wir uns schon (Sonnabend. August 9.) in der Mitte zwischen Nowaja Semlja und dem Ufer des Festlandes befanden. Dieser neue Versuch blieb ebenso erfolglos wie die früheren, denn am Morgen des 9ten August trafen wir wiederum auf Eis. Gleichzeitig erhob sich ein fürchterlicher Wind aus S. mit hohem Seegang und dichtem Nebel. Dennoch drangen wir unter beträchtlichen Gefahren durch die Schollen welche uns umgaben, fuhren noch 12 Meilen weit gegen W. und wendeten dann an den Wind auf die linke Hals unter dem Grot Marssegel und dem gerefften Fokfegel. Zu Anfang dieses Windes zeigten sich um dem Schiffe 5 junge Falken (Jastreb. Falco peregrinus) und einige sehr kleine Vögel welche sich vor Müdigkeit auf unsere Takelage und Segel niedersetzten und sehr leicht gefangen wurden. Wahrscheinlich waren sie durch diesen selben Wind von dem Ufer entführt worden, dessen nächst gelegener Punkt nach Schiffsrechnung um 70 Meilen von uns abstand.

Am folgenden Tage ging dieser Sturm nach W. über (Dienstag. August 12.) legte sich jedoch nicht eher als am Morgen des 12ten August, wo wir wiederum anfingen nach O. zu halten in der Hoffnung daß wir nach solchen heftigen Winden und im Vergleich mit dem Bisherigen eine weit ungehinderte Fahrt haben würden. Diese Hoffnung trügte uns nicht denn um 10 Uhr, als wir uns an derselben Stelle befanden wo wir am 6ten August auf stehendes Eis trafen, sahen wir rings umher nicht eine einzige Scholle. Um Mittag betrug die Breite 70° 18' die Länge

54° 30′. Mit frischem SWwinde fuhren wir gegen O. bis um 9 Uhr Abends, lawirten wärend der Nacht in kurzen Schlägen (Mittwoch. August 13.) und gingen mit Sonnenaufgang wieder mehr vor den Wind. Die Insel Waigatsch, welche auf meine Karte nach Vermuthungen aufgetragen war, lag uns nach Rechnung schon sehr nahe, und dennoch sahen wir sie nicht früher als um 9 Uhr, wo unser berechneter Punkt bereits auf dem Ufer derselben lag. Als wir in die Nähe der Duirower [1])-Inselgruppe (Duirowie ostrowa) gekommen waren, welche an dem Westufer liegen, hielten wir auf die NSpitze derselben oder dem sogenannten Woronower-Vorgebirge, von welchem wir uns um Mittag um 7 Meilen gegen WNW. befanden. Nach sehr guten Beobachtungen ergab sich für diesen Punkt die Breite 70° 23′ und die Länge 58° 31′. Gegen W t N. von dem Woroner-Vorgebirge liegen kleine Inseln desselben Namens, und um etwas weiter die kleine und niedrige Insel Tschiratschi, welche eine platte Oberfläche hat und deshalb wahrscheinlich einerlei ist mit der sogenannten Platten Insel auf den Karten der Jäger. Ein Steinhaufen (Gurei) steht auf derselben. Gegen ONO. von dieser liegt die Rennthierinsel (olennui ostrow) die nördlichste von allen. Alle diese Inseln stehen sowol unter sich als auch mit dem Ufer von Waigatsch durch Riffe in Verbindung, auf welchen fürchterliche Brandungen statt finden. Das zuletzt genannte Ufer endet gegen das Meer mit niedrigen Abfällen und setzt sich landeinwärts durch sanfte Abfälle fort. Das Woronower-Vorgebirge ist der ausgezeichnetste Punkt desselben. Es hat 250 bis 300 Fuß Höhe und eine runde Oberfläche auf welcher ein Steinhaufen oder ein Kreuz steht denn zwischen beiden blieben wir ungewiß. Im Allgemeinen ist das Ansehen dieser Ufer, dem des Südufers von Nowaja Semlja sehr ähnlich.

Als wir uns der Insel Waigatsch näherten, schien das Karische Meer durchaus frei von Eis. Es entstand die Hoffnung dieser dritte Versuch werde uns für alles bisherige Mißlingen entschädigen. Als wir die Breite des Woronow-Vorgebirges bestimmt hatten, hielten wir unter vollen Segeln nach WNW. mit fast völliger Überzeugung daß wir in wenigen Stunden die Aufnahme eines Ufers beginnen würden, welches bis dahin von keinem Seefahrer gesehen worden war; kaum waren wir aber eine Meile weit in dieser Richtung gefahren als sich dichtes Eis zeigte, welches den ganzen Horizont von O. bis W. so weit als man sehen

[1] Diese und die folgenden Benennungen erfuhren wir durch die Samojeden welche wir am folgenden Tage trafen.

konnte bedeckte. Diese unangenehme Begegnung zerstörte plötzlich alle Hoffnungen mit denen wir uns geschmeichelt hatten.

Der Gedanke an die Aufnahme des Ostufers von Nowaja Semlja mußte mindestens für einige Zeit aufgegeben werden, denn wenn die heftigen W.- und SWwinde, welche sehr beständig wärend zwei Wochen geweht hatten nicht einmal hinreichten um die Schollen so zu sagen von der Schwelle des Karischen Meeres zu vertreiben, so bewieß dies genugsam daß dasselbe weiterhin gänzlich von Eis bedeckt war. Da aber Winde aus dem Westviertel die Schollen noch weit genug gegen Osten entfernen konnten um uns den Zugang zum Ufer rein zu erhalten, so beschloß ich noch etwa eine Woche lang in jener Gegend zu verweilen und wärend derselben ein oder zwei Punkte des Südufers von Nowaja Semlja zu bestimmen, in dessen Nähe wir im vorigen Jahre keine Beobachtungen erhalten hatten, alsdann aber wenn auf Veranlassung des Windes irgend eine günstige Veränderung in der Lage des Eises zu hoffen wäre, sofort einen neuen Versuch auf den Eingang ins Karische Meer zu machen. Sollte aber diese Aussicht nicht statt finden, so wollten wir dann auch die erwähnte Unternehmung gänzlich aufgeben, um uns nach der Insel Kolguew und dem Kaniner Ufer zu wenden, so wie es mir in unserer Instruktion vorgeschrieben war.

Wärend des übrigen Tages lawirten wir zwischen den Küsten von Waigatsch und von Nowaja Semlja, zwischen einer Menge von kleinen zerstreuten Eisstücken und im Angesichte einer nördlich von uns gelegenen ununterbrochenen Kette dichten Eises. Um 6 Uhr befanden wir uns 6 Meilen von den Inseln die am Ostufer des Kusow Landes liegen. Dieses ganze Ufer war von stehendem Eise umgeben, welches sich an das im Norden befindliche feste Eis anschloß. Die Fortsetzung des Ostufers von Nowaja Semlja war bis nach NW. sichtbar und so viel man urtheilen konnte erstreckte es sich gerade nach N. und hatte keine erhebliche Einbiegungen. Unser Lawiren konnte nicht dazu dienen die Breite der Straße zu bestimmen, weil uns heftige und scheinbar unregelmäßige Strömungen aufhielten und nacheinander nach den verschiedensten Richtungen führten. Es schien jedoch als sei die Straße auf unserer Karte um 6 Meilen zu breit gezeichnet. Die Beobachtungen welche ich am Süduser von Nowaja Semlja anzustellen gedachte, sollten die desfallsigen Zweifel lösen. Diese erwähnte Strömungen verursachten fürchterlich aufgeregte Wassertiefen, welche uns mehrmals gewaltig beunruhigten. Auch die Tiefe änderte sich sehr schnell und ohne Regel von 25 bis 60 Sajenen. Im Allgemeinen war sie an der Insel Waigatsch beträchtlicher über thonigem Grunde und auf der Nowaja Semler Seite gering bei felsigem Boden.

(Donnerstag. August 14.). Am folgenden Mittag befanden wiruns um 12 Meilen gegen W. von dem Vorgebirge Woronow und hatten also durch 24 stundiges Lawiren nur sehr wenig gewonnen. Die Resultate der heutigen Beobachtungen stimmten durchaus mit denen vom vorigen Tage.

Fast genau um Mittag sahen wir zwei Karbasen, welche von der Insel Waigatsch gegen W. liefen. Diese unerwartete Begegnung von Leuten in einer so menschenarmen Gegend, konnte uns nicht anders als erfreuen, um so mehr wenn wir uns vorstellten, daß sich vielleicht Herr Iwanow unter ihnen befand. Dieser Voraussetzung widersprach jedoch sogleich ihre auffallende Kälte gegen uns. Sie setzten ihren Weg fort ohne uns, wie es schien, der geringsten Aufmerksamkeit zu würdigen und wir mußten zwei Kanonen lösen ehe sie anhielten. Sie nahmen die Segel ein und schienen darauf unschlüssig über ihr ferneres Beginnen, bis sie sie endlich wiederum beisetzten und zu uns fuhren. Es waren Samojeden welche zu Jagdunternehmungen nach Nowaja Semlja fuhren. Sie zeigten sich sehr erfreut in uns Landsleute zu erkennen, und gestanden daß sie der Anblick unseres großen Schiffes so sehr beunruhigt hatte, daß sie anfangs nicht wagten bei uns anzulegen. Aber einer ihrer Schiffsführer (Kormschtschiki) der Samojede Grigorji Aphanasjew, der in Archangelsk gewesen war wo er nach seinen eigenen Worten „Alles Möglich und sogar auch Deutsche" (Njemzow im Sinne der Volkssprache: Stumme, Barbaren oder Deutsche E.) gesehen hatte, beruhigte sie durch die Versicherung es gäbe noch größere Schiffe auf denen dennoch eben solche Leute führen wie sie selbst. Wir übergaben diesem Samojedischen Anacharsis Briefe [1]) um sie durch Vermittelung des Mesener Landraths (Ispravnik) nach Petersburg zu befördern.

Unsere Gäste betrachteten Alles mit großer Aufmerksamkeit. Beim Anblick unserer Küche und aller wirthschaftlichen Bedürfnisse bemerkte Aphanasiew, „wir führten einen guten Hausstand". Für den Aufenthalt welchen wir ihnen verursachten, bekannten sie sich hinreichend belohnt durch die Menge von Neuem und Interessanten, das sie bei uns gesehen hatten. Wir hingegen konnten von ihnen nichts wissenswerthes erfahren, außer die Namen einiger im Angesicht befindlicher Orte. Sie sagten daß erst der letzte Wind das Eis aus den Karischen Pforten geführt hatte und daß man es noch jetzt von Waigatsch aus sähe. Von Herrn Iwanow hatten sie gehört, daß er mit zwei Karbasen nach Waigatsch gingen.

Diese Besuchenden blieben wärend zwei Stunden bei uns am Bord, und benahmen sich fortwärend vollkommen anständig: wurden

[1] Diese Briefe erreichten ihre Bestimmung sehr richtig aber wie wir es vermutheten, bei weitem später als wir selbst.

uns auf keine Weise lästig, baten um nichts und bezeugten die größte Dankbarkeit für ein geringes Geschenk an Zwieback und Butter. Sie bedauerten nur kein Gegengeschenk (grostinez) für uns zu haben, weil sie ihre Jagden noch nicht begonnen hatten. Ich bemerkte daß Einer unsere Taue besonders angelegentlich lobte, indem er sich zugleich beklagte, daß die Kabel an ihren Ankern bereits abgenutzt seien, und ich befahl daher auf eine jede Karbase ein Ende Takelage zu geben. Dadurch wurde ihre Freigiebigkeit aufs höchste angefacht, sie beriethen sich untereinander, holten aus den Karbasen einige Wallrosszähne und fingen an sie auf einem Besmen (Römischen Wage) zu wiegen. Meine Versicherung daß wir gar keine Erwiederung unserer Gabe verlangten, erregte ihre Bewunderung, indessen packten sie doch Alles sehr ruhig wiederum zusammen und wünschten uns freundschaftlichst eine glückliche Reise.

Auf diesen beiden Karbasen befanden sich 11 Samojeden und zwei Russen, und sehr viele von ihnen sprachen sehr gut Russisch. Fast alle waren aus verschiedenen Ortschaften. Es ist bekannt daß sie sich im Frühjahr nach den Küsten zum Behuf der seemännischen Jagdunternehmungen begeben, und dann im Herbste zum Nomadenleben auf den Mooren (Tundri) zurückkehren. Auf unsere Frage nach ihrer Zahl in der hiesigen Gegend, antwortete Aphanasiew: „auf Waigatsch sind unsrer eine große Zahl, zu 12 oder 22 Karbasen". Man kann aus dieser sonderbaren Antwort etwa schließen, daß daselbst von Samojeden gegen 100 Seelen männlichen Geschlechts hin kommen. Auf jeder Karbase sahen wir einen Knaben von 10 bis 11 Jahren, welche durchaus auf gleiche Weise mit den Übrigen Verproviantirt werden; ihr Geschäft ist auf dem Meere das Steuer zu führen und am Lande Speise zu bereiten und ähnliches. Auf Nowaja Semlja wären ihre Jagdgeschäfte bis zum Schneefallen, und ihre Wanderungen erstrecken sich dabei bis nach Kostin-Schar. Nach dem Ostufer gehen sie aber nicht, weil das Meer auf jener Seite offner und mehr mit Eis gefüllter ist. Ihre Karbasen sind 30 Fuß lang gegen 8 Fuß breit und mit platten Boden. Sie haben ein viereckiges Segel. Bei jeder derselben befindet sich noch eine kleine Barke, welche sie, wenn sie unter Segel sind, quer über die Karbase stellen, und wärend des Rudern am Schlepptau bugsiren.

Wärend des ganzen Tages dauerte schwacher Wind aus Süden bei ganz ruhiger See. (Freitag. August 15.) Des Nachts erhob sich ein leiser NOwind mit welchem wir nach S. hielten um das Felsenriff zu umfahren, auf welchem wir im vorigen Jahre fast Schiffbruch gelitten hatten. Alsdann hielten wir nach W. und nach NW. gegen die Küste von Nowaja Semlja. (Sonnabend. August 16.) Schwache Nordwinde und trübes Wetter dauerten an diesem und am folgenden Tage, zur Nacht ward es windstill. Nach Rechnung befanden wir uns sehr nahe an den Britwin Inseln und schon betrug die Tiefe wärend der ganzen Nacht mehr als 100 Sajenen bis sie sich um 3 Uhr Morgens plötzlich auf 50 Sajenen verminderte. (Sonntag. August 17.) Mit schwachem OSOwinde welcher sich fast zu derselben Zeit erhob, hielten wir darauf nach S., gingen 3 Meilen in dieser Richtung und sahen darauf in einer Entfernung von nicht mehr als 3½ Meile gegen NNW. die Sachaniner Inselchen, von denen wir daher im Augenblicke der Wendung nicht weiter als ½ bis 1 Meile entfernt waren, aber wegen des Nebels ohne sie zu sehen. Die schnell wechselnde Tiefe an ihrer Südseite macht sie sehr gefährlich. In der 8ten Stunde begann es aus NO. zu wehen, wurde starker Riffmarssegelwind, welcher in gleicher Stärke bis zum Abend des folgenden Tages anhielt. Wir waren sehr froh uns am Südufer und nicht am Ostufer von Nowaja Semlja zu befinden, wo bei einem solchen Winde unsere Lage sehr bedenklich gewesen wäre. Es entstand durch ihn eine heftige Strömung nach NW. gegen welche wir durch volle Segel anstrebten und uns dennoch nur mit Mühe im Angesichte der Sachaniner Inseln erhalten konnten. (Dienstag. August 19.) Am Morgen des 19ten legte sich dieser Wind. An diesem Tage gelangen uns endlich astronomische Beobachtungen aus denen sich für die große Sachaniner Insel die Breite zu 70° 29',5 und die Länge zu 53° 30' ergab. Auf meiner Karte lag derselbe um 5' nördlicher und um 30' weiter gegen Westen. Über einen solchen Unterschied hat man sich nicht zu verwundern, weil wir im vorigen Jahre, wie schon oben bemerkt, in der Nähe dieses Punktes ohne Beobachtungen waren und heftige Strömungen erfuhren.

Nachdem ich dieses ausgeführt, beschloß ich die Küste von Nowaja Semlja zu verlassen, weil der heftige NOwind aber zwei Tage hintereinander geweht hatte, uns nicht nur die Hoffnung raubte das Karische-Meer jetzt völlig eisfrei zu finden, sondern uns auch fast mit Gewißheit voraussehen ließ, daß dasselbe jetzt noch mehr als früher bedeckt wäre. Wir nahmen daher um 4 Uhr Abends unseren Kurs nach der Insel Kolguew.

(Sonnabend. August 23.). Vermöge leiser und wechselnder Winde fuhren wir so langsam, daß wir jene Insel nicht vor dem Abend des 23sten August erreichten. Wärend der Nacht lawirten wir in kurzen Schlägen und näherten uns am andern Morgen dem westlichen Ufer der Insel. Als wir uns fast genau auf dem Meridiane der Westspitze derselben befanden, gelang es mir einige Sonnenhöhen zwischen Wolken zu messen und dadurch die Länge jener Punkte zu 48° 33' zu bestimmen. Der Wind bließ sehr frisch aus SO.; wir steuerten nach der Südspitze, und um dem Ufer der Insel so nahe als möglich zu bleiben setzten wir möglichst viele Segel bei. (Montag. August 25.) Aber am 25sten des Morgens wurde der Wind fürchterlich stark und zwang uns außer dem gerefften Marssegeln alle übrigen einzunehmen, Regen und dichter Nebel gesellten sich zu diesem Winde. Gegen Mittag legte er sich, ging dann nach W. über und ward wiederum heftig. Wir befürchteten auf das Ufer geworfen zu werden, welches sich am Morgen in geringer Entfernung zeigte und beeilten uns daher gegen N. zu wenden. Um Mitternacht legte sich indessen der Wind und ward SÖstlich. (Dienstag. August 26.) Am 26sten hatten wir erst heftigen Regen, dann erhob sich NOwind und das Wetter ward etwas heller. Wir näherten uns sogleich dem Ufer von welchem wir um 8 Uhr Abends nur um 4 Meilen entfernt waren. Zu dieser Zeit bildete sich aber wiederum dichter Nebel und zur Nacht ward es windstill. (Mittwoch. August 27.) Am 27sten dauerte heftiger SOwind mit dichten Nebel. Das Kolguewer Ufer sahen wir eine kurze Zeit lang des Morgens. (Donnerstag. August 28.) Um Mitternacht erhob sich SWwind und bald darauf mit fürchterlichen Regenschauern aus WNW. Sturm aus demselben Rhumbe. Wir waren in kritischer Lage. Nicht ohne Gefahr für die Masten wurden die gerefften Marssegel und das gereffte Fok- und Grotsegel beigesetzt, und so gelang es uns bis zum Morgen so weit nordwärts zu kommen, daß wir selbst mit gänzlich eingenommenen Segeln nicht in beträchtlicher Gefahr gewesen wären. Dieser Wind dauerte auch am folgenden Tage, obgleich mit etwas geringer Heftigkeit.

Diese so äußerst ungünstige Verbindung von Umständen veranlaßte mich endlich an die Rückkehr zu denken. Wärend 6tägigen äußerst beschwerlichen Kreuzen, hatten wir durchaus Nichts ausgerichtet. Es war sehr zu bezweifeln ob fernere Bemühungen mit besserem Erfolge gekrönt werden würden, weil beständig sich wiederholende Stürme und unablässige Unwetter das Herannahen des Herbstes für diese Gegend deutlich bewiesen. Von der andern Seite vermehrte sich täglich die Gefahr unserer Fahrt, denn die Südseite der Insel Kolguew deren Erreichung wir beabsichtigten, ist von unbekannten Untiefen umgeben und mit ähnlichen ist auch die Tscheschsker Bucht erfüllt. Außerdem giebt es auf jener ganzen Strecke nicht einen einzigen Hafen, der bei stürmigem Wetter eine Zuflucht böte. Hätte ich mich länger hier verweilt, so konnte ich demnach das mir anvertraute Fahrzeug und dessen Mannschaft ganz ohne Nutzen in augenscheinliche Gefahr bringen (Sonnabend. August 30.) und ich beschloß daher am 30sten August die Rückkehr nach Archangelsk anzutreten.

Am folgenden Morgen sahen wir das Kanin-Vorgebirge und hatten am Abend auf dem Meridiane desselben sehr gute Beobachtungen durch welche wir unsere Chronometer berichtigten. (Montag. September 1.) Am 1sten September fuhren wir langsam bei schwachen widrigen Winden nach dem Terischen Ufer (Dienstag. September 2.) und befanden uns am 2ten um Mittag noch um 20 Meilen gegen NNO. vom Gorodezer-Vorgebirge. Um diese Zeit erregte eine seltene Lichterscheinung unsere Aufmerksamkeit: bei sehr heiterem Himmel zeigten sich an 3 Stellen um die Sonne, Theile von Regenbogenartigen Kreisen; der eine dieser Theile, zur Rechten von der Sonne, hatte einerlei Höhe mit derselben d. h. 24° 43′, der andere stand zur Linken von der Sonne und etwas höher als dieselbe. Beide Bogen waren von der Sonne welche sich in deren gemeinschaftlichem Mittelpunkt befand um 24° entfernt, und endlich zeigte sich ein dritter großer und hellerer Bogen nach SSO. in 71° 14′ Höhe und in einer Entfernung von 46° 33′ von der Sonne. Er wendete gegen dieselbe seinen convexen Scheitel und hatte das Zenit als Mittelpunkt. Unter den Farben der zunächst an der Sonne gelegenen Bogen, folgten von der innern Seite an: auf Violet Blau und endlich Roth, bei dem entfernten Bogen aber in umgekehrter Ordnung d. h. von der Sonne anfangend zuerst Roth, dann Orange und endlich Violet.

Diese Erscheinuug wärte länger als 1 Stunde. Das Barometer stand wärend derselben auf 30^h,02 Engl. und die Lufttemperatur betrug + 6°,25 R. Es wehte schwacher SWwind.

(Mittwoch. September 3.). Am 3ten um Mittag befanden wir uns gegen das Gorodezer-Vorgebirge um 10 Meilen nach N t O. ½ O. und hatten daher nicht mehr als 10 Meilen in 24 Stunden gewonnen. Zu der schon an sich ungünstigen Beschaffenheit des Lawirens, kam noch eine widrige Strömung die uns täglich um 10 bis 12 Meilen nach N. führte. An dieser Stelle wo wir vor zwei Monaten eine auffallende lokale Veränderlichkeit des Windes bemerkt hatten, erfuhren wir auch dießmal eine in so hohen Breiten wenigstens sehr seltene Erscheinung. Nach anhaltendem und seiner Richtung nach sehr wechselnden schwächeren Wehen, entstanden zwei sehr entschieden entgegengesetzte Luftströmungen: oben wehte ziemlich gleichmäßiger Owind der die Bom-Bramsegel, Bramsegel und sogar den oberen Theil der Marssegel schwellte und uns zu 2 Knoten Gang ertheilte, wärend unten Owind dauerte, so daß das Fok- und Grotsegel gegen die Wanten gedrückt wurden. Die Oberfläche des Meeres war gleichzeitig so eben wie ein Spiegel.

(Donnerstag. September 4.). Am folgenden Tage war unsere Fahrt nicht förderlicher als früher und am 4ten betraf uns ein heftiger SWwind gerade in der Enge zwischen dem Orlow-Vorgebirge und den ihm gegenüberliegenden Bänken. (Freitag.

September 5.) Gegen Morgen legte sich jedoch der Wind und darauf ward es ganz still bei sehr dichtem Nebel. Wir wähnten uns sehr nahe am Ufer, waren jedoch dabei sehr zweifelhaft über das Genauere unserer Lage. Gegen 4 Uhr Nachmittags zertheilte der SWwind den Nebel und wir erblickten das Ufer beim Orlow-Vorgebirge in einer Entfernung von mindestens 20 Meilen. Wir befanden uns daher gerade in der Mitte zwischen den Bänken. Wir hielten darauf nach WNW. und liefen dann unter Anwendung aller möglichen Vorsichten, in das Fahrwasser ohne auch jemals weniger als 5 Sajenen Tiefe zu finden, so daß wir auf diese Weise einer sehr großen Gefahr durchaus glücklich entgingen. Um 8 Uhr befanden wir uns um 6 Meilen nach O. von dem Orlow-Thurme und wendeten nach S. In dem Bjelomorischen Korridor betraf uns wie gewöhnlich ein sehr frischer widriger Wind; 4 Tage lang kämpften wir gegen denselben ehe wir die Winterberge umschiffen konnten. (Mittwoch. September 10.) Am 10ten September des Morgens kamen wir endlich auf die Barre, wo wir vor Anker gehen mußten, weil uns trotz des heiteren Wetters keine Lootsen entgegen kamen. Wir sandten sogleich ein Boot nach der Mudjujsker-Insel. Der Lootse der mit diesem Boote zurückkehrte, versicherte uns ihre Karbasen seien aufs Trockne gesetzt und sie hätten deshalb nicht zu uns hinaus fahren können. Diese Ausrede war sehr ungeschickt ersonnen, denn sie hätten uns bereits wärend der hohen Fluth sehen können. Ich hielt es für meine Pflicht bei unserer Ankunft in Archangelsk der Oberen Behörde eine Meldung über eine so unverzeihliche Nachlässigkeit der Lootsen zu machen um so mehr, als bereits einige Tage zuvor das Kriegstransportschiff Mesen und die Brigg Ketti durchaus Ähnliches erfahren hatten.

Wärend wir die Lootsen erwarteten legte sich der Wind und wir konnten nun nicht mehr an diesem Tage über die Barre gehen. Indessen wurde uns diese Verspätung nützlich, denn es gelang uns unterdessen die Lage des Thurmes auf der Nikoler Landzunge durch sehr gute Beobachtungen zu bestimmen. Seine Breite ergab sich zu 64° 59′ 40″ und die Länge zu 0° 17′ 52″ W. von Archangelsk. Am folgenden Morgen liefen wir in die Dwina ein und warfen bei der Dämmerung den Anker im Solombaler Hafen.

Wärend dieser Campagne hatten wir sehr wenige Kranke, und in dieser, aber auch nur in dieser, Beziehung war diese letzte Expedition eben so glücklich wie alle früheren.

Nachdem ich nun unsere viermalige Reise nach Nowaja Semlja beschrieben habe, wärend welcher wir Uferstrecken durch astronomische Beobachtungen bestimmten, welche zum Theil schon durch die Reise früherer Seefahrer bekannt waren, so bleibt mir jetzt noch zu erwähnen, durch welche Mittel man diejenigen Theile dieser Insel wird besichtigen können von denen uns mancherlei physische Hindernisse zurückhielten, ich meine das Nördliche und Östliche Ufer.

Wenn man von dem Ostufer spricht, so ist dabei dasjenige, welches zur südlichen Insel gehört, von dem zur nördlichen Insel gehörigen zu unterscheiden. Das erstere ist ungleich leichter aufzunehmen als das andere. Man wird dieses sogar, fast ohne Zweifel mit denselben Mitteln ausführen können welche wir besaßen, sobald man nur einen ganzen Sommer darauf verwenden kann. Zu diesem Ende muß man, wenn sich Eismassen gleich beim Eintritt ins Karische-Meer finden sollten, entweder im Matotschkin- oder Nikolsker-Schare vor Anker gehen (am besten im Matotschkin-Schar, weil man von Norden nach Süden gehend, am sichersten auf günstige Strömungen rechnen kann); alsdann aber mit dem ersten Westwinde der das Eis meerwärts treibt, zum Ostufer gehen. Man kann um dieses zu thun, einen Signalposten auf irgend einen hoch gelegenen Punkt aufstellen, um durch ihn von jeder Bewegung der Eismassen Rechenschaft zu erhalten. Die Entfernung von der Östlichen Mündung des Matotschkin-Schar bis zu den Karischen-Pforten, beträgt nur wenig mehr als 190 Meilen, und man kann deshalb in zwei Tagen und wenn der Wind etwas frisch weht, sogar in einem Tage die ganze Arbeit vollenden. Sollte es sich aber sogar ereignen, daß abermals eintretende Ostwinde die Eismassen gegen das Ufer drücken, und das Schiff Verluste erleidet, so kann seine Mannschaft sich auch in diesem Falle retten, sobald sie nur die Ufer von Nikolskji-Schar erreicht, von wo aus man auf den Samojedischen Karbasen die stets bis zum September daselbst zu finden sind, nach dem Festlande überfahren kann.

Auch kann man diesen Theil zu Lande auf Rennthierschlitten mit Leichtigkeit aufnehmen. Man muß dann auf einem Seeschiffe die nöthige Anzahl von Rennthieren von der Insel Waigatsch nach Nowaja Semlja überführen und sich daselbst entweder bei Nikolskji-Schar oder an einem andern passenden Punkte zur Überwinterung niederlassen. Der südliche Theil von Nowaja Semlja hat Überfluß an wilden Rennthieren und man darf daher an dem Vorhandensein der nöthigen Menge von Rennthierweiden für den ganzen Winter nicht zweifeln; um gänzlich sorglos zu sein, könnte man aber auch ausgewählte Rennthiere bei Zeiten an Handfütterung gewöhnen, welches, wie ich gehört habe, einige Bewohner von Mesen mit Erfolg versucht haben sollen. Im Frühjahr wenn die günstige Witterung bleibend eintritt, müssen sich die Reisenden mit ihren Rennthieren längs des Ufers begeben und können dann dasselbe in kurzer Zeit bis nach Matotschkin Schar aufnehmen. Eine Menge ausgeworfenen Treibholzes gewährt ihnen längs des ganzen

Ostufers von Nowaja Semlja den nöthigen Schutz gegen die Kälte. Was durch Expeditionen geleistet werden könne, welche auf diese Weise ausgerüstet unter das Commando von unternehmenden und geschickten Männern gegeben würden, und auf wie lange Zeit sie sich selbstständig auf ihre eigne Hülfsquellen beschränken können, beweist die Reise der verdienten Kapitaine Wrangel und Anjou, welche in Angelegenheiten dieser Art als Muster dienen können.

Die Aufnahme des Östlichen Theiles der Nördlichen Insel ist mit bei weitem größeren Schwierigkeiten verknüpft. Die Möglichkeit sie auf Rennthierschlitten zu vollziehen, kann man mit Gewißheit weder ableugnen noch versichern; jedenfalls muß aber die Schwierigkeit dieser Unternehmung bedeutend zunehmen wegen dreimal größerer Ausdehnung dieser Uferstrecke und wegen ungleich größerer Härte ihres Klimas. Indessen wird ein Versuch in keinem Falle unnütz sein; und der Erfolg jener erst erwähnten Unternehmung würde den Grad von Wahrscheinlichkeit für das Gelingen dieser zweiten am besten hervorheben.

Um diese Küste von der See aus aufzunehmen, muß man zwei Fahrzeuge haben, deren Bauart und Ausrüstung durchaus nach dem Beispiele der Schiffe zu veranstalten sind, welche in neuern Zeiten von der Englischen Regierung zur Aufsuchung der Nordwestdurchfahrt ausgerüstet wurden. Sie müssen sich dreist in das Eis einklemmen und ohne große Gefahr eingebrochen oder zerdrückt zu werden überall zur Überwinterung bleiben können wohin das Schicksal sie führt. Zwei solche Schiffe können ihre Aufnahme von der Ostmündung des Matotschkin Schar beginnen und dieselbe wenn nicht in einem doch in zwei oder drei Sommern vollenden. Daß ein solches Unternehmen keine physische Unmöglichkeit sei, beweißt die Reise von Loschkin der in zwei Jahren von den Karischen Pforten bis zum Ankunfts Vorgebirge (Muis Dachdui) gelangte. Indeß werden dabei die Gefahren und Beschwerden nicht gering sein, wegen der Menge von Eismassen, welche von der einen Seite aus den großen Limanen des Obi und Jenisei gegen diese Küste gestaut und von der andern durch beständige Strömungen von O. nach W. und durch die herrschenden Ostwinde aus den meisten übrigen Flüssen Sibiriens und aus dem ganzen Sibirischen Oceane angeschwemmt werden. Wie man solchen Hindernissen zu begegnen und sie zu besiegen habe, lehren uns die Reisen von Ross und Parry.

Wenn man das Vorgebirge Dochodui oder Barenzens Erwünschtes Vorgebirge erreicht hat, so ist das Schwierigste geleistet, denn dort finden die Seefahrer eine günstige Strömung und meistentheils auch günstigen Wind, wodurch die Fahrt längs des Nördlichen Ufers bei weitem erleichtert wird, und sogar dann wenn sich viel Eis längs desselben befindet. Aus demselben Grunde darf man nicht diese Unternehmung von Westen her beginnen.

Wenn aber eine solche Expedition wirklich einmal zu Stande kommen sollte, so muß man deren Anführer, sobald er die Nord-Ostspitze von Nowaja Semlja erreicht hat, sich der wohl begründeten Fragen über die Existenz von noch unbekannten Ländern in der Nähe und gegen NO. von jenem Vorgebirge erinnern. Die Entdeckung dieser Inseln oder der Beweiß ihrer Nichtexistenz wäre mindestens eben so wichtig wie die Aufnahme des Ostufers von Nowaja Semlja.

Kolibri 360 GmbH
Ferdinand-Jühlke-Straße 7
99095 Erfurt, Deutschland
produktsicherheit@kolibri360.de